本书精彩案例欣赏

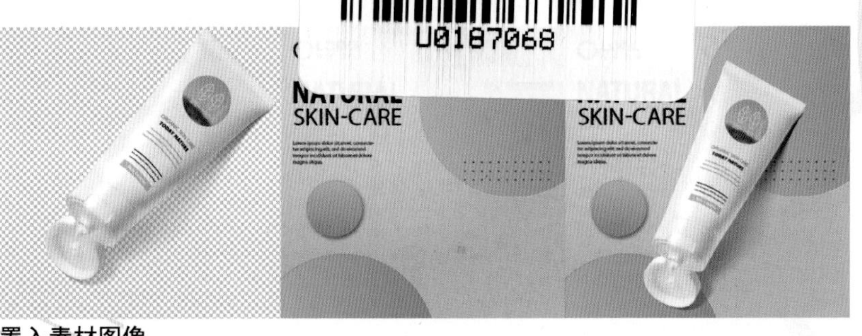

置入素材图像

使用【历史记录】面板还原操作

快速复制商品图像

实例——为商品添加图案印花

手动裁剪商品图像

实例——使用【拷贝】【粘贴】命令制作产品细节展示

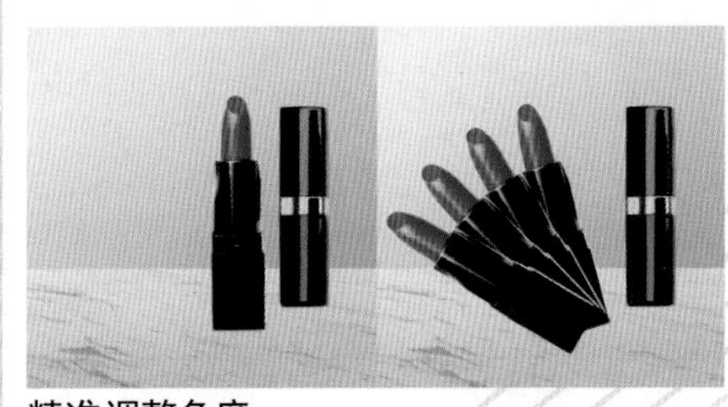

精准调整角度

手动调整任意角度

【图案图章】工具：绘制图案

本书精彩案例欣赏

实例——制作放射状背景

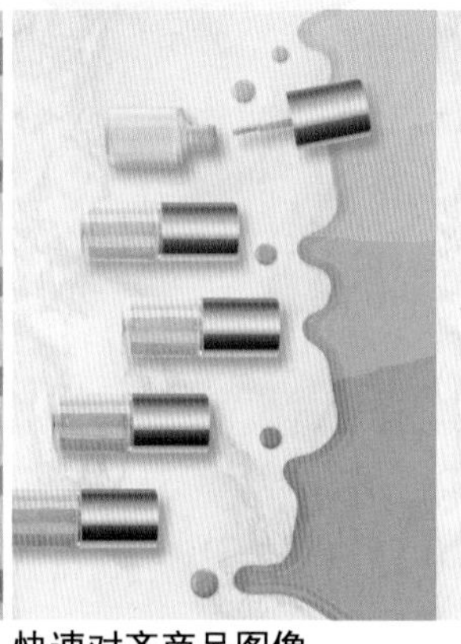

快速对齐商品图像

实例——绘制阴影以增强画面感

【仿制图章】工具：覆盖图像多余部分

实例——制作优惠券

实例——图像局部去色

实例——提升商品精致感

【加深】工具：对图像局部进行加深处理

实例——应用【液化】命令为模特瘦身

实例——使商品图片更鲜艳

使用图层复合展示设计方案

实例——制作商品倒影效果

【图框】工具：制作相框

实例——快速制作产品展示

实例——为模特更换背景

实例——制作多种阴影效果

实例——制作横版宠物产品广告

实例——制作啤酒节广告

实例——制作横版宣传图

实例——制作葡萄酒广告

本书精彩案例欣赏

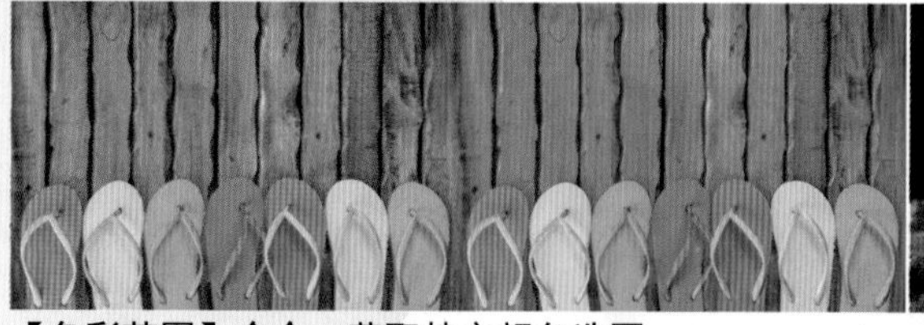

【色彩范围】命令：获取特定颜色选区

【选择并遮住】命令：抠取边缘复杂的图像

图层蒙版

实例——制作多彩拼贴文字

通道抠图

剪贴蒙版

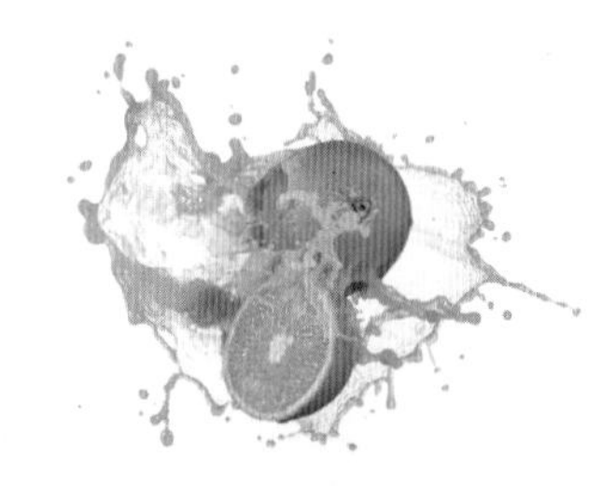

实例——制作数码产品广告

实例——抠取透明物体

【颜色替换】工具：更改局部颜色

实例——制作不同颜色的样品

本书精彩案例欣赏

实例——制作网店粉笔字公告

缩放图层样式

实例——制作夏日感广告

实例——制作商品宣传页

实例——制作果汁广告

实例——制作节日主题Banner

实例——制作果汁展示主图

实例——制作季节销售宣传图

本书精彩案例欣赏

实例——调整商品图片色彩

实例——制作H5促销广告

实例——制作多彩指甲油主图

【颜色替换】工具：更改局部颜色

实例——制作优惠券领取界面

复制、粘贴图层样式

实例——制作男士手表Banner

实例——制作家具销售广告

实例——制作饰品Banner

女装特卖会
HOT SALE
UP TO
70%
OFF

实例——制作女装特卖主题Banner

实例——制作国潮风字体Banner

实例——制作红色主题Banner

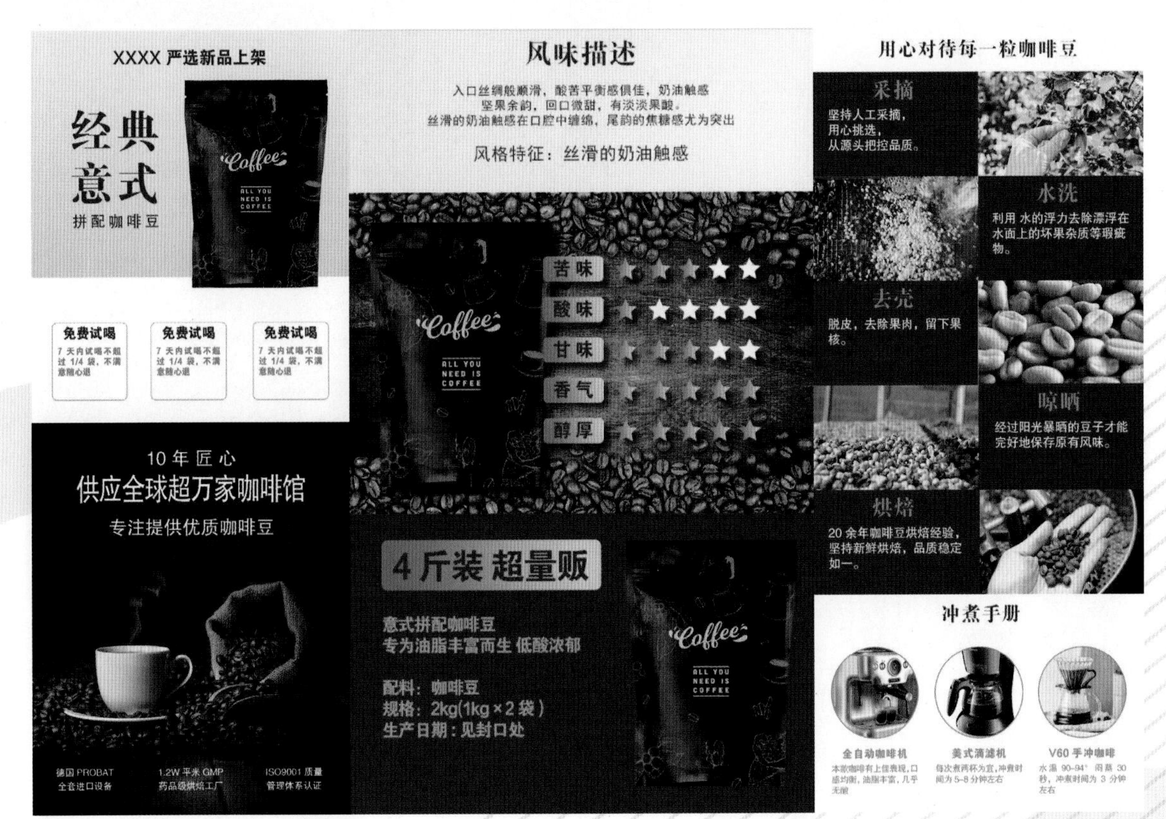

实例——制作咖啡豆产品详情页

本书精彩案例欣赏

实例——制作每日坚果Banner

实例——制作防晒用品专题页

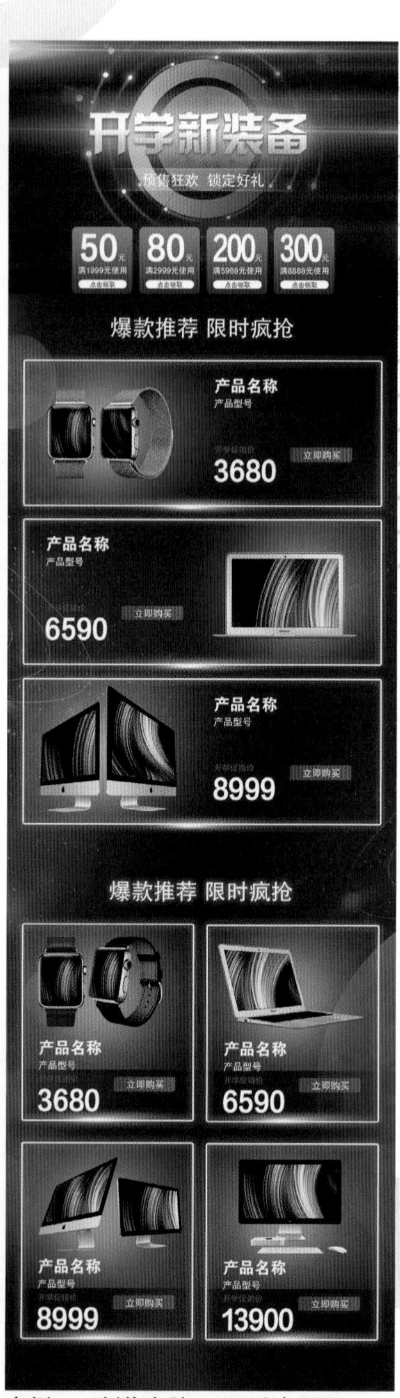

实例——制作电脑/3C活动专题页

实例——制作产品描述

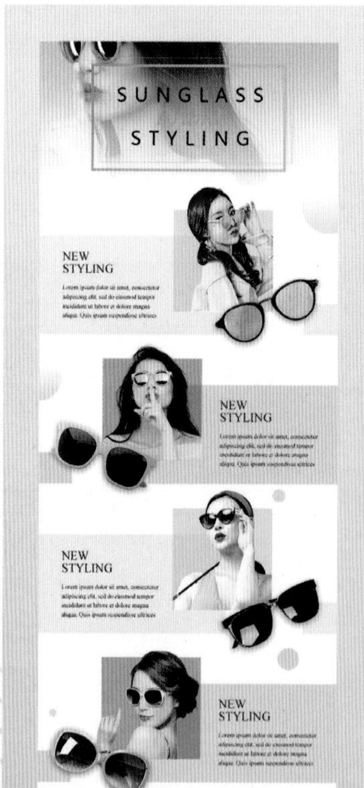

实例——制作新款太阳眼镜专题页

实例——制作产品主图

Photoshop电商设计师必知必会（微视频版）

王立荣　田梦　姜海叶　编著

清華大學出版社
北京

内 容 简 介

本书以通俗易懂的语言、翔实生动的案例全面介绍电商设计师应掌握的Photoshop实用技术，电商设计具体内容以及视觉设计的思维、方法和操作技巧。全书共分9章，内容包括浅谈电商设计师必备软件——Photoshop，必学必会的图像基础处理，商品图片的抠图与创意合成，电商设计中的色彩运用，电商设计中的文字应用，排版设计，Banner设计，详情页设计和专题页设计等，力求给读者带来良好的学习体验。

与书中内容同步的案例操作教学视频可供读者随时扫码学习。本书具有很强的可读性和可操作性，可作为电商设计新手以及想快速提升设计技能的美编人员的首选参考书，也可作为高等院校电子商务专业及其他相关专业的教材。

本书配套的电子课件、实例源文件、扩展教学资料(笔刷、动作、样式和配色方案搭配指南)可以到http://www.tupwk.com.cn/downpage网站下载，也可以扫描前言中的二维码获取。扫描前言中的“看视频”二维码可以直接观看教学视频。

图书在版编目(CIP)数据

Photoshop电商设计师必知必会：微视频版 / 王立荣，田梦，姜海叶编著. —北京：清华大学出版社，2023.6

ISBN 978-7-302-63462-1

Ⅰ.①P… Ⅱ.①王… ②田… ③姜… Ⅲ.①图像处理软件 Ⅳ.①TP391.413

中国国家版本馆CIP数据核字(2023)第081999号

责任编辑：胡辰浩
封面设计：高娟妮
版式设计：妙思品位
责任校对：成凤进
责任印制：杨　艳

出版发行：清华大学出版社
网　　址：http://www.tup.com.cn，http://www.wqbook.com
地　　址：北京清华大学学研大厦A座　　邮　　编：100084
社 总 机：010-83470000　　邮　　购：010-62786544
投稿与读者服务：010-62776969，c-service@tup.tsinghua.edu.cn
质量反馈：010-62772015，zhiliang@tup.tsinghua.edu.cn
印 装 者：三河市铭诚印务有限公司
经　　销：全国新华书店
开　　本：185mm×260mm　　印　　张：20　　插　　页：4　　字　　数：499千字
版　　次：2023年7月第1版　　印　　次：2023年7月第1次印刷
定　　价：108.00元

产品编号：097929-01

前言

PREFACE

近几年，无论是京东、淘宝以及独立电商网站等电商平台，还是抖音、快手等短视频电商平台，都离不开店铺和商品页面的设计。电商的视觉营销设计效果直接影响着买家对商品的认知和信任。因此，电商设计师不仅要掌握一些网络视觉营销设计的知识，还要掌握一定的软件应用技能辅助实现设计构想，以提高店铺转化率和成交量。对于电商设计新手而言，想要全面、系统地熟悉电商设计流程并掌握实用技能不是一件易事。为此，本书围绕电商设计师的设计经验、实操技能进行编写，旨在帮助读者掌握设计知识精髓，快速提升业务能力。

本书主要内容

本书内容丰富、信息量大，文字通俗易懂，讲解深入透彻，案例精彩、实用性强，带给读者更加直观的学习体验和感受。通过本书的学习，读者不但可以系统、全面地学习电商设计的基本概念和操作技巧，还可以通过大量的案例拓展设计思路，由局部到整体、从易到难，系统、全面地了解电商设计师必备的软件操作技术，以及电商设计与视觉设计的思维、方法和各种操作技巧。

第 1 章：介绍快速掌握电商设计师的必备工具——Photoshop 的基础应用。

第 2 章：介绍使用 Photoshop 处理和美化商品图片的基础方法，包括商品图像的基础处理、瑕疵去除、简单修饰、锐化处理和模糊处理等方法。

第 3 章：介绍使用 Photoshop 抠取商品图片和创意合成设计图像的操作方法，包括利用商品与背景的色差抠图、抠取边缘复杂的图像和精确提取边缘清晰的商品图像等方法。

第 4 章：介绍电商设计中的色彩运用，包括电商设计中常用的色彩搭配、Photoshop 中颜色的设置与应用、自动校正商品照片的偏色问题、调整图像的明暗和色彩等内容。

第 5 章：介绍电商设计中的文字应用，包括数字元素的运用、使用 Photoshop 处理与设计文字、为文字添加艺术效果等内容。

第 6 章：介绍电商排版设计，包括如何在设计中有效排版、电商视觉营销中的构图方法、使用辅助工具安排版面等内容。

第 7 章：介绍电商 Banner 设计，包括 Banner 的释义和运用范围、Banner 设计解析、Banner 设计的组成要素等内容。

第 8 章：介绍电商详情页设计，包括商品详情页的设计思路、商品详情页的设计要点、详情页设计的注意事项等内容。

第 9 章：介绍电商专题页设计，包括专题页的组成部分、专题页常用布局形式、专题页设计的技巧等内容。

前言

本书主要特色

□ 图文并茂，内容全面，轻松易学

本书内容涵盖电商设计师必备的基础知识和 Photoshop 修图、抠图、调色、合成、特效等实用的 Photoshop 核心技术。采用电商行业中实际工作情景的编写模式，结合各类典型案例，便于读者在操作过程中模仿与学习，熟悉实战流程，加深印象，触类旁通。

□ 案例精彩，实用性强，随时随地扫码学习

本书在进行案例讲解时，都配备相应的教学视频，详细讲解操作要领和操作技巧。案例中的各个知识点在关键处给出提示和注意事项，从理论的讲解到案例完成效果的展示，都进行了全程式的互动教学，让读者真正快速地掌握软件应用实战技能。

□ 配套资源丰富，全方位扩展应用能力

本书提供电子课件、实例源文件、笔刷、动作、样式和配色方案搭配指南等与本书内容相关的扩展教学资源。读者可以扫描下方二维码或通过登录本书信息支持网站(http://www.tupwk.com.cn/downpage) 下载相关资料。扫描下方的“看视频”二维码可以直接观看本书配套的教学视频。

扫一扫，看视频

扫码推送配套资源到邮箱

本书由哈尔滨广厦学院的王立荣、田梦和姜海叶合作编写完成，其中王立荣编写了第 2、5、6、9 章，田梦编写了第 1、3、4 章，姜海叶编写了第 7、8 章。由于作者水平有限，书中难免有不足之处，恳请专家和广大读者批评指正。在本书的编写过程中参考了相关文献，在此向这些文献的作者深表感谢。我们的电话是 010-62796045，邮箱是 992116@qq.com。

编　者

2023 年 2 月

目录

CONTENTS

第 1 章　浅谈电商设计师必备软件——Photoshop

第 2 章　必学必会的图像基础处理

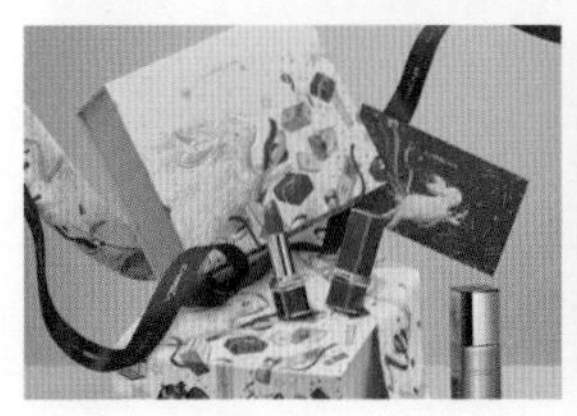

目录

第 3 章 商品图片的抠图与创意合成

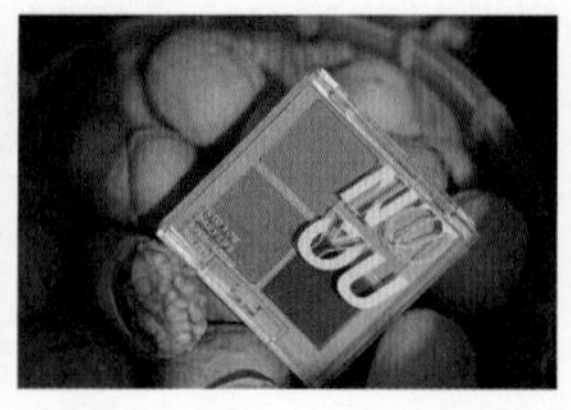

第 4 章 电商设计中的色彩运用

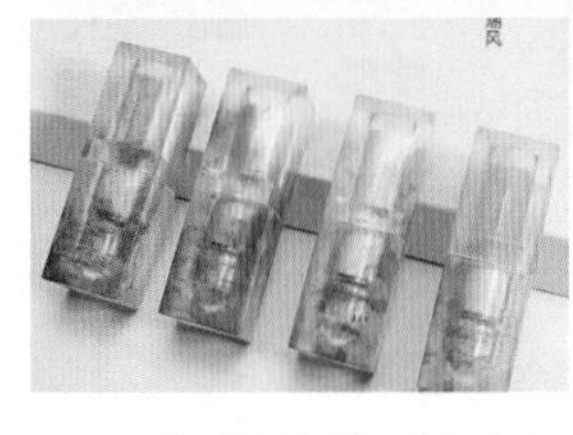

目录

第 5 章 电商设计中的文字应用

第 6 章　排版设计

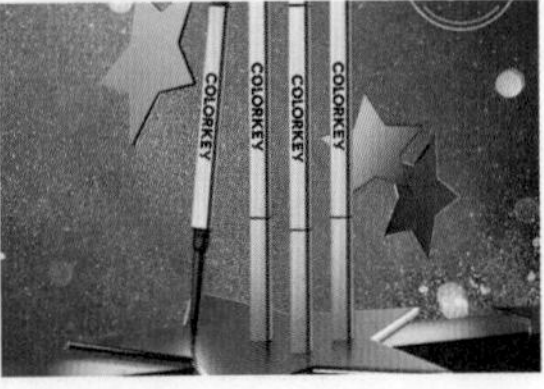

第 7 章　Banner 设计

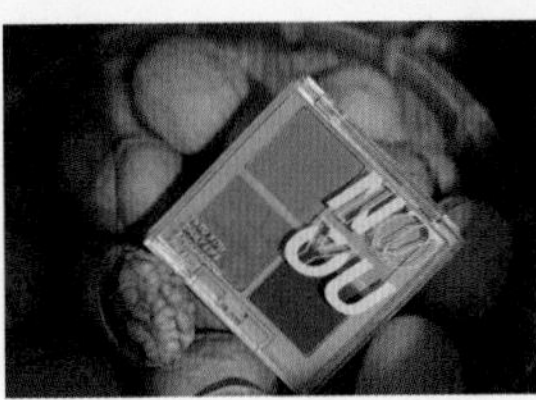

目录

第 8 章　详情页设计

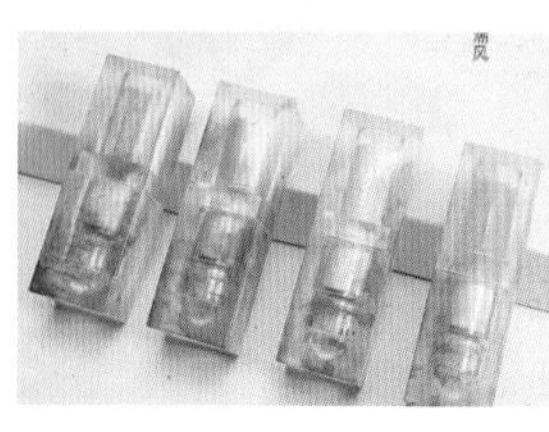
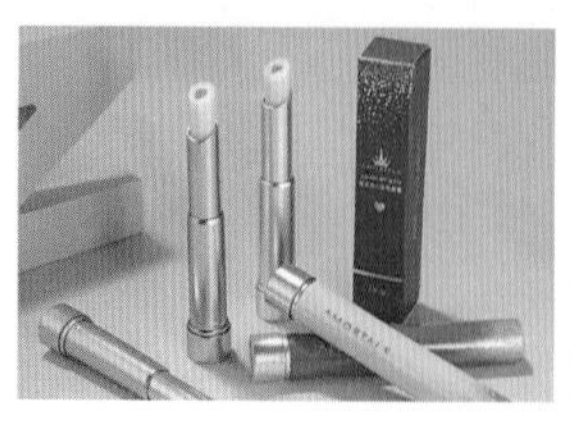

第 9 章　专题页设计

第1章

浅谈电商设计师必备软件——Photoshop

本章导读

随着电商行业的发展，网购成为人们重要的购物方式之一。由于行业需求量的迅猛发展，电商设计师逐渐成为近年来的热门职业之一。作为电商设计师，基本的工作职责除了处理和美化商品图像之外，还需要对页面进行视觉设计，以及对店铺进行“装修”等。这些工作都离不开专业图像处理软件——Photoshop。本章将介绍电商设计师平时主要用到的 Photoshop 的基本操作方法与操作技巧。

1.1 浅谈电商设计师

互联网的出现给我们的生活带来了翻天覆地的变化，而手机的诞生让我们的生活更加智能、便捷。依赖于互联网的新型商业模式应运而生。这种新媒体的商业活动对传统的商业模式、传媒业都造成了巨大的冲击，同时也造就了一批新兴的职业，如本书将介绍的电商设计师。

1.1.1 什么是电商设计

电商设计其实是UI设计的一个分支，它是传统平面设计和网页设计的结合体，也是互联网时代的产物。电商设计的任务就是直接把商品展示在网页中，使消费者与网页之间通过简单的交互实现选择购买商品。

提示

UI(User Interface 用户界面)主要研究人、人和界面、界面这三个方面，所以UI包含了WUI(Web User Interface，网页风格用户界面)、GUI(Graphical User Interface，图形用户界面)、交互设计、用户体验研究这几个方面的内容。

1.1.2 电商设计师的工作内容

随着电商行业的发展，越来越多的电商平台不断涌现，如淘宝、天猫、京东、美团等。在这些电商平台上都聚集着数量众多的网店，而且很多品牌厂商会横跨多个平台开店，这就给了电商设计师大显身手的用武之地。不同的平台对网店“装修”用图的尺寸要求可能略有不同，但电商设计师工作的性质、内容是基本相同的。

作为电商设计师，针对不同平台的店铺进行“装修”时，首先要了解一下该平台对网页尺寸及内容的要求，然后进行设计。其工作大致分为以下两个方面。

一方面是商品图片处理。摄影师在完成商品拍摄后会筛选出一些比较好的作品，设计人员可从中挑选一部分作为商品主图、详情页的图片。针对这些商品图片，需要进行进一步的修饰和美化工作，如去掉瑕疵、修补不足、矫正偏色、创意合成等。

另一方面是网页版面的编排。其中包括网店首页设计、商品主图设计、商品详情页设计、活动广告排版等多方面的工作。这些工作结合了平面设计、广告设计、版式设计，需要设计师具备较好的版面控制能力、色彩运用能力，以及字体设计、图形设计等方面的能力。

1.1.3 如何做好电商设计师

互联网时代下，电商设计师的就业前景看好，职位需求量大，且工作时间有弹性、工作地点自由度大，甚至可以在家办公，所以逐渐成为很多设计师青睐的职业方向。想要成为一名优秀的电商设计师，不仅要有较好的美学素养、掌握相关的绘图软件，有一定的文字功底，同时还要能够从运营、推广、数据分析的角度去思考和分析诉求。

1. 美学素养

软件是实现设计构想的工具，掌握软件的使用方法并不代表会设计。而设计师的品位是需要进行学习、培养的。设计师若要提高自身的审美能力，可以从基础的平面构成、色彩构成、立体构成等设计基础入手，知晓基础概念后，还要多看、多学、多用。

2. 软件技能

软件是设计制图的工具，是必学的技能。电商设计师最常使用的软件是位图处理软件Photoshop，它不仅可以进行商品图片的处理，还可以进行版面的编排；其次是主流的矢量制图软件CorelDRAW和Illustrator，至少需要掌握其中一款；与此同时，还要掌握一些其他常用软件，如Dreamweaver。

3. 营销策划能力

运营人员与设计师的配合是否默契，会在很大程度上影响电商营销活动的效果，左右最终的市场效益。如果运营人员懂得一些设计知识，设计师也熟悉营销流程，那么能够大大提升团队的工作效率。

1.2 电商设计师与Photoshop

网上购物与传统购物最大的区别在于挑选商品时无法接触实物，买家只能通过商品图片、商品介绍和其他买家的评价来了解商品。商品的展示和页面的设计就必须在第一时间吸引买家的注意力，影响买家在店铺或平台的停留时间以及最终是否达成交易。因此，对于店铺或平台来说，电商设计师的工作至关重要。电商设计师在日常工作中，必须掌握以下4种技能。

1.2.1 图像美化处理技能

图像美化处理是电商设计师必备的技能之一。在商品或模特的拍摄过程中，经常会受到拍摄环境的影响，造成图像不能达到所要表现的状态，这时就需要电商设计师对图像进行后期处理，以符合设计需求。

1.2.2 图像抠取技能

在Photoshop中，使用工具或命令将需要的商品图像从图像背景中分离出来的过程称为图像抠取。这是电商设计中一个基础且重要的操作，其在商品主图、Banner、商品海报等设计中是常用到的。因此，图像抠取是电商设计师必须掌握的技能。

1.2.3 图像色彩处理技能

利用 Photoshop 对商品图像进行后期的色彩还原，可以校正拍摄时产生的色差，提高商品的真实感。设计师还可以根据设计需求，对版面中的色彩进行整体掌控。

1.2.4 图像特效合成技能

利用 Photoshop 将商品图像和特定背景进行合成，可以使其更具美感和氛围感，能很大程度提升商品页面的点击率。

1.3 认识 Photoshop 的工作界面

Photoshop 是由 Adobe System 开发和发行的图像处理软件，主要处理以像素构成的数字图像，被广泛应用于平面设计、广告设计、影视后期和绘画等领域，因其强大的图像编辑处理、文字编辑排版、创意合成等功能和简单友好的操作界面，成为平面设计师的最爱。

成功安装 Photoshop 之后，在程序菜单中找到并单击 Adobe Photoshop 选项，或双击桌面的 Adobe Photoshop 快捷方式，即可启动 Photoshop。如果在 Photoshop 中进行过一些文档的操作，在主屏幕中会显示之前操作过的文档。

在Photoshop中打开任意图像文件，即可显示【基本功能(默认)】工作区。该工作区由菜单栏、工具选项栏、标题栏、工具面板、状态栏、文档窗口以及多个面板组成。

> **提示**
>
> 虽然 Photoshop 每个版本的升级都会有性能上的提升和功能上的改进，但在日常工作中并不一定非要使用最新版本。因为，新版本虽然会有功能上的更新，但是对设备的要求也会有所提升，在软件运行过程中就可能会消耗更多的资源。如果在使用新版本的时候，感觉运行不流畅，操作反应慢，影响工作效率，这时就要考虑是否因为计算机配置无法满足 Photoshop 的运行。

1.3.1　菜单栏

菜单栏是 Photoshop 中的重要组成部分。Photoshop 2022 按照功能分类，提供了【文件】【编辑】【图像】【图层】【文字】【选择】【滤镜】【3D】【视图】【增效工具】【窗口】和【帮助】12 个菜单。

Ps 文件(F) 编辑(E) 图像(I) 图层(L) 文字(Y) 选择(S) 滤镜(T) 3D(D) 视图(V) 增效工具 窗口(W) 帮助(H)

单击其中一个菜单，即可打开相应的菜单列表。每个菜单都包含多个命令，如果命令显示为浅灰色，则表示该命令目前状态为不可执行；而带有▶符号的命令，表示该命令还包含多个子命令。

有些命令右侧的字母组合代表该命令的键盘快捷键，按该字母组合即可快速执行该命令；有些命令右侧只提供了快捷键字母，此时可以按 Alt 键 + 主菜单右侧的快捷键字母，再按命令后的快捷键字母，即可执行该命令。

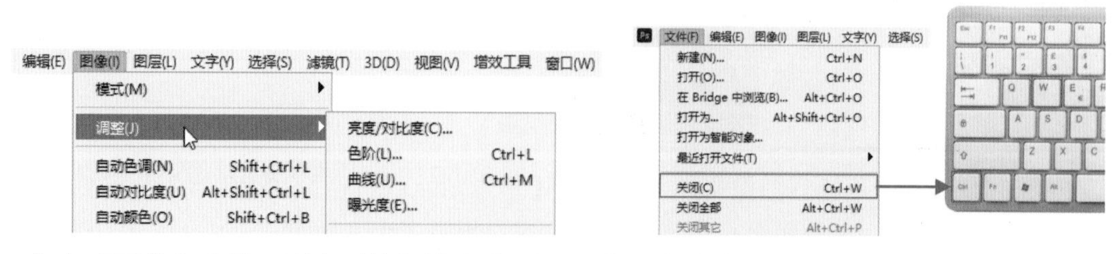

命令后面带省略号，则表示执行该命令后，工作区中将会显示相应的设置对话框。

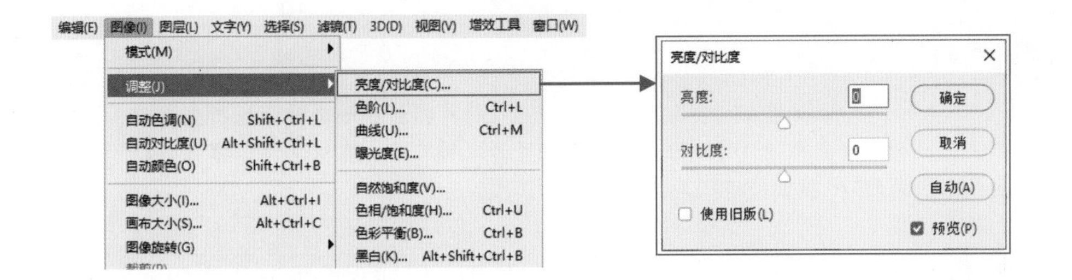

1.3.2 文档窗口和状态栏

文档窗口是显示图像内容的地方。打开的图像文件默认以选项卡模式显示在工作区中，其上方的标签会显示图像的相关信息，包括文件名、显示比例、颜色模式和位深度等。

状态栏位于文档窗口的下方，用于显示当前文档的尺寸、当前工具和窗口缩放比例等信息，单击状态栏中的 〉 按钮，可以设置要显示的内容。

1.3.3 工具面板与工具选项栏

在 Photoshop 工具面板中，包含很多工具图标，依照功能与用途大致可分为选取、编辑、绘图、修图、路径、文字、填色及预览类工具。单击工具面板中的工具按钮图标，即可选中并使用该工具。如果某工具按钮图标右下方有一个三角形符号，则表示该工具还有弹出式的工具组。单击该工具按钮则会出现一个工具组，将鼠标移到工具图标上即可切换不同的工具，也可以按住 Alt 键并单击工具按钮图标以切换工具组中不同的工具。另外，设计师还可以通过快捷键来选择工具，工具名称后的字母即是工具快捷键。

工具面板底部还有三组控件。填充颜色控件用于设置前景色与背景色；工作模式控件用来选择以标准工作模式还是快速蒙版工作模式进行图像编辑；更改屏幕模式控件用来切换屏幕模式。

提示

当 Photoshop 的工具面板无法完全显示工具时，可以将单排显示的工具面板折叠为双排显示。单击工具面板左上角的 » 按钮可以将其设置为双排显示。在双排显示模式下，单击工具面板左上角的 « 按钮即可还原回单排显示模式。

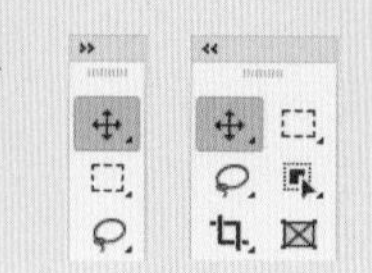

工具选项栏(简称选项栏)在 Photoshop 的应用中具有非常重要的作用。它位于菜单栏的下方。当选中工具面板中的任意工具时，工具选项栏中就会显示相应的工具属性设置选项，我们可以很方便地利用它来设置工具的各种属性。

【矩形选框】工具选项栏

【画笔】工具选项栏

【渐变】工具选项栏

提示

在工具选项栏中设置完参数后，如果想将该工具选项栏中的参数恢复为默认值，可以在工具选项栏左侧的工具图标处右击，从弹出的快捷菜单中选择【复位工具】命令或【复位所有工具】命令。选择【复位工具】命令，即可将当前工具选项栏中的参数恢复为默认值。如果想将所有工具选项栏中的参数恢复为默认设置，可以选择【复位所有工具】命令。

1.3.4 面板

面板是 Photoshop 工作区中经常使用的组成部分，主要用来配合图像的编辑、对操作进行控制以及设置参数等。默认情况下，常用的一些面板位于工作区右侧的堆栈中。单击其中一个面板名称，即可切换到相对应的面板。另外一些未显示的面板，可以通过选择【窗口】菜单中相应的命令使其显示在工作区内。

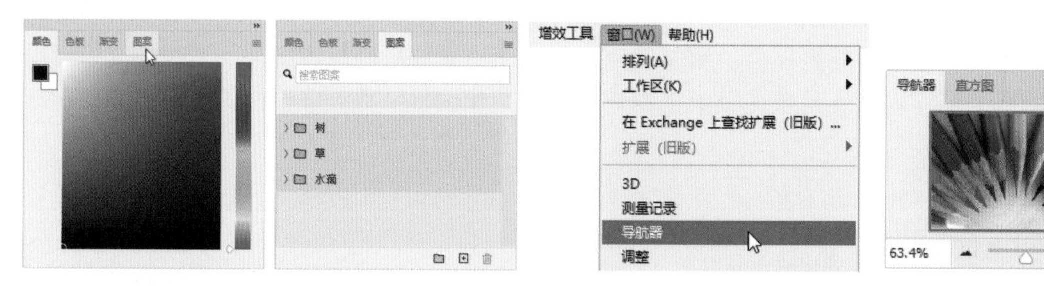

对于暂时不需要使用的面板，可将其折叠或关闭，以增大文档窗口的显示区域。单击面板右上角的 » 按钮，可以将面板折叠为图标。单击面板右上角的 « 按钮，可以展开面板。我们可以通过面板菜单中的【关闭】命令关闭面板，或选择【关闭选项卡组】命令关闭面板组。

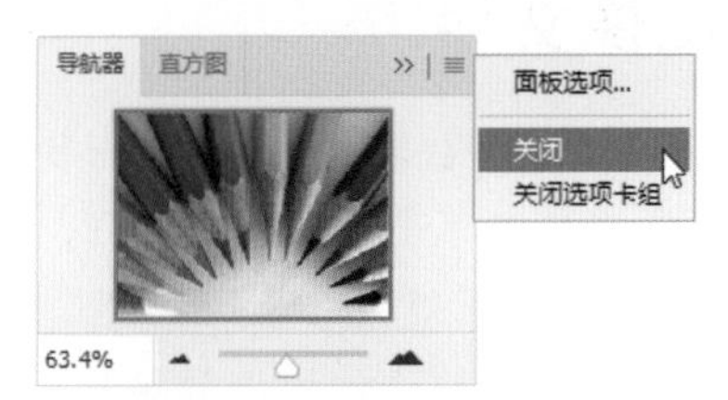

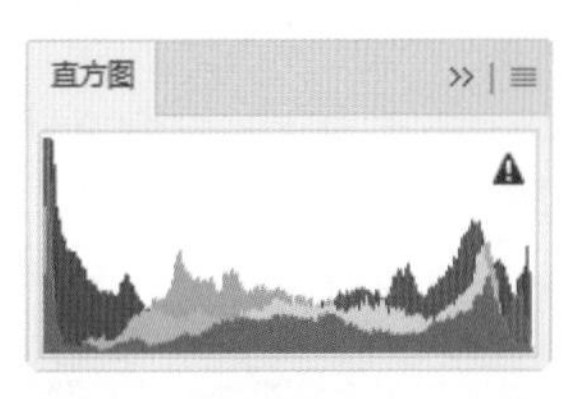

Photoshop 应用程序中将 20 多个功能面板进行了分组。如果要将面板组中的面板移到固定区域之外，可以使用鼠标单击面板选项卡的名称位置，并按住鼠标左键将其拖到面板组以外，将该面板变成浮动式面板，放置在工作区中的任意位置。

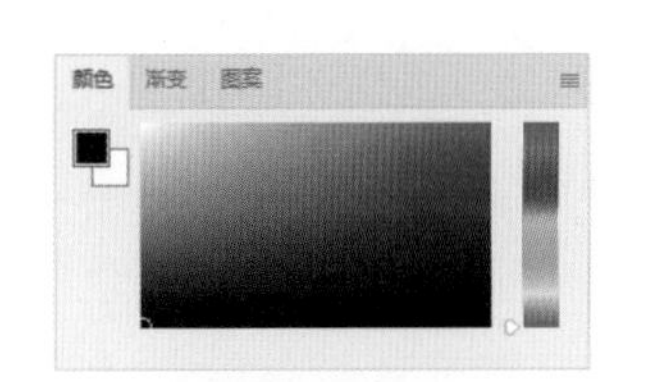

在一个独立面板的选项卡名称位置处单击，然后按住鼠标左键将其拖到另一个面板上，当目标面板周围出现蓝色的边框时释放鼠标，即可将两个面板组合在一起。

为了节省空间，我们还可以将组合的面板停靠在工作区右侧的边缘位置，或与其他的面板组停靠在一起。拖动面板组上方的标题栏或选项卡位置，将其移到另一组或一个面板边缘位置。当看到一条水平的蓝色线条时，释放鼠标即可将该面板组停靠在其他面板或面板组的边缘位置。

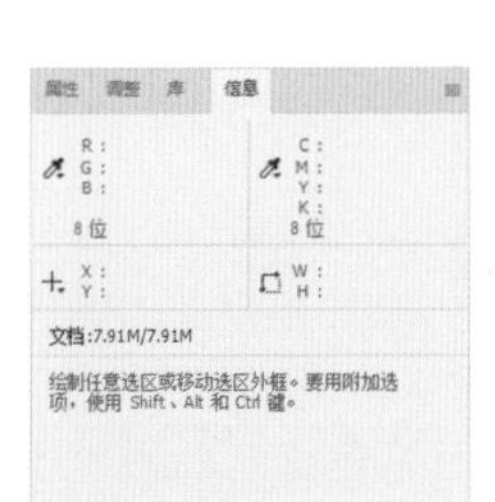

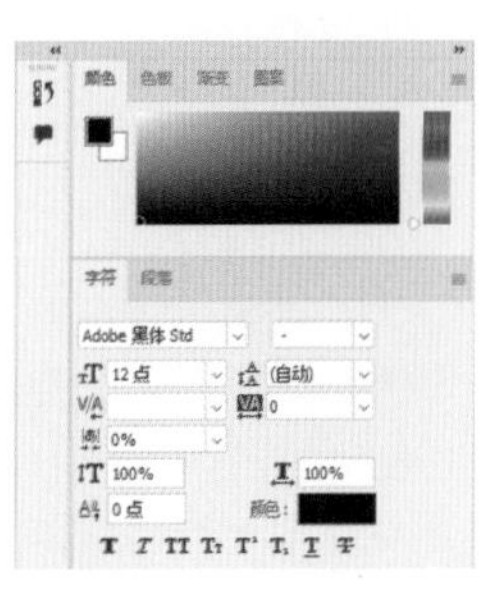

提示

学习完本节内容后，一些不需要的面板会被打开，工作区中的面板位置也会被打乱。一个一个地重新拖曳调整，费时又费力，这时可以选择【窗口】|【工作区】|【复位基本功能】命令，即可将凌乱的工作区恢复到软件默认状态。

1.4 Photoshop 文档的基本操作

在运用 Photoshop 进行一些复杂的图像设计操作前，我们首先需要掌握图像文档的基础操作。

视频 1.4.1 新建图像文件

在使用 Photoshop 制作店铺页面或商品页面前，需要先新建文档，具体操作步骤如下。

01 启动 Photoshop 后，在主屏幕中单击【新建】按钮，或选择菜单栏中的【文件】|【新建】命令，或按 Ctrl+N 快捷键，打开【新建文档】对话框。该对话框大致分为 3 部分：顶端是预设的尺寸选项组；左侧是预设选项或最近使用过的项目；右侧是自定义选项区域。

02 如果要选择系统内置的一些预设文档尺寸，可以在顶端选择预设尺寸选项卡，然后单击选择一个合适的预设尺寸，单击【创建】按钮，即可完成新建操作。例如，要新建一个网页格式的文档，那么选择 Web 选项卡，在窗口的左侧即可看到全部预设尺寸。单击选中一个预设尺寸，在窗口的右侧可以看到相应的尺寸参数，然后单击【创建】按钮。

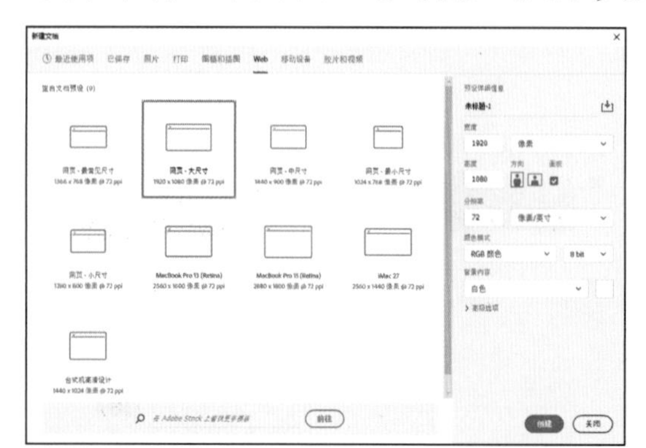

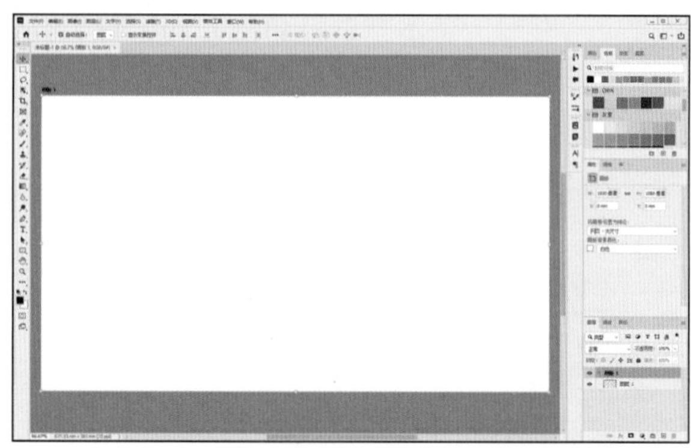

03 如果制作特殊尺寸的文档，就需要在对话框的右侧区域进行设置。在右侧顶部的文本框中，可以输入文档名称，默认文档名称为“未标题 -1”。

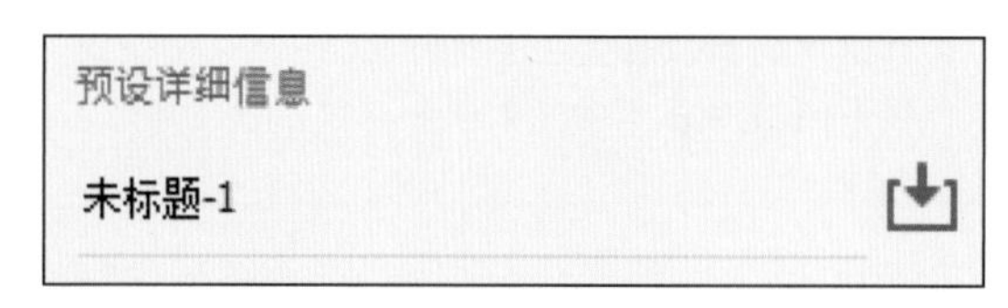

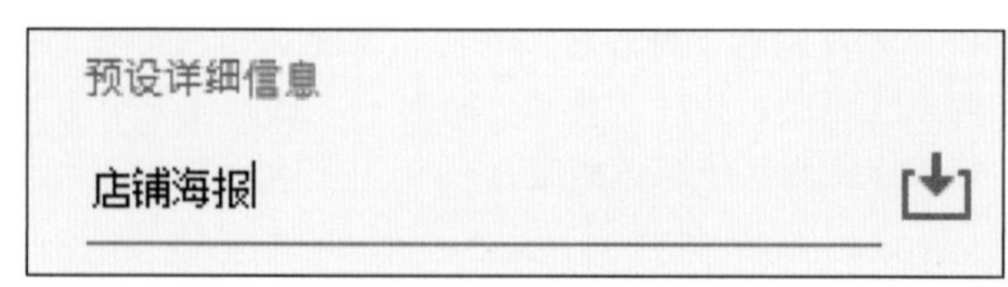

04 在【宽度】【高度】数值框中，可以设置文件的宽度和高度，其单位有【像素】【英寸】【厘米】【毫米】【点】和【派卡】6 个选项。在【方向】选项组中，单击【纵向】或【横向】按钮可以设置文档方向。选中其右侧的【画板】复选框，可以在新建文档的同时创建画板。

05 在【分辨率】选项组中，可以设置图像的分辨率大小，其单位有【像素/英寸】和【像素/厘米】两种。一般情况下，图像的分辨率越高，图像质量越好。在【颜色模式】选项组的下拉列表中可以选择文件的颜色模式及相应的颜色位深度。

06 在【背景内容】下拉列表中可以选择文件的背景内容，有【白色】【黑色】【背景色】【透明】和【自定义】5 个选项。我们也可以单击右侧的色板图标，打开【拾色器(新建文档背景颜色)】对话框自定义背景颜色。

07 单击【高级选项】左侧的 按钮，可以展开隐藏的选项。其中包含【颜色配置文件】和【像素长宽比】选项。在【颜色配置文件】下拉列表中可以为文件选择一个颜色配置文件；在【像素长宽比】下拉列表中可以选择像素的长宽比。一般情况下，保持默认设置即可。设置完成后，单击【创建】按钮即可根据设置新建一个空白文档。

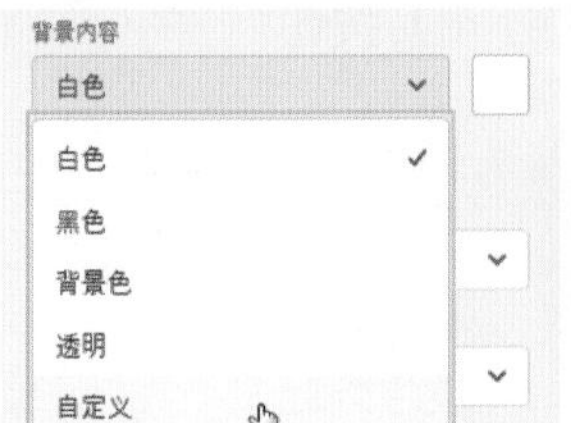

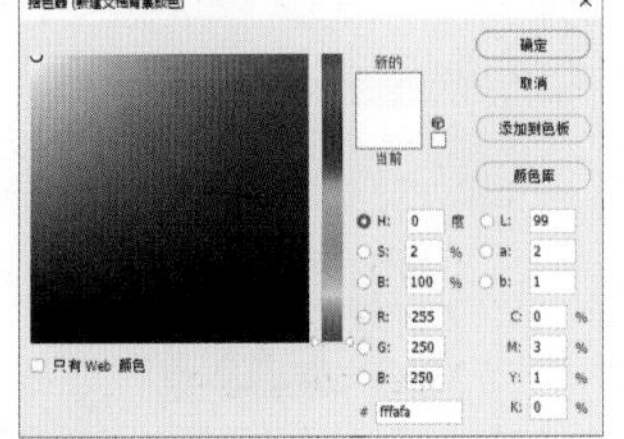

提示

对于经常使用的特殊尺寸文件，我们可以在设置完成后，单击名称栏右侧的按钮，在显示【保存文档预设】后，在保存文档名称栏中输入自定义预设名称，然后单击【保存预设】按钮，即可在【已保存】选项卡中看到保存的文档预设。

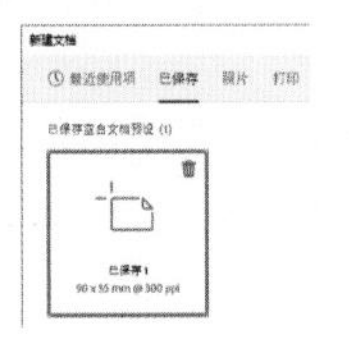

视频 1.4.2 打开商品图像

在进行商品图像设计前，我们需要将拍摄的商品图像在文档窗口中打开，具体操作步骤如下。

01 选择【文件】|【打开】命令，或按 Ctrl+O 快捷键，打开【打开】对话框。

02 在【打开】对话框中选择商品图像，并单击【打开】按钮，即可打开商品图像。

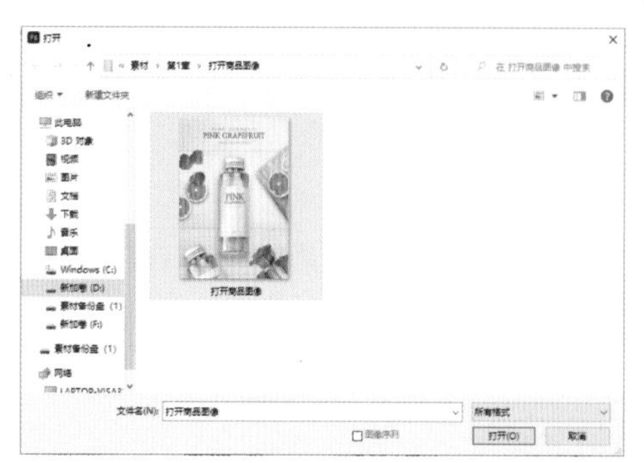

提示

Photoshop 支持多种不同的图像文件格式，常见的格式有 PSD、PSB、BMP、GIF、PDF、EPS、JPEG、PNG 和 TIFF 等，非常适合网店的“装修”、商品的设计和网页的图像制作。

1.4.3 多文档窗口操作

在【打开】对话框中，可以一次性选中多个文档，同时将其打开。方法是按住鼠标左键拖动框选多个文档，或按住 Ctrl 键逐个单击选择多个文档，然后单击【打开】按钮。

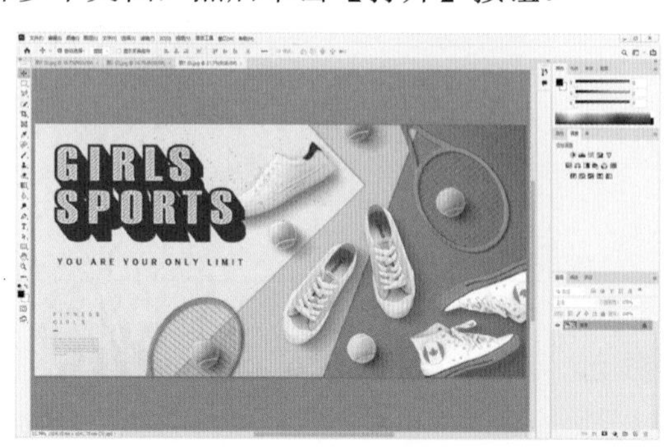

虽然可以一次性打开多个文档，但多个文档均合并在文档窗口中。单击标题栏中的文档名称，即可切换到相应的文档窗口。除此之外，文档窗口还可以脱离界面，浮动在窗口中。将光标移至文档名称上，按住鼠标左键向界面外拖动。释放鼠标后，文档即为浮动的状态。

若要恢复为堆叠的状态，可以将浮动的窗口拖到文档窗口上方，当出现蓝色边框后松开鼠标即可完成堆叠。

在打开多个图像文档时，文档窗口就会显得杂乱，这时可以通过设置窗口排列方式进行相关排列。如在窗口中打开了三个图像文档，选择【窗口】|【排列】|【三联水平】命令。此时，工作窗口中同时显示三个图像文档，单击其中任何一个图像文档，即将其切换成当前窗口。

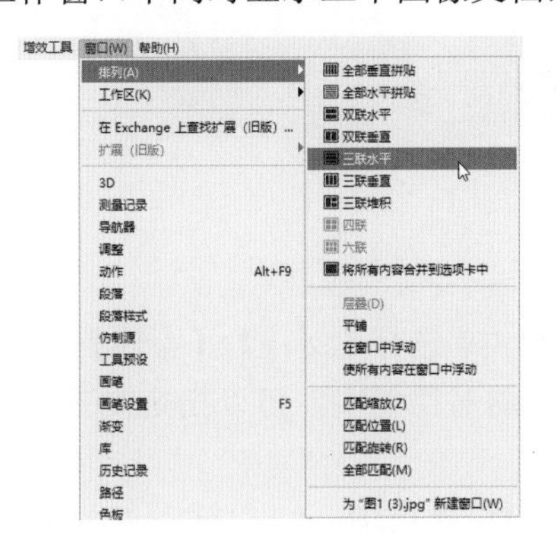

视频 1.4.4　置入素材图像

使用 Photoshop 制作网店页面或商品广告时，经常要使用不同的图像元素来丰富画面效果。将需要的图像元素导入一个工作文档中的操作非常简单，具体操作步骤如下。

01 在已打开的图像文档中，选择【文件】|【置入嵌入对象】命令，在打开的【置入嵌入的对象】对话框中选择需要置入的文件，单击【置入】按钮。

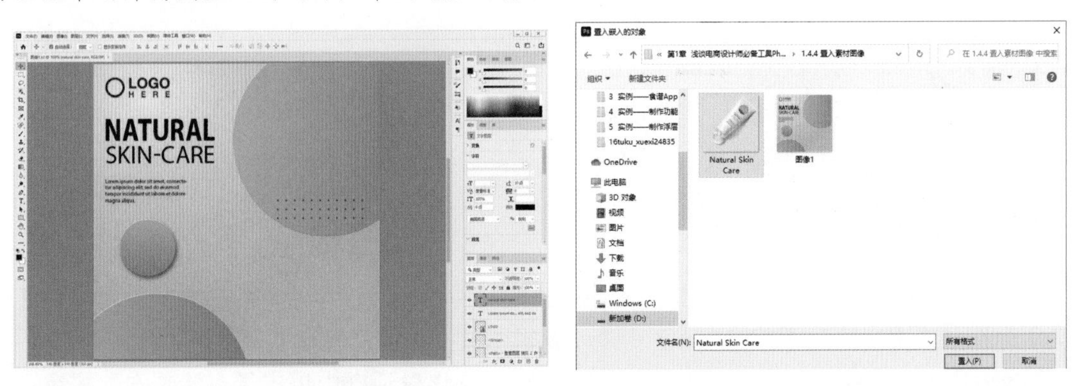

02 随即选择的文件会被置入当前文档内，此时置入的对象边缘会显示定界框和控制点。将光标移至置入图像的上方，按住鼠标左键并拖曳可以移动对象。将光标定位在定界框四角以及边线中间处的控制点的上方并拖动，可以对置入图像的大小进行调整，向内拖动则缩小图像，向外拖动则放大图像。将光标移至定界框角点外，光标变为↰形状后，按住鼠标左键并拖曳，即可旋转图像。

03 调整完成后，按 Enter 键即可完成置入操作。此时，在【图层】面板中可以看到新置入的对象图层。

1.4.5 保存图像文件

对某一文档进行编辑后，需要将当前操作保存到当前文档中。选择【文件】|【存储】命令，或按 Ctrl+S 快捷键打开【存储为】对话框进行保存。在打开的对话框中，可以指定文件的保存位置、保存类型和文件名。

在存储新建的文件时，文件的默认格式为 Photoshop(*.PSD；*.PDD；*.PSDT)。PSD 格式的文件可以在 Adobe 公司的多款软件中应用，在实际操作中 PSD 格式的文件经常会被直接置入 Illustrator、InDesign 等平面设计软件中。除此之外，After Effects、Premiere 等影视后期制作软件也可以使用 PSD 格式的文件。选择该格式后，单击【保存】按钮，会弹出【Photoshop 格式选项】对话框，选中【最大兼容】复选框，可以保证当前文档在其他版本的 Photoshop 中也能够正确打开，单击【确定】按钮即可保存文档；选中【不再显示】复选框，再单击【确定】按钮，就可以每次都采用当前设置，且不再显示该对话框。

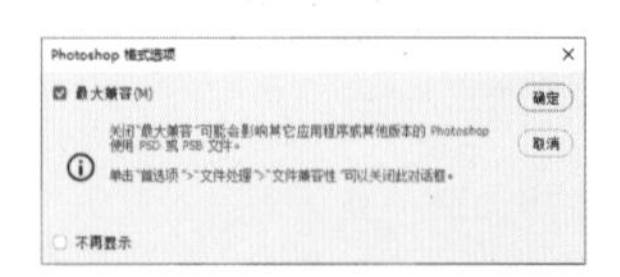

如果想对编辑后的图像文件以其他文件格式或文件路径进行存储，可以选择【文件】|【存储为】命令，或【文件】|【存储副本】命令。编辑图像文件后，选择【文件】|【存储为】命令，或按 Shift+Ctrl+S 快捷键可打开【存储为】对话框，在该对话框中单击【存储副本】按钮；也可以选择【文件】|【存储副本】命令，或按 Alt+Ctrl+S 快捷键，打开【存储为】对话框。

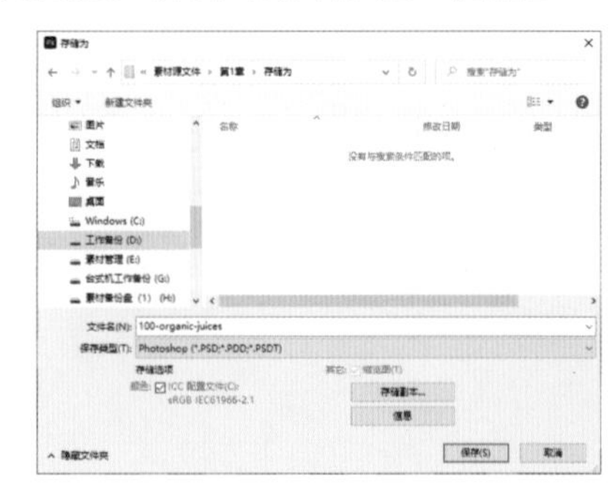

在【存储为】对话框的【保存类型】下拉列表中，可以选择所需的文件格式。如果需要选择 *.JPEG 或 *.PNG 等格式，可以单击【存储为】对话框中的【存储副本】按钮，或直接选择【文件】|【存储副本】命令，打开【存储副本】对话框，即可在【保存类型】下拉列表显示的所有文件格式中进行选择。

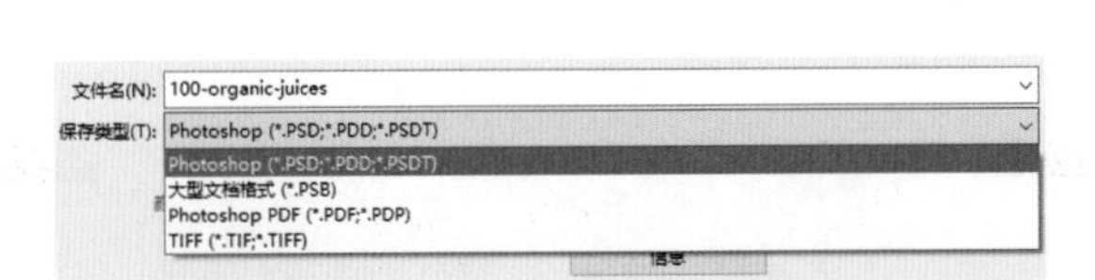

在【保存类型】下拉列表中选择另存图像文件的格式后，单击【保存】按钮，即可弹出相应的格式选项对话框。在该对话框中，可以设置图像品质，然后单击【确定】按钮即可以其他文件格式或文件路径进行存储。

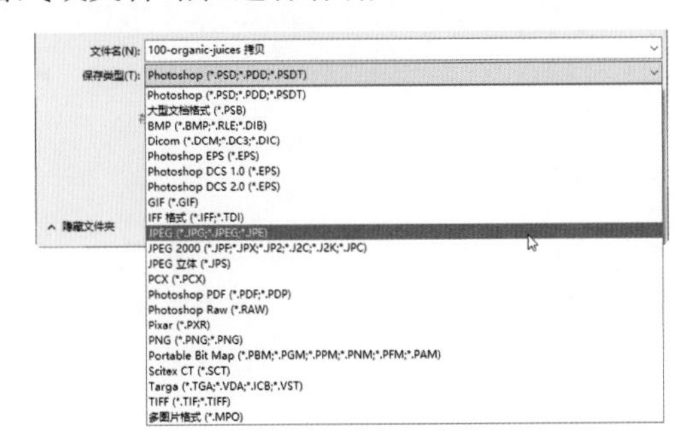

提 示

为防止突然断电或软件崩溃，建议软件每操作一段时间后及时按 Ctrl+S 快捷键保存图像文档。

1.4.6　调整图像文件的查看比例和位置

在编辑处理图像的过程中，设计师需要频繁地对编辑的图像进行放大或缩小显示，以便进行图像的查看、编辑操作，此时就要用到【缩放】工具和【抓手】工具。

1. 【缩放】工具

单击工具面板中的【缩放】工具，将光标移到画面中。单击鼠标即可以单击的点为中心放大图像的显示比例，如需放大多倍，可以多次单击；也可以同时按 Ctrl 键和“+”键放大图像显示比例。

【缩放】工具既可以放大图像，也可以缩小图像。在【缩放】工具选项栏中可以切换该工具的模式，单击【缩小】按钮可以切换到缩小模式，在画面中单击，可以缩小图像，也可以同时按 Ctrl 键和“-”键缩小图像显示比例。

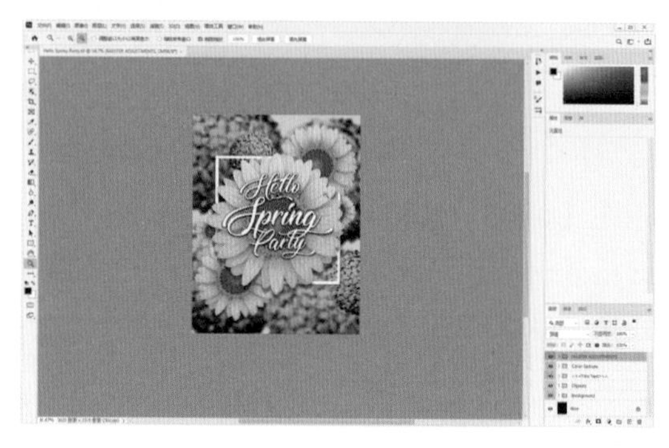

提 示

使用【缩放】工具缩放图像的显示比例时，除了可以通过工具选项栏切换放大、缩小模式，用户还可以配合使用 Alt 键来进行切换。在【缩放】工具的放大模式下，按住 Alt 键就会切换成缩小模式，释放 Alt 键又可恢复为放大模式状态。

在【缩放】工具选项栏中，还可以看到一些其他选项。

调整窗口大小以满屏显示　缩放所有窗口　细微缩放　100%　适合屏幕　填充屏幕

- 【调整窗口大小以满屏显示】复选框：选中该复选框，在缩放窗口的同时自动调整窗口的大小。
- 【缩放所有窗口】复选框：选中该复选框，可以同时缩放所有打开的文档窗口中的图像。
- 【细微缩放】复选框：选中该复选框，在画面中单击并向左侧或右侧拖动鼠标，能够以平滑的方式快速缩小或放大窗口。
- 100% 按钮：单击该按钮，图像以实际像素即 100% 的比例显示，也可以通过双击缩放工具来进行同样的调整。
- 【适合屏幕】按钮：单击该按钮，可以在窗口中最大化显示完整的图像。
- 【填充屏幕】按钮：单击该按钮，可以使图像充满文档窗口。

2.【抓手】工具

当图像显示比例较大时，有些局部可能就无法显示，这时设计师可以使用工具面板中的【抓手】工具，在画面中按住鼠标左键并拖曳，即可显示局部图像。

提示

在使用其他工具时，按 Space 键 (空格键) 即可快速切换到【抓手】工具状态。此时，在画面中按住鼠标左键并拖曳，即可平移画面。松开 Space 键时，工具会自动切换回之前使用的工具。

1.5 错误操作的处理

使用 Photoshop 进行设计的过程中，如果出现操作失误，设计师可以通过菜单命令方便地撤销或恢复图像处理的操作步骤。

1.5.1 撤销与还原操作

进行图像编辑时，如果想撤销一步操作，可以选择【编辑】|【还原通过拷贝的图层 (操作步骤名称)】命令，或按 Ctrl+Z 快捷键。需要注意的是，该操作只能撤销对图像的编辑操作，不能撤销保存图像的操作。

如果想要恢复被撤销的操作，可以选择【编辑】|【重做通过拷贝的图层 (操作步骤名称)】命令，或按 Shift+Ctrl+Z 快捷键。

文件(F) 编辑(E) 图像(I) 图层(L) 文字(Y) 选择(S)
还原通过拷贝的图层(O) Ctrl+Z
重做(O) Shift+Ctrl+Z
切换最终状态 Alt+Ctrl+Z

文件(F) 编辑(E) 图像(I) 图层(L) 文字(Y) 选择(S) 滤镜(T)
还原(O) Ctrl+Z
重做通过拷贝的图层(O) Shift+Ctrl+Z
切换最终状态 Alt+Ctrl+Z

如果想要连续向前撤销编辑操作，可以连续按 Ctrl+Z 快捷键，按照【历史记录】面板中排列的操作顺序，逐步恢复操作步骤。进行撤销后，如果想连续恢复被撤销的操作，可以连续按 Shift+Ctrl+Z 快捷键。

提示

默认情况下 Photoshop 能够撤销 50 步历史操作，如果想要增加步骤数目，可以选择【编辑】|【首选项】|【性能】命令，打开【首选项】对话框，然后在【历史记录与高速缓存】选项组中，修改【历史记录状态】的数值即可。需要注意的是，将【历史记录状态】数值设置过大时，会占用更多的系统内存，影响 Photoshop 的运行速度。

1.5.2 恢复文件

对一个图像文件进行了一些编辑操作后，选择【文件】|【恢复】命令，可以直接将文件恢复到最后一次存储时的状态。如果一直没有进行存储操作，则可以返回刚打开文件时的状态。

1.5.3 使用【历史记录】面板还原操作

在 Photoshop 中，对图像文档进行过的编辑操作都会记录在【历史记录】面板中。选择【窗口】|【历史记录】命令，打开【历史记录】面板。当对文档进行一些编辑操作后，操作步骤就会被记录在【历史记录】面板中。单击其中某项历史记录操作，就可以使文档返回之前的编辑状态。

【历史记录】面板中还有一项功能，即快照。这项功能可以将一系列的操作记录为一个步骤。这种情况下，我们可以将完成的重要步骤创建为快照。当操作出错时，单击某一阶段的快照可以迅速将图像恢复到该状态，以弥补历史记录保存数量的局限。选择需要创建快照的状态，然后单击【创建新快照】按钮，即可生成一个新的快照。

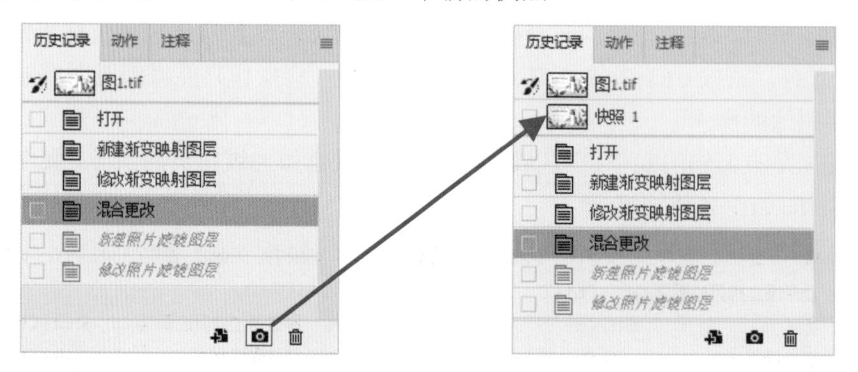

如需删除快照，在【历史记录】面板中选择要删除的操作步骤后，单击【删除当前状态】按钮可将该操作步骤及其后的操作步骤删除。单击该按钮后，会弹出提示对话框询问是否要删除当前选中的操作步骤，单击【是】按钮即可删除指定的操作步骤。

1.6 提高 Photoshop 工作效率的操作技能

在掌握了 Photoshop 的基本操作后，学习一些 Photoshop 软件的操作小技巧，能进一步提升对软件操作的熟练度，并能大大提高工作效率。

1.6.1 高效管理图层

随着图像文档的深入编辑，图层的数量会越来越多，图层的结构也越来越庞大，这会给查找和选择图层带来麻烦。只有管理好图层，图像编辑工作才能顺利和高效地进行。

1. 修改名称，增加关注度

在默认状态下，创建图层时，图层名称是以“图层 1”“图层 2”“图层 3”的顺序来命名的。在图像文档中，图层数量较少时，通过图层的缩览图就可以识别每个图层中包含的内容。但图层多了以后，查看缩览图就会很耗费时间。因此，对于经常选取的或比较重要的图层，最好给它重新命名。这样不仅便于查找，也能区别于其他普通图层，修改和删除时就会慎重对待了。

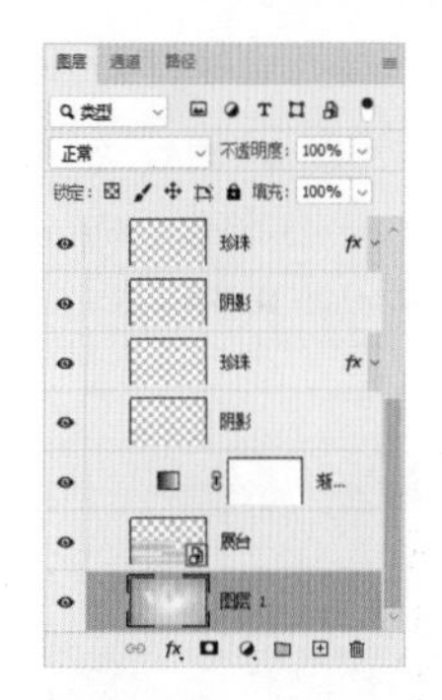

图层重命名的方法是在图层名称上双击，显示文本框后，输入特定名称，并按 Enter 键确认。另外，选择【图层】|【重命名图层】命令也可以完成此操作。

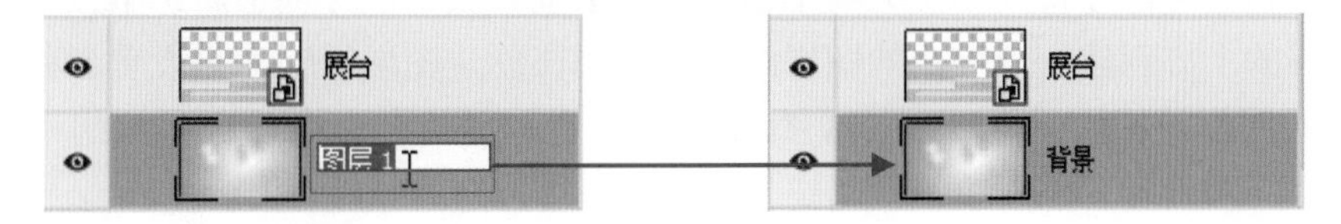

2. 标记颜色，提高识别度

在图层上右击，在弹出的快捷菜单中选择其中的一个颜色选项，便可为图层标记颜色。标记颜色可以让图层更加醒目，便于查找。这种方法比修改图层名称的识别度高。

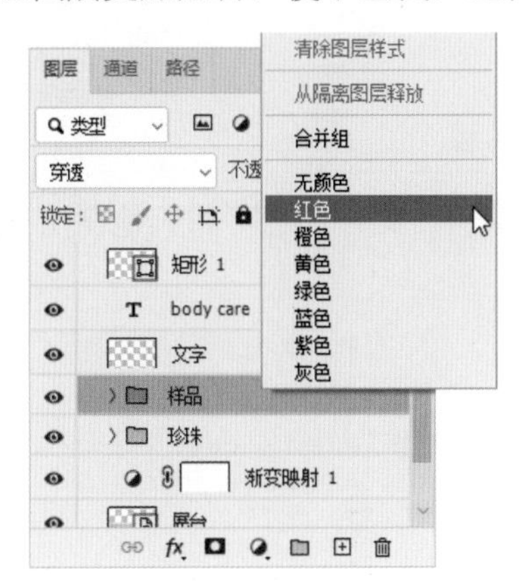

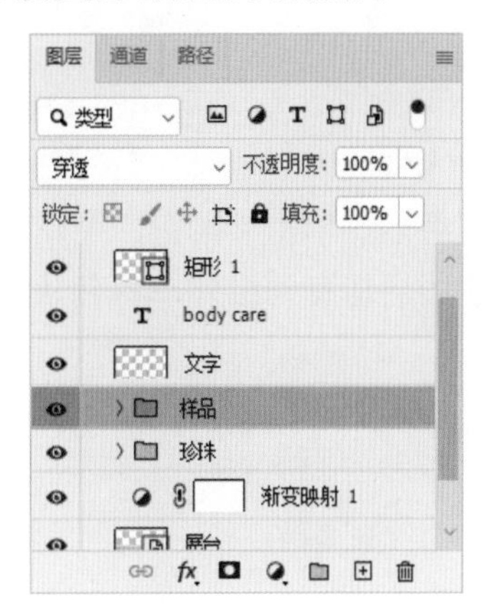

3. 分组管理，简化主结构

在 Photoshop 中，一个图像文档可以包含较多的图层。图像效果越丰富，用到的图层就会越多。只有做好分组管理，才能使图层结构清楚、明了。图层组类似于文件夹，图层类似于文件夹中的文件。将图层做好分类，放在不同的组中，然后单击图层组名称左侧的⌄按钮，只显示图层组名称，图层结构得以简化。将多个图层放在一个组中后，它们就会被 Photoshop 视为一个整体。单击组，将其选中。此时，应用【自由变换】命令进行移动、旋转和缩放等操作，将应用于组中的所有图层。图层组可以添加蒙版，也支持应用不透明度和混合模式。图层组还可以进行复制、链接、对齐和分布等操作，也可以进行锁定、隐藏、合并和删除等操作，操作方法与普通图层相同。

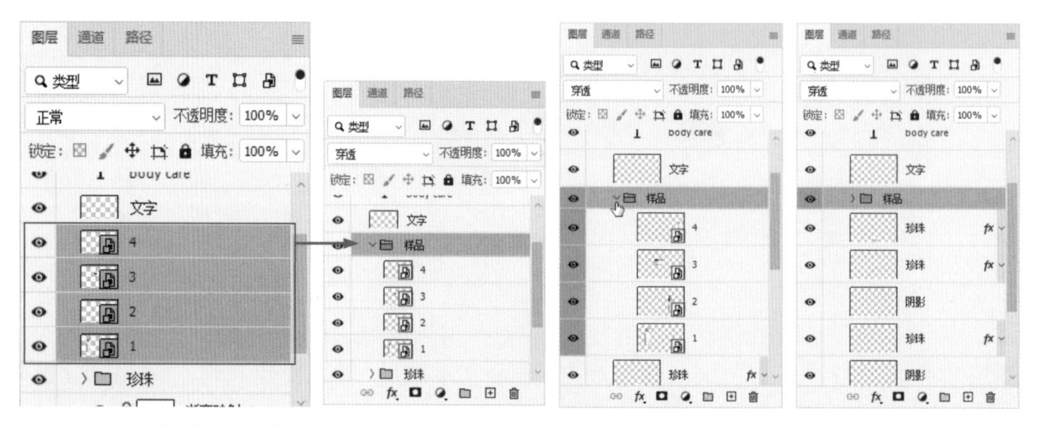

创建图层组的方法非常简单，只需单击【图层】面板底部的【创建新组】按钮，即可在当前选择图层的上方创建一个空白的图层组。如果想在创建图层组时为它设置名称、颜色、混合模式和不透明度等属性，可以选择【图层】|【新建】|【组】命令，在弹出的“新建组”对话框中进行相应的设置，然后单击“确定”按钮。

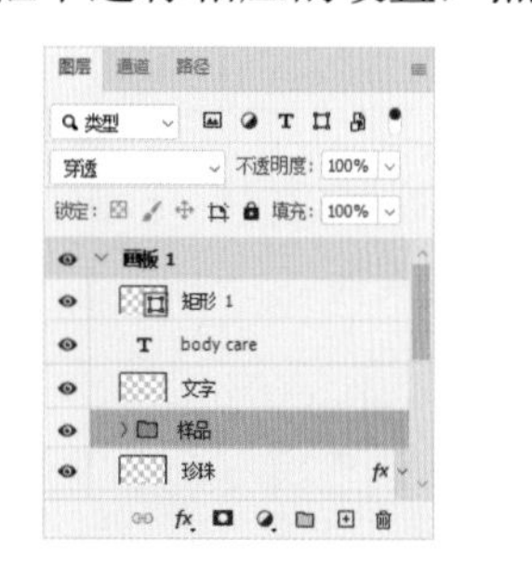

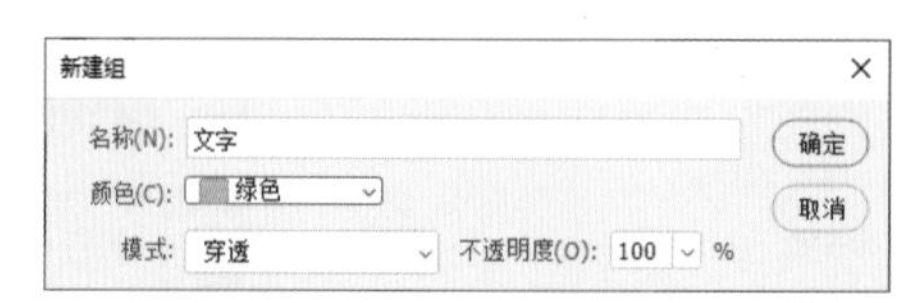

创建图层组后，单击按钮，可在该组中创建图层。此外，也可将其他图层拖入该组中；或将该组中的图层拖曳到组外，将其从该组中移出。

如果要将多个图层编入一个组中，可以先将它们选中，然后选择【图层】|【图层编组】命令，或按 Ctrl+G 快捷键，即可完成该操作。该组会使用默认的名称、不透明度和混合模式。如果想要在创建组时设置这些属性，可以选择【图层】|【新建】|【从图层建立组】命令，在弹出的【从图层新建组】对话框中进行相应的设置后，单击“确定”按钮。

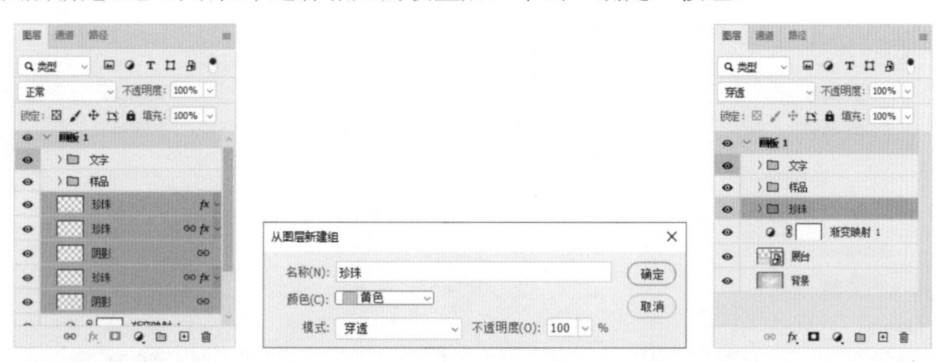

在图层组中可以创建新的图层组。这种多级结构的图层组称为嵌套图层组。我们也可以通过将一个图层组拖入另一组中的方法创建嵌套的组。

提 示

如果要释放图层组，则在选中图层组后，右击，在弹出的快捷菜单中选择【取消图层编组】命令，或按 Shift+Ctrl+G 快捷键即可。

4. 通过名称快速找到图层

Photoshop 为查找图层提供了搜索功能。选择【选择】|【查找图层】命令，或单击【图层】面板顶部的【过滤选项】按钮，在弹出的下拉列表中选择【名称】选项，该选项右侧会出现一个文本框。在该文本框中输入图层名称，即可快速查找到该图层，同时将其他图层屏蔽。如要重新显示所有图层，可以单击【图层】面板右上角的按钮，也可以重新单击【过滤选项】按钮，在弹出的下拉列表中选择【类型】选项。

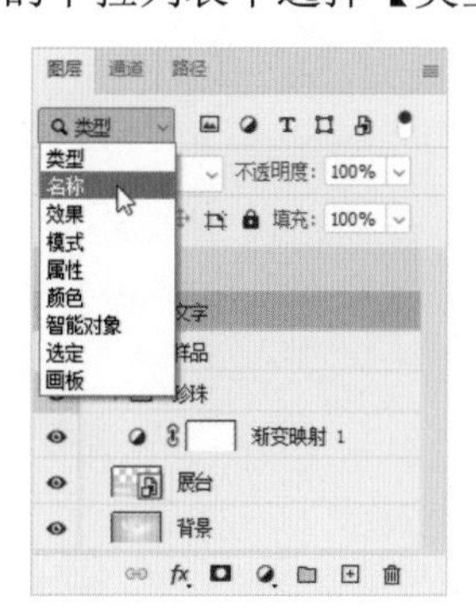

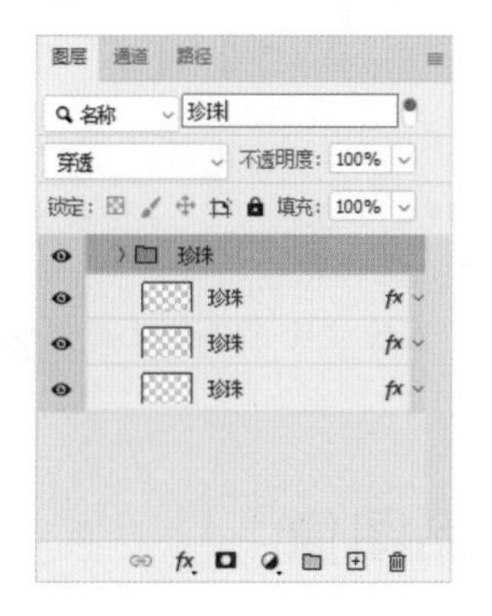

视频 1.6.2 快速对齐商品图像

在处理图像文档时，经常需要将多个商品对象进行对齐。如果手动进行对齐，不仅很难保证移动的准确性，还很花费时间。下面将介绍如何快速对齐图像，具体操作步骤如下。

01 打开素材文档，先选择图层，在此按住 Ctrl 键选择多个需要对齐的图层。

02 接着选择【移动】工具，在其选项栏中单击【水平居中对齐】按钮，即可对齐对象。

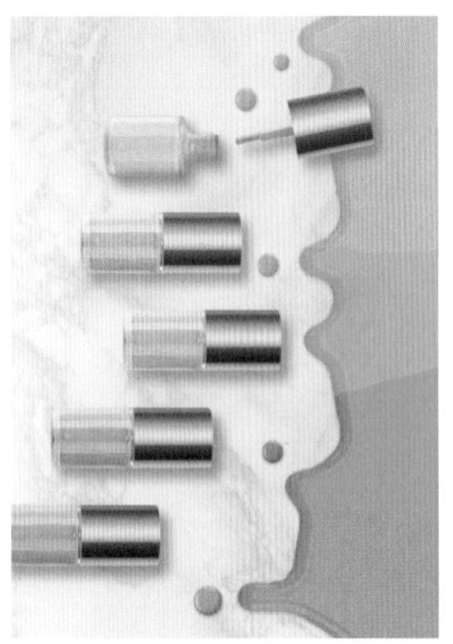

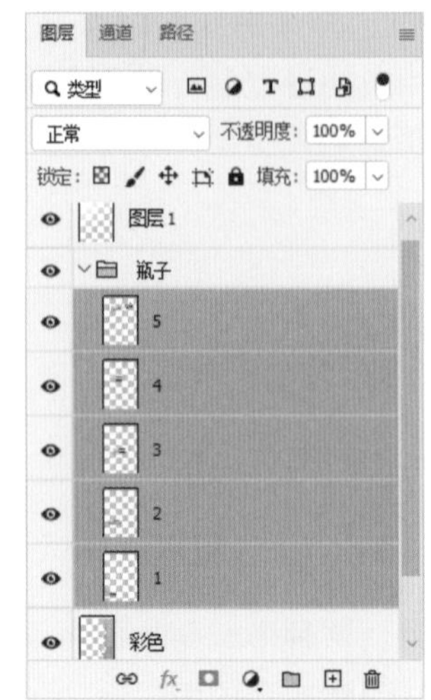

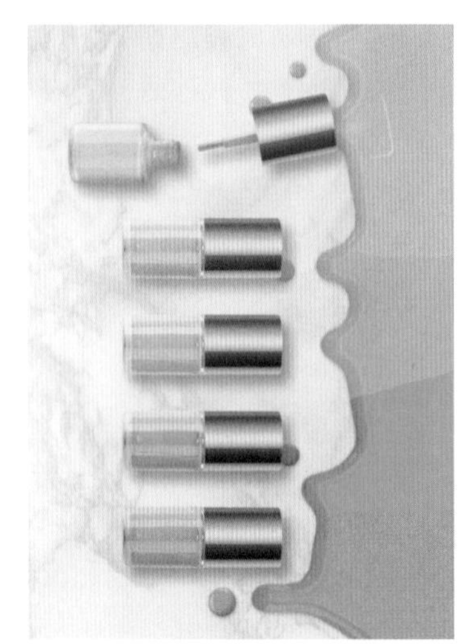

- 【左对齐】按钮：单击该按钮，可以将所有选中的图层最左端的像素与基准图层最左端的像素对齐。
- 【水平居中对齐】按钮：单击该按钮，可以将所有选中的图层水平方向的中心像素与基准图层水平方向的中心像素对齐。
- 【右对齐】按钮：单击该按钮，可以将所有选中的图层最右端的像素与基准图层最右端的像素对齐。
- 【顶对齐】按钮：单击该按钮，可以将所有选中的图层最顶端的像素与基准图层最上方的像素对齐。
- 【垂直居中对齐】按钮：单击该按钮，可以将所有选中的图层垂直方向的中心像素与基准图层垂直方向的中心像素对齐。
- 【底对齐】按钮：单击该按钮，可以将所有选中的图层最底端的像素与基准图层最下方的像素对齐。

提示

在【图层】面板中单击一个图层，即可将其选中。如果要选择多个连续的图层，可以选择位于连续一端的图层，然后按住 Shift 键单击位于连续另一端的图层，即可选择这些连续的图层。如果要选择多个非连续的图层，可以选择其中一个图层，然后按住 Ctrl 键单击其他图层名称。

视频 1.6.3 快速复制商品图像

在使用Photoshop进行设计的过程中，常常会用到复制功能。下面介绍快速复制图像的方法，具体操作步骤如下。

01 打开素材文档，选中商品图像。

02 使用【移动】工具移动图像时，按住 Ctrl+Alt 键并拖曳图像，即可复制商品图像。

视频 1.6.4 用批处理命令批量修改商品图像

电商设计工作中经常会遇到需要将多张图像调整到统一尺寸、统一色调等批量处理的情况。如果将图像一张一张地进行处理，非常耗费时间和精力，使用批处理命令可以快速、轻松地处理大量的图像，具体操作如下。

01 打开一个图像文件，选择【窗口】|【动作】命令，或按 Alt+F9 快捷键，打开【动作】面板。在【动作】面板中，单击【创建新动作】按钮⊞。在打开的【新建动作】对话框中设置【名称】，为了便于查找记录，也可以设置【颜色】，然后单击【记录】按钮，开始记录操作。

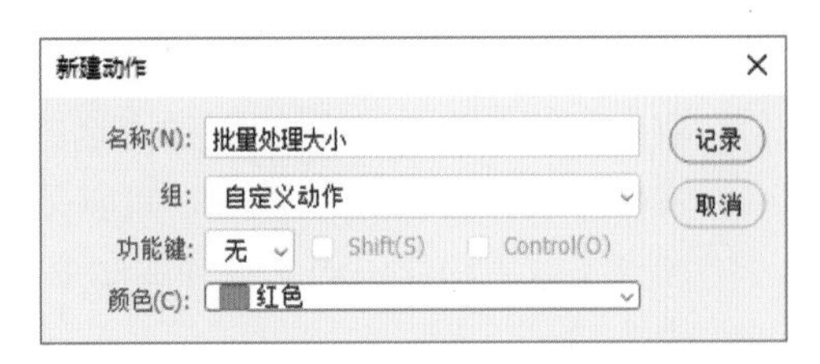

02 选择【图像】|【图像大小】命令，在打开的【图像大小】对话框中设置图像参数，并单击【确定】按钮。操作完成后，可以在【动作】面板中单击【停止播放 / 记录】按钮■停止记录，可以看到当前记录的动作。

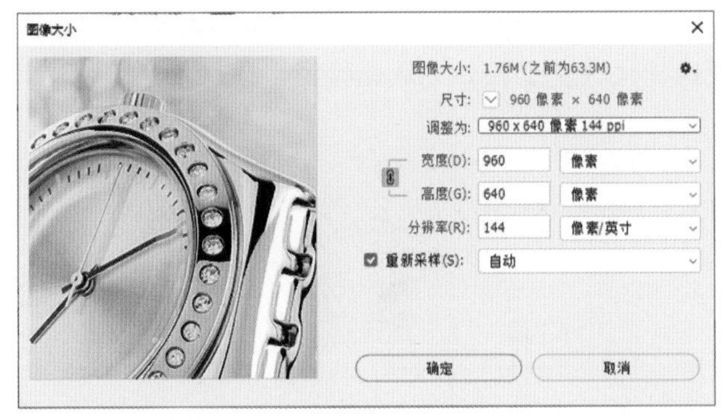

03 动作记录完成后，将需要进行批量处理的图片放置在一个文件夹中。

04 选择【文件】|【自动】|【批处理】命令，打开【批处理】对话框。批处理需要使用动作，而在上一步中已经准备了动作，因此首先设置需要播放的【组】和【动作】。

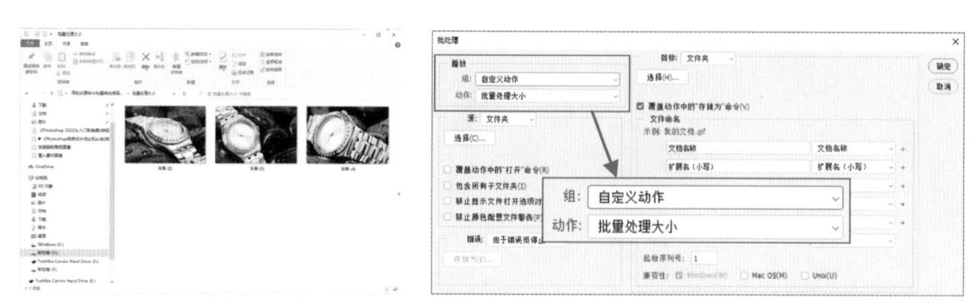

05 接着需要设置批处理的【源】，在步骤 (3) 中已将需要处理的文件都放在了一个文件夹中，这里设置【源】为【文件夹】，单击【选择】按钮，在弹出的【选取批处理文件夹】对话框中选择相应的文件夹，然后单击【选择文件夹】按钮。

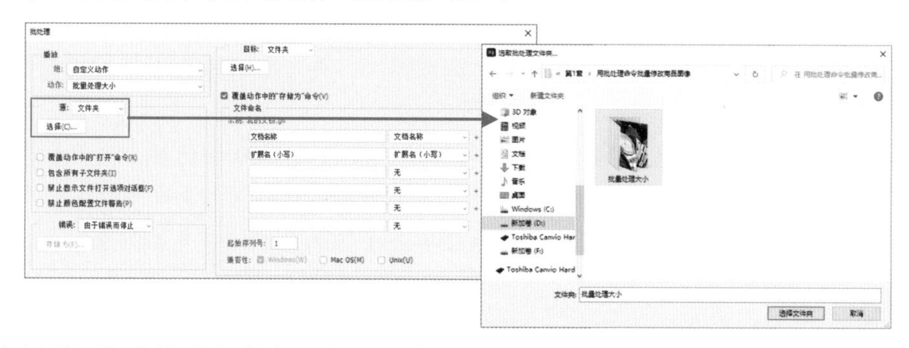

- 选择【源】中的【文件夹】选项并单击下面的【选择】按钮时，可以在弹出的【选取批处理文件夹】对话框中选择一个文件夹；选择【导入】选项时，可以处理来自扫描仪、数码相机、PDF 文档的图像；选择【打开的文件】选项时，可以处理当前所有打开的文件；选择 Bridge 选项时，可以处理 Adobe Bridge 中选定的文件。
- 选中【覆盖动作中的“打开”命令】复选框时，在批处理时忽略动作中记录的“打开”命令。
- 选中【包含所有子文件夹】复选框时，可以将批处理应用到所选文件夹中包含的子文件夹。
- 选中【禁止显示文件打开选项对话框】复选框时，在批处理时不会打开文件选项对话框。
- 选中【禁止颜色配置文件警告】复选框时，在批处理时会关闭颜色方案信息的显示。

06 将【目标】设置为【文件夹】，单击【选择】按钮，在弹出的【选取目标文件夹】对话框中选择或新建一个文件夹，然后单击【选择文件夹】按钮完成选择操作。选中【覆盖动作中的“存储为”命令】复选框。

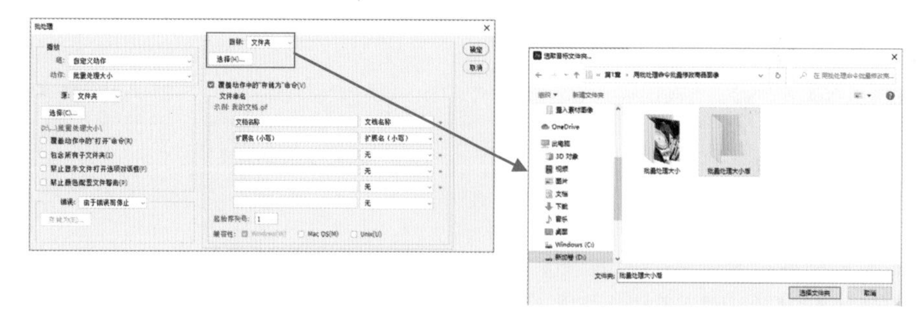

- 【覆盖动作中的“存储为”命令】复选框：如果动作中包含【存储为】命令，则选中该复选框后，在批处理时，动作中的【存储为】命令将引用批处理的文件，而不是动作中指定的文件名和位置。当选中该复选框后，会打开【批处理】提示框。

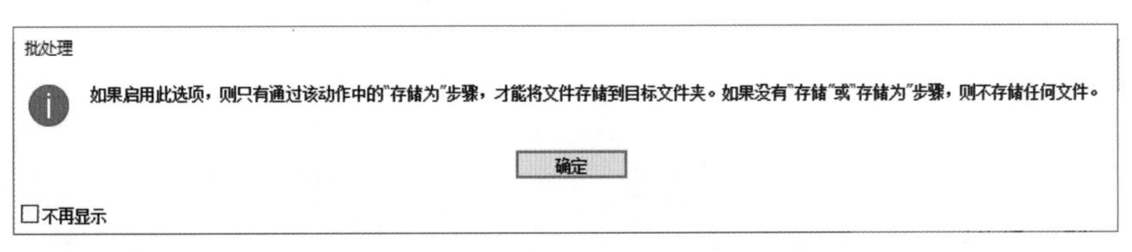

- 【文件命名】选项组：将【目标】选项设置为【文件夹】后，可以在该选项组的6个选项中设置文件的名称规范，指定文件的兼容性，包括Windows(W)、Mac OS(M)和Unix(U)。

07 设置完成后，单击【确定】按钮，接下来就可以进行批处理操作。

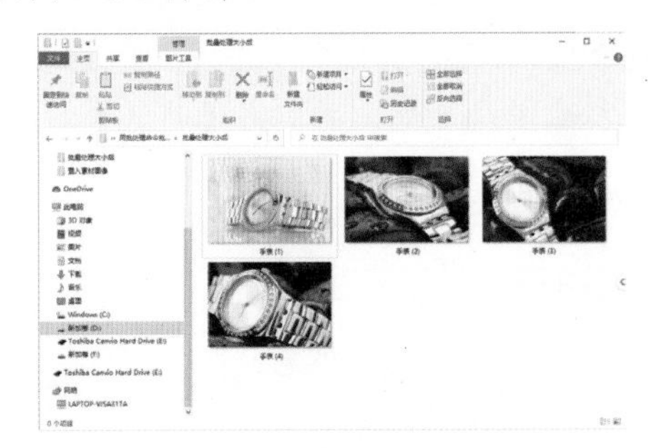

1.6.5 使用智能参考线

智能参考线是一种会在绘制、移动、变换等情况下自动出现的参考线，可以帮助设计师对齐特定对象。如使用【移动】工具移动某个图层，移动过程中图层与其他图层对齐时就会显示洋红色的智能参考线，而且还会提示图层之间的距离。变换图层内容时，也会出现智能参考线。

视频 1.6.6 给图像添加注释

【注释】工具是一个给图片添加备注或解释的工具。当一幅图像需要多人合作完成时，可以在图像上需要处理的部分添加注释，方便他人操作。下面介绍添加注释、更改颜色和删除注释的详细步骤，具体操作如下。

01 打开素材文档，长按工具面板中的【吸管】工具，在弹出的工具列表中选择【注释】工具。

02 在合适的位置单击鼠标添加注释，在【注释】面板中输入相关文字。

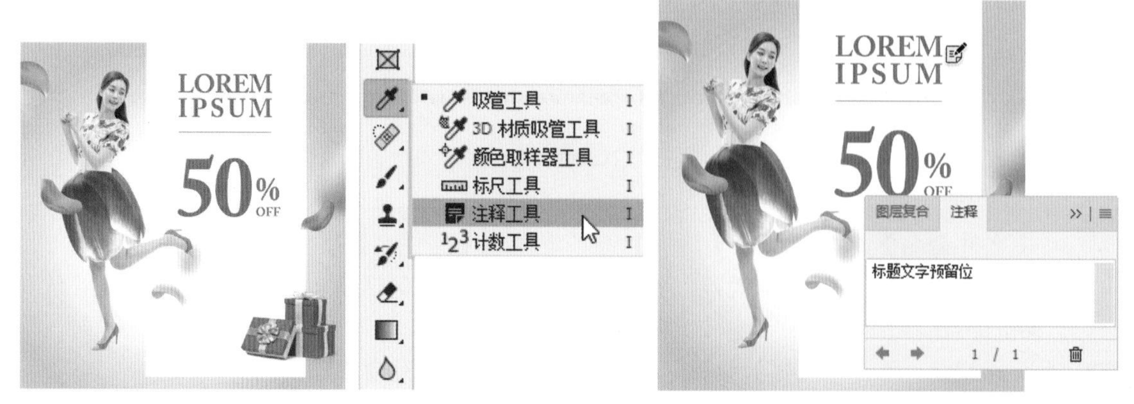

03 在工具选项栏中单击【颜色】右侧的色块，在弹出的【拾色器（注释颜色）】对话框中，选择需要的颜色，并单击【确定】按钮即可更改注释的颜色。

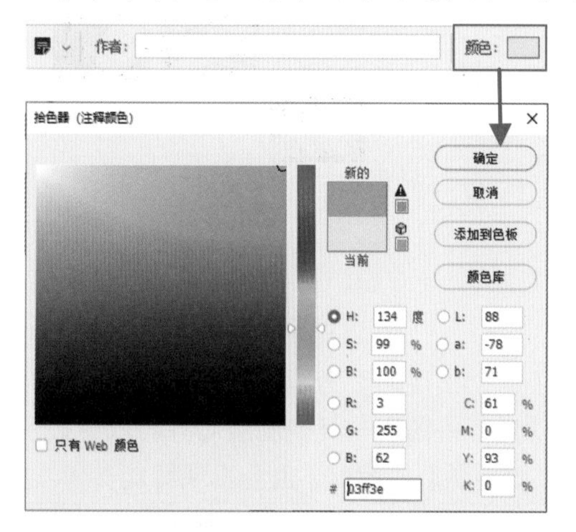

04 如果需要删除注释，可选择图像中的注释标志，在【注释】面板中单击【删除注释】按钮，在弹出的提示对话框中，单击【是】按钮即可删除选中的注释。

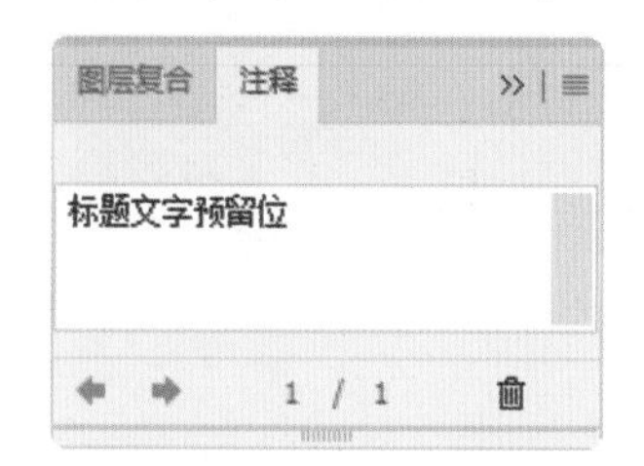

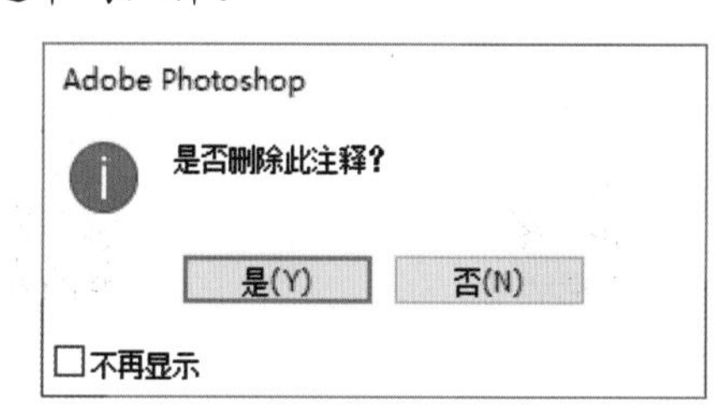

视频 1.6.7 使用图层复合展示设计方案

图层复合是【图层】面板状态的快照，它记录了当前文件中的图层可视性、位置和外观。通过图层复合，可在当前文件中创建多个方案，便于管理和查看不同方案的效果，适合在比较和筛选多种设计方案或多种图像效果时使用。

01 当创建好一个图像效果时，单击【图层复合】面板底部的【创建新的图层复合】按钮⊞。

02 在打开的【新建图层复合】对话框中，可以选择应用于图层的选项，包括【可见性】【位置】【外观(图层样式)】等，也可以为图层复合添加文本注释，然后单击【确定】按钮即可创建图层复合。

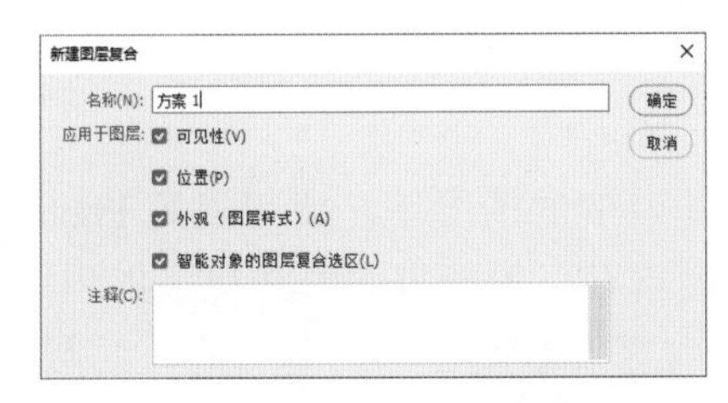

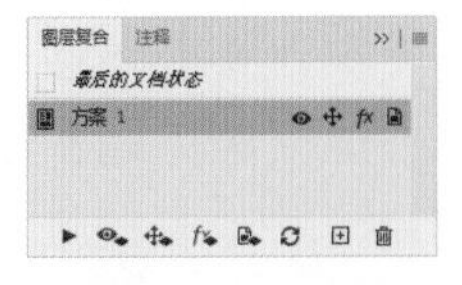

03 在【图层】面板中，打开【照片滤镜 1】图层。单击【图层复合】面板中的【创建新的图层复合】按钮⊞，再创建一个图层复合，设置【名称】为“方案 2”。

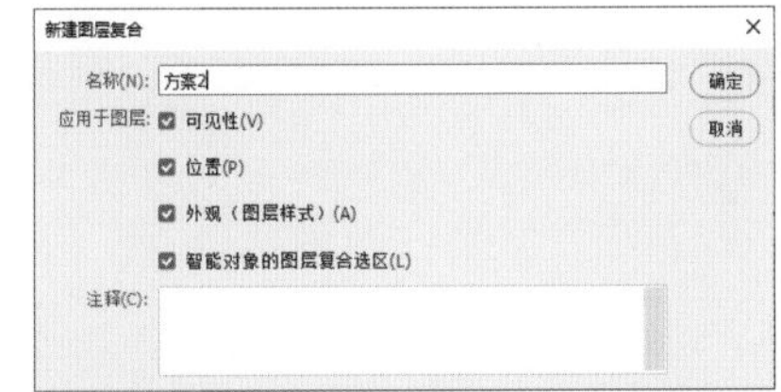

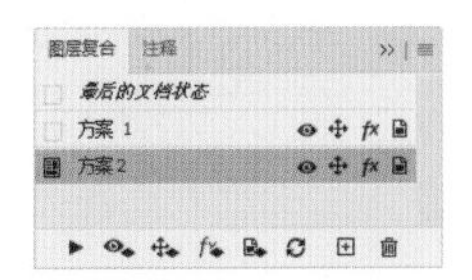

04 此时，已通过图层复合记录了两套设计方案。向客户展示方案时，可以在【方案 1】和【方案 2】的名称左侧单击，显示应用图层复合图标▣，图像窗口中便会显示此图层复合记录的状态。

1.6.8 优化系统运行设置

Photoshop 在运行一段时间后，经常会出现运行缓慢、卡顿等现象。此时，除了更新计算机的硬件配置和优化操作系统等办法外，还可以对 Photoshop 进行性能优化。

1. 多使用不占内存的操作

良好的操作习惯，可以避免过多地占用内存。例如，复制图像时，尽量不要使用剪贴板进行复制，使用剪贴板复制图像，图像始终会保存在剪贴板中而占用内存。替代的方法是通过图层复制图像，如将对象所在的图层拖曳到【图层】面板底部的【创建新图层】按钮上，复制一个包含该对象的新图层；或选择【移动】工具并按住 Alt 键拖曳图像直接进行复制。

2. 减少预设和插件占用的资源

在Photoshop中安装预设和插件时，包括加载样式库、画笔库、形状库、色板库、动作库，以及安装外挂滤镜和字体等，都会占用系统资源和内存，导致Photoshop的运行速度变慢。如果内存有限，应该减少或删除预设及不常用的插件。

3. 快速清除内存

长时间使用Photoshop，除了关闭软件可以释放内存外，还可以通过使用菜单项命令的方法来释放内存，选择【编辑】|【清理】|【全部】命令即可。

4. 增加暂存盘

在计算机硬件无法改变的情况下，要想提高Photoshop的运行速度，只能从内存着手，一方面要避免过多占用内存；另一方面要将更多的内存分配给Photoshop使用。Photoshop会使用一种专有的虚拟内存技术，也称为暂存盘，将硬盘当作内存来使用。这一技术确保了Photoshop在内存不足时也能够顺利完成任务，防止系统崩溃。

提示

C盘一般作为系统盘，暂存盘不要设置在该盘上，这会导致系统变慢，应该选用空间大的其他驱动器作为暂存盘。

第2章

必学必会的图像基础处理

本章导读

在掌握了 Photoshop 的一些基本操作后，需逐步掌握图片的尺寸调整及美化处理。本章将从实际操作出发，介绍商品图像的基本处理方法，如调整商品图像的尺寸、裁切图片、美化图片等。

2.1 电商设计常用的图片尺寸

电商平台对于卖家所上传的商品图像及网页图像都有大小和尺寸要求的，超过限定大小的图片可能无法上传，而与要求的长宽比例不符的图片可能会造成无法正确显示的问题。

因此，做好电商设计，首先要了解各个平台对图像尺寸的基本要求，以便于设计效果很好地呈现给目标客户。设计师应了解目前主流电子商务平台的设计尺寸知识。

淘宝商城的常用设计尺寸

要素名称	设计尺寸（宽 × 高）	保存格式
店招	950 像素 ×118 像素	JPG、GIF、PNG
主题导航	950 像素 ×32 像素	JPG、GIF、PNG
首页主题广告	950 像素 ×300 像素	JPG、GIF、PNG
左侧分类图像	宽度不超过 160 像素，高度不限	JPG、GIF、PNG
右侧促销海报	宽度不超过 750 像素	JPG、GIF、PNG
内页海报	宽度不超过 750 像素	JPG、GIF、PNG

天猫商城的常用设计尺寸

要素名称	设计尺寸（宽 × 高）	保存格式
全屏海报	1920 像素，高度不限	JPG、GIF、PNG
店招	990 像素 ×150 像素	JPG、GIF、PNG
主图	800 像素 ×800 像素	JPG、GIF、PNG
首页主题广告	宽度不超过 990 像素，高度不限	JPG、GIF、PNG
左侧分类图像	宽度不超过 190 像素，高度不限	JPG、GIF、PNG
右侧促销海报	宽度不超过 790 像素	JPG、GIF、PNG

京东商城的常用设计尺寸

要素名称	设计尺寸（宽 × 高）	保存格式
全屏海报	1920 像素，高度不限	JPG、GIF、PNG
通栏店招	1920 像素 ×150 像素	JPG、GIF、PNG
主图	800 像素 ×800 像素	JPG、GIF、PNG
首页主题广告	宽度不超过 990 像素，高度不限	JPG、GIF、PNG
左侧分类图像	宽度不超过 190 像素，高度不限	JPG、GIF、PNG
右侧促销海报	宽度不超过 790 像素	JPG、GIF、PNG

2.2 图像展示商品的方法

网店中的商品图像通常有两种展示商品的方法：常规展示和细节展示。

2.2.1 常规展示商品法

在网店图像设计中，常规展示商品的方法是将商品或主题直接以图像的形式进行展示，充分运用摄影的技巧，着力体现商品的形态、功能和用途等，给浏览者身临其境的观感，使浏览者对商品产生亲切感和信任感。

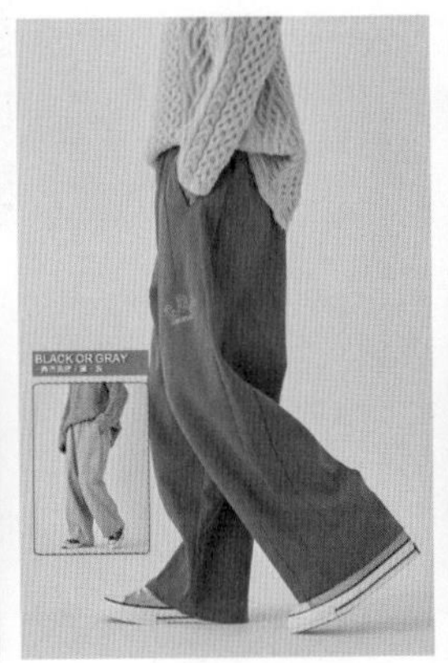

2.2.2 细节展示商品法

细节展示商品法是以近景拍摄的方法，对商品的局部进行放大展示，以更充分地展示商品的细节特点和品质。

2.3 图像的分类

总体来说，电商设计中用到的图像主要有商品主图、实拍图和广告图等。

2.3.1 商品主图

一张商品主图影响着买家的购买意愿。设计优美的商品主图能给卖家带来一定的流量和转化率。

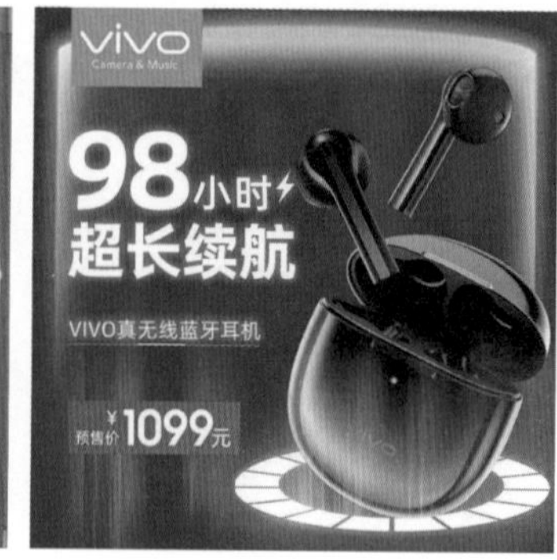

2.3.2　实拍图

实拍图要满足买家眼见为实的需求，细节要清楚地展示出来，颜色不能失真，图片的打开速度要快。这些都是买家平时关注的重点，卖家在展示商品实拍图时要注意买家的需求。

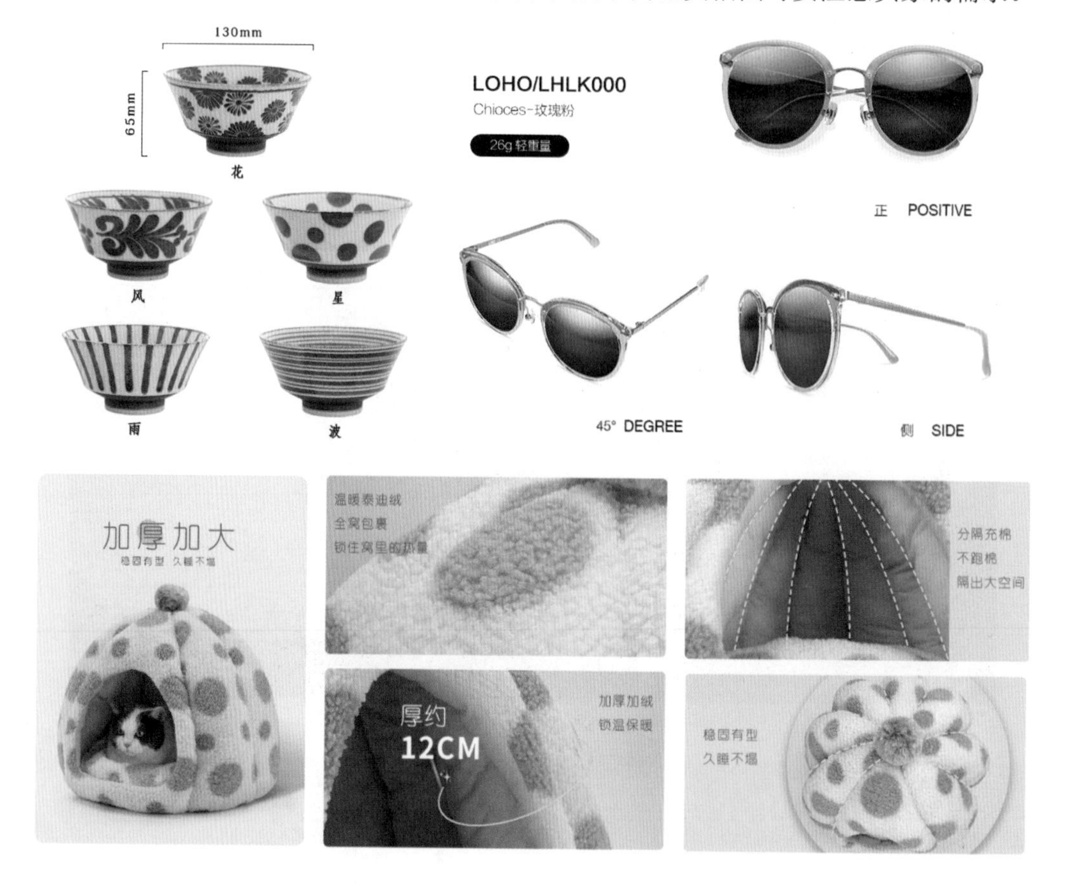

2.3.3　广告图

广告图就是为电商推广商品、活动服务的图片，一般包括产品海报、焦点图、促销海报、直通车图片等。要做好一张广告图，首先要主题明确，不要出现多个主题的现象；其次风格要契合主题；再次构图忌讳主次不分；最后细节决定成败，一切的效果都要在细节中体现。

2.4 商品图像的基础处理

精美的商品图像能够吸引买家的目光，引导买家继续浏览网页，以提高商品的销售量。电商设计师在处理商品图像时主要调整商品图像的大小、分辨率，使其符合上传需求；修复商品图像拍摄时的不足，美化商品图像，以提高买家对商品的关注度。这些都是基本的图像处理工作，需要电商设计师熟练掌握。

视频 2.4.1 调整图片的大小

通常摄影师拍摄的商品图像的分辨率都较高，尺寸很大，图像无法直接使用。电商设计师必须根据设计需求对图像进行处理后才能使用。将拍摄的商品图像制作成宽度为 950 像素的图片，其具体操作步骤如下。

01 打开素材文件，选择【图像】|【图像大小】命令，打开【图像大小】对话框。

02 【图像大小】对话框中的【尺寸】选项显示当前文档的尺寸。单击按钮，在弹出的下拉列表中可以选择尺寸单位。如果要修改图像的像素大小，可以在【调整为】下拉列表中选择预设的图像大小；也可以在下拉列表中选择【自定】选项，然后在【宽度】【高度】和【分辨率】数值框中输入数值。默认情况下选中【约束长宽比】按钮，修改【宽度】或【高度】数值时，另一个数值也会随之发生变化。修改像素大小后，新的图像大小会显示在【图像大小】对话框的顶部，原文件大小显示在括号内。在【图像大小】对话框中，将【宽度】数值设置为 950 像素。单击【确定】按钮，即可调整图像大小。

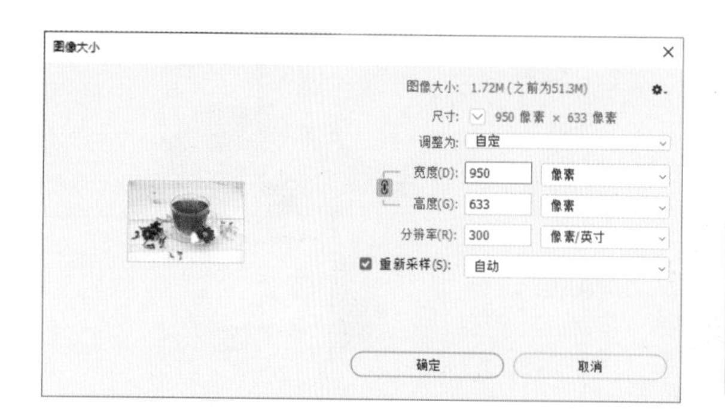

提示

如果要设置的长宽比与现有图像的长宽比不同，则需要单击按钮，使之处于未启用的状态。此时可以分别调整【宽度】和【高度】数值。但修改了数值后，可能会造成图像比例失调。如果要比例正确，需要单击按钮，按照要求输入较长边的数值，使照片大小缩放到比较接近的尺寸。

视频 2.4.2 调整商品图像的画布尺寸

画布是指当前图像文件的显示画面，调整画布大小与裁剪图像的功能类似，如拍摄好的商品图像的背景过于空旷，不能更好地突出商品主体，这时就可以通过调整商品图像的画布尺寸来解决这一问题。

01 打开素材图像文件，选择【图像】|【画布大小】命令。在打开的【画布大小】对话框中，上方显示了图像文件当前的宽度和高度。

02 在【新建大小】选项组中重新进行设置，可以改变图像文件的宽度、高度和度量单位。在【宽度】和【高度】数值框中输入数值，可以设置新的画布尺寸。如果选中【相对】复选框，【宽度】和【高度】数值代表实际增加或减少的区域大小，而不代表文档的大小。输入正值表示增大画布，输入负值则表示减少画布。分别设置【宽度】和【高度】的数值为800像素。在【定位】选项中，单击方向按钮可设置当前图像在新画布上的位置。

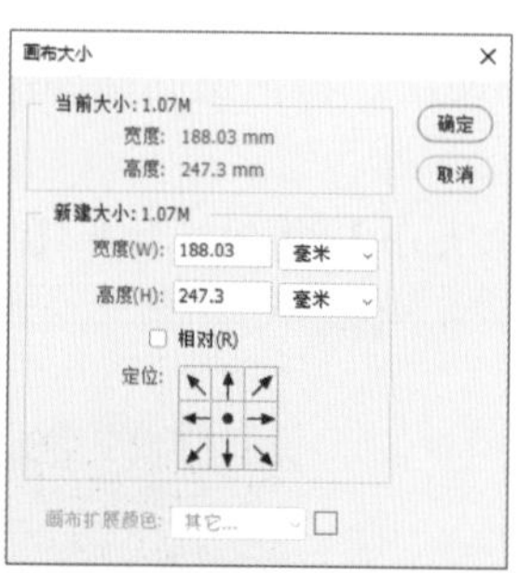

03 当【新建大小】大于【当前大小】时，可以在【画布扩展颜色】下拉列表中设置扩展区域的填充色。最后单击【确定】按钮应用修改。如果【新建大小】小于【当前大小】时，会打开询问对话框，提示用户若要减小画布必须将原图像文件进行剪切。单击【继续】按钮将改变画布大小，同时将裁剪部分图像。

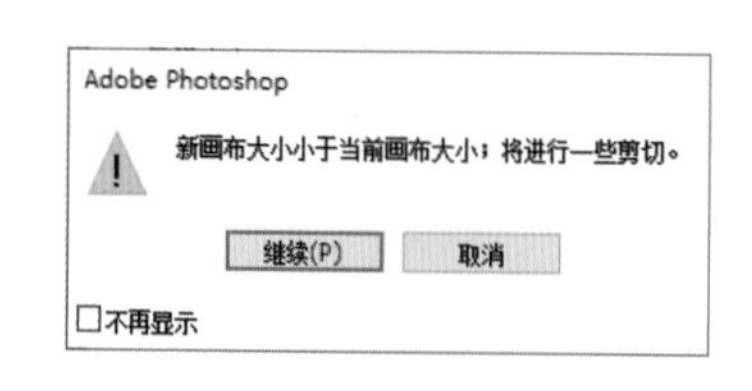

视频 2.4.3 调整商品图像的最佳角度

对于商品图像在设计版面中的摆放位置，电商设计师要从设计内容的整体美观度方面进行考虑。在制作海报、详情页或 Banner 等不同项目时，可以使用 Photoshop 调整商品图像的位置、角度，突出主体，展现视觉舒适感和美感。

调整商品图像角度的方法有两种，一种是手动调整任意角度，另一种是设置相应的角度值达到自动精准调整。

1. 手动调整任意角度

手动调整通常用于对图片进行任意角度的调整，主要是通过设计师的个人经验来判断调整的角度，具体操作如下。

01 打开素材图像文件，按 Ctrl+T 快捷键应用【自由变换】命令，显示定界框并进入编辑状态。

02 将鼠标光标移至中心点上，当光标显示为▶形状时，进行拖动即可将中心点移到任意位置。单击鼠标并按住中心点拖曳至下侧中心。

03 将鼠标光标移至定界框左上侧的控制节点上，当鼠标光标变为弧形的双箭头形状后，按住鼠标左键拖动即可进行旋转。在旋转过程中，按住 Shift 键，可以 15° 为增量进行旋转。

提示

默认情况下，中心点位于定界框的中心位置，它用于定义对象的变换中心。定界框上有 9 个节点，可以根据需要将中心点设置为其中的任意一点。

2. 精准调整角度

精准调整角度就是在应用变换命令后，在工具选项栏中的【旋转】数值框中设置要调整的角度，如将一个物体相对于参考物旋转指定的角度，具体操作如下。

01 打开素材图像文件，单击选择主体部分，然后按 Ctrl+T 快捷键应用【自由变换】命令，显示定界框并进入编辑状态。

02 将鼠标光标移至中心点上，当光标显示为▶形状时，进行拖动即可将中心点移到底部的中心位置。在工具选项栏中，设置【旋转】数值为 -15 度，按 Enter 键应用旋转。

03 多次按 Shift+Ctrl+Alt+T 快捷键，可以得到一系列按照上一次变换规律进行变换的图形。

视频 2.4.4 对商品图像进行裁剪

使用 Photoshop 中的【裁剪】工具可以快速裁剪商品图像中的多余部分。这是在处理商品图像时最为常用的功能之一，需要熟练掌握，其操作非常简单。裁剪商品图像的方法有两种，一种是手动裁剪，另一种是设置相应的数值精确裁剪。

1. 手动裁剪商品图像

当设计师需要商品图像中的某部分对象时，可以使用【裁剪】工具对其进行单独裁剪，具体操作如下。

01 打开素材图像文件，选择【裁剪】工具，此时画板边缘会显示控制点。

02 在画面中按住鼠标左键并拖动，绘制一个需要保留的区域，释放鼠标完成裁剪框的绘制。调整裁剪框至合适大小后，按 Enter 键确认裁剪。

2. 精确裁剪商品图像

使用【裁剪】工具，还可以根据设计的具体需求来裁剪固定尺寸的图像，具体操作如下。

01 打开素材图像文件，选择【裁剪】工具，此时画板边缘会显示控制点。

02 在工具选项栏的【比例】下拉列表中，可以选择多种预设的裁切比例选项，然后在右侧的数值框中输入比例数值即可。如果想要按照特定的尺寸进行裁剪，则可以在该下拉列表中选择【宽 × 高 × 分辨率】选项，在右侧数值框中输入宽度、高度和分辨率的数值。

03 设置【宽度】为 750 像素、【高度】为 750 像素、【分辨率】为 72 像素 / 英寸。此时，裁剪框的大小变为 750 像素×750 像素，移动文件，此时会发现裁剪框是固定不变的，移动的只是图像。移动图像到合适的位置后，按 Enter 键确认裁剪。

视频 2.4.5　图像局部的剪切 / 复制 / 粘贴

如果设计中需要重复使用相同的图像内容，可以使用 Photoshop 中的【拷贝】【粘贴】命令；如果要将某个部分的图像从原始位置去除，并移到其他位置，可以使用 Photoshop 中的【剪切】【粘贴】命令。

1. 剪切与粘贴

【剪切】就是将选中的像素暂时存储到剪贴板中备用，而原始位置的像素则会消失。通常【剪切】与【粘贴】命令一同使用，具体操作如下。

01 选择一个普通图层 (非【背景】图层)，然后选择【矩形选框】工具，按住鼠标左键并拖曳绘制一个选区。

02 选择【编辑】|【剪切】命令，或按 Ctrl+X 快捷键，可以将选区中的内容剪切到剪贴板中，此时原始位置的图像消失。

03 选择【编辑】|【粘贴】命令，或按 Ctrl+V 快捷键，可以将剪切的图像粘贴到画布中，并生成一个新的图层。

提示

当选中的图层为普通图层时，剪切后的区域为透明区域；如果被选中的图层为【背景】图层，那么剪切后的区域会被填充为当前背景色；如果选中的图层为智能图层、3D 图层、文字图层等特殊图层，则不能进行剪切操作。

2. 复制

【复制】功能通常与【粘贴】功能一起使用，可以选择【编辑】|【拷贝】命令，将画面中的所选部分复制到剪贴板中，然后选择【编辑】|【粘贴】命令，将复制的图像粘贴到画面中。此时，粘贴的图像会形成一个新的图层。

视频 实例——使用【拷贝】【粘贴】命令制作产品细节展示

在产品详情页中经常能够看到产品细节展示的拼图，顾客可以通过图像清晰地了解产品的

细节。其制作方法非常简单，下面以添加产品细节展示效果为例进行说明。

文件路径：第 2 章 \ 实例——使用【拷贝】【粘贴】命令制作产品细节展示

难易程度：★☆☆☆☆

技术掌握：【拷贝】命令、【粘贴】命令

01 打开素材图像文件，在【图层】面板中，按 Ctrl 键并单击【矩形 3】图层缩览图，载入选区。然后，在【图层】面板中选中【图层 1】图层。

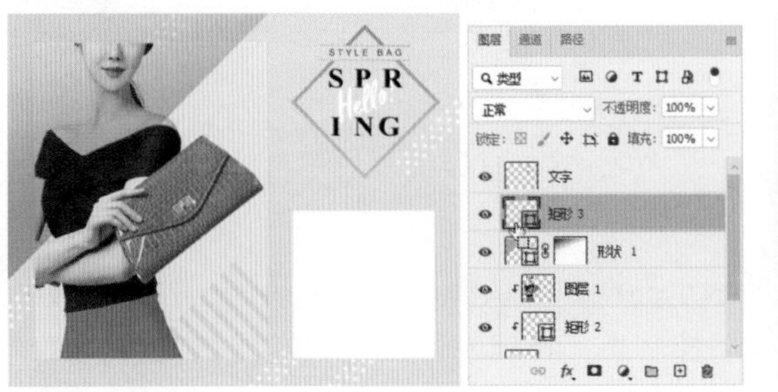

02 在工具面板中选择【矩形选框】工具，按住鼠标左键，拖动选区至需要截取的产品细节位置。

03 选中产品细节后，按 Ctrl+C 快捷键进行复制，接着按 Ctrl+V 快捷键进行粘贴，并生成新图层【图层 2】。按 Shift+Ctrl+] 快捷键将【图层 2】图层移到【图层】面板的最上方。使用【移动】工具调整细节图位置，直至达到满意的效果。

2.4.6 图像的变换

在设计作品的过程中，经常需要调整图层中对象的大小、角度，有时也需要对对象的形态进行扭曲和变形操作，这些都可以通过【自由变换】命令来实现。选中需要变换的图层，选择【编辑】|【自由变换】命令，或按 Ctrl+T 快捷键。此时图层对象周围会显示一个定界框，4 个角点处及 4 条边框的中间都有控制点。完成变换后，按 Enter 键确认。如果要取消正在进行的变换操作，可以按 Esc 键。

1. 调整中心点位置

默认情况下，中心点位于定界框的中心位置，它用于定义对象的变换中心，拖动它可以移动对象的位置。拖动控制点则可以进行变换操作。

要想设置定界框的中心点位置，只需移动光标至中心点上，当光标显示为▸形状时，拖动即可将中心点移到任意位置。设计师也可以通过在工具选项栏中单击图标上不同的点位置来改变中心点的位置。图标上各个点和定界框上的各个点一一对应。

2. 放大、缩小

选中需要变换的图层，按 Ctrl+T 快捷键，显示定界框。默认情况下，工具选项栏中的【水平缩放】和【垂直缩放】处于约束状态。此时拖动控制点，可以对图层进行等比例的放大或缩小。单击工具选项栏中的按钮，可以使长宽比处于不锁定的状态，可以进行非等比的缩放。

如果按住 Alt 键的同时，拖动定界框 4 个角点处的任何一个控制点，都能够以中心点为缩放中心进行缩放。在长宽比锁定的状态下，按住 Shift 键并拖动控制点，可以进行非等比缩放。在长宽比不锁定的状态下，按住 Shift 键并拖动控制点，可以进行等比缩放。

3. 旋转

将光标移至控制点外侧，当其变为弧形的双箭头形状后，按住鼠标左键并拖动即可进行旋转。在旋转过程中，按住 Shift 键，可以 15° 为增量进行旋转。

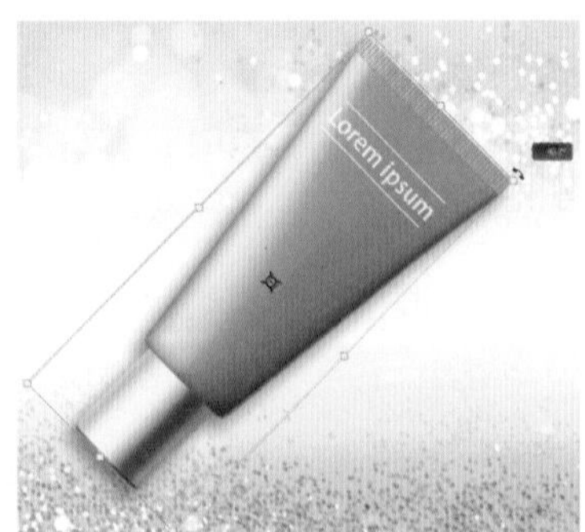

4. 斜切

在自由变换状态下，右击，在弹出的快捷菜单中选择【斜切】命令，然后按住鼠标左键并拖动控制点，即可在任意方向、垂直方向或水平方向上倾斜图像。如果移动光标至角控制点上，按下鼠标并拖动，可以在保持其他 3 个角控制点位置不动的情况下对图像进行倾斜变换操作。如果移动光标至边控制点上，按下鼠标并拖动，可以在保持与选择边控制点相对的定界框边不动的情况下进行图像倾斜变换操作。

5. 扭曲

在自由变换状态下，右击，在弹出的快捷菜单中选择【扭曲】命令，可以任意拉伸对象定界框上的 8 个控制点以进行自由扭曲变换操作。

6. 透视

在自由变换状态下，右击，在弹出的快捷菜单中选择【透视】命令，可以对变换对象应用单点透视。拖动定界框 4 个角上的控制点，可以在水平或垂直方向上对图像应用透视。

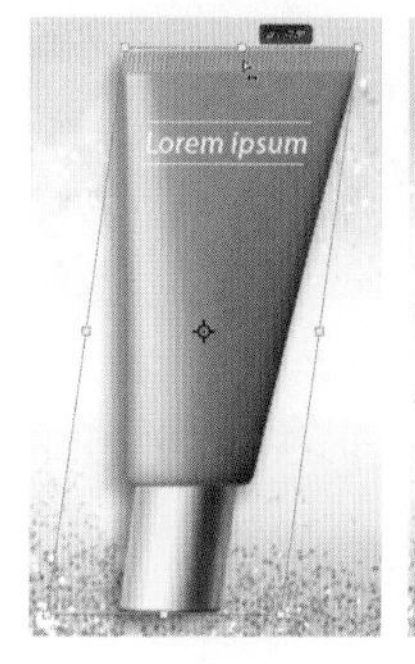

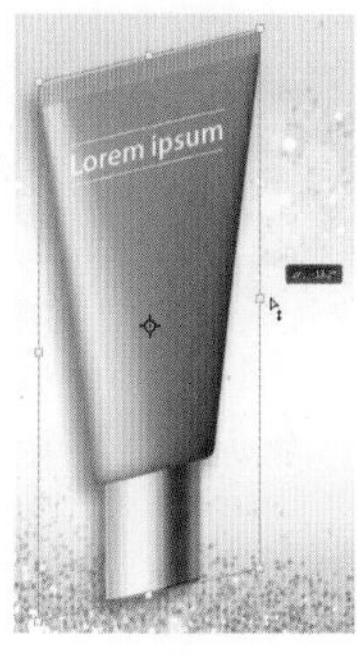

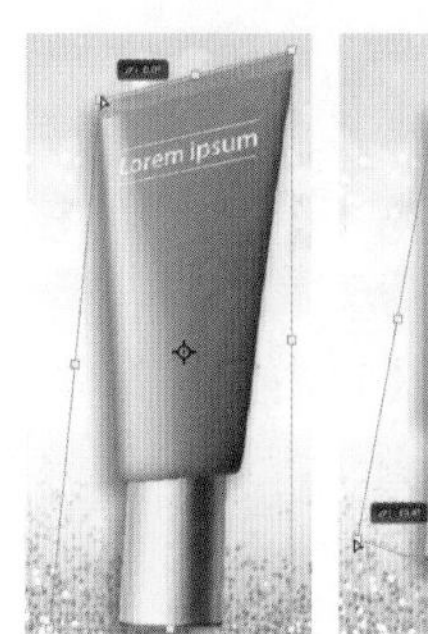

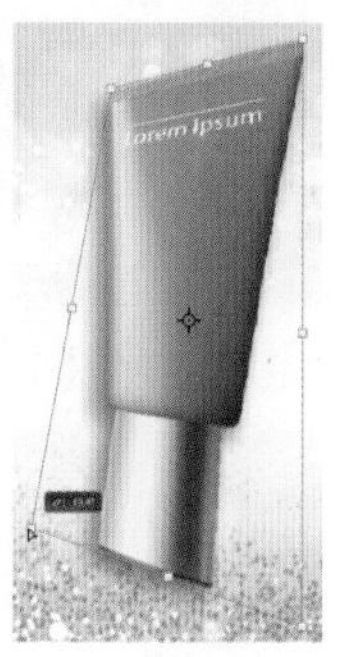

7. 变形

在自由变换状态下，右击，在弹出的快捷菜单中选择【变形】命令，拖动网格线或控制点，即可进行变形操作；也可以在显示变形定界框后，在工具选项栏的【变形】下拉列表中选择一个合适的形状，然后设置相关参数来进行变形操作。

8. 翻转

在自由变换状态下，右击，在弹出的快捷菜单的底部有 5 个旋转命令，即【旋转 180 度】

【旋转 90 度 (顺时针)】【旋转 90 度 (逆时针)】【水平翻转】和【垂直翻转】命令。使用这些命令，可以直接对图像进行变换，不会显示定界框。

选择【旋转 180 度】命令，可以将图像旋转 180 度；选择【旋转 90 度 (顺时针)】命令，可以将图像顺时针旋转 90 度；选择【旋转 90 度 (逆时针)】命令，可以将图像逆时针旋转 90 度；选择【水平翻转】命令，可以将图像在水平方向上进行翻转；选择【垂直翻转】命令，可以将图像在垂直方向上进行翻转。

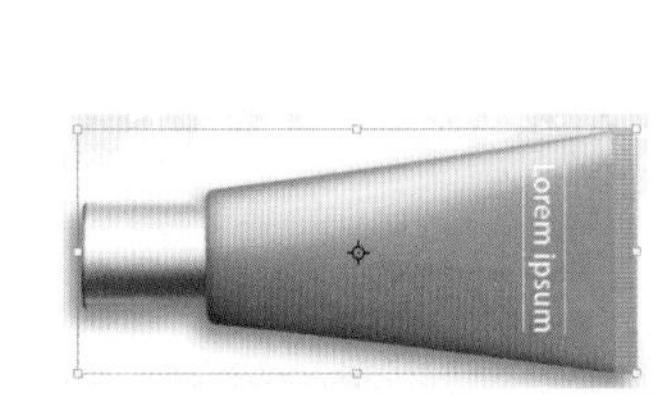

9. 复制并重复上一次变换

如要制作一系列变换且规律相似的元素，可以使用【复制并重复上一次变换】命令来完成。在使用该命令之前，需要先设定好一个变换规律。

复制一个图层，按 Ctrl+T 快捷键应用【自由变换】命令，显示定界框，然后调整中心点的位置，接着进行旋转或缩放操作。按下 Enter 键确定变换操作，然后多次按 Alt+Shift+Ctrl+T 快捷键，可以得到一系列按照上一次变换规律进行变换的图形。

视频 实例——制作放射状背景

文件路径：第 2 章 \ 实例——制作放射状背景
难易程度：★☆☆☆☆
技术掌握：【自由变换】命令、复制并重复上一次变换

01 选择【文件】|【打开】命令，打开素材图像文件。按 Ctrl+R 快捷键显示标尺，然后创建参考线。

02 在【图层】面板中单击【创建新图层】按钮新建【图层 1】图层。使用【矩形选框】工具绘制一个矩形选区，在【颜色】面板中设置颜色为 R:233 G:109 B:95，然后按 Alt+Delete 快捷键使用前景色填充选区。

03 按 Ctrl+D 快捷键取消选区，再按 Ctrl+T 快捷键应用【自由变换】命令，显示定界框，然后单击鼠标右键，在弹出的快捷菜单中选择【透视】命令。将变换中心点移至左侧边缘的中央，并将矩形左上角的控制点拖曳至中心位置，按 Enter 键完成透视操作。

04 在【图层】面板中，右击【图层 1】图层，在弹出的快捷菜单中选择【从图层新建组】命令。在打开的【从图层新建组】对话框中，设置新建组的参数，然后单击【确定】按钮。

05 选中【图层 1】图层，按 Ctrl+T 快捷键应用【自由变换】命令，显示定界框。将中心点移至左侧边缘的中央，然后在工具选项栏中设置【旋转】数值为 10 度，最后按 Enter 键完成旋转操作。

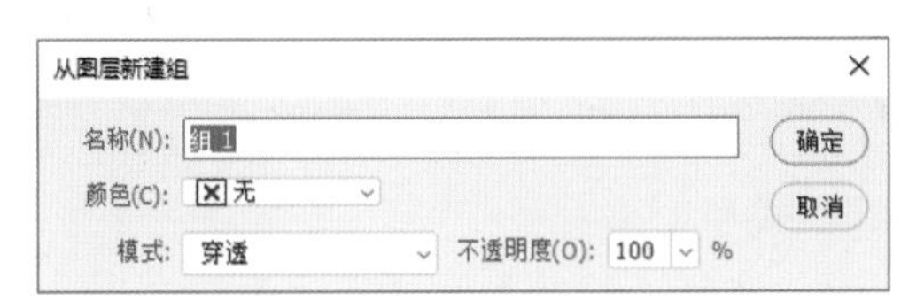

06 连续按下 Alt+Shift+Ctrl+T 快捷键，旋转并复制【图层 1】图层中的对象，每按一次生成一个新图像，位于单独图层中。

07 在【图层】面板中，设置【组 1】图层的混合模式为【颜色加深】。继续调整放射状背景，按 Ctrl+T 快捷键应用【自由变换】命令，显示定界框后，按住 Alt 键并拖曳控制点，将其以中心点为缩放中心进行等比放大，最后按 Enter 键确认变换操作，完成放射状背景的制作。

2.5 商品图像的瑕疵去除

商品图像的品相不仅直接影响着后期排版和整体的视觉效果，还影响到买家对商品的关注度。因此，美化商品图像是电商设计师在日常工作中最基本、最常做的事情。美化商品图像的基本内容一般是修复商品图像、清除商品图像上的多余信息、去除背景杂物等。

2.5.1 橡皮擦工具

要去除商品图像中的内容，Photoshop 中提供了 3 种擦除工具：【橡皮擦】工具、【魔术橡皮擦】工具和【背景橡皮擦】工具。【橡皮擦】工具是最基础、最常用的擦除工具。

使用【橡皮擦】工具直接在画面中按住鼠标左键并拖曳就可以擦除对象。如果在【背景】图层或锁定了透明区域的图层中使用【橡皮擦】工具，被擦除的部分会显示为背景色。

选择【橡皮擦】工具后，其选项栏中各选项参数的作用如下。

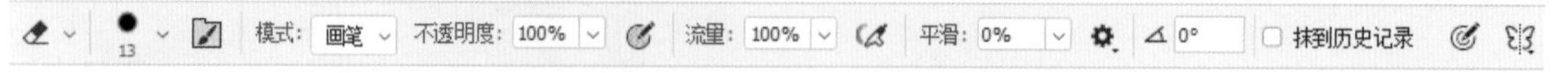

- 【画笔】选项：可以设置橡皮擦工具使用的画笔样式和大小。
- 【模式】选项：可以设置不同的擦除模式。其中，选择【画笔】和【铅笔】选项时，其使用方法与【画笔】和【铅笔】工具相似；选择【块】选项时，在图像窗口中进行擦除的大小固定不变。

- 【不透明度】数值框：可以设置擦除时的不透明度。将不透明度设置为 100% 时，被擦除的区域将变成透明色；设置为 1% 时，不透明度将无效，将不能擦除任何图像画面。
- 【流量】数值框：用来控制【橡皮擦】工具的涂抹速度。
- 【平滑】数值框：用于设置擦除时线条的流畅程度，数值越高，线条越平滑。
- 【抹到历史记录】复选框：选中该复选框后，可以将指定的图像区域恢复至快照或某一操作步骤下的状态。

在其他图层上使用【橡皮擦】工具时，被擦除的区域会成为透明区域。

实例——清除图片中的文字信息

在网络上收集素材时，素材难免会带一些不需要的图片信息。对于纯色背景的、画面简洁的图片，设计师可以使用擦除工具快速处理画面。

文件路径：第 2 章 \ 实例——清除图片中的文字信息
难易程度：★☆☆☆☆
技术掌握：【橡皮擦】工具

01 打开素材图像文件，选择工具面板中的【橡皮擦】工具。

02 确认背景色为白色，在工具选项栏中，单击打开【画笔预设】选取器，设置画笔样式为硬边圆 500 像素，此时将鼠标光标移至需要删除的文字区域，单击并拖曳即可删除文字。

视频 2.5.2 【仿制图章】工具：覆盖图像多余部分

使用【仿制图章】工具可以对图像的一部分进行取样，然后将取样的图像应用到同一图像或其他图像的其他位置。该工具常用于复制对象或去除图像中的缺陷，如去除水印、消除人物脸部的斑点和皱纹、去除背景部分不相干的杂物、填补图像等。在拍摄商品图像时，经常会把多余的物品拍摄到画面中，因此后期处理时就可以使用Photoshop中的【仿制图章】工具将其去除，具体操作如下。

01 打开素材图像文件，单击【图层】面板中的【创建新图层】按钮，创建一个新图层。

02 使用【仿制图章】工具时，可以使用任意的画笔笔尖，以更加准确地控制仿制区域的大小；还可以通过设置不透明度和流量来控制对仿制区域应用绘制的方式。选择【仿制图章】工具，在选项栏中设置一种画笔样式。

03 在【样本】下拉列表中选择【所有图层】选项。选中【对齐】复选框，可以对图像画面连续取样，而不会丢失当前设置的参考点位置，即使释放鼠标后也是如此；取消选中该复选框，则会在每次停止并重新开始仿制时，使用最初设置的参考点位置。

04 按住Alt键在要修复部位附近单击设置取样点，然后在要修复部位进行拖动涂抹。然后释放Alt键，在图像中拖动即可仿制图像。在修图过程中，需要不断进行重新取样，同时还需要根据画面内容设置新的画笔样式，这样才能更好地保证画面效果。

视频 2.5.3 【图案图章】工具：绘制图案

使用【图案图章】工具可以为商品图像或画面背景添加装饰图案。打开一幅图像，如果绘制图案的区域要求非常精确，那么可以先创建选区，具体操作如下。

01 打开素材图像文件，选择【图案图章】工具，在选项栏中设置合适的笔尖大小，在图案列表中选择一个图案。

- 【对齐】：选中该复选框后，可以保持图案与原始起点的连续性，即使多次单击鼠标也不例外；取消选中该复选框时，则每次单击都重新应用图案。
- 【印象派效果】：选中该复选框后，可以模拟出印象派效果的图案。

02 在画面中按住鼠标左键进行涂抹，即可看到绘制效果。

视频 实例——为商品添加图案印花

文件路径：第 2 章 \ 实例——为商品添加图案印花
难易程度：★☆☆☆☆
技术掌握：载入图案、【图案图章】工具

01 打开素材图像文件，在【图层】面板中，按Ctrl键并单击【图层1】图层，载入瓶身标签选区。

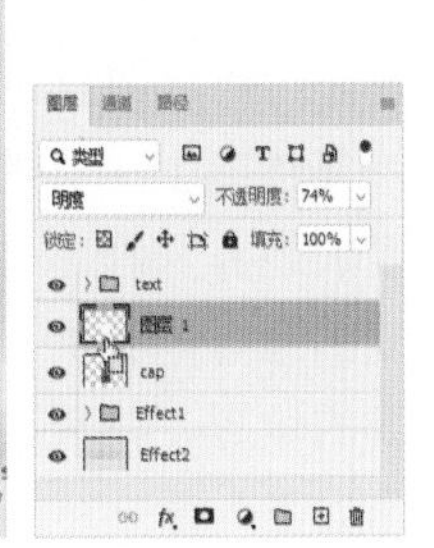

02 选择【窗口】|【图案】命令，打开【图案】面板。在面板菜单中选择【导入图案】命令。在打开的【载入】对话框中，找到图案素材位置，然后单击【载入】按钮。

03 选择工具面板中的【图案图章】工具，在选项栏中设置画笔样式为柔边圆1000像素、【模式】为【线性加深】，接着在【图案】下拉列表中选中刚载入的图案。

04 使用【图案图章】工具，按住鼠标左键在瓶身标签选区中拖动，即可添加图案。完成图案添加后，按Ctrl+D快捷键取消选区。

视频 2.5.4 【污点修复画笔】工具：修饰图像细节

使用【污点修复画笔】工具可以快速去除画面中的污点、划痕等图像中不理想的部分。【污点修复画笔】工具的工作原理是从图像或图案中提取样本像素来涂改需要修复的地方，使需要修复的地方与样本像素在纹理、亮度和不透明度上保持一致，从而达到使用样本像素遮盖需要修复的地方的目的。使用【污点修复画笔】工具不需要进行取样定义样本，只要确定需要修补图像的位置，然后在需要修补的位置单击并拖动鼠标，释放鼠标即可修复图像中的污点，具体操作如下。

01 打开一个图像文件，在【图层】面板中单击【创建新图层】按钮，新建【图层1】图层。

02 选择【污点修复画笔】工具，在选项栏中设置合适的画笔样式，单击【类型】选项中的【内容识别】按钮，并选中【对所有图层取样】复选框。

- 【模式】：用来设置修复图像时使用的混合模式。除【正常】【正片叠底】等常用模式外，还有一个【替换】模式，这个模式可以保留画笔描边的边缘处的杂色、胶片颗粒和纹理。
- 【类型】：用来设置修复方法。单击【内容识别】按钮，会自动使用相似部分的像素对图像进行修复，同时进行完整匹配；单击【创建纹理】按钮，将使用选区中的所有像素创建一个用于修复该区域的纹理；单击【近似匹配】按钮，将使用选区边缘周围的像素来修复选定区域的图像。

03 使用【污点修复画笔】工具直接在图像中需要去除污点的地方反复涂抹，就能立即修掉图像中不理想的部分；若修复点较大，可在工具选项栏中调整画笔大小后再进行涂抹。

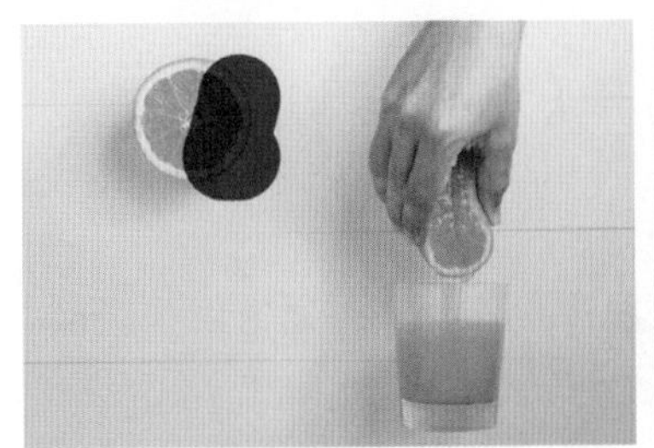

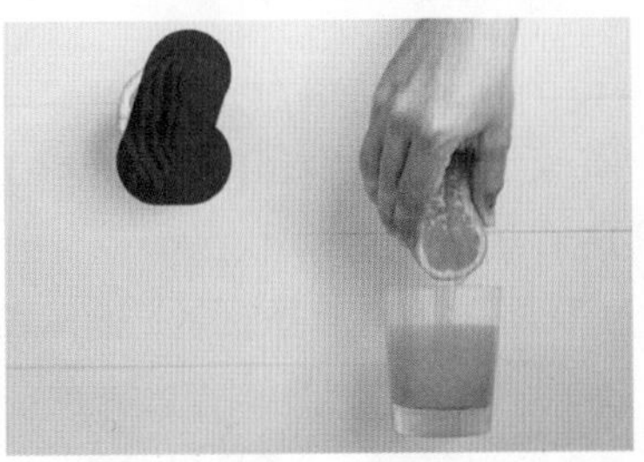

视频 2.5.5 【修复画笔】工具：自动修复图像瑕疵

【修复画笔】工具与【仿制图章】工具的使用方法基本相同，可以利用图像或图案中提取的样本像素来修复图像。【修复画笔】工具可以从被修饰区域的周围取样，并将样本的纹理、光照、不透明度和阴影等与所修复的像素匹配，从而去除照片中的污点和划痕，具体操作如下。

01 打开一个图像文件，单击【图层】面板中的【创建新图层】按钮，创建一个新图层。

02 选择【修复画笔】工具，首先在选项栏中设置合适的画笔样式，然后在【模式】下拉列表中选择【替换】选项，在【源】选项中单击【取样】按钮，并选中【对齐】复选框，在【样本】下拉列表中选择【所有图层】。

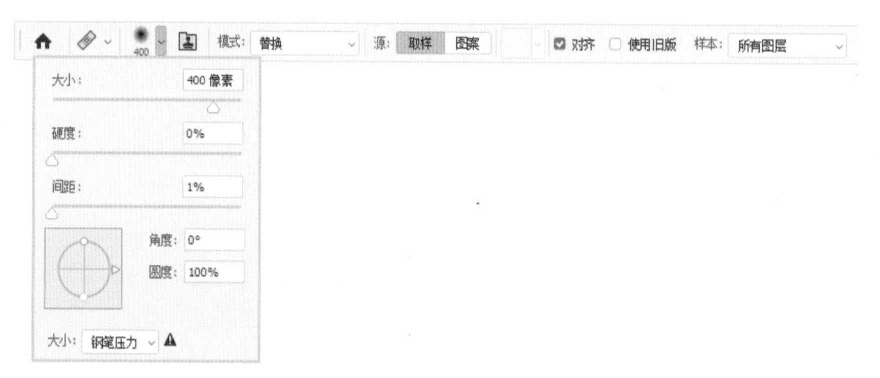

- 【源】：设置用于修复像素的源。单击【取样】按钮，使用【修复画笔】工具对图像进行修复时，以图像区域中某处颜色作为基点；单击【图案】按钮，可在其右侧的拾取器中选择已有的图案用于修复。
- 【对齐】：选中该复选框，可以连续对像素进行取样，即使释放鼠标也不会丢失当前的取样点；取消选中该复选框，则会在每次停止并重新开始绘制时使用初始取样点中的样本像素。
- 【样本】：用来设置在指定的图层中进行数据取样。选择【当前和下方图层】，可从当前图层和下方的可见图层中取样；选择【当前图层】时，仅从当前图层中取样；选择【所有图层】，可以从所有的可见图层中取样。

03 按住 Alt 键在图像中单击设置取样点，然后释放 Alt 键，在图像中涂抹即可遮盖图像区域。

视频 2.5.6 【修补】工具：去除杂物

拍摄商品时，难免会有一些小瑕疵，此时可以使用【修补】工具进行修补。【修补】工具会综合原区域和目标区域的光线、颜色和纹理进行自动处理，使原区域图像修补后更自然，具体操作如下。

01 打开素材图像文件，选择【修补】工具，在选项栏中将【修补】设置为【正常】，可以合成附近的内容，将选区内的图像与周围的内容无缝混合。然后将光标放在画面中单击并拖动鼠标创建选区。

02 将光标移至选区内，向周围区域拖动，将周围区域图像复制到选区内遮盖原图像。在拖曳出新选区时，应尽量选择与原瑕疵位置颜色、明暗相近的区域，这样修补出来的效果更加自然。修补完成后，按 Ctrl+D 快捷键取消选区。

提示

使用选框工具、【魔棒】工具或套索工具等创建选区后，也可以用【修补】工具拖动选中的图像进行修补和复制操作。如果要进行复制，选择【修补】工具后，在选项栏中将【修补】设置为【正常】，单击【目标】按钮，然后将光标放在画面中要复制的区域单击并拖动鼠标创建选区。将光标移至选区内，向周围区域拖动，即可将选区内的图像复制到所需位置。

2.6 商品图像的简单修饰

完成商品拍摄后，还需要对拍摄的图像进行后期的修饰和润色，才能够达到令人满意的效果，如加深或减淡图像的明度使画面更有立体感，或局部锐化、模糊突出商品主体。

视频 2.6.1 【减淡】工具：对图像局部进行减淡处理

【减淡】工具通过提高图像的曝光度来增加图像的亮度，使用时在图像需要亮化的区域反复拖动即可亮化图像，具体操作如下。

01 打开素材图像文件，选择【减淡】工具，在选项栏中单击【范围】下拉按钮，从弹出的下拉列表中选择【阴影】选项，表示仅对图像的暗色调区域进行亮化；选择【中间调】选项，表示仅对图像的中间色调区域进行亮化；选择【高光】选项，表示仅对图像的亮色调区域进行亮化。【曝光度】选项用于设定曝光强度，可以直接在数值框中输入数值，或单击右侧的按钮，在弹出的滑动条上拖动滑块来调整曝光强度。如果选中【保护色调】复选框，可以保护图像的色调不受影响。

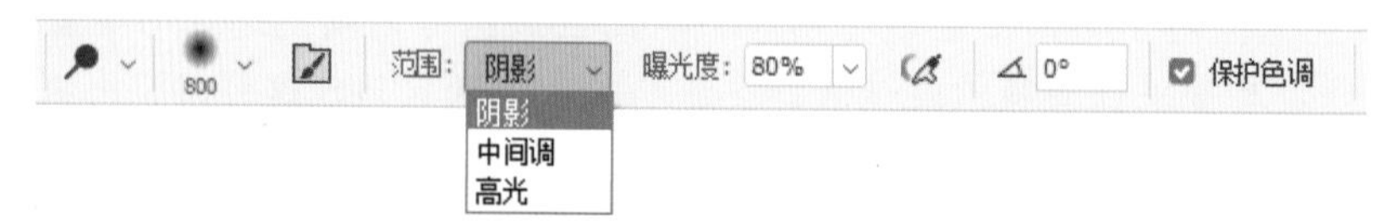

02 设置完成后，调整合适的笔尖，在画面中按住鼠标左键进行涂抹，光标经过的位置亮度会有所增加。在某个区域涂抹的次数越多，该区域就会变得越亮。

视频 2.6.2 【加深】工具：对图像局部进行加深处理

与【减淡】工具相反，【加深】工具用于降低图像的曝光度，通常用来加深图像的阴影或对图像中有高光的部分进行暗化处理。【加深】工具的选项栏与【减淡】工具的选项栏中的内容基本相同，但使用它们产生的图像效果刚好相反，具体操作方法如下。

01 打开一个素材图像文件，画面中的明暗对比不够强烈，使用【加深】工具加深中间调区域的颜色能够增强商品的对比效果。

02 选择【加深】工具，在选项栏中设置柔边圆画笔样式，单击【范围】下拉按钮，从弹出

的下拉列表中选择【中间调】选项，设置【曝光度】为 30%，然后使用【加深】工具在图像中进行拖动以加深颜色。

2.6.3 【海绵】工具：增强 / 减弱图像局部饱和度

使用【海绵】工具 ，可以精确地修改色彩的饱和度。如果图像是灰度模式，使用该工具可以通过使灰阶远离或靠近中间灰色来增加或降低对比度。

选择【海绵】工具，该工具选项栏的【模式】下拉列表中包含【去色】和【加色】两个选项。选择【去色】选项，可以降低图像颜色的饱和度；选择【加色】选项，可以增加图像颜色的饱和度。

选项栏中的【流量】数值框用于设置修改强度，该值越大，修改效果越明显。若选中【自然饱和度】复选框，可以在进行增加饱和度操作时，避免颜色过于饱和而出现溢色。如果要将颜色变为黑白，那么需要取消选中该复选框。

视频 实例——图像局部去色

文件路径：第 2 章 \ 实例——图像局部去色

难易程度：★☆☆☆☆

技术掌握：【磁性套索】工具、【海绵】工具

01 打开素材图像文件，在工具面板中选择【磁性套索】工具，在选项栏中设置【羽化】为 2 像素，然后沿着要保留色彩的唇部拖动鼠标，创建选区。

02 按 Shift+Ctrl+I 快捷键反选选区，选择工具面板中的【海绵】工具，在选项栏中设置画笔样式为柔边圆，设置【模式】为【去色】、【流量】为 100%。接着在画面中按住鼠标左键并拖动，光标经过的位置颜色变为灰色。反复涂抹选区内的图像，直至达到想要的去色效果，使画面中的红唇更加突出。

 2.6.4 【液化】命令：随心变化

Photoshop 中的【液化】滤镜主要用来制作图像的变形效果，常用于改变图形的外观或修饰人像面部及身形。【液化】命令的使用方法比较简单，但功能相当强大，可以创建推、拉、旋转、扭曲和收缩等变形效果，具体操作如下。

01 打开一个图像文件，选择【滤镜】|【液化】命令，打开【液化】对话框。

02 该对话框的左侧边缘为液化工具列表，其中包含多种可以对图像进行变形操作的工具。这些工具的操作方法非常简单，只需要在画面中按住鼠标左键并拖动即可观察到结果。变形操作的效果集中在画笔区域的中心，并且会随着鼠标在某个区域中的重复拖动而得到增强。

提示

【液化】对话框的右侧区域为属性设置区域，其中【画笔工具选项】用于设置工具大小、压力等参数；【人脸识别液化】用于针对面部轮廓的各个部分进行设置；【载入网格选项】用于将当前液化变形操作以网格的形式进行存储，或者调用之前存储的液化网格；【蒙版选项】用于进行蒙版的显示、隐藏以及反相等的设置；【视图选项】用于设置当前画面的显示方式；【画笔重建选项】用于将图层恢复到之前的效果。

- 【向前变形】工具：选择该工具后按住鼠标左键并拖动，可以向前推动像素。在变形时可以遵循“少量多次”的原则，保证变形效果更加自然。
- 【重建】工具：用于恢复变形的图像。在变形区域单击或拖动鼠标进行涂抹时，可以使变形区域的图像恢复到原来的效果。
- 【平滑】工具：可以对变形的像素进行平滑处理。
- 【顺时针旋转扭曲】工具：使用该工具可以旋转像素。将光标移到画面中按住鼠标左键并拖动即可顺时针旋转像素。如果按住 Alt 键进行操作，则可以逆时针旋转像素。
- 【褶皱】工具：可以使像素向画笔区域的中心移动，使图像产生内缩效果。
- 【膨胀】工具：可以使像素向画笔区域中心以外的方向移动，使画面产生向外膨胀的效果。
- 【左推】工具：选择该工具后按住鼠标左键从上至下拖动鼠标，像素会向右移动。反之，像素则向左移动。
- 【冻结蒙版】工具：如果需要对某个区域进行处理，并且不希望操作影响到其他区域，可以使用该工具绘制出冻结区域，冻结区域不会发生变形。
- 【解冻蒙版】工具：使用该工具在冻结区域涂抹，可以将其解冻。
- 【脸部】工具：单击该按钮，进入面部编辑状态，软件会自动识别人物的脸部形状及五官，并在面部添加一些控制点，通过拖动控制点可以调整脸部形状及五官的形态；也可以在右侧的参数选项组中设置数值进行调整。

视频 实例——应用【液化】命令为模特瘦身

文件路径：第2章\实例——应用【液化】命令为模特瘦身

难易程度：★★☆☆☆

技术掌握：【液化】命令

01 打开一个素材图像文件，选择【滤镜】|【液化】命令，打开【液化】对话框。

02 该对话框的左侧边缘为液化工具列表，其中包含多种可以对图像进行变形操作的工具。选中【向前变形】工具，在右侧的【属性】窗格的【画笔工具选项】中，设置【大小】数值为100、【密度】数值为100、【压力】数值为30，然后使用【向前变形】工具在预览窗格中调整人物体型。

03 选择【脸部】工具，将光标停留在人物面部周围，调整显示的控制点可以调整脸型。

04 在右侧的【属性】窗格的【人脸识别液化】选项组中，单击【眼睛】选项下【眼睛高度】选项中的 按钮，并设置数值为-100；单击【眼睛宽度】选项中的 按钮，并设置数值为100；单击【眼睛斜度】选项中的 按钮，并设置数值为-65。设置【鼻子】选项下【鼻子高度】数值为-100、【鼻子宽度】数值为-60。设置【嘴唇】选项下【微笑】数值为53、【上嘴唇】数值为-100、【嘴唇宽度】数值为100，然后单击【确定】按钮应用调整。

2.7 绘制图形

Photoshop 提供了非常强大的绘制工具，下面进行详细介绍。

2.7.1 使用【画笔】工具

【画笔】工具类似于传统的毛笔，它使用前景色绘制线条、涂抹颜色，可以轻松地模拟真实的绘画效果，也可以用来修改通道和蒙版效果，是 Photoshop 中最为常用的绘画工具。使用【画笔】工具绘制的方法很简单，在画面中单击，能够绘制出一个圆点；在画面中按住鼠标左键并拖动，即可轻松绘制出线条。

选择【画笔】工具后，在选项栏中单击 按钮，或在画面中右击，打开【画笔预设】选取器。【画笔预设】选取器中包含多组画笔，展开其中一个画笔组，再单击选择一种合适的笔尖，并通过拖动滑块设置画笔的大小和硬度。使用过的画笔笔尖会显示在【画笔预设】选取器中。

- 【角度 / 圆度】：画笔的角度是指画笔的长轴在水平方向旋转的角度。圆度是指画笔在 Z 轴 (垂直于画面，向屏幕内外延伸的轴向) 上的旋转效果。
- 【大小】：通过设置数值或拖动滑块可以调整画笔笔尖的大小。
- 【硬度】：当使用圆形的画笔时，硬度数值可以调整。该数值越大，画笔边缘越清晰；该数值越小，画笔边缘越模糊。

除了可以设置画笔的各项参数选项外，设计师还可以在选项栏中调节画笔绘制效果。其中，主要的几项参数如下所示。

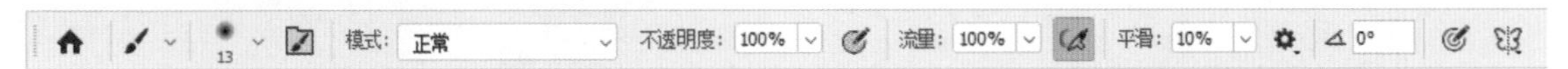

- 【切换“画笔设置”面板】按钮：单击该按钮，可以打开【画笔设置】面板。
- 【模式】选项：在该下拉列表中可以选择用于设置在绘画过程中画笔与图像产生的特殊混合效果。

- 【不透明度】选项：用于设置绘制画笔效果的不透明度，数值为 100% 时表示画笔效果完全不透明，而数值为 1% 时则表示画笔效果接近完全透明。
- ：在使用带有压感的手绘板时，启用该项则可以对【不透明度】使用【压力】。在关闭该项时，由【画笔预设】控制压力。
- 【流量】选项：用于设置【画笔】工具应用油彩的速度，该数值较低会形成较轻的描边效果。
- ：单击该按钮后，可以启用喷枪功能，Photoshop 会根据鼠标左键的单击程度来确定画笔笔迹的填充数量。
- 【平滑】：用于设置所绘制线条的流畅度，数值越高，线条越平滑。
- 【设置其他平滑选项】按钮：描边平滑在多种模式下均可使用。单击【设置其他平滑选项】按钮，在弹出的下拉面板中可启用一种或多种模式。
- ：在使用带有压感的手绘板时，启用该项则可以对【大小】使用【压力】。在关闭该项时，由【画笔预设】控制压力。

提示

在使用【画笔】工具进行绘制时，按键盘上的 CapsLock 大写锁定键，画笔光标会由圆形或其他画笔的形状变为十字形。这时只需要再按键盘上的 CapsLock 大写锁定键，即可恢复为可以调整大小的带有图形的画笔效果。

视频 实例——绘制阴影增强画面感

文件路径：第 2 章 \ 实例——绘制阴影增强画面感
难易程度：★☆☆☆☆
技术掌握：【画笔】工具

01 打开一个素材图像文件，选择【文件】|【置入嵌入对象】命令，置入所需的图像文件，并将其调整到合适的位置和大小，按 Enter 键确认置入。

02 选择【图层】|【栅格化】|【智能对象】命令，将刚置入的对象所在的图层栅格化。合成后的图像缺乏光影关系，显得不够真实。接下来为商品添加阴影，以便画面效果更加融合、自

然。在【图层】面板中选择【背景】图层，然后单击【创建新图层】按钮，在【背景】图层上方新建一个图层。

03 选择工具面板中的【画笔】工具，在选项栏中单击【画笔预设】选取器按钮，在弹出的下拉面板中选择【常规画笔】组中的【柔边圆】画笔，然后设置【大小】为 600 像素、【不透明度】为 30%。

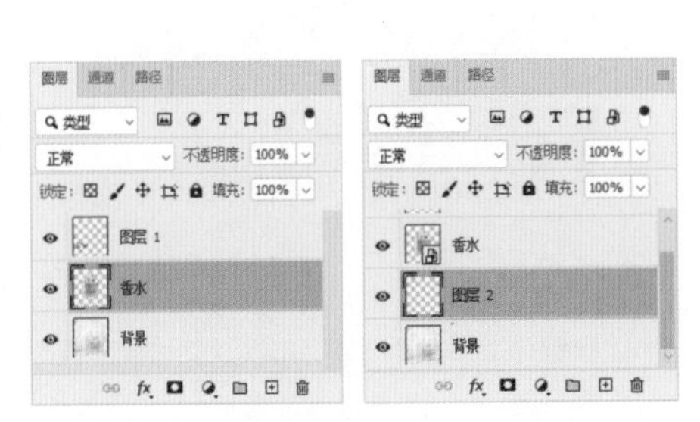

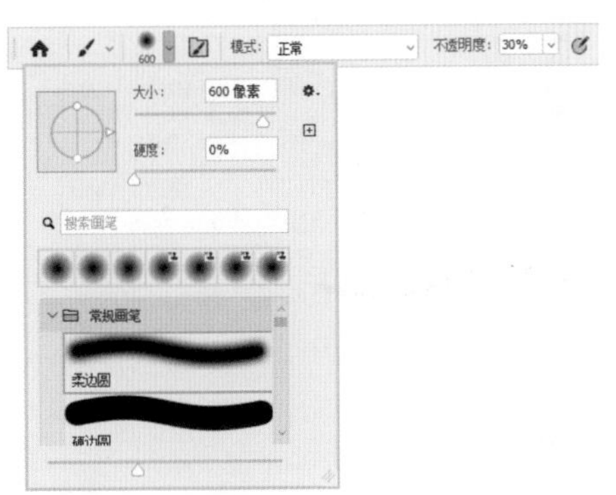

04 接着设置合适的前景色，因为背景的颜色为粉色调，阴影应该具有相同的色彩倾向，所以在【颜色】面板中设置前景色为 R:196 G:72 B:101。设置完成后，将光标移至商品的底部，按住鼠标左键拖动并进行涂抹，利用【画笔】工具绘制出阴影效果。为了让阴影更有层次感，再次新建图层，调整画笔笔尖大小，在更靠近商品的位置进行涂抹，完成实例的制作。

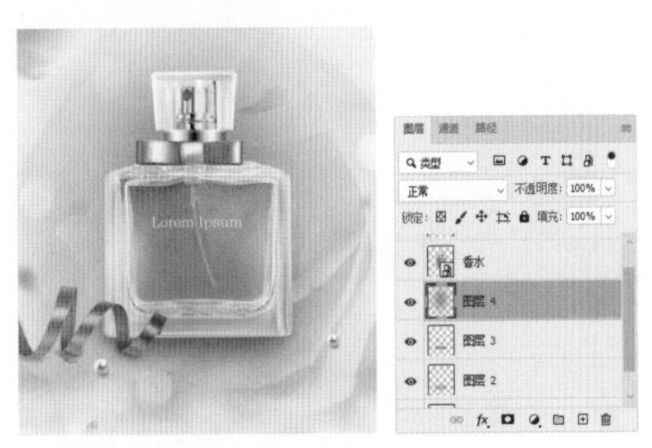

2.7.2 【画笔设置】面板：设置各种不同的笔触效果

使用【画笔】工具除了可以绘制单色线条外，还可以绘制虚线，以及具有多种颜色或图案叠加效果的线条。想要绘制出这些效果的线条，需要借助于【画笔设置】面板。

选择【窗口】|【画笔设置】命令，或单击【画笔】工具选项栏中的【切换“画笔”面板】按钮，或按 F5 快捷键，都可以打开【画笔设置】面板。该面板默认显示的是【画笔笔尖形状】界面，在底部显示当前笔尖样式的预览效果。在【画笔设置】面板的左侧选项列表中，可以启用画笔的各种属性，如形状动态、散布、纹理、双重画笔、颜色动态、传递、画笔笔势等。选中某种属性，在右侧的区域中即可显示该选项的所有参数设置。

1. 笔尖形状设置

默认情况下，打开【画笔设置】面板后显示【画笔笔尖形状】选项，在其右侧的选项中可以设置画笔样式的笔尖形状、直径、角度、圆度、硬度、间距等基本参数。这些参数的设置非常简单，调整其数值，就可以在底部看到当前画笔的预览效果。

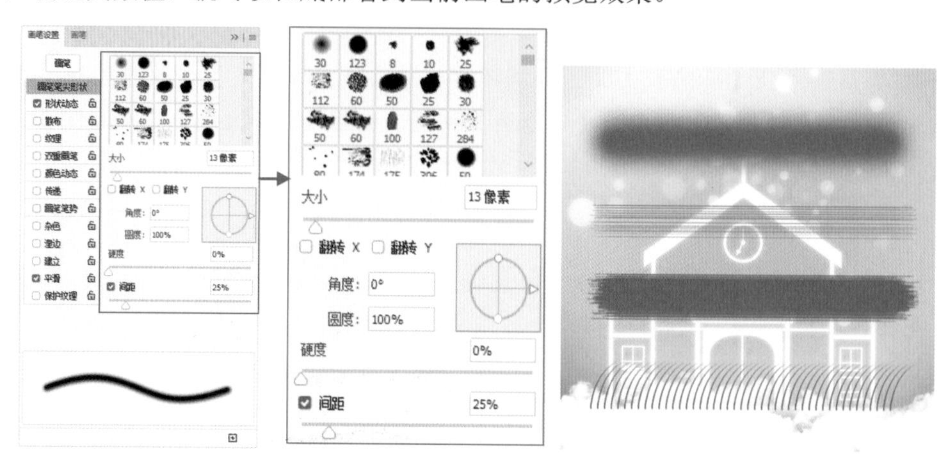

2. 形状动态

【形状动态】选项用于设置大小不同、角度不同、圆度不同的笔触效果。单击【画笔设置】面板左侧的【形状动态】选项，面板右侧会显示该选项对应的设置参数，如画笔的大小抖动、最小直径、角度抖动和圆度抖动等。在该界面中，设置抖动数值可以指定参数在一定范围内随机变换，数值越大，变化范围也就越大。

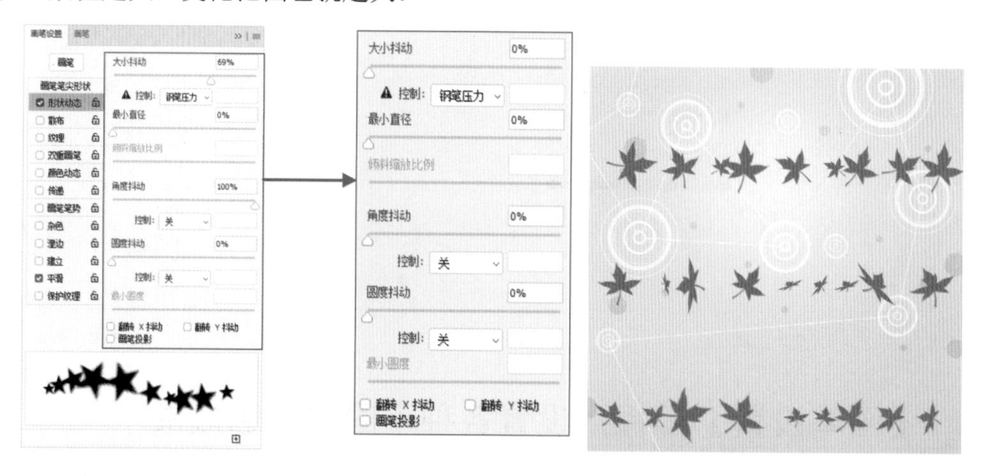

3. 散布

【散布】选项用来指定描边中笔迹的数量和位置，使画笔笔迹沿着绘制的线条扩散。单击【画笔设置】面板左侧的【散布】选项，面板右侧会显示该选项对应的设置参数。在界面中可以对散布的方式、数量和散布的随机性进行调整。数值越大，变化范围也越大。

4. 纹理

【纹理】选项用于设置画笔笔触的纹理，使之可以绘制出带有纹理的笔触效果。单击【画笔设置】面板左侧的【纹理】选项，面板右侧会显示该选项对应的设置参数。在界面中可以对图案的大小、亮度、对比度、混合模式等选项进行设置。

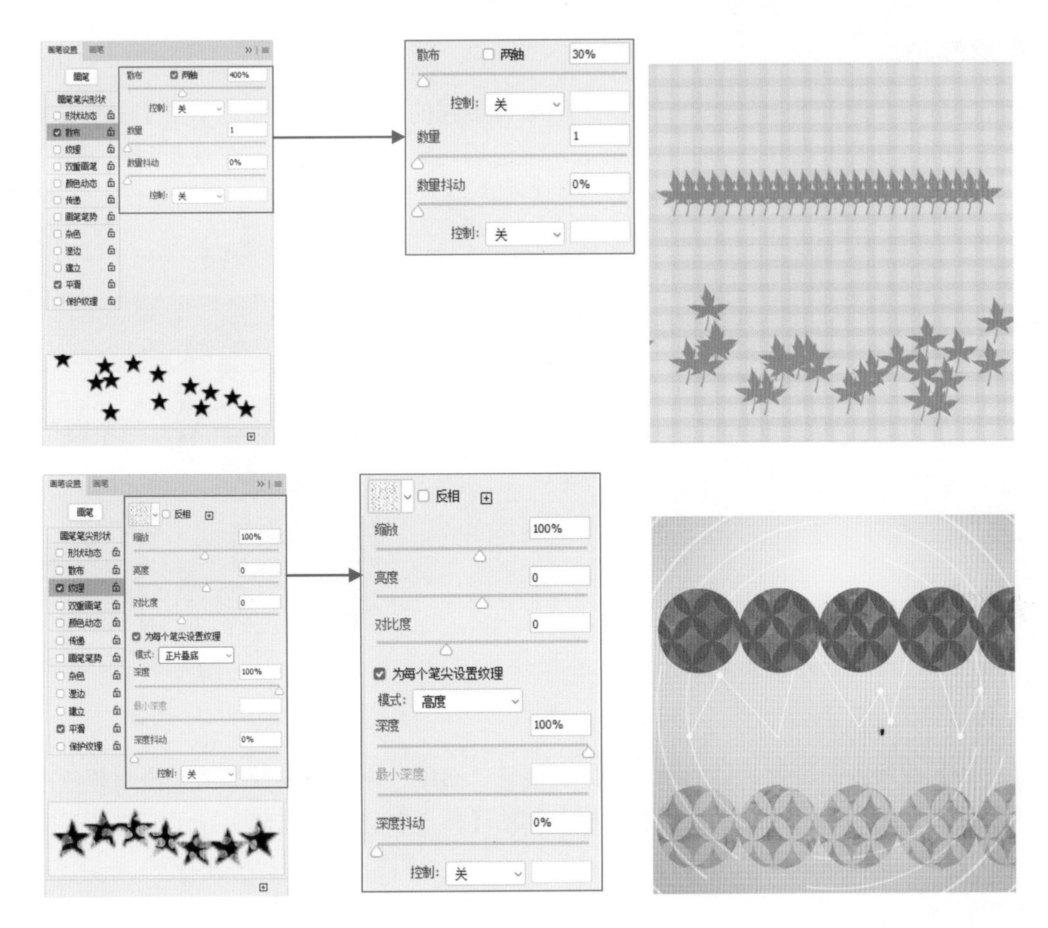

5. 双重画笔

【双重画笔】选项是通过组合两个笔尖来创建画笔笔迹，它可在主画笔的画笔描边内应用第二个画笔纹理，并且仅绘制两个画笔描边的交叉区域。如果要使用双重画笔，应首先在【画笔设置】面板的【画笔笔尖形状】选项中设置主要笔尖的选项，然后从【画笔设置】面板的【双重画笔】选项部分选择另一个画笔笔尖。

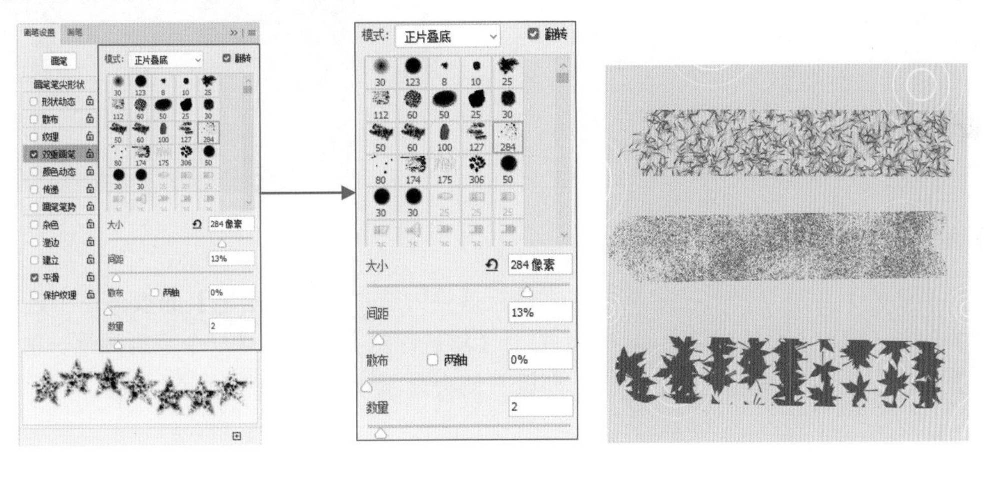

6. 颜色动态

选中【颜色动态】选项可以绘制出颜色随机性很强的彩色斑点效果。单击【画笔设置】面板左侧的【颜色动态】选项，面板右侧会显示该选项对应的设置参数。在设置颜色动态之前，首先需要设置合适的前景色与背景色，然后在【颜色动态】设置界面进行其他参数选项的设置。

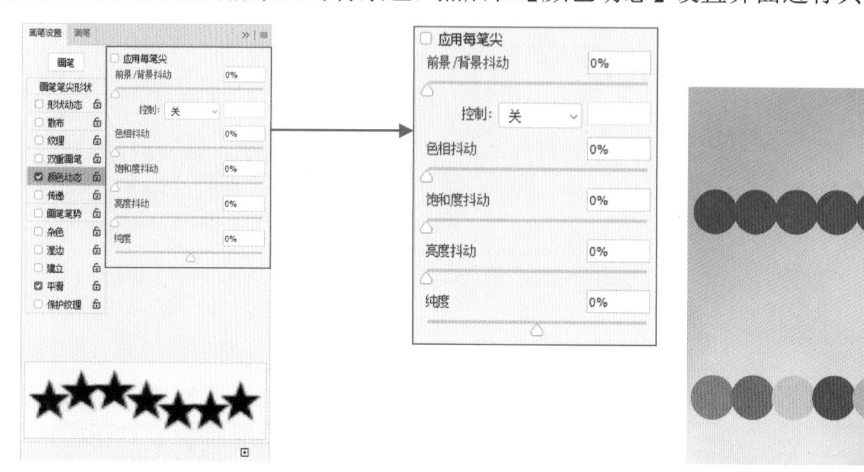

7. 传递

【传递】选项用于设置笔触的不透明度、流量、湿度、混合等参数，用来控制颜色在描边路线中的改变方式。单击【画笔设置】面板左侧的【传递】选项，右侧会显示该选项对应的设置参数。【传递】选项常用于光效的制作。

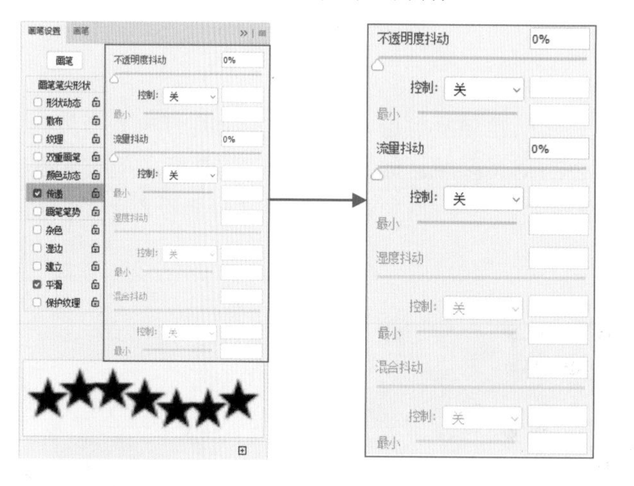

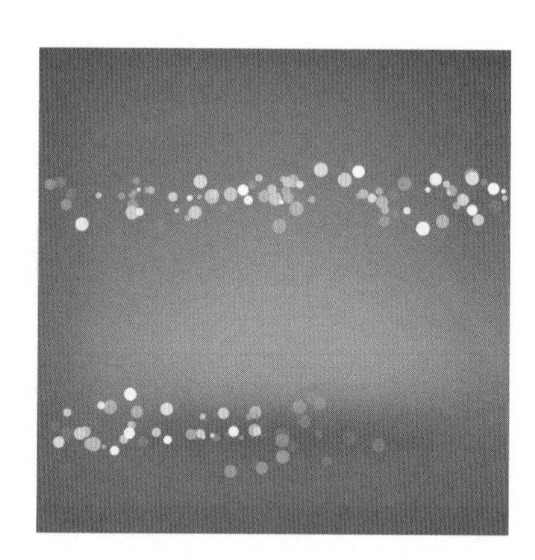

8. 画笔笔势

【画笔笔势】选项是针对特定笔刷样式进行调整的选项。在【画笔】面板菜单中选择【旧版画笔】命令，载入【旧版画笔】组，然后打开【默认画笔】组，选择一个毛刷画笔。单击【画笔设置】面板左侧的【画笔笔势】选项，面板右侧会显示该选项对应的设置参数。

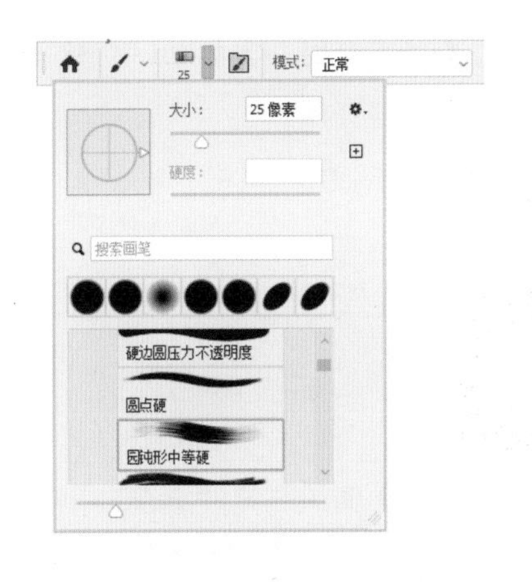

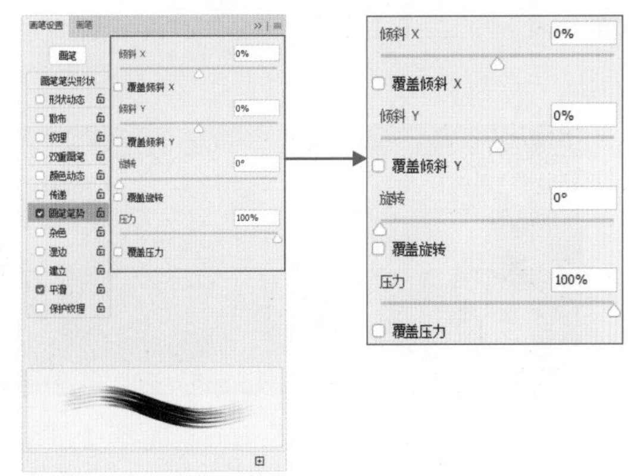

实例——制作手绘感优惠券

文件路径：第 2 章 \ 实例——制作手绘感优惠券
难易程度：★☆☆☆☆
技术掌握：【画笔】工具、【画笔设置】面板

01 选择【文件】|【新建】命令，新建一个 790 像素 ×320 像素的空白文档。

02 为背景填充颜色。单击【图层】面板底部的【创建新的填充或调整图层】按钮，在弹出的菜单中选择【渐变】命令。在弹出的【渐变填充】对话框中，设置【样式】为【径向】，单击渐变预览条，再在弹出的【渐变编辑器】对话框中，设置渐变填色为 R:231 G:52 B:17 至 R:128 G:24 B:4、中心点【位置】为 70%。设置完成后，单击【确定】按钮。

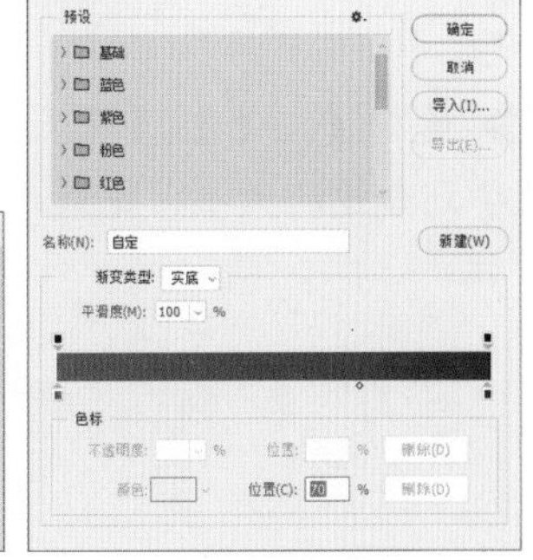

03 选择【文件】|【置入嵌入对象】命令，分别置入素材。将素材放在合适的位置，并适当进行变换操作，将其调整到合适的大小，接着在【图层】面板中设置图层混合模式为【叠加】。

04 继续置入素材，在【图层】面板中，按Ctrl键并单击【创建新图层】按钮，新建【图层1】图层。

05 将前景色设置为R:255 G:255 B:0，选择【画笔】工具，在选项栏中单击按钮，在弹出的【画笔设置】面板中选择【粗边圆形硬毛刷】画笔，设置【大小】为100像素、【间距】为1%。然后使用【画笔】工具在画面中按住鼠标左键并拖动进行绘制。

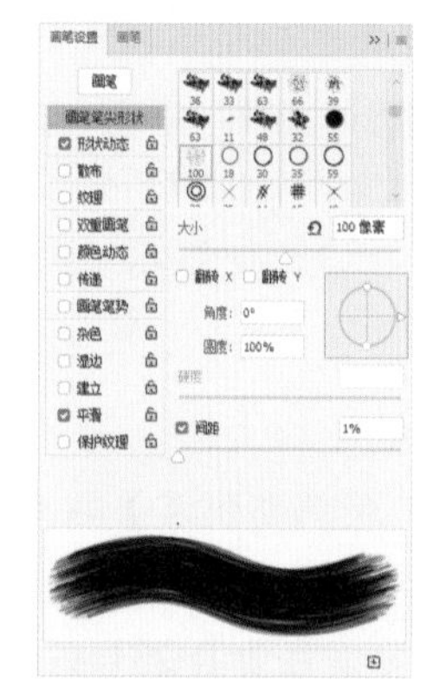

06 在【图层】面板中双击笔刷图层，打开【图层样式】对话框。在该对话框中选中【投影】选项，设置【不透明度】为60%、【距离】为10像素、【大小】为8像素，然后单击【确定】按钮。

07 选择【文件】|【置入嵌入对象】命令，置入文字素材，将文字放在合适的位置，并将其调整到合适的大小，完成手绘感优惠券的制作。

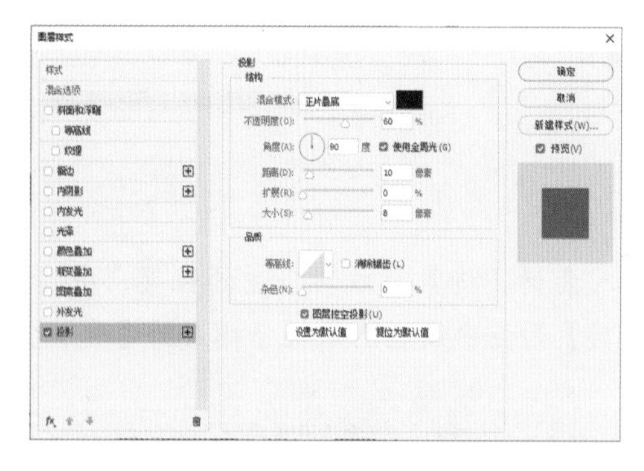

提示

【画笔设置】面板并不是只针对【画笔】工具属性的设置，它适用于大部分以画笔模式进行操作的工具，如【仿制图章】工具、【历史记录画笔】工具、【橡皮擦】工具、【加深】工具和【模糊】工具等。

2.8 商品图像的锐化处理

在 Photoshop 中，锐化就是让图像看起来更清晰。这里并不是增加了画面的细节，而是使图像中相邻像素之间的颜色反差增大、对比增强，使人产生一种锐化的视觉感受。

2.8.1 【锐化】工具：进行局部锐化处理

图像文件在编辑过程中，画质可能会发生变化。如果图像细节模糊的情况不严重，可以通过【锐化】工具，将细节画质变清晰。

选择【锐化】工具，在选项栏中设置【模式】与【强度】，并选中【保护细节】复选框后，再进行锐化处理时，将对图像的细节进行保护。涂抹的次数越多，锐化效果越强烈。如果反复涂抹同一区域，会产生噪点和晕影。【锐化】工具适合处理小范围内的图像细节。如果要对整幅图像进行处理，可以使用锐化滤镜。

2.8.2 【USM 锐化】命令：使图像变清晰

使用【USM 锐化】滤镜可以查找图像中颜色差异明显的区域，然后将其锐化。这种锐化方式能够在锐化画面的同时，不增加过多的噪点。打开一个图像文件，选择【滤镜】|【锐化】|【USM 锐化】命令，在打开的【USM 锐化】对话框中设置图像的锐化程度。

- 【数量】文本框：设置锐化效果的强度。该数值越大，锐化效果越明显。
- 【半径】文本框：设置锐化的范围。

- 【阈值】文本框：只有相邻像素间的差值达到该值所设定的范围时才会被锐化。该数值越大，被锐化的像素就越少。

2.8.3 【智能锐化】命令：增强图像清晰度

【智能锐化】滤镜具有【USM 锐化】滤镜所没有的锐化控制功能。在该滤镜对话框中可以设置锐化算法，或控制在阴影和高光区域进行的锐化量。在进行操作时，可将文档窗口缩放到 100%，以便精确地查看锐化效果。选择【滤镜】|【锐化】|【智能锐化】命令，打开【智能锐化】对话框。在【智能锐化】对话框的下方单击【阴影 / 高光】选项右侧的 › 图标，将显示【阴影】/【高光】参数设置选项。在该对话框中可分别调整阴影和高光区域的锐化强度。

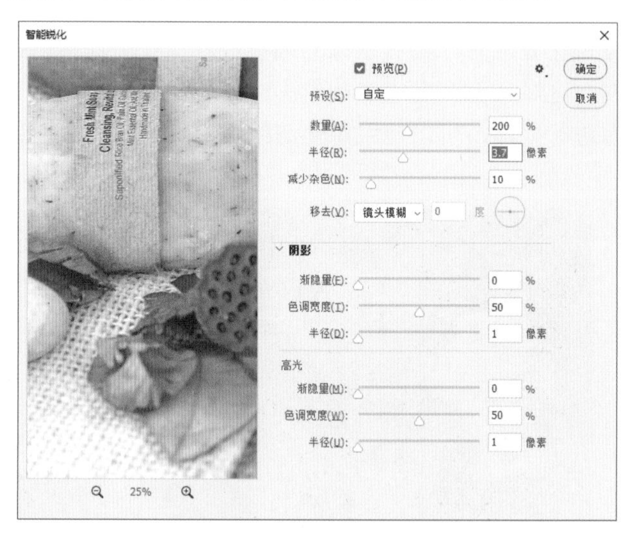

- 【数量】数值框：用来设置锐化数量，较大的值可以增强边缘像素之间的对比度，使图像看起来更加锐利。
- 【半径】数值框：用来确定受锐化影响的边缘像素的数量，该值越大，受影响的边缘就越宽，锐化的效果也就越明显。
- 【减少杂色】数值框：用来控制图像的杂色量，该值越大，画面效果越平滑，杂色越少。
- 【移去】下拉列表：在该下拉列表中可以选择锐化算法。选择【高斯模糊】，可以使用【USM 锐化】滤镜的方法进行锐化；选择【镜头模糊】，可以检测图像中的边缘和细节，并对细节进行更精确的锐化，减少锐化的光晕；选择【动感模糊】，可以通过设置【角度】来减少由于相机或主体移动而导致的模糊。
- 【渐隐量】数值框：可以降低锐化效果。其类似于【编辑】菜单中的【渐隐】命令。
- 【色调宽度】数值框：用来设置阴影和高光中色调的修改范围。在【阴影】选项组中，较小的值会限制只对较暗区域进行阴影校正调整；在【高光】选项组中，较小的值只对较亮区域进行高光校正调整。
- 【半径】数值框：用来控制每个像素周围的区域大小，它决定了像素是在阴影还是在高光中。向左移动滑块会指定较小的区域，向右移动滑块会指定较大的区域。

视频 实例——提升商品的精致感

文件路径：第 2 章 \ 实例——提升商品的精致感
难易程度：★☆☆☆☆
技术掌握：【智能锐化】命令

01 打开一个素材图像文件，按 Ctrl+J 快捷键复制【背景】图层，防止修饰图像时破坏原图。

02 选择【滤镜】|【锐化】|【智能锐化】命令，在打开的【智能锐化】对话框中，设置【数量】为 300%、【半径】为 5 像素、【减少杂色】为 45%，在【移去】下拉列表中选择【镜头模糊】选项，然后单击【确定】按钮。通过该操作可增强玻璃瓶的细节感。

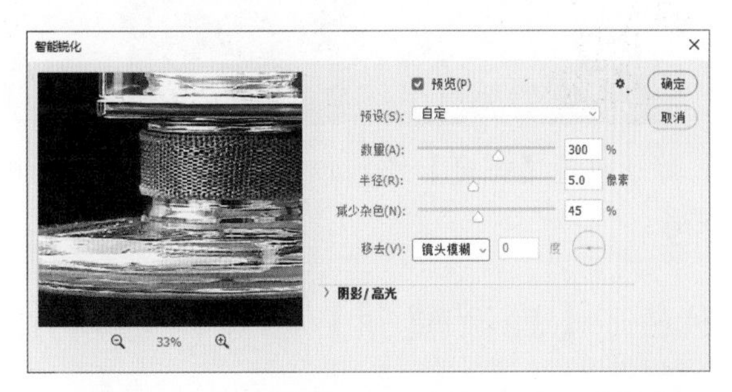

03 再次按 Ctrl+J 快捷键复制锐化后的图层，选择工具面板中的【加深】工具，在选项栏中设置画笔样式为柔边圆 500 像素、【范围】为【中间调】、【曝光度】为 20%，然后使用【加深】工具加深瓶身局部细节，完成最终效果。

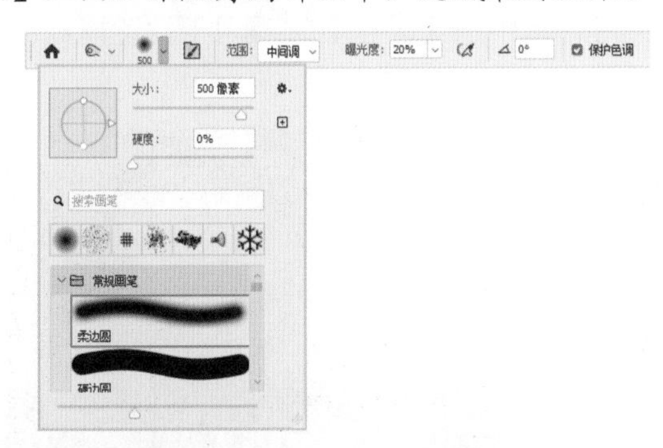

2.9 商品图像的模糊处理

在画面中适度地模糊可以增加画面的层次感，通过将背景虚化的方式将商品或模特从环境中凸显出来，还可以对在光线不足的情况下拍摄的照片进行降噪处理。

2.9.1 【模糊】工具：进行局部模糊处理

【模糊】工具 的作用是减少图像画面中相邻像素之间的反差，使边缘的区域变柔和，从而产生模糊效果，还可以柔化、模糊局部的图像。其使用方法非常简单，选择工具面板中的

【模糊】工具，在选项栏中设置【模式】和【强度】。【模式】包括【正常】【变暗】【变亮】【色相】【饱和度】【颜色】和【明度】。如果仅需要使画面局部模糊，那么选择【正常】即可。选项栏中的【强度】选项比较重要，主要用于设置图像处理的模糊程度，参数数值越大，模糊效果越明显。

除了设置【强度】外，如果想要使画面变得更加模糊，也可以多次在某个区域涂抹以加强效果。

2.9.2 【高斯模糊】命令：最常用的模糊滤镜

【高斯模糊】滤镜的应用十分广泛，如制作景深效果、投影效果等，它是【模糊】滤镜组中使用率最高的滤镜之一。其原理是在图像中添加低频细节，使图像产生一种朦胧的模糊效果。打开一个图像文件，选择【滤镜】|【模糊】|【高斯模糊】命令，在打开的【高斯模糊】对话框中设置合适的参数，然后单击【确定】按钮。该对话框中的【半径】选项用于设置模糊的范围，它以像素为单位，数值越大，模糊效果越强烈。

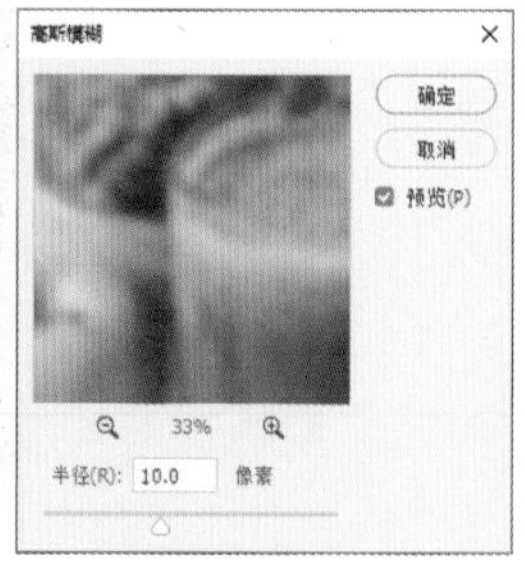

视频 实例——制作多种阴影效果

文件路径：第 2 章 \ 实例——制作多种阴影效果
难易程度：★☆☆☆☆
技术掌握：【画笔】工具、【高斯】模糊、【变换】命令

01 打开素材图像文件，在【图层】面板中选择【背景】图层，单击【创建新图层】按钮，新建一个空白图层。

02 选择【画笔】工具，在选项栏中设置大小合适的柔边圆画笔样式，设置【不透明度】为 30%。在【颜色】面板中，将前景色设置为比背景颜色稍深的 R:148 G:119 B:87。设置完成后，在画面中产品的左、右、下 3 个边缘进行涂抹。

03 在【图层】面板中，单击【创建新图层】按钮，新建一个图层。使用【椭圆选框】工具在产品底部绘制一个椭圆形选区。

04 在【颜色】面板中将前景色设置为 R:125 G:95 B:62，按 Alt+Delete 快捷键填充选区。然后在【图层】面板中设置图层混合模式为【线性加深】。

05 按 Ctrl+D 快捷键取消选区，选择【滤镜】|【模糊】|【高斯模糊】命令，打开【高斯模糊】对话框。在该对话框中，设置【半径】为 20 像素，然后单击【确定】按钮。按 Alt+Ctrl+F 快捷键再次应用【高斯模糊】命令。

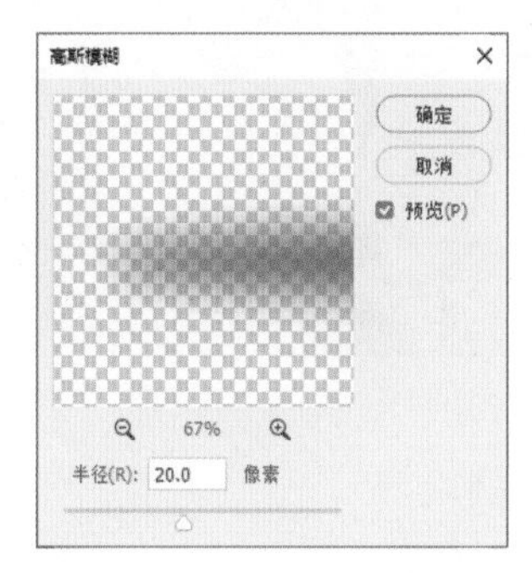

06 接下来制作光源从左前方照射产品的投影效果。在【背景】图层上方新建一个图层，按 Ctrl 键并单击产品图层缩览图载入选区。按 Alt+Delete 快捷键填充选区，并在【图层】面板中设置图层混合模式为【线性加深】。

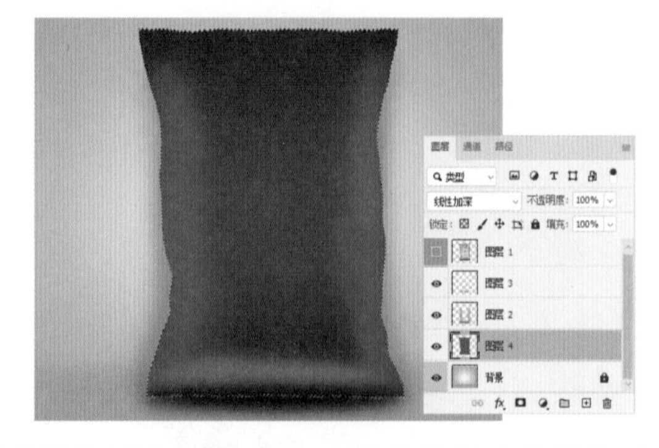

07 按 Ctrl+D 快捷键取消选区，选择【编辑】|【变换】|【扭曲】命令，按住鼠标左键并拖动进行扭曲变换。

08 选择【滤镜】|【模糊】|【高斯模糊】命令，打开【高斯模糊】对话框。在该对话框中，设置【半径】为 30 像素，然后单击【确定】按钮。

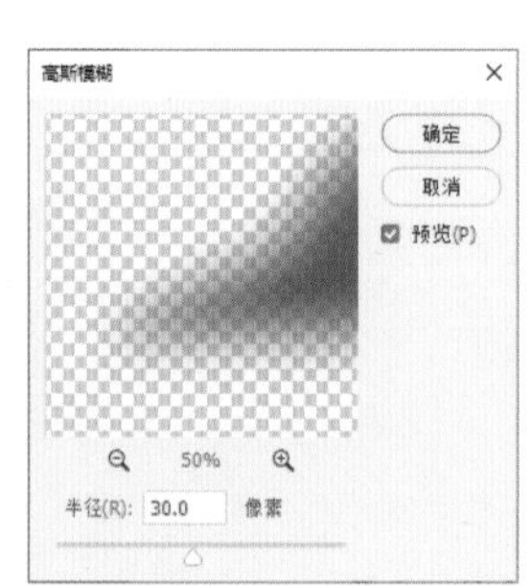

09 在【图层】面板中，关闭先前创建的阴影图层的视图，并为步骤 06 创建的图层添加图层蒙版。选择【渐变】工具，在该图层的蒙版中按住鼠标左键，自右上往左下进行拖动，填充渐变。

10 在【图层】面板中，设置该图层的【不透明度】为 60%，完成产品的投影效果制作。

第 3 章

商品图片的抠图与创意合成

本章导读

抠取图像是电商设计中的常用操作，不仅在制作商品主图时需要用到抠图技术，在美化页面以及制作宣传广告时，都需要利用抠图技术处理版面元素。同时，在制图的过程中，抠图往往不是目的，而是将所抠的图像放置在新的场景中，这个过程叫作合成。

3.1 使用 Photoshop 抠取素材图像

使用 Photoshop 中的工具将需要的商品图像从图片背景中分离出来的过程叫抠图，这是后期处理商品图像的一个基础且重要的操作。在 Photoshop 中抠图的方式有多种，如基于颜色的差异获得选区，使用【钢笔】工具进行精确抠图、通过通道抠图等。虽然有多种抠图方法可以运用，但是在抠图之前，首先要分析图像的特点。

3.2 利用商品与背景的色差抠图

Photoshop 提供了多种通过识别颜色的差异创建选区的工具，如【快速选择】工具、【魔棒】工具、【磁性套索】工具、【魔术橡皮擦】工具、【背景橡皮擦】工具以及【色彩范围】命令等。

使用【快速选择】工具、【魔棒】工具、【磁性套索】工具、【色彩范围】命令主要用于抠取具有明显颜色差异的图像。而【魔术橡皮擦】工具和【背景橡皮擦】工具则用于擦除背景部分。

视频 3.2.1 【快速选择】工具：通过拖动自动创建选区

使用【快速选择】工具能够自动查找颜色接近的区域并创建选区。对于图像主体与背景相差较大的图像，可以使用【快速选择】工具快速创建选区，并且在扩大颜色范围、连续选取时，其自由操作性相当高，具体操作如下。

01 打开素材图像文件，选择【快速选择】工具，在选项栏中设置合适的画笔样式，然后将光标移至要创建选区的位置，在画面中按住鼠标左键并拖曳，即可自动创建与光标移动过的位置颜色相似的选区。

02 在选项栏中，单击【添加到选区】按钮，设置合适的绘图模式及画笔大小，然后在画面中按住鼠标左键并拖动，即可自动创建与光标移动过的位置颜色相似的选区。在创建选区时，如果需要调节画笔大小，按键盘上的] 键可以增大【快速选择】工具的画笔笔尖的大小；按 [键可以减小【快速选择】工具的画笔笔尖的大小。

03 选择【选择】|【反选】命令，按 Delete 键删除选区内的图像，再按 Ctrl+D 快捷键取消选区。然后在【图层】面板中，关闭【背景】图层视图查看抠图效果。

3.2.2 【魔棒】工具：获取容差范围内的颜色

【魔棒】工具用于获取与取样点颜色相似部分的选区。使用【魔棒】工具单击画面，与单击点颜色相似或相近的区域都会被选中。该工具适合背景或商品颜色比较单一的图像，设计师可以通过调整容差值来控制选区的精确度。

- 【取样大小】选项：用于设置取样点的像素范围。
- 【容差】数值框：决定所选像素之间的相似性或差异性，其取值范围为 0~255。该数值越小，对像素相似程度的要求越高，所选的颜色范围就越小；该数值越大，对像素相似程度的要求越低，所选的颜色范围就越大，选区也就越大。
- 【消除锯齿】复选框：选中该复选框，可创建边缘较平滑的选区。
- 【连续】复选框：选中该复选框时，只选择颜色连接的区域；取消选中该复选框时，可以选择与所选像素颜色接近的所有区域，也包含没有连接的区域。
- 【对所有图层取样】复选框：如果文档中包含多个图层，选中该复选框，可以选择所有可见图层上颜色相近的区域；取消选中该复选框时，仅选择当前图层上颜色相近的区域。
- 【选择主体】按钮：单击该按钮，可以根据图像中最突出的对象自动创建选区。

视频 实例——制作数码产品广告

文件路径：第 3 章\实例——制作数码产品广告

难易程度：★☆☆☆☆

技术掌握：【魔棒】工具、置入嵌入对象

01 打开背景素材图像文件，选择【文件】|【置入嵌入对象】命令，置入产品图像，并摆放到合适的位置，按 Enter 键完成置入，然后将该图层栅格化。

02 选择【魔棒】工具，在选项栏中单击【添加到选区】按钮，设置【容差】为 40，选中【消除锯齿】和【连续】复选框，然后在蓝色背景上单击创建选区。得到背景选区后，按 Delete 键删除背景部分。

03 在【图层】面板中，按 Ctrl 键并单击【创建新图层】按钮，在产品图像图层下方新建一个图层。按 Ctrl 键并单击产品图层，载入选区。

04 按 Alt+Delete 快捷键使用前景色填充选区，按 Ctrl+D 快捷键取消选区。接着按 Ctrl+T 快捷键应用【自由变换】命令调整填充的阴影。

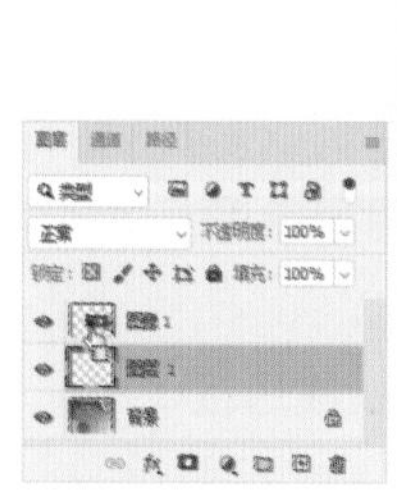

05 选择【滤镜】|【模糊】|【高斯模糊】命令，打开【高斯模糊】对话框。在该对话框中，设置【半径】为 60 像素，单击【确定】按钮。然后在【图层】面板中，设置阴影图层的【混合模式】为【正片叠底】、【不透明度】为 60%，完成实例的制作。

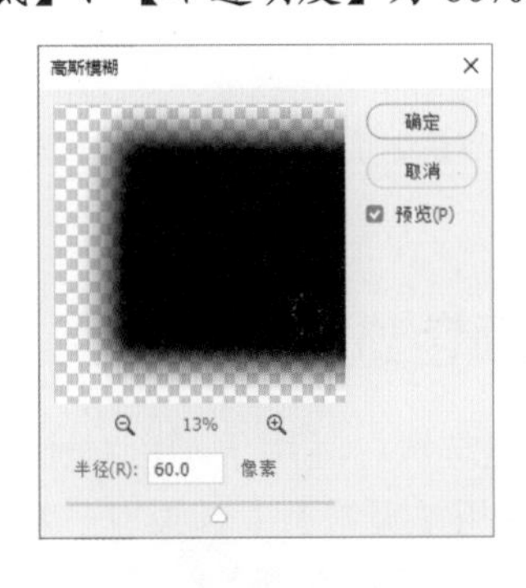

3.2.3 【磁性套索】工具：自动查找边缘差异创建选区

【磁性套索】工具适合抠取商品图像边缘比较清晰且与背景颜色相差较大的图片。使用【磁性套索】工具，能够通过画面中颜色的对比自动识别对象的边缘，绘制出由连接点形成的连接线段，最终闭合线段区域后创建出选区。

选择【磁性套索】工具，在选项栏中设置合适的参数，然后将光标移至对象的边缘处，单击确定起始点，沿对象的边缘拖动鼠标，对象边缘会自动创建路径。如果有错误的锚点，可以按 Delete 键删除最后绘制的锚点，还可以通过单击的方式添加锚点。

在商品图像颜色有近似背景色的地方，可以单击鼠标添加锚点，以防【磁性套索】工具误附锚点在其他图像上。鼠标移到起始点位置时，光标会变为状。此时，单击鼠标可以闭合路径并创建选区，得到选区后即可进行抠图、合成等操作。

提示

使用【磁性套索】工具创建选区时，可以通过按键盘上的 [键和] 键来减小或增大宽度值，从而在创建选区的同时灵活地调整选区与图像边缘的距离，使其与图像边缘更加匹配。按] 键，可以将磁性套索边缘宽度增大 1 像素；按 [键，则可以将磁性套索边缘宽度减小 1 像素；按 Shift+] 组合键，可以将检测宽度设置为最大值，即 256 像素；按 Shift+[快捷键，可以将检测宽度设置为最小值，即 1 像素。

视频 3.2.4　【色彩范围】命令：获取特定颜色选区

使用【色彩范围】命令可以根据图像的颜色变化关系来创建选区，适用于颜色对比度较大的图像。使用【色彩范围】命令时可以选定一个标准色彩，或使用【吸管】工具吸取一种颜色，然后在容差设定允许的范围内，图像中所有在这个范围内的色彩区域都将成为选区。其操作原理和【魔棒】工具基本相同。不同的是，使用【色彩范围】命令能更清晰地显示选区的内容，并且可以按照通道选择选区，具体操作如下。

01 打开一个图像文件，选择【选择】|【色彩范围】命令，打开【色彩范围】对话框。在该对话框中，首先在【选择】下拉列表中设置创建选区的方式。

- 选择【取样颜色】选项，可以直接在该对话框的预览区域单击并选择所需颜色，也可以在图像文件窗口中单击进行选择。
- 选择【红色】【黄色】【绿色】等选项，在图像查看区域中可以看到，画面中包含这些颜色的区域会以白色 (选区内部) 显示，不包含这些颜色的区域以黑色 (选区以外) 显示。如果图像中仅部分包含这些颜色，则以灰色显示。
- 选择【高光】【中间调】【阴影】中的一种方式，在图像查看区域可以看到被选中的区域变为白色，其他区域为黑色。
- 选择【肤色】时，会自动检测皮肤区域。
- 选择【溢色】时，可以选择图像中出现的溢色。
- 【检测人脸】复选框：当将【选择】设置为【肤色】时，选中【检测人脸】复选框，可以更加准确地查找皮肤部分的选区。
- 【本地化颜色簇】复选框：选中此复选框，拖动【范围】滑块可以控制要包含在蒙版中的颜色与取样点的最大和最小距离。

02 在图像查看区域，选中【选择范围】或【图像】单选按钮，可以在预览区域预览选择的

颜色区域范围，或者预览整个图像以进行选择操作。当选中【选择范围】单选按钮时，预览区域内的白色代表被选择的区域，黑色代表未选择的区域，灰色代表被部分选择的区域(即有羽化效果的区域)；当选中【图像】单选按钮时，预览区域内会显示彩色图像。

03 如果【选择】下拉列表中的颜色选项无法满足设计师的需求，则可以在【选择】下拉列表中选择【取样颜色】选项，当光标变为吸管形状时，将其移至画布中的图像上，单击即可进行取样。

04 单击后被选中的区域范围有些小，原本非常接近的颜色区域并没有在图像查看区域中变为白色，可以适当增加【颜色容差】数值，使选择范围变大。

05 虽然增加【颜色容差】可以增大被选中的范围，但还是会遗漏一些近似区域。此时，设计师可以单击【添加到取样】按钮，在画面中多次单击需要被选中的区域，也可以在图像查看区域中单击，使需要选中的区域变白。

- 【吸管】工具/【添加到取样】工具/【从取样减去】工具用于设置选区后，添加或删除需要的颜色范围。
- 【反相】复选框用于反转取样的色彩范围的选区。它提供了一种在单一背景上选择多

个颜色对象的方法，即用【吸管】工具选择背景，然后选中该复选框以反转选区，得到所需对象的选区。

06 为了便于观察选区效果，可以从【选区预览】下拉列表中选择文档窗口中选区的预览方式。选择【无】选项时，表示不在窗口中显示选区；选择【灰度】选项时，可以按照选区在灰度通道中的外观来显示选区；选择【黑色杂边】选项时，可以在未选择的区域覆盖一层黑色；选择【白色杂边】选项时，可以在未选择的区域覆盖一层白色；选择【快速蒙版】选项时，可以显示选区在快速蒙版状态下的效果。

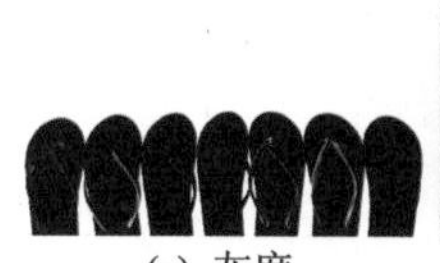
(a) 灰度

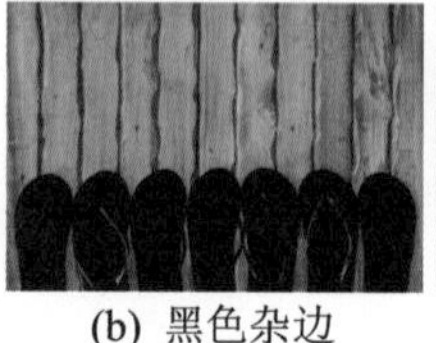
(b) 黑色杂边

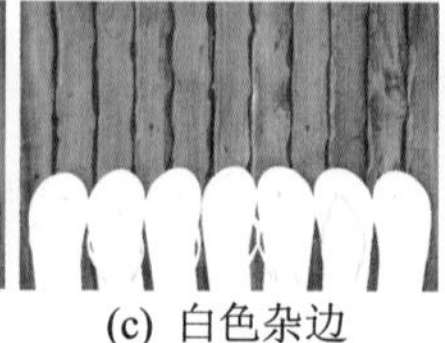
(c) 白色杂边

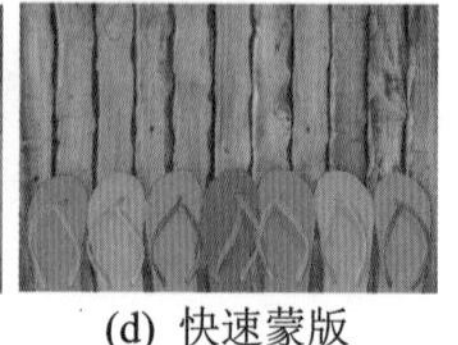
(d) 快速蒙版

07 单击【确定】按钮，即可得到选区。通过编辑选区内的图像，改变画面效果。

视频 实例——制作葡萄酒广告

文件路径：第 3 章 \ 实例——制作葡萄酒广告

难易程度：★★☆☆☆

技术掌握：置入嵌入对象、【色彩范围】命令

01 选择【文件】|【新建】命令，打开【新建文档】对话框。在该对话框中，输入名称为“葡萄酒广告”，设置【宽度】为 1920 像素、【高度】为 1080 像素、【分辨率】为 72 像素 / 英寸，单击【创建】按钮新建一个文档。然后在【图层】面板中，单击【创建新图层】按钮，新建【图层 1】图层。

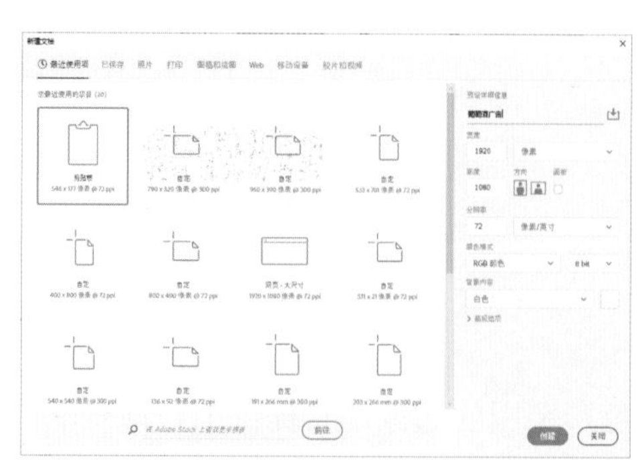

02 选择【渐变】工具，在选项栏中单击【径向渐变】按钮，再单击渐变预览，打开【渐变编辑器】对话框。在该对话框中，设置渐变颜色为 R:97 G:97 B:97 至 R:45 G:45 B:45，单击【确定】按钮应用设置。然后使用【渐变】工具，在文档右上角单击，并按住鼠标左键向左下角拖动，释放鼠标左键，应用渐变颜色填充。

03 选择【文件】|【置入嵌入对象】命令，置入笔刷素材图像文件，并调整其大小及位置。

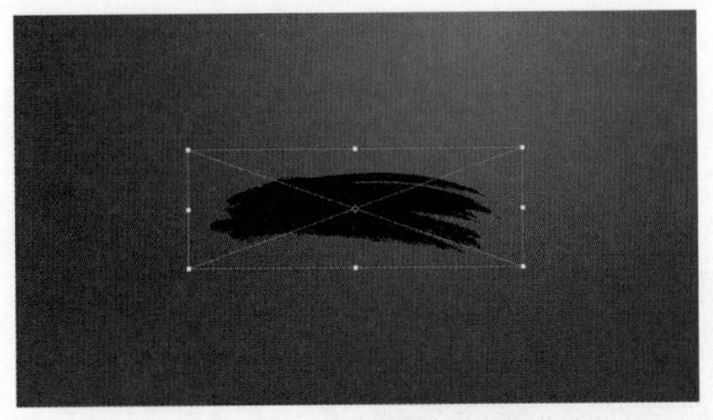

04 在【图层】面板中双击笔刷图层，打开【图层样式】对话框。在该对话框中，选中【颜色叠加】选项，设置【混合模式】为正常、颜色为白色，然后单击【确定】按钮应用图层样式。

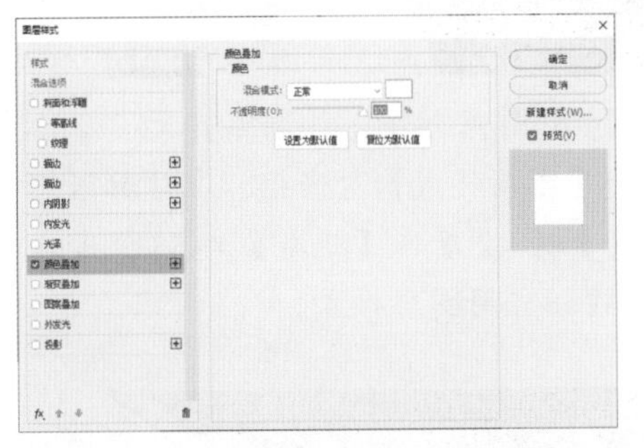

05 按 Ctrl+J 快捷键复制笔刷图层，然后使用【移动】工具调整笔刷图层的位置。调整完成后，在【图层】面板中链接两个笔刷图层。

06 选择【文件】|【打开】命令，打开手绘葡萄素材图像文件。选择【选择】|【色彩范围】命令，打开【色彩范围】对话框。在该对话框中，设置【颜色容差】为60，然后使用【吸管】工具在图像文件背景处单击，单击【确定】按钮创建选区。

07 按Shift+Ctrl+I快捷键反选选区，并选择【编辑】|【拷贝】命令。选中葡萄酒广告图像文件，选择【编辑】|【粘贴】命令。然后按Ctrl+T快捷键应用【自由变换】命令，调整手绘葡萄的大小及位置。

08 在【图层】面板中，设置手绘葡萄素材图层的【混合模式】为【划分】、【不透明度】为60%。

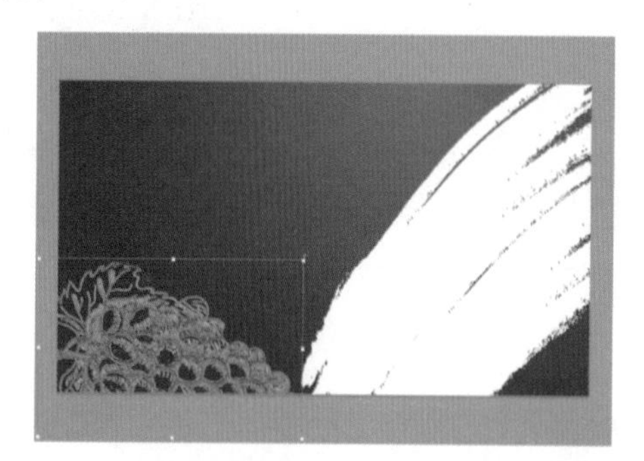

09 选择【文件】|【置入嵌入对象】命令，置入酒瓶素材图像文件，并调整其大小及位置。然后在【图层】面板中，双击刚置入的图像图层，打开【图层样式】对话框。在该对话框中，选中【投影】选项，设置【不透明度】为45%、【角度】为42度、【距离】为55像素、【扩展】为15%、【大小】为60像素，然后单击【确定】按钮应用图层样式。

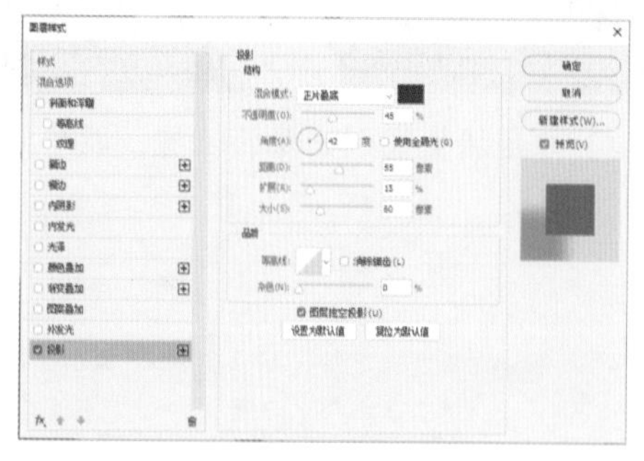

10 按Ctrl+J快捷键复制酒瓶图层，然后按Ctrl+T快捷键应用【自由变换】命令，调整酒瓶的位置及角度。

11 选择【文件】|【打开】命令，打开文字素材图像文件。

12 选择【选择】|【色彩范围】命令，打开【色彩范围】对话框。在该对话框中，设置【颜色容差】为 60，然后使用【吸管】工具在图像文件背景处单击，单击【确定】按钮创建选区。

13 按 Shift+Ctrl+I 快捷键反选选区，并选择【编辑】|【拷贝】命令。再次选中葡萄酒广告图像文件，选择【编辑】|【粘贴】命令。然后在【图层】面板中，设置文字图层的混合模式为【变亮】，完成广告的制作。

3.2.5 【魔术橡皮擦】工具：擦除颜色相似区域

【魔术橡皮擦】工具具有自动分析图像边缘的功能，用于擦除图层中具有相似颜色范围的区域，并以透明色代替被擦除区域。其使用方法与【魔棒】工具非常相似。选择【魔术橡皮擦】工具，在选项栏中设置合适的画笔样式，设置【容差】数值以及是否选中【连续】复选框。设置完成后，在画面中单击，即可擦除与单击点颜色相似的区域。如果没有擦除干净，可以重新设置参数进行擦除，或者使用【魔术橡皮擦】工具继续在需要擦除的地方单击。将背景擦除后就可以添加新的背景。

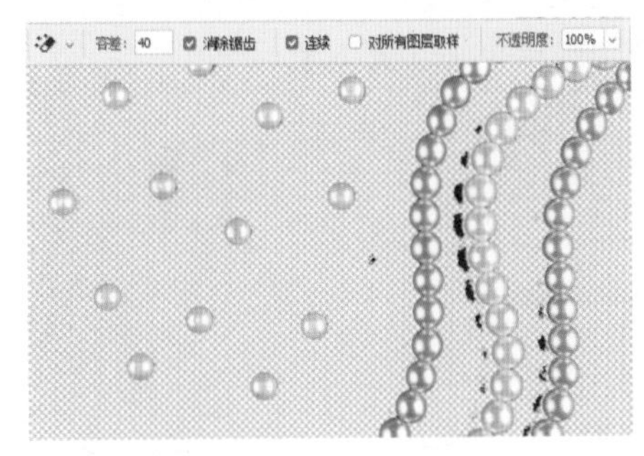

- 【容差】：用于设置被擦除图像颜色的范围。输入的数值越大，可擦除的颜色范围越大；输入的数值越小，被擦除的图像颜色与光标单击处的颜色越接近。

- 【消除锯齿】复选框：选中该复选框，可使被擦除区域的边缘变得柔和、平滑。
- 【连续】复选框：选中该复选框，可以使【魔术橡皮擦】工具仅擦除与鼠标单击处相连接的区域。
- 【对所有图层取样】复选框：选中该复选框，可以使擦除工具的应用范围扩展到图像中的所有可见图层。
- 【不透明度】：用于设置擦除图像颜色的程度。将其设置为100%时，被擦除的区域将变成透明色；设置为1%时，不透明度将无效，将不能擦除任何图像画面。

视频 实例——为模特更换背景

文件路径：第3章\实例——为模特更换背景
难易程度：★☆☆☆☆
技术掌握：【魔术橡皮擦】工具、置入嵌入对象

01 选择【文件】|【打开】命令，打开图像文件。

02 选择【魔术橡皮擦】工具，在选项栏中设置【容差】数值为32。然后使用【魔术橡皮擦】工具在图像画面背景中单击删除背景。

03 在【图层】面板中按Ctrl键并单击【创建新图层】按钮，在【图层0】图层下方新建【图层1】图层。在【颜色】面板中，设置前景色为R:183 G:211 B:198，然后按Alt+Delete快捷键填充前景色。

04 选择【文件】|【置入嵌入对象】命令，打开【置入嵌入的对象】对话框，选中所需要的图像文件，然后单击【置入】按钮。

05 调整置入图像的大小，然后按 Enter 键应用调整。

06 选择【文件】|【置入嵌入对象】命令，打开【置入嵌入的对象】对话框。在该对话框中，选中所需要的图像文件，然后单击【置入】按钮。调整置入图像的大小，然后按 Enter 键应用调整。

3.2.6 【背景橡皮擦】工具：智能擦除背景像素

【背景橡皮擦】工具是一种智能橡皮擦，它具有自动识别对象边缘的功能，可采集画笔中心的色样，并删除在画笔内出现的颜色，使擦除区域成为透明区域。选择【背景橡皮擦】工具，将光标移到画面中，光标呈现中心带有 + 的圆形效果，圆形表示当前工具的作用范围，而圆形中心的 + 则表示在擦除过程中自动采集颜色的位置。使用该工具，在涂抹过程中会自动擦除圆形画笔范围内出现的相近颜色的区域。

- 【取样】按钮：用于设置颜色取样的模式。按钮表示只对单击鼠标时光标下的图像颜色取样；按钮表示擦除图层中彼此相连但颜色不同的部分；按钮表示将背景色作为取样颜色。

(a) 取样：连续

(b) 取样：一次

(c) 取样：背景色板

- 【限制】：单击其右侧的下拉按钮，在弹出的下拉列表中可以选择使用【背景色橡皮擦】工具擦除的颜色范围。其中，【连续】选项表示可擦除图像中具有取样颜色的像素，但要求该部分与光标相连；【不连续】选项表示可擦除图像中具有取样颜色的像素；【查找边缘】选项表示在擦除与光标相连的区域的同时保留图像中物体锐利的边缘。
- 【容差】：用于设置被擦除的图像颜色与取样颜色之间差异的大小。
- 【保护前景色】复选框：选中该复选框，可以防止具有前景色的图像区域被擦除。

视频 3.3 【选择并遮住】：抠取边缘复杂的图像

【选择并遮住】是既可以对已有选区进行进一步编辑，又可以重新创建选区的命令。该命令主要用于对选区进行边缘检测，调整选区的平滑度、羽化、对比度及边缘位置。由于【选择并遮住】命令可以智能地细化选区，因此常用于发丝、动物毛发或细密植物的抠图，在进行图像创意设计时非常有用，具体操作如下。

01 使用选框工具、【套索】工具、【魔棒】工具和【快速选择】工具时都会在选项栏中出现【选择并遮住】按钮。选择【选择】|【选择并遮住】命令，或在选择了一种选区创建工具后，单击选项栏上的【选择并遮住】按钮，即可打开【选择并遮住】工作区。该工作区将用户熟悉的工具和新工具结合在一起，用户可在【属性】面板中调整参数以创建更精准的选区。该工作区左侧为一些用于调整选区和视图的工具，左上方为所选工具选项，右侧为选区编辑选项。

- 【快速选择】工具：通过按住鼠标左键并拖动进行涂抹，软件会自动查找和跟随图像颜色的边缘以创建选区。
- 【调整边缘画笔】工具：精确调整发生边缘调整的边界区域。制作头发或毛皮选区时可以使用【调整半径】工具柔化区域以增加选区内的细节。
- 【画笔】工具：通过涂抹的方式添加或减去选区。
- 【对象选择】工具：在定义的区域内查找并自动选择一个对象。
- 【套索】工具组：在该工具组中有【套索】工具和【多边形套索】工具两种工具。

02 在【视图模式】选项组中可以进行视图显示方式的设置。单击【视图】下拉按钮，在弹出的下拉列表中选择一个合适的视图模式。

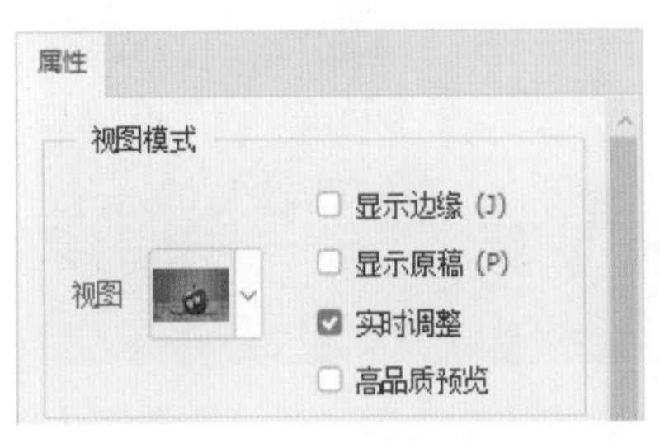

- 【视图】：在该下拉列表中可以根据不同的需要选择最合适的预览方式。按 F 键可以在各个模式之间循环切换视图，按 X 键可以暂时停用所有视图。

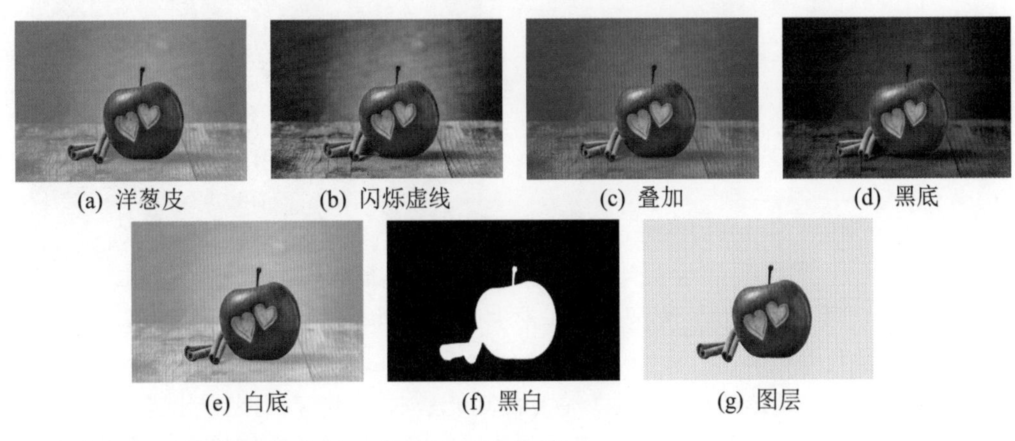

(a) 洋葱皮　(b) 闪烁虚线　(c) 叠加　(d) 黑底

(e) 白底　(f) 黑白　(g) 图层

- 选中【显示边缘】复选框，可以显示调整区域。
- 选中【显示原稿】复选框，可以显示原始蒙版。
- 选中【高品质预览】复选框，可以显示较高的分辨率预览，同时更新速度变慢。

03 放大图像视图，可以看到先前使用【快速选择】工具创建的选区并不完全符合要求。此时，使用左侧的工具可以调整选区。

04 进一步调整图像对象边缘像素，可以设置【边缘检测】选项组中的【半径】选项。【半径】选项用来确定选区边界周围的区域大小。对于图像中锐利的边缘可以使用较小的半径数值，对于较柔和的边缘可以使用较大的半径数值。选中【智能半径】复选框后，允许选区边缘出现宽度可变的调整区域。

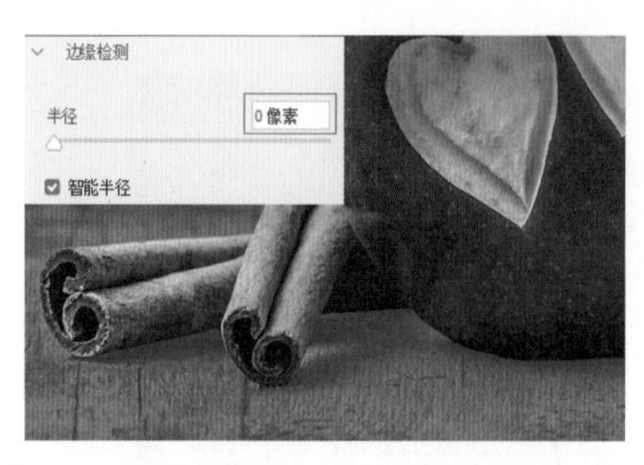

05 【全局调整】选项组主要用来对选区进行平滑、羽化和扩展等处理，可适当调整【平滑】和【羽化】选项。

- 【平滑】选项：当创建的选区边缘非常生硬，甚至有明显的锯齿时，使用此参数设置可以进行柔化处理。
- 【羽化】选项：该选项与【羽化】命令的功能基本相同，都用来柔化选区边缘。
- 【对比度】选项：设置此参数可以调整边缘的虚化程度，数值越大则边缘越锐利。通常可以创建比较精确的选区。
- 【移动边缘】选项：该选项与【收缩】【扩展】命令的功能基本相同，使用负值可以向内移动柔化边缘的边框，使用正值可以向外移动边框。
- 【清除选区】：单击该按钮，可以取消当前选区。
- 【反相】：单击该按钮，即可得到反向的选区。

06 此时选区调整完成，需要进行输出设置。在【输出设置】选项组中可以设置选区边缘的杂色以及设置选区输出的方式。在【输出设置】选项组中设置【输出到】为【选区】，单击【确定】按钮即可得到选区。使用Ctrl+J快捷键将选区中的图像内容复制到独立图层，然后更换背景。

- 【净化颜色】：将彩色杂边替换为附近完全选中的像素颜色。颜色替换的强度与选区边缘的羽化程度是成正比的。
- 【输出到】：设置选区的输出方式，在【输出到】下拉列表中选择相应的输出方式。

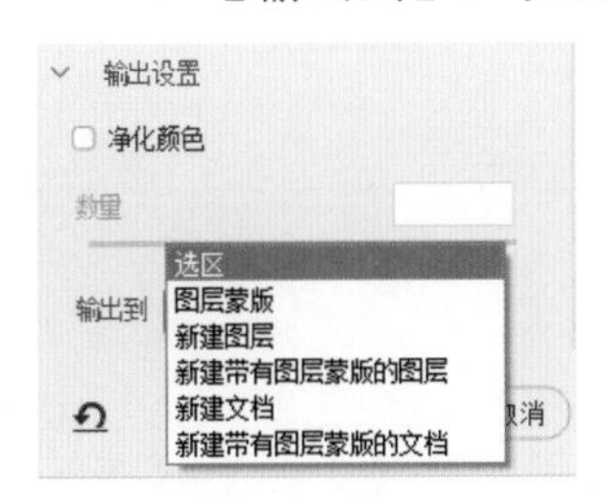

提示

单击【复位工作区】按钮，可恢复【选择并遮住】工作区的原始状态。另外，此选项还可以将图像恢复为进入【选择并遮住】工作区时，它所应用的原始选区或蒙版。选中【记住设置】复选框，可以存储设置，用于以后打开的图像。

实例——制作横版宠物产品广告

文件路径：第 3 章 \ 实例——制作横版宠物产品广告

难易程度：★★★☆☆

技术掌握：【快速选择】工具、【选择并遮住】命令

01 打开“宠物素材”图像文件，单击工具面板中的【快速选择】工具，在宠物背景区域按住鼠标左键并拖动，制作出背景部分的大致选区。

02 单击选项栏中的【选择并遮住】按钮，打开【选择并遮住】工作区。为了便于观察，首先设置视图模式为【叠加】。在【边缘检测】选项组中，选中【智能半径】复选框，设置【半径】为 50 像素；在【全局调整】选项组中，设置【对比度】为 10%，单击【反相】按钮；在【输出设置】选项组中，设置【输出到】为【新建图层】，然后单击【确定】按钮。

03 选择【文件】|【打开】命令，打开背景图像文件。再选中宠物素材图像，在【图层】面板中，

右击【背景 拷贝】图层，在弹出的快捷菜单中选择【复制图层】命令。在打开的【复制图层】对话框中，在【文档】下拉列表中选择【背景.jpg】，在【为】下拉列表中选择【背景 拷贝】，然后单击【确定】按钮。

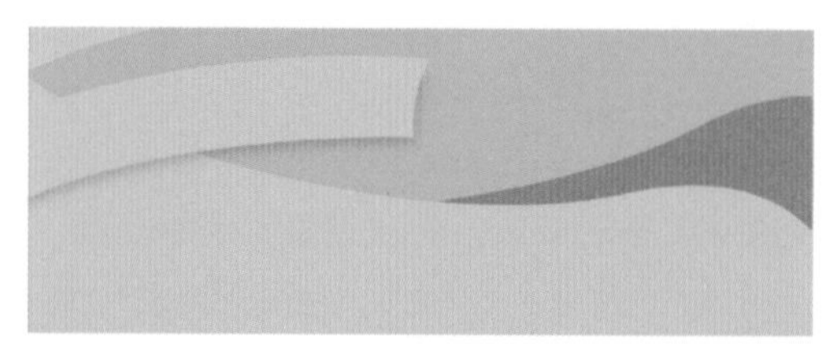

04 再选中背景素材图像，将复制的宠物图像图层移至右侧边缘。接着选择【文件】|【置入嵌入对象】命令，置入产品包装图像文件，并调整其位置及大小。

05 接着选择【文件】|【置入嵌入对象】命令，置入文字内容文件，并调整其位置及大小，完成横版宠物产品广告的制作。

3.4 【钢笔】工具：精确提取图像

【钢笔】工具是Photoshop中最为强大的绘制工具，它主要有两种用途：一是绘制矢量图形；二是选取对象。使用【钢笔】工具绘图与选取的路径绘制方式基本相同，区别在于使用【钢笔】工具选取图像需要使用【路径】模式绘制路径，之后转换为选区并完成选取。

使用【钢笔】工具以【路径】模式绘制出的对象是【路径】。【路径】是由一些锚点连接而成的线段或曲线。当调整锚点位置或弧度时，路径形态也会随之发生变化。

锚点可以决定路径的走向及弧度。锚点分为尖角锚点和平滑锚点。锚点上会显示一条或两条方向线，方向线两端为方向点，方向线和方向点的位置共同决定了这个锚点的弧度。

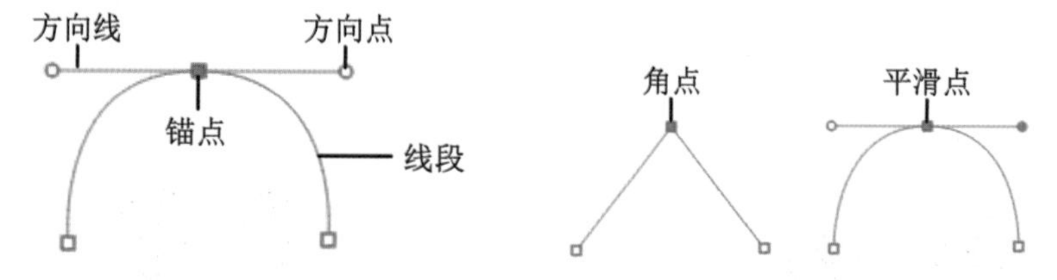

在使用【钢笔】工具进行精确抠图的过程中，要用到【钢笔】工具组，包括【钢笔】工具、【自由钢笔】工具、【弯度钢笔】工具、【添加锚点】工具、【删除锚点】工具和【转换点】工具等，还要用到选择工具组，包括【路径选择】工具和【直接选择】工具。其中【钢笔】工具和【自由钢笔】工具用于绘制路径，而其他工具都用于调整路径的形态。

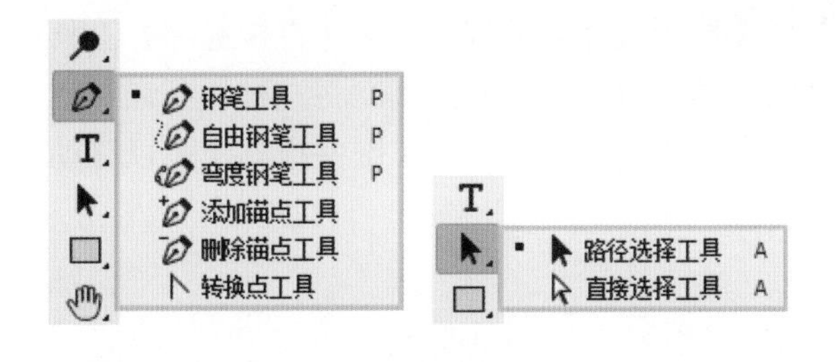

在使用【钢笔】工具进行绘制的过程中，按住 Ctrl 键可以将其切换为【直接选择】工具，按住 Alt 键则可以将其切换为【转换点】工具。

3.4.1 绘制路径

选择【钢笔】工具，在其选项栏中设置绘图模式为【路径】。在画面中单击，画面中出现一个锚点，这是路径的起点。接着在下一个位置单击，在两个锚点之间即可生成一条直线路径。继续以单击的方式进行绘制，可以绘制出折线路径。

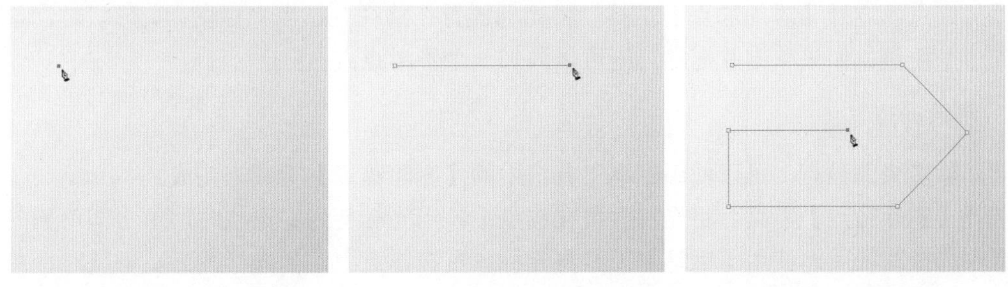

使用【钢笔】工具在画面中单击，创建出的是尖角的锚点。想要绘制平滑的锚点，需要按住鼠标左键并拖动，此时按下鼠标左键的位置生成一个锚点，而拖曳的位置显示了方向线。此时可以按住鼠标左键，同时向上、下、左、右拖曳方向线，调整方向线的角度，曲线的弧度也随之发生变化。路径绘制完成后，将【钢笔】工具光标移至路径的起始点，当光标右下角出现一个小圆圈时单击鼠标即可闭合路径。

3.4.2 编辑路径形态

使用 Photoshop 中的各种路径工具创建路径后，设计师可以对其进行编辑和调整，如增加、删除锚点，对路径锚点位置进行移动等，从而使路径的形状更加符合要求。

1. 选择、移动路径

单击【路径选择】工具，在需要选中的路径上单击，路径上出现锚点，表示该路径处于选中状态。按住鼠标左键并拖动，即可移动该路径。

右击选择工具组按钮，在弹出的工具组中选择【直接选择】工具。使用【直接选择】工具可以选择路径上的锚点或者方向线，选中之后可以移动锚点，调整方向线。将光标移到锚点位置，单击可以选中其中某一个锚点，框选可以选中多个锚点。按住鼠标左键并拖动，可以移动锚点位置。

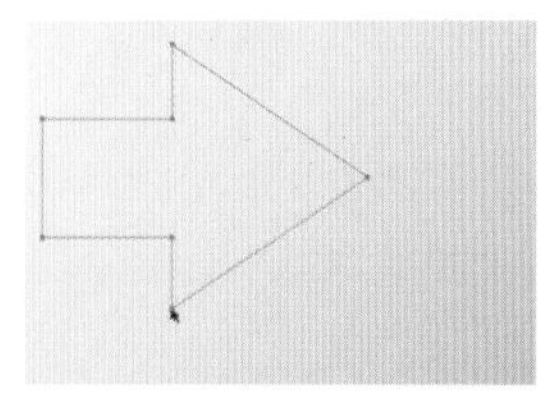
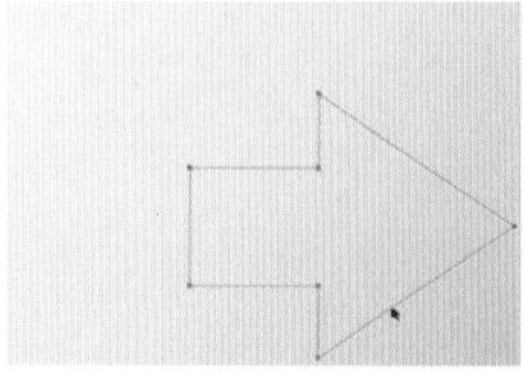
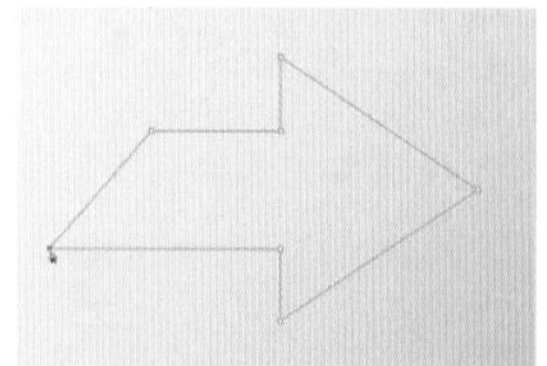
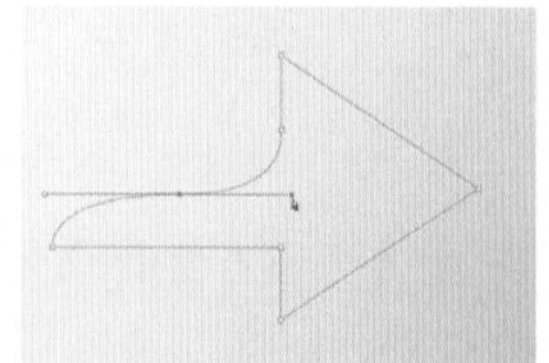

2. 添加锚点

如果路径上的锚点较少，细节就无法被精细地展现，此时可以使用【添加锚点】工具在路径上添加锚点。选择【添加锚点】工具，将光标放置在路径上，当光标变为✎₊形状时，单击即可添加一个角点；如果单击并拖动，则可以添加一个平滑点。

3. 删除锚点

要删除多余的锚点，可以使用钢笔工具组中的【删除锚点】工具来完成。

选择【删除锚点】工具，将光标放置在锚点上，当光标变为✎_形状时，单击即可删除该锚点。或在选择路径后，使用【钢笔】工具将光标放置在锚点上，当光标变为✎_形状时，单击也可删除锚点。

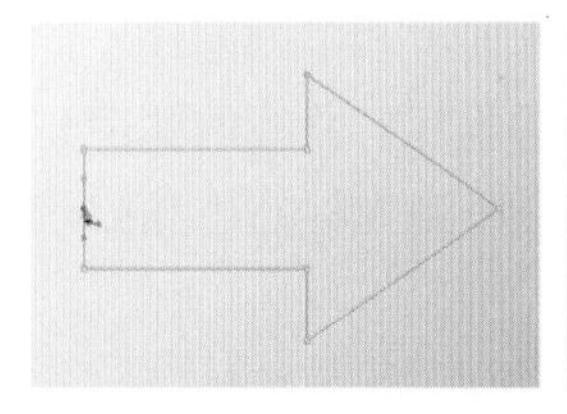
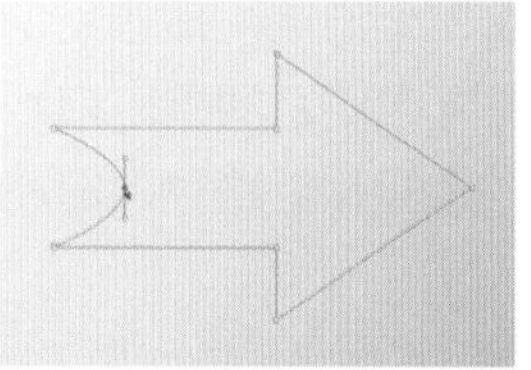
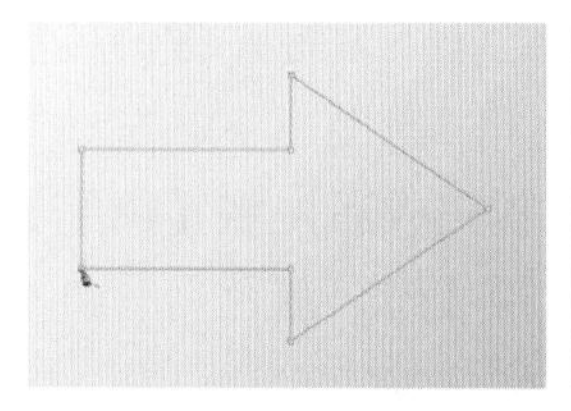
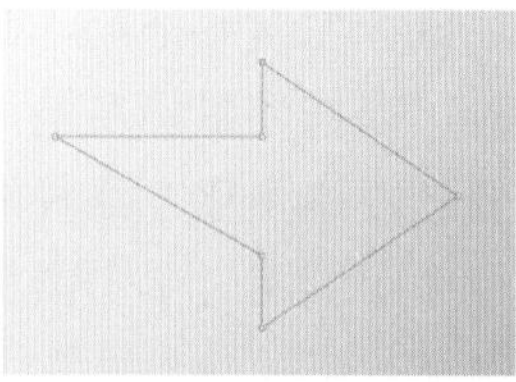

4. 转换锚点类型

【转换点】工具可以将锚点在尖角锚点和平滑锚点之间进行转换。右击钢笔工具组，在弹出的工具组中选择【转换点】工具。在平滑点上单击，可以使平滑的锚点转换为尖角的锚点。在尖角的锚点上按住鼠标左键并拖动，即可调整锚点的形状，使其变得平滑。在使用【钢笔】工具的状态下，按住 Alt 键可以将其切换为【转换点】工具，松开 Alt 键则又切换为【钢笔】工具。

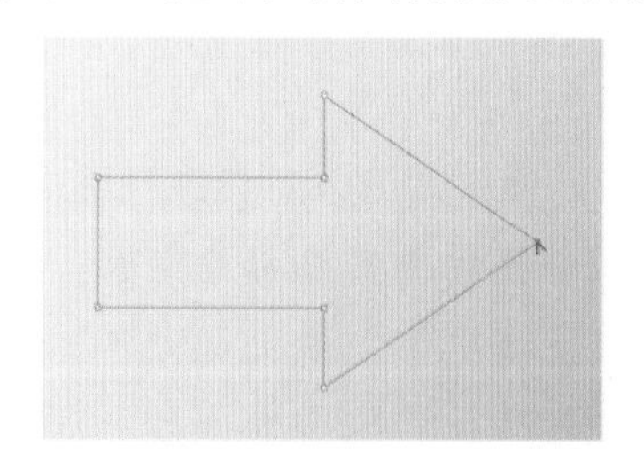
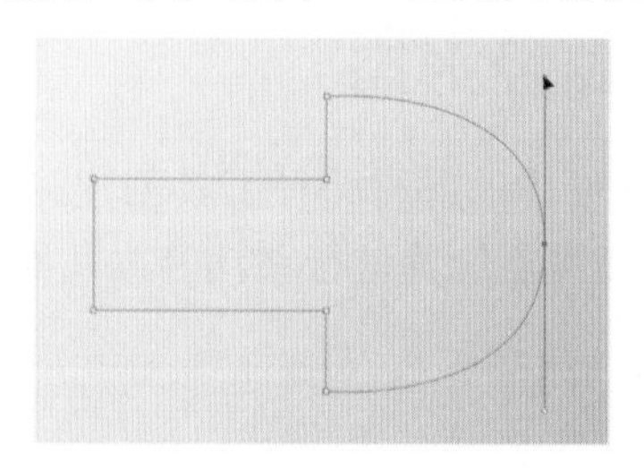

3.4.3 将路径转换为选区

路径绘制完成后，想要抠图，最重要的一个步骤就是将路径转换为选区。在使用【钢笔】工具的状态下，在路径上右击，从弹出的快捷菜单中选择【建立选区】命令。在打开的【建立选区】对话框中可以进行【羽化半径】的设置。【羽化半径】为 0 时，选区边缘清晰、明确；羽化半径越大，选区边缘越模糊。按 Ctrl+Enter 快捷键可以快速将路径转换为选区。

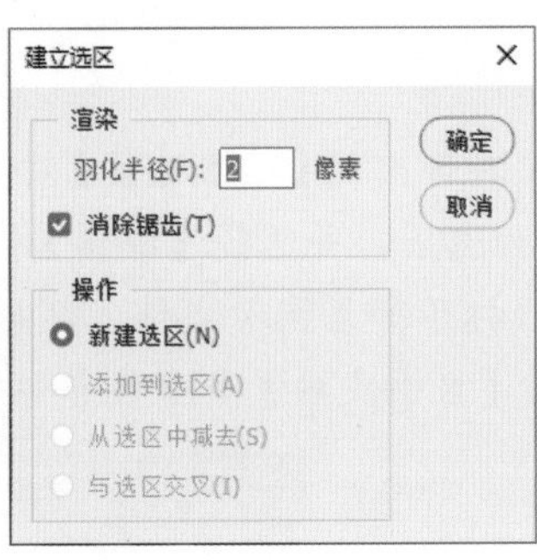

视频 实例——制作横版宣传图

文件路径：第 3 章 \ 实例——制作横版宣传图

难易程度：★★☆☆☆

技术掌握：使用【钢笔】工具进行抠图、创建选区

01 选择【文件】|【打开】命令，打开素材图像。选择【钢笔】工具，在选项栏中设置绘图模式为【路径】。在图像上单击鼠标，绘制第一个锚点。在线段结束的位置再次单击鼠标，并按住鼠标拖动出方向线调整路径线段的弧度。

提示

使用【钢笔】工具绘制直线的方法比较简单，其操作是只能单击，不要拖动鼠标。如果要绘制水平、垂直或以 45° 角为增量的直线，可以按住 Shift 键进行操作。

02 依次在图像上单击，确定锚点位置。当鼠标回到初始锚点时，光标右下角出现一个小圆圈，这时单击鼠标即可闭合路径。

03 在选项栏中单击【选区】按钮，在弹出的【建立选区】对话框中设置【羽化半径】为2像素，然后单击【确定】按钮将路径转换为选区，并选择【编辑】|【拷贝】命令复制选区内的图像。

04 选择【文件】|【打开】命令，打开背景图像文件。然后选择【编辑】|【粘贴】命令贴入实物图像，并按Ctrl+T快捷键应用【自由变换】命令调整贴入图像的大小及位置。

05 在【图层】面板中双击刚贴入的图像图层，打开【图层样式】对话框。在该对话框中，选中【投影】选项，设置【混合模式】为【正片叠底】，设置投影颜色为R:49 G:24 B:8，设置【不透明度】为70%、【角度】为70度、【距离】为75像素、【扩展】为0、【大小】为100像素，然后单击【确定】按钮应用图层样式。

06 接着选择【文件】|【置入嵌入对象】命令，置入文字内容文件，并调整其位置及大小，完成横版宣传图的制作。

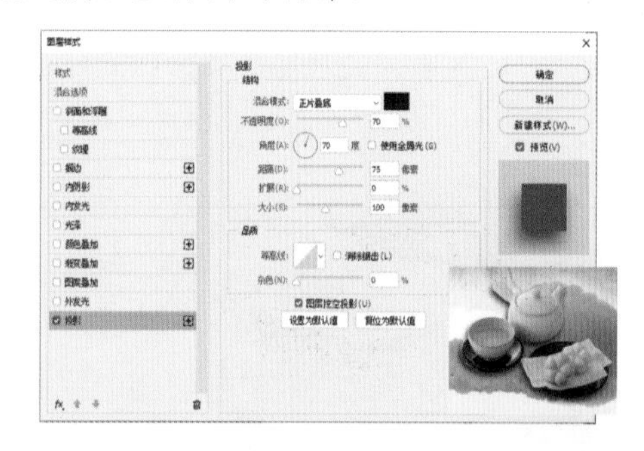

3.5 通道抠图

通道抠图是一种比较专业的抠图技法，能够抠取使用其他抠图方式无法抠出的对象。对于带毛发的小动物、人像、边缘复杂的植物、半透明的薄纱或云朵、光效等一些比较特殊的对象，都可以尝试使用通道抠图。

通道抠图主要是在各个通道中进行对比，找到主体与背景黑白反差最大的通道，复制并使用【亮度 / 对比度】【曲线】【色阶】等调整命令，以及【画笔】【加深】【减淡】等工具对通道进行调整；进一步强化通道黑白反差，得到合适的黑白通道；最后单击【通道】面板底部的【将通道作为选区载入】按钮，将通道转换为选区，具体操作如下。

01 打开一个图像文件，并按 Ctrl+J 快捷键复制【背景】图层，这样可以避免破坏原始图像。

02 选择【窗口】|【通道】命令，在【通道】面板中逐一观察并选择主体与背景黑白对比强烈的通道。经过观察，在【蓝】通道上右击，在弹出的快捷菜单中选择【复制通道】命令。打开【复制通道】对话框，单击【确定】按钮创建【蓝 拷贝】通道。

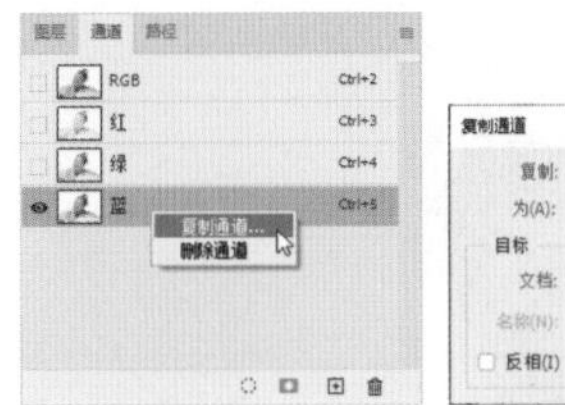

03 利用调整命令来增强【蓝 拷贝】通道的黑白对比，使选区与背景区分开。选择【图像】|【调整】|【曲线】命令，打开【曲线】对话框。在该对话框中，单击【在图像中取样以设置黑场】按钮，然后在人物皮肤上单击。此时皮肤部分连同比皮肤暗的区域全部变为黑色。

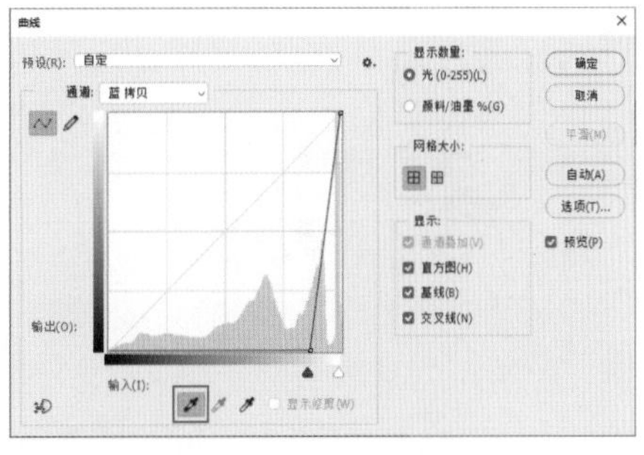

04 在【曲线】对话框中单击【在图像中取样以设置白场】按钮，单击背景部分，背景变为全白。设置完成后，单击【确定】按钮。

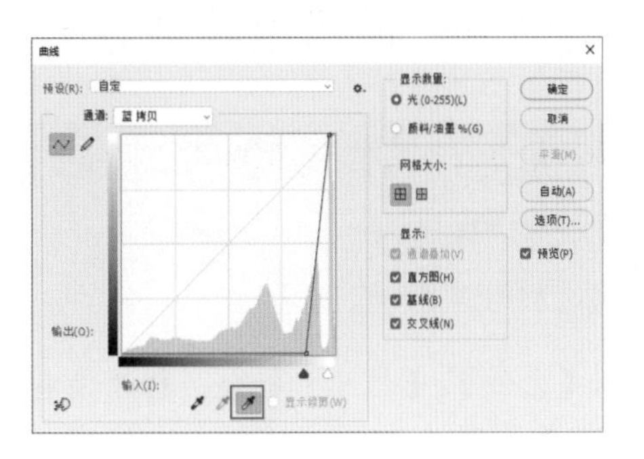

05 在工具面板中将前景色设置为黑色，使用【画笔】工具在图像中将其他需要抠取的部分涂抹成黑色。调整完毕后，单击【通道】面板底部的【将通道作为选区载入】按钮，得到选区。

06 单击RBG复合通道，回到【图层】面板，选中复制的图层，按Delete键删除人像以外的部分。

07 此时，选中【背景】图层，通过置入图像，可以为人像添加一个新背景。

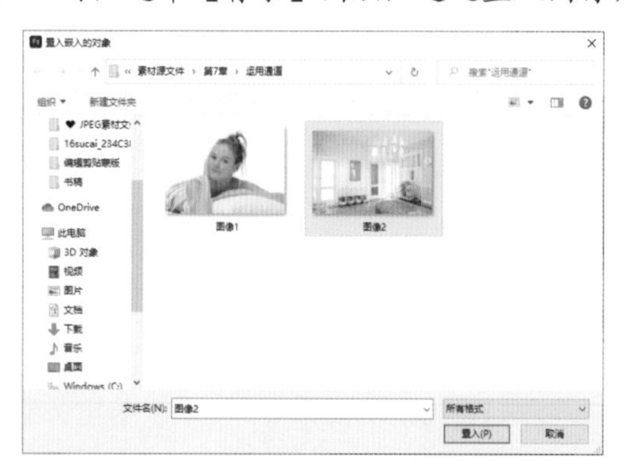

视频 实例——抠取透明物体

文件路径：第 3 章 \ 实例——抠取透明物体

难易程度：★☆☆☆☆

技术掌握：利用通道创建选区

01 选择【文件】|【打开】命令，打开素材图像文件。为了避免破坏原图像，按Ctrl+J快捷键复制【背景】图层。

02 打开【通道】面板，观察每个通道前景色与背景色的对比效果，发现【蓝】通道的颜色对比较为明显。选中【蓝】通道，将其拖至【创建新通道】按钮上，创建出【蓝 拷贝】通道。

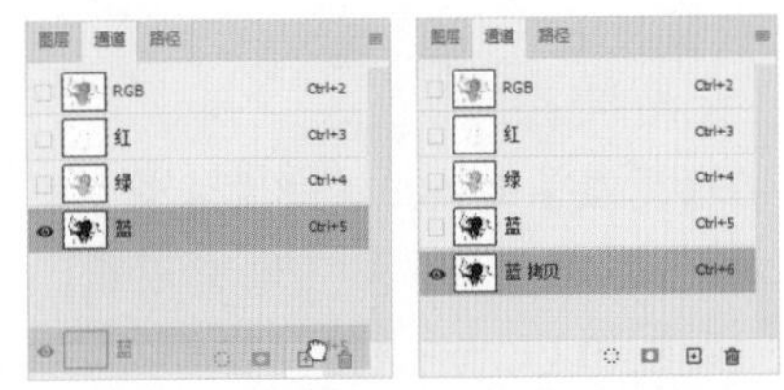

03 选择【图像】|【调整】|【曲线】命令，打开【曲线】对话框。在该对话框的曲线调整区域，在阴影部分单击添加控制点，然后按住鼠标左键并拖动，压暗画面的颜色。设置完成后，单击【确定】按钮，即可增强主体与其背景的对比度，以便得到选区。

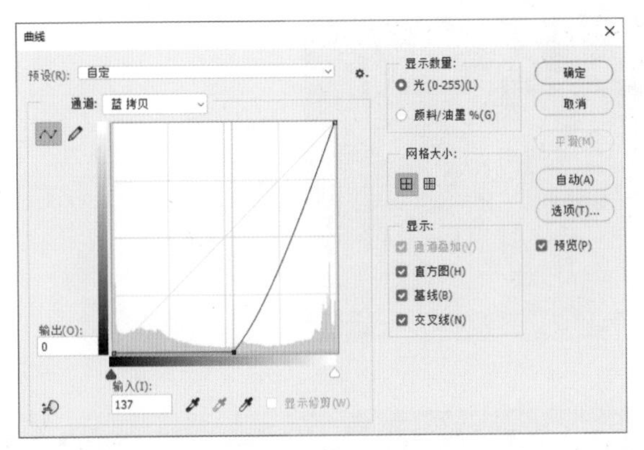

04 选择【画笔】工具，将前景色设置为黑色，在选项栏中设置画笔样式为硬边圆 500 像素，然后使用【画笔】工具进一步修饰【蓝 拷贝】通道。选择【图像】|【调整】|【反相】命令，将颜色反相。单击【通道】面板底部的【将通道作为选区载入】按钮 得到选区，再单击选中【RGB】通道。

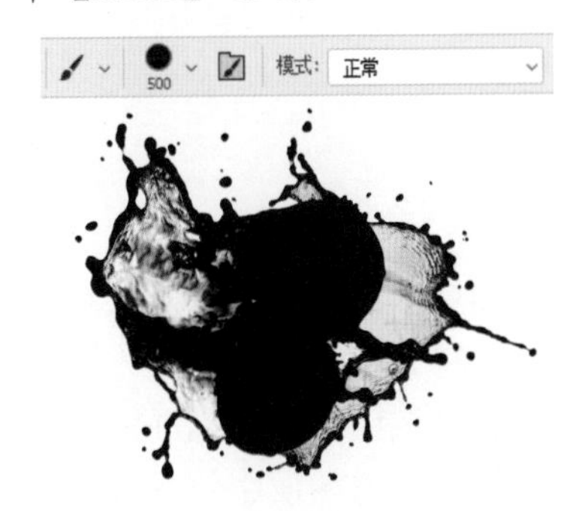

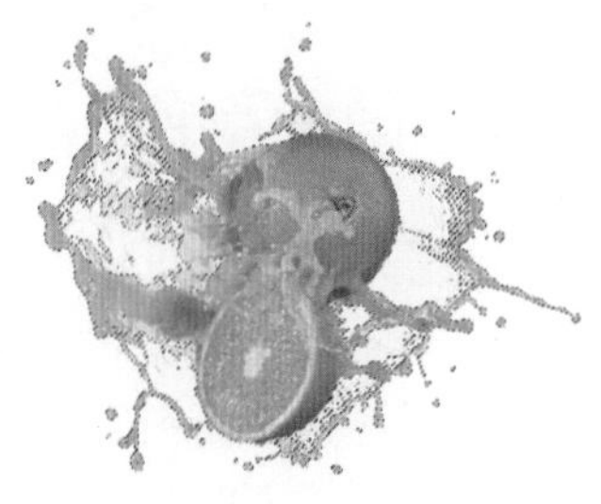

05 打开【图层】面板，关闭【背景】图层视图，选中复制的图层，单击【添加图层蒙版】按钮，基于选区添加图层蒙版。此时，主体以外的部分被隐藏。

06 由于抠取的图像颜色较浅，多次按 Ctrl+J 快捷键进行复制，直至达到想要的效果。

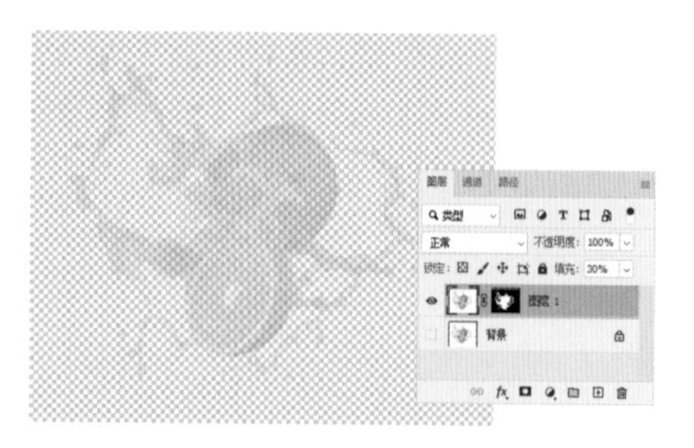

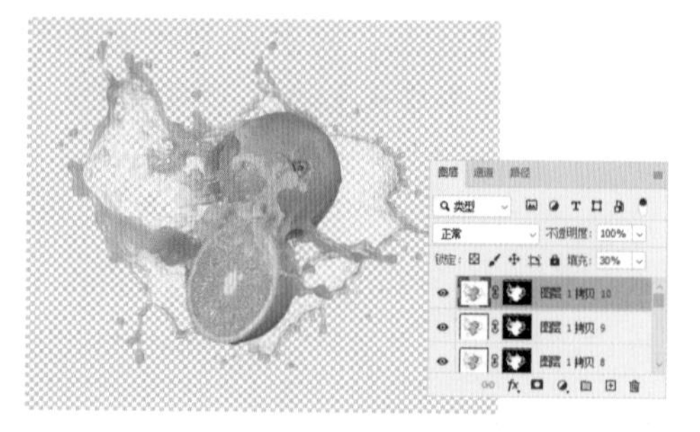

07 在【图层】面板中选中【背景】图层，再单击【创建新图层】按钮新建一个图层。选择【渐变】工具，在选项栏中单击渐变预览，弹出【渐变编辑器】对话框，设置渐变颜色为 R:157 G:194 B:229 至 R:40 G:75 B:112，然后使用【渐变】工具在图像底部单击，并按住鼠标左键从下往上拖曳，释放鼠标左键即可填充渐变，完成实例的制作。

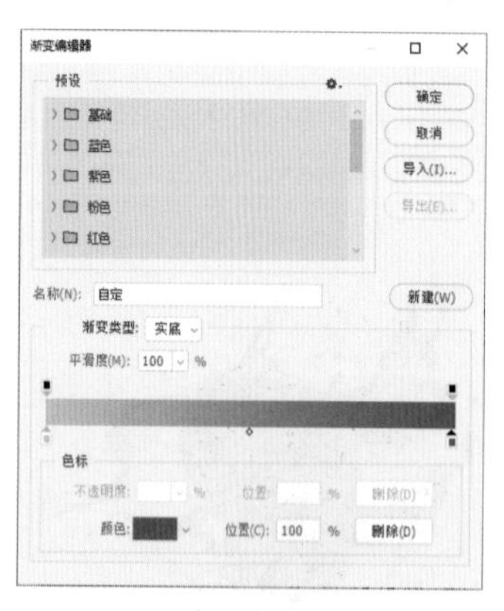

3.6 利用蒙版进行非破坏性合成

蒙版原本是摄影术语，是指用于控制照片不同区域曝光的传统暗房技术。Photoshop 中的蒙版主要用于画面的修饰与合成。在使用 Photoshop 进行创意设计时，经常需要将图片的某些部分隐藏，以显示特定内容。直接擦除或删除多余的部分是一种破坏性的操作，被删除的像素将无法复原，而借助蒙版功能则能够轻松地隐藏或恢复显示部分区域。

3.6.1 图层蒙版

图层蒙版是电商设计中很常用的一种功能。该功能常用于隐藏图层的局部内容，来实现画面的局部修饰或合成作品的制作。这种编辑操作是一种非破坏性的编辑方式。图层蒙版中的白色区域可以遮盖下面图层中的内容，只显示当前图层中的图像；黑色区域可以遮盖当前图层中的图像，显示下面图层中的内容；蒙版中的灰色区域会根据其灰度值使当前图层中的图像呈现不同层次的透明效果。

(a) 原图

(b) 图层蒙版

(c) 效果

1. 直接创建图层蒙版

在【图层】面板中选择需要添加蒙版的图层后，单击【图层】面板底部的【添加图层蒙版】按钮，或选择【图层】|【图层蒙版】|【显示全部】或【隐藏全部】命令即可创建图层蒙版。该图层的缩览图右侧会出现一个图层蒙版缩览图的图标。每个图层只能有一个图层蒙版，如果已有图层蒙版，再次单击该按钮创建的是矢量蒙版。图层组、文字图层、3D 图层、智能对象等特殊图层都可以创建图层蒙版。

单击图层蒙版缩览图，接着可以使用画笔工具在蒙版中进行涂抹。在蒙版中只能使用灰度进行绘制。蒙版中被绘制了黑色的部分，图像相应的部分会隐藏。蒙版中被绘制了白色的部分，图像相应的部分会显示。图层蒙版中绘制了灰色的部分，图像相应的部分会以半透明的方式显示。使用【渐变】工具或【油漆桶】工具也可以对图层蒙版进行填充。

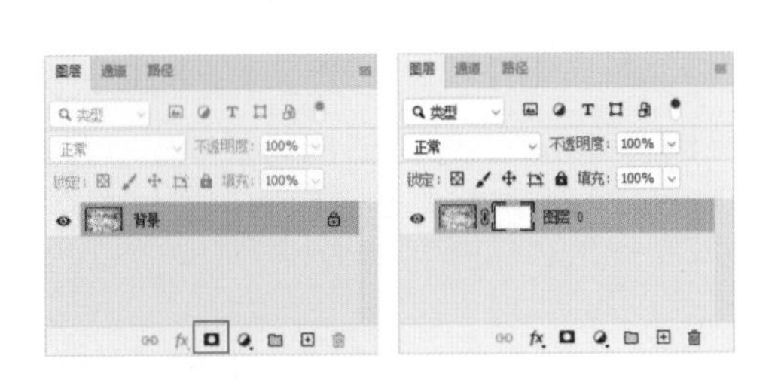

2. 基于选区创建图层蒙版

如果图像中包含选区，选择【图层】|【图层蒙版】|【显示选区】命令，可基于选区创建图层蒙版；如果选择【图层】|【图层蒙版】|【隐藏选区】命令，则选区内的图像将被蒙版遮盖。设计师也可以在创建选区后，直接单击【添加图层蒙版】按钮，从选区生成蒙版。

3. 停用、启用图层蒙版

如果要停用图层蒙版，选择【图层】|【图层蒙版】|【停用】命令，或按 Shift 键并单击图层蒙版缩览图，或在图层蒙版缩览图上右击，然后在弹出的快捷菜单中选择【停用图层蒙版】命令。停用蒙版后，在【属性】面板的缩览图和【图层】面板的蒙版缩览图中都会出现一个红色叉号。

在停用图层蒙版后，要重新启用图层蒙版，可选择【图层】|【图层蒙版】|【启用】命令，或直接单击图层蒙版缩览图，或在图层蒙版缩览图上右击，在弹出的快捷菜单中选择【启用图层蒙版】命令。此外，设计师也可以在选择图层蒙版后，通过单击【属性】面板底部的【停用/启用蒙版】按钮来停用或启用图层蒙版。

4. 应用及删除图层蒙版

应用图层蒙版是指将图像中对应蒙版中的黑色区域删除，白色区域保留下来，而灰色区域将呈现透明效果，并且删除图层蒙版。在图层蒙版缩览图上右击，在弹出的快捷菜单中选择【应用图层蒙版】命令，可以将蒙版应用在当前图层中。智能对象不可使用【应用图层蒙版】命令，要使用该命令，需先栅格化图层。

如果要删除图层蒙版，可以采用以下 4 种方法来完成。

- 选择蒙版，然后直接在【属性】面板中单击【删除蒙版】按钮。
- 选中蒙版图层，选择【图层】|【图层蒙版】|【删除】命令。
- 在图层蒙版缩览图上右击，在弹出的快捷菜单中选择【删除图层蒙版】命令。
- 将图层蒙版缩览图拖到【图层】面板下面的【删除图层】按钮上，或直接单击【删除图层】按钮，然后在弹出的提示对话框中单击【删除】按钮。

视频 实例——制作商品倒影效果

文件路径：第 3 章 \ 实例——制作商品倒影效果
难易程度：★☆☆☆☆
技术掌握：变换图层、添加图层蒙版

01 选择【文件】|【打开】命令，打开素材图像文件。在【图层】面板中，选中两个手表图层，按 Ctrl+J 快捷键复制图层。

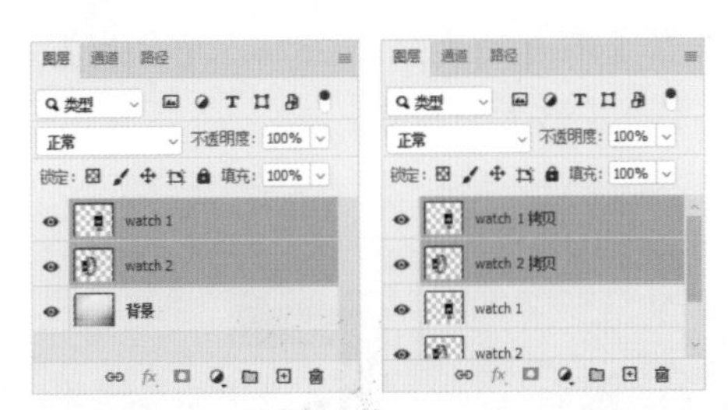

02 选择【编辑】|【变换】|【垂直翻转】命令，翻转复制的手表图层，并调整翻转后图像的位置。然后在【图层】面板中，设置两个图层的混合模式为【强光】、【不透明度】为 40%。

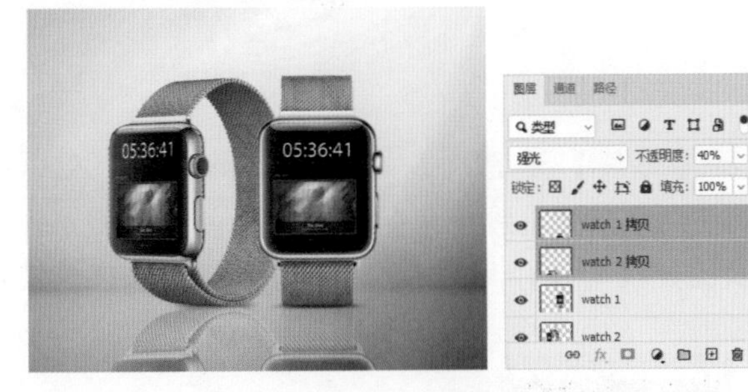

03 在【图层】面板中选中手表正面的复制图层，单击【添加图层蒙版】按钮添加图层蒙版。选择【渐变】工具，在图像底部单击并向上拖曳，释放鼠标调整投影效果。

04 在【图层】面板中选中手表侧面的复制图层，单击【添加图层蒙版】按钮添加图层蒙版。选择【画笔】工具，在选项栏中设置柔边圆画笔样式，设置【不透明度】为 20%，然后使用【画笔】工具调整手表侧面的投影效果。

视频 实例——制作多彩拼贴文字

文件路径：第 3 章 \ 实例——制作多彩拼贴文字
难易程度：★★★☆☆☆
技术掌握：【自由变换】命令、添加图层蒙版

01 选择【文件】|【打开】命令，打开素材图像文件。然后选择【文件】|【置入嵌入对象】命令，置入数字图像素材，调整其大小及位置。

02 在【图层】面板中双击刚置入的数字图层，打开【图层样式】对话框。在该对话框中，选中【投影】选项，设置【不透明度】为25%、【角度】为50度、【距离】为178像素、【大小】为0像素，然后单击【确定】按钮。

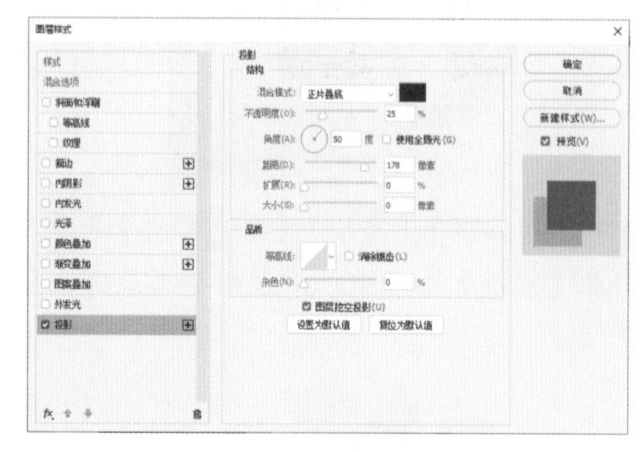

03 选择【文件】|【置入嵌入对象】命令，置入鲜花图像素材，调整其大小及位置。按Ctrl+J快捷键复制鲜花图层，生成【鲜花 拷贝】图层。在【图层】面板中，选中鲜花图层，按Ctrl+T快捷键应用【自由变换】命令，移动图像位置及角度。

04 在【图层】面板中，按Ctrl键并单击数字图层缩览图载入选区，再单击【添加图层蒙版】按钮添加图层蒙版。

05 选择【画笔】工具，在选项栏中设置画笔样式为硬边圆75像素，然后使用【画笔】工具在图层蒙版中修饰图像。

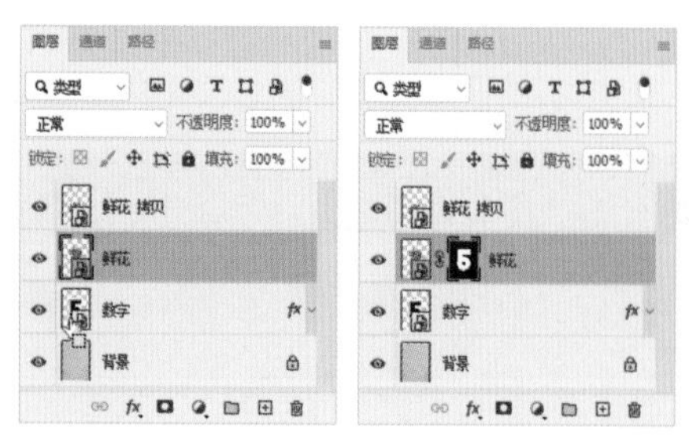

06 在【图层】面板中选中【鲜花 拷贝】图层，按Ctrl键并单击数字图层缩览图载入选区，再单击【添加图层蒙版】按钮添加图层蒙版，然后使用【画笔】工具在图层蒙版中修饰图像。

07 在【图层】面板中选中鲜花图层，选择【文件】|【置入嵌入对象】命令，置入卡片图像素材，调整其大小及位置。

08 继续使用【文件】|【置入嵌入对象】命令，分别置入其他点缀图像素材，完成实例的制作。

3.6.2 剪贴蒙版

剪贴蒙版是使用某个图层的内容来遮盖其上方的图层。遮盖效果由基底图层和其上方图层的内容决定。基底图层中的非透明区域形状决定了创建剪贴蒙版后内容图层的显示。

在剪贴蒙版组中，基底图层只能有一个，而内容图层则可以有多个。如果对基底图层的位置或大小进行调整，则会影响剪贴蒙版组的形态；而对内容图层进行增减或编辑，只会影响显示内容。如果内容图层小于基底图层，那么露出来的部分则显示为基底图层。

1. 创建剪贴蒙版

要创建剪贴蒙版，必须先在打开的图像文件中选中两个或两个以上的图层。一个作为基底图层，其他的图层可作为内容图层。

选中内容图层，然后选择【图层】|【创建剪贴蒙版】命令；或在要应用剪贴蒙版的图层上右击，在弹出的快捷菜单中选择【创建剪贴蒙版】命令；或按 Alt+Ctrl+G 快捷键；或按住 Alt 键，将光标放在【图层】面板中分隔两组图层的线上，然后单击鼠标即可创建剪贴蒙版。

2. 编辑剪贴蒙版

创建剪贴蒙版后，可以编辑剪贴蒙版的不透明度、混合模式等属性。如果想要在剪贴蒙版组上应用图层样式，那么需要为基底图层添加图层样式，否则附着于内容图层的图层样式可能无法显示。

在【图层】面板中，选中内容图层。将一幅图像置入文档中，再在【图层】面板中右击置入的图像图层，在弹出的快捷菜单中选择【创建剪贴蒙版】命令，即可将其加入剪贴蒙版中。

当对内容图层的不透明度和混合模式进行调整时，仅对其自身产生作用，不会影响剪贴蒙版中其他图层的不透明度和混合模式。当对基底图层的不透明度和混合模式进行调整时，可以控制整个剪贴蒙版的不透明度和混合模式。

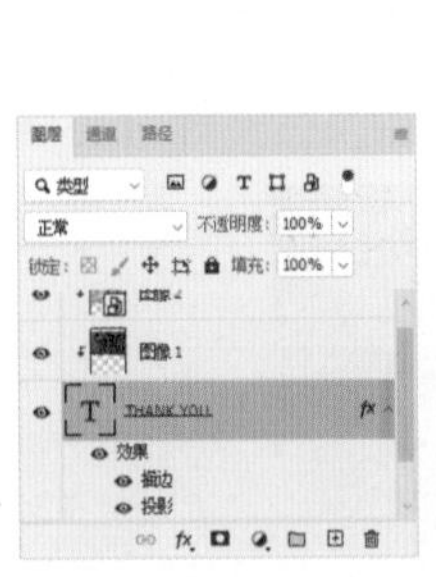

3. 释放剪贴蒙版

选择基底图层上方的内容图层，选择【图层】|【释放剪贴蒙版】命令；或按 Alt+Ctrl+G 快捷键；或直接在要释放的图层上右击，在弹出的快捷菜单中选择【释放剪贴蒙版】命令，可释放全部剪贴蒙版。

设计师也可以按住 Alt 键，将光标放在剪贴蒙版中两个图层之间的分隔线上，然后单击鼠标就可以释放剪贴蒙版中的图层。如果选中的内容图层上方还有其他内容图层，则这些图层也将会同时释放。

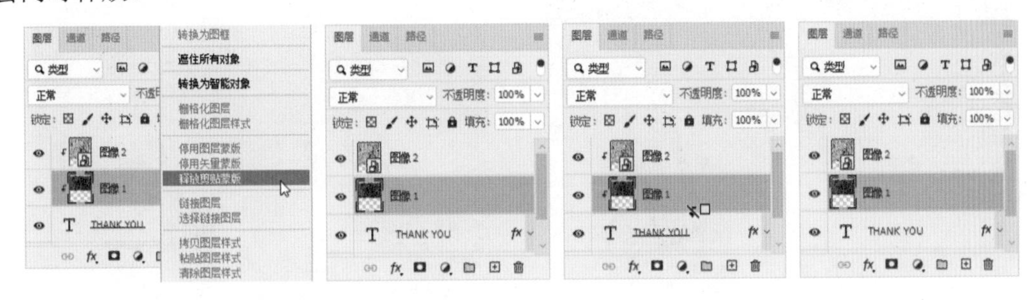

视频 实例——制作啤酒节广告

文件路径：第 3 章 \ 实例——制作啤酒节广告

难易程度：★★★★☆

技术掌握：添加图层蒙版、创建剪贴蒙版、通道抠图

01 选择【文件】|【打开】命令，打开素材图像文件。然后选择【文件】|【置入嵌入对象】命令，置入冰块图像素材，调整其大小及位置。

02 在【图层】面板中单击【添加图层蒙版】按钮，为冰块图层添加图层蒙版。选择【画笔】工具，在选项栏中设置画笔样式为柔边圆、【大小】为900像素、【硬度】为50%、【不透明度】为30%，然后使用【画笔】工具在冰块图层蒙版中修饰图像保留部分。

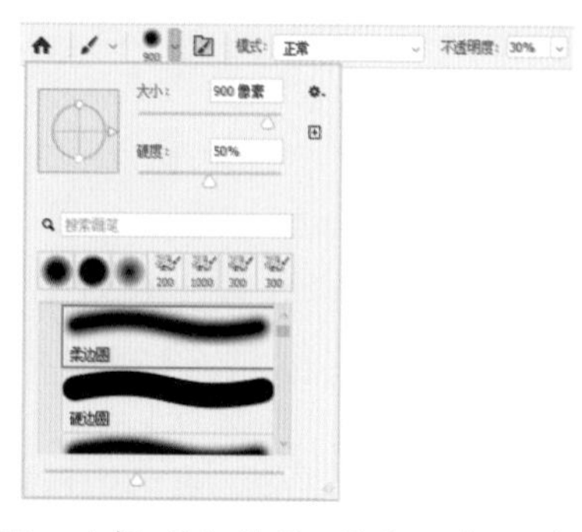

03 选择【文件】|【置入嵌入对象】命令，置入酒瓶图像素材，调整其大小及位置。

04 在【图层】面板中单击【添加图层蒙版】按钮，为酒瓶图层添加图层蒙版。选择【画笔】工具，在选项栏中设置画笔样式为【KYLE额外厚实炭笔】、【不透明度】为25%，然后使用【画笔】工具在图层蒙版中修饰图像保留部分。

05 在【图层】面板中单击【创建新图层】按钮新建【图层1】图层。再右击【图层1】图层，在弹出的快捷菜单中选择【创建剪贴蒙版】命令。

06 在【图层】面板中设置【图层1】图层的混合模式为【强光】，再选择【画笔】工具，将前景色设置为白色，然后在【图层1】图层中涂抹以添加效果。

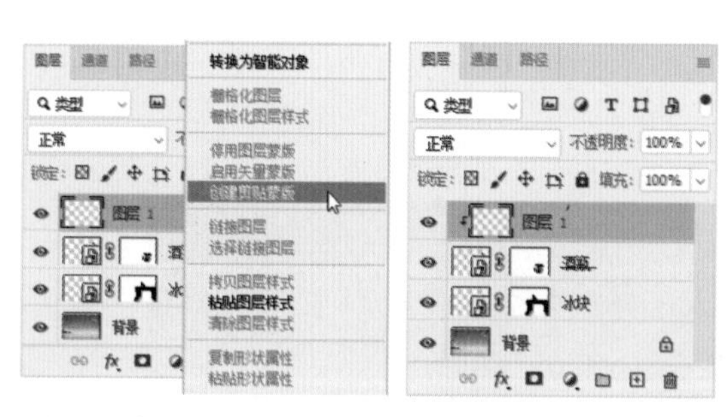

07 选择【文件】|【打开】命令，打开冰块组合图像文件，按Ctrl+J快捷键复制【背景】图层。

08 打开【通道】面板，选中【红】通道，将其拖至【创建新通道】按钮上，创建【红 拷贝】通道。

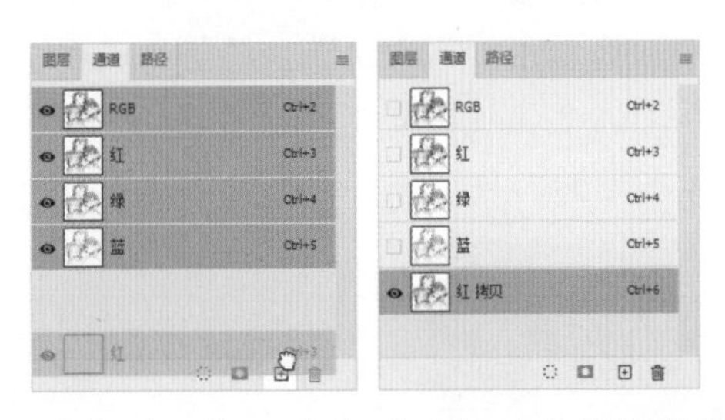

09 选择【图像】|【调整】|【曲线】命令，打开【曲线】对话框。在该对话框的曲线调整区域，在阴影部分单击添加控制点，然后按住鼠标左键并拖动，压暗画面的颜色。设置完成后，单击【确定】按钮，增强主体与其背景的对比度，以便得到选区。

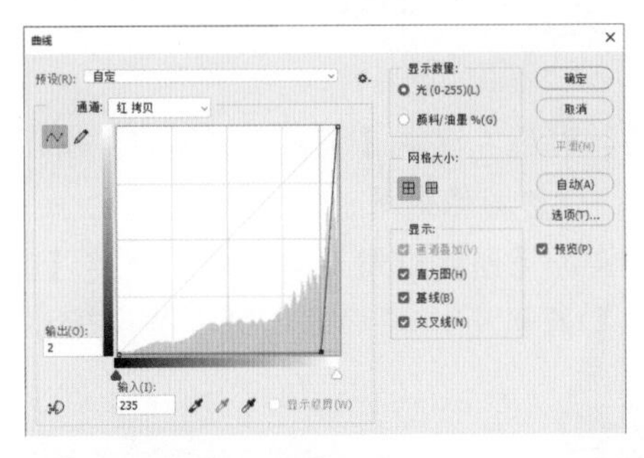

10 选择【图像】|【调整】|【反相】命令，将颜色反相。单击【通道】面板底部的【将通道作为选区载入】按钮 ◌ 得到选区，再单击选中【RGB】通道。

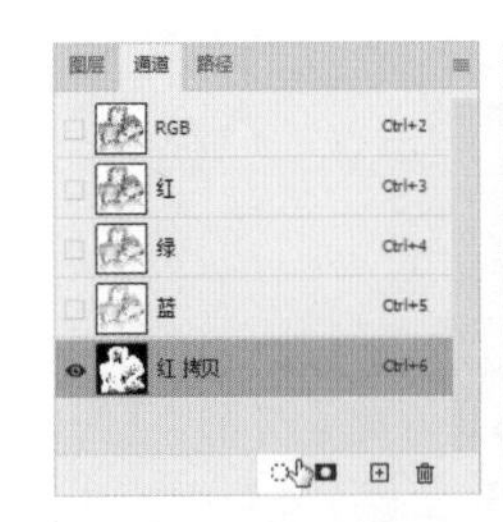

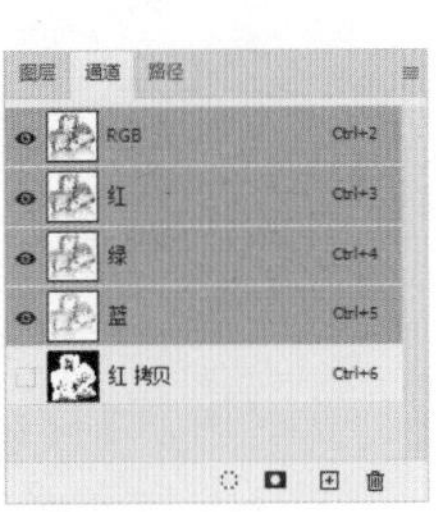

11 打开【图层】面板，关闭【背景】图层视图，选中复制的图层，单击【添加图层蒙版】按钮，基于选区添加图层蒙版。此时，主体以外的部分被隐藏。

12 在【图层】面板中右击【图层 1】图层，在弹出的快捷菜单中选择【复制图层】命令，打开【复制图层】对话框。在该对话框中，默认【为】为【图层 2】，设置【文档】为【背景.jpg】，然后单击【确定】按钮。

13 再次选中【背景.jpg】，按Ctrl+T快捷键应用【自由变换】命令，调整【图层2】图层中冰块组合图像的大小及位置。调整完成后，按Enter键应用调整。

14 按Ctrl+J快捷键复制【图层2】图层，生成【图层2拷贝】图层，并移动图像位置。然后选择【画笔】工具，将前景色设置为黑色，涂抹图层蒙版，调整图像效果。

15 继续按Ctrl+J快捷键复制【图层2拷贝】图层，生成【图层2拷贝2】图层，并移动图像位置。然后使用【画笔】工具涂抹图层蒙版，调整图像效果。

16 在【图层】面板中选中【背景】图层，单击【创建新图层】按钮，新建【图层3】图层，并设置图层混合模式为【强光】。在【颜色】面板中，将前景色设置为R:206 G:222 B:238，然后使用【画笔】工具添加底色。

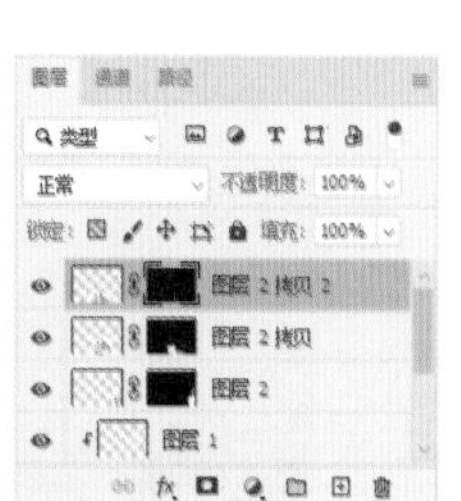

17 在【图层】面板中单击【创建新图层】按钮，新建【图层4】图层，并设置图层混合模式为【明度】、【不透明度】为90%。再选择【画笔】工具，将前景色设置为白色，在选项栏中设置柔边圆画笔样式，设置【不透明度】为30%。然后使用【画笔】工具在酒瓶位置添加底色。

18 选择【文件】|【置入嵌入对象】命令，置入文字素材，并调整其大小及位置，完成实例的制作。

第4章

电商设计中的色彩运用

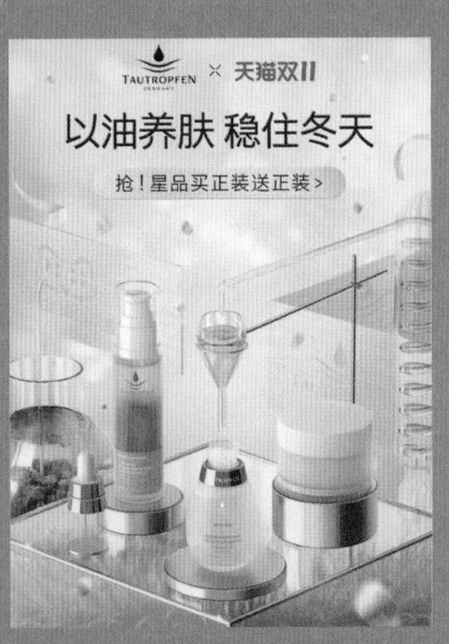

本章导读

电商设计中的色彩对于强化画面整体的视觉印象，塑造设计风格都具有十分重要的作用。本章将介绍电商视觉营销设计中关于色彩的一些知识，以及如何使用Photoshop调整商品图像的色差和明度等，引导大家快速掌握必备技能。

4.1 色彩的基础知识

色彩蕴含着不可思议的力量，不同的色系对人的感官、心情、行为等产生不同的影响。因此，配色选择是电商设计中非常重要的一部分。

4.1.1 色彩的分类

在千变万化的色彩世界中，人们视觉感受到的色彩非常丰富，按种类分为原色、间色和复色，就色彩的系别而言，则可分为无彩色系和有彩色系两大类。

1. 原色、间色和复色

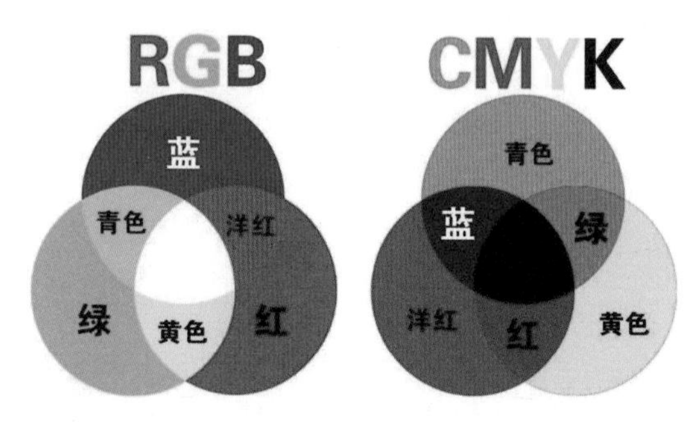

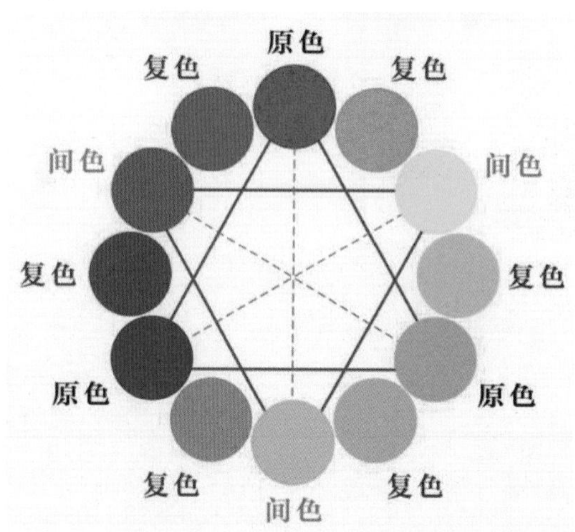

色彩中不能再分解的基本色称为原色。原色能合成出其他色彩，而其他色彩不能还原出原色。原色只有三种，色光三原色为红、绿、蓝，颜料三原色为品红(明亮的玫红)、黄、青(湖蓝)。

色光三原色可以合成出所有色彩，同时相加得白色光。颜料三原色从理论上来讲可以调配出其他任何色彩，同时相加得黑色。因为常用的颜料中除了色素外，还含有其他化学成分，所以两种以上的颜料相调和时，纯度就受影响，调和的颜色越多就越不纯，也越不鲜明。颜料三原色相加只能得到一种黑浊色，而不是纯黑色。

由两个原色混合得间色。间色也只有三种。色光三间色为洋红、黄、青(湖蓝)，有些摄影书中称为“补色”，是指色环上的互补关系。颜料三间色为橙、绿、紫，也称第二次色。必须指出的是，色光三间色恰好是颜料的三原色。这种交错关系构成了色光、颜料与色彩视觉的复杂联系，也构成了色彩原理与规律的丰富内容。

颜料的两个间色或一种原色和其对应的间色(红与青、黄与蓝、绿与洋红)相混合得复色，亦称第三次色。复色中包含了所有的原色成分，只是各原色间的比例不等，从而形成了不同的红灰、黄灰、绿灰等灰调色。

2. 无彩色系和有彩色系

有彩色系是指包括在可见光谱中的全部色彩，它以红、橙、黄、绿、青、蓝、紫等为基本色。基本色之间不同量的混合、基本色与无彩色之间不同量的混合所产生的千千万万种色彩都属于有彩色系。有彩色系是由光的波长和振幅决定的，波长决定色相，振幅决定色调。

有彩色系中的任何一种颜色都具有三大属性，即色相、明度和纯度。也就是说，一种颜色只要具有以上三种属性就都属于有彩色系。

无彩色系是指由黑色、白色及黑白两色相融而成的各种深浅不同的灰色系列。从物理学的角度看，它们不包括在可见光谱之中，故不能称为色彩。但是从视觉生理学和心理学上来说，它们具有完整的色彩性，应该包括在色彩体系之中。

无彩色系按照一定的变化规律，由白色渐变到浅灰、中灰、深灰直至黑色，色彩学上称为黑白系列。黑白系列中由白色到黑色的变化，可以用一条垂直轴表示，一端为白色，一端为黑色，中间有各种过渡的灰色。纯白是理想的完全反射物体，纯黑是理想的完全吸收物体。可是在现实生活中并不存在纯白和纯黑的物体，颜料中采用的锌白和铅白只能接近纯白，煤黑只能接近纯黑。无彩色系的颜色只有明度上的变化，而不具备色相与纯度的性质，也就是说它们的色相和纯度在理论上等于零。而色彩的明度可以用黑白度来表示，越接近白色，明度越高；越接近黑色，明度越低。

4.1.2　色彩的属性

说到色彩，设计师首先要熟悉的就是三原色——红、绿、蓝。三原色按照一定的比例混合，可以得到其他色彩。除了三原色，设计师还需要熟悉色彩的三要素，即色相、明度和纯度。

1. 色相

色相即色彩的相貌，是色彩间彼此区分最明显、最突出的特征。色相是区分色彩的主要依据，是色彩的最大特征。

2. 明度

明度是指色彩的明暗、深浅程度。不同的色相其纯度、明度都不尽相同，在饱和的有彩色系中，紫色的明度最低，黄色的明度最高。同一色相也有明度的差异，如浅绿、中绿和深绿之间的明度差异。

明度具有较强的独立性和表现力，单色或黑白的画面主要是通过明度变化的黑白灰关系来表现的。

3. 纯度

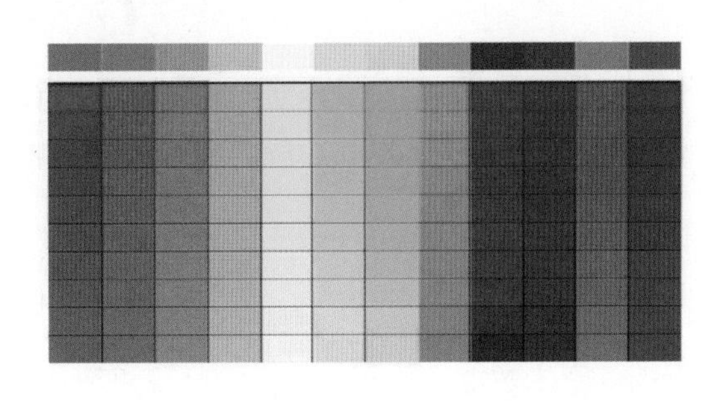

纯度也称为饱和度、艳度、彩度等，是指色彩的鲜艳、浑浊程度。纯度是色彩感觉强弱的标志。不同色相所能达到的纯度是不同的，其中红色纯度最高，绿色纯度相对低些，其余色相居中，同时明度也不相同。

物体表层结构的细密与平滑有助于提高物体色彩的纯度，同样纯度的油墨印在不同的白纸上，光洁的纸印出的纯度高些，粗糙的纸印出的纯度低些。

4.1.3　色彩对心理的影响

色彩本身并没有什么意义，但色彩通过视觉神经传入人的大脑后，再经过思维传导可以使人对一系列的色彩产生心理反应，引发相应的联想。不同色相的颜色可以使人产生不同的联想。因此，在设计过程中设计师要根据设计意图使用可以让受众产生共鸣的色彩。

1. 黑色系列

黑色是无色相、无纯度的，给人一种严肃、神秘、含蓄，高端和酷的感觉。黑色为无彩色系，和白色是个很好的搭配，一直位于时尚的前沿。黑色是百搭的颜色，跟哪种颜色搭配都很不错。近几年流行黑金色，黑金搭配给人一种高端的感觉。这种搭配在网页、平面等视觉设计中很流行。黑色一般都应用于高端、科技感强、有力量感的男性用品和数码商品的设计中。

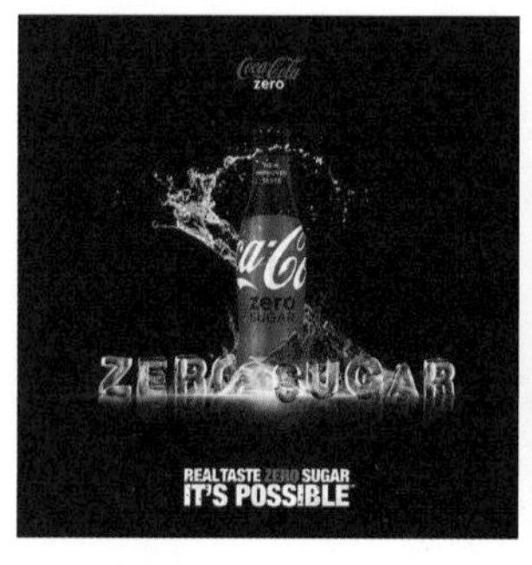

2. 白色系列

白色同样属于无彩色系。在设计中，白色显得高端、简约、干净，它与很多颜色都可以进行搭配。它在网页、平面、UI设计中可以用作背景及点缀。白色多应用于简约、高端的电子商品、饰品、化妆品等的设计中。

3. 红色系列

红色具有很强的视觉冲击力，给人一种热情、喜庆、热烈、积极的感觉。红色和黑色搭配体现出更明显的视觉冲击力；红色和黄色、橙色搭配，使画面饱满、富有激情，营造出温暖的氛围，产生亲近、随和的效果。红色可应用于节日庆典、食品、女性用品等的设计中。

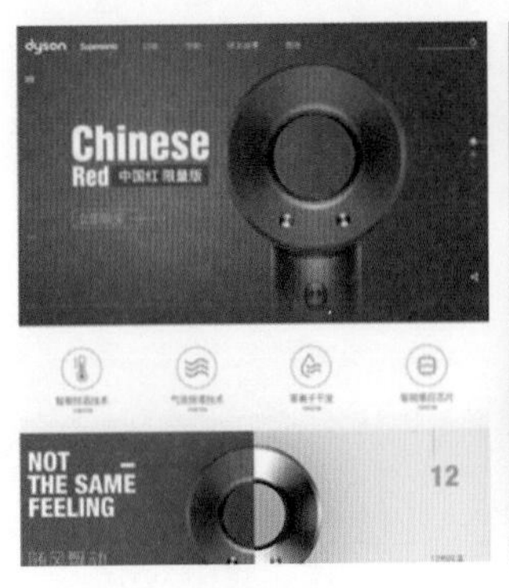

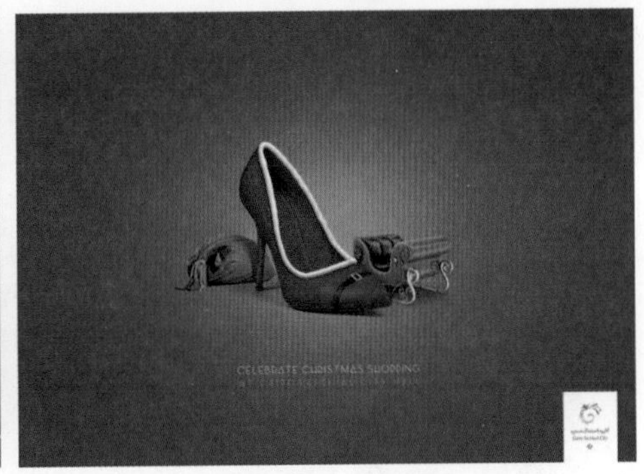

4. 蓝色系列

蓝色在设计中应用范围很广，随处可见。蓝色让人联想到海洋、天空，给人一种现代感、科技感、明朗清爽的感觉。

蓝色和少量的红色、黄色、橙色搭配，可以使画面更加协调和充满朝气，增加画面的愉悦感。蓝色和白色的对比视觉很强烈，暗蓝和黑色的搭配显现商品的科技感和互联网感觉。选用蓝色作为设计画面的主导颜色，可应用于科技、互联网、旅游、教育、汽车、数码等众多项目中。

5. 黄色系列

黄色属于暖色，给人一种轻快、温暖、希望、快乐、活力的感觉，使人能联想到一望无垠的麦田、黄色的向日葵、温暖的阳光和美丽的花朵。在设计中，黄色和紫色搭配，使人产生遐想，有梦幻般的感觉。黄色和橙色搭配，具有温暖的氛围。黄色同样适合与绿色、蓝色等色彩搭配。黄色和黑色搭配，对比强烈，视觉冲击力很强。黄色多应用在食品、化妆品、儿童用品的设计中。

6. 绿色系列

绿色给人一种希望、春天、快乐、理想的感觉。在颜色搭配中，绿色和黄色搭配，给人鲜嫩、有食欲的感觉；绿色和蓝色搭配，表现清新、新鲜、清秀、豁达的感觉；绿色和橙色搭配，给人一种活力感、现代感。在用色方案中，绿色可用于公益、医疗、食品、健康、环保、服务、卫生保健、机械等行业。

7. 紫色系列

紫色在颜色运用中使人联想到的最多的是女性化特征。紫色在与女性有关的商品、包装、美容、促销页面等方面运用得比较多。

8. 渐变色系列

近几年渐变色比较流行，蓝色到绿色的渐变、红色到紫色的渐变、紫色到黄色的渐变、紫色到蓝色的渐变等。把这些渐变运用好了，会使人觉得眼前一亮，使画面具有时尚感并提升了画面的格调。

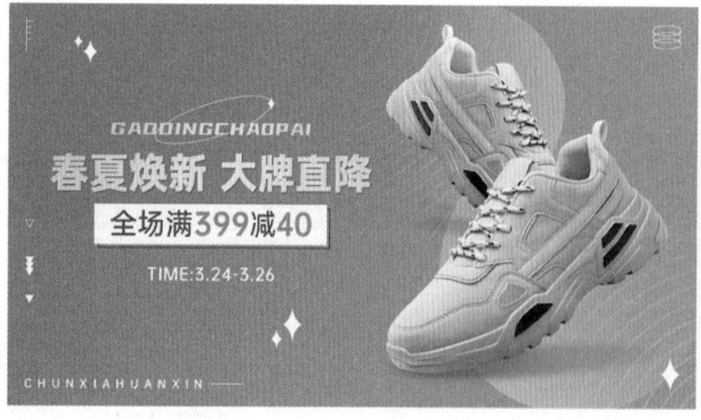

设计师在了解了这些颜色属性在行业设计中的情感化设计后，在做设计时，对色调定位的方向就有了大致的了解。颜色属性没有完全的规定，主要还是根据大众的审美和大家对色彩的理解进行搭配的。

4.2 电商设计中常用的色彩搭配

电商设计中的整体配色是一种非常重要的表达方式。它通过色彩的 3 个基本属性 (色相、饱和度、明度) 的对比来控制版面的视觉刺激，实现配色在视觉营销中的效用。

4.2.1 电商设计中的色彩构成

在电商设计中，合理地安排主色、辅助色和点缀色，能够吸引买家的眼球，各种信息才能够正确地传达出来。

1. 主色

在电商设计中，主色的选择方法有两种：一种是根据受众人群或主题思想来选择合适的颜色；另一种是根据商品本身的色彩为基调来提取颜色。电商设计中的主色并不是随意挑选的，首先要了解自身品牌所面向的受众群的心理，结合品牌所想传达的意念，进行综合考虑。

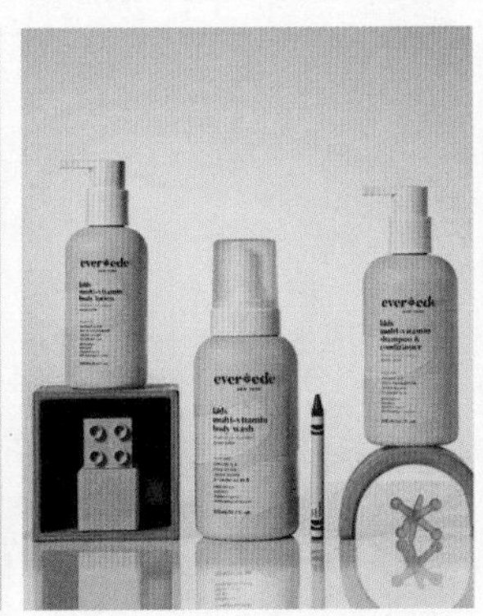

同时，设计师也可以根据所要销售的商品，以及品牌的整体风格来进行配色。以商品的颜色为基准，达到与品牌风格和谐统一的效果。

2. 辅助色

设计中的辅助色一般是根据主色来确定的，辅助色是为了更好地丰富画面和衬托页面。辅助色一般为主色的互补色、邻近色或无彩色系。

3. 点缀色

设计中的点缀色是画龙点睛之笔，一般为主色的互补色。

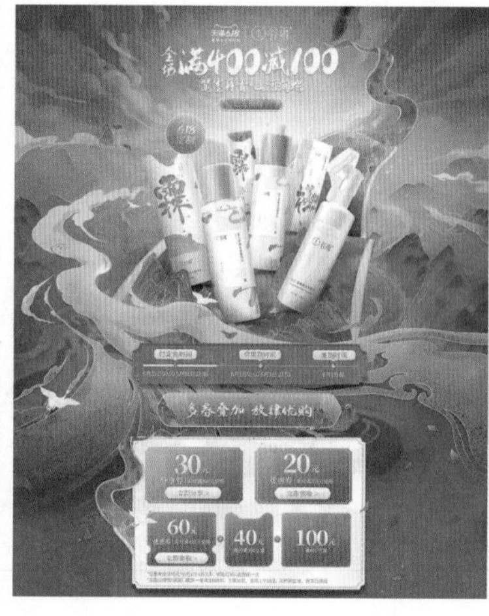

4.2.2 电商设计常用配色法

在掌握色彩的基本原理及电商设计中色彩的构成后可知，设计中的颜色越少，画面越干净、越简洁、越好控制；而颜色越多，画面越难控制，使用不当就会显得杂乱无章。因此，为了达到理想的配色效果，设计师可以遵循以下 3 种配色方法进行配色。

1. 相邻色搭配

相邻色是色环中离得最近的两个颜色，如红色与橙色、橙色与黄色、黄色与绿色、绿色与蓝色等。因为相邻色的色相比较接近，所以用相邻色搭配的画面能够营造出统一、协调的感觉。

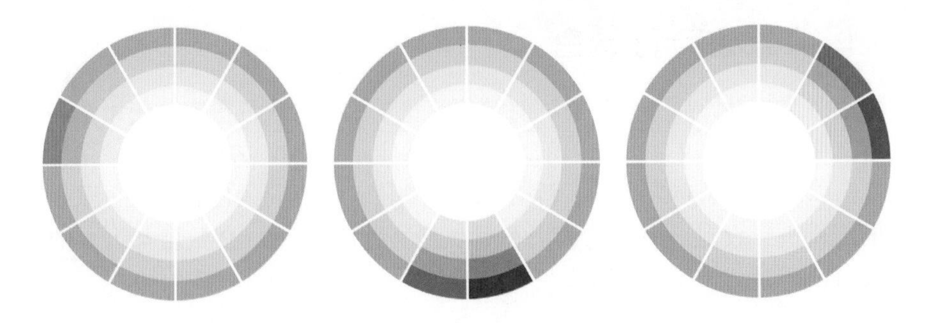

2. 间隔色搭配

间隔色是指在色环上相隔了一个或两个色系的颜色。间隔色搭配在视觉冲击力上强于相邻色，在色彩的表现上会更加明快、时尚。

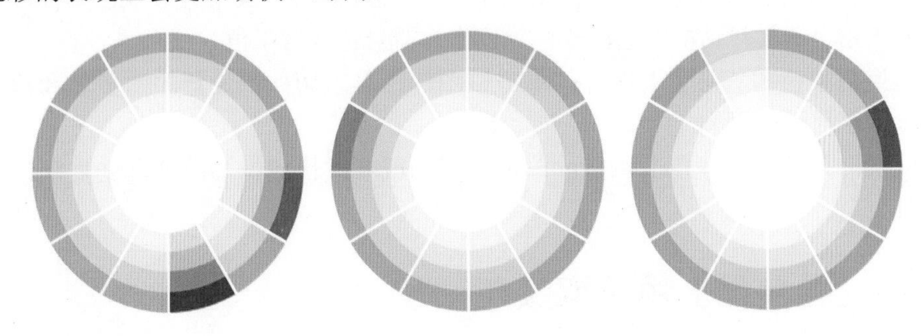

3. 互补色搭配

互补色是指色环中间隔角度为 180° 的两种颜色，如红与绿、蓝与橙、黄与紫互为补色。在色彩搭配中，互补色的对比最为强烈，让画面有更强的视觉冲击力。

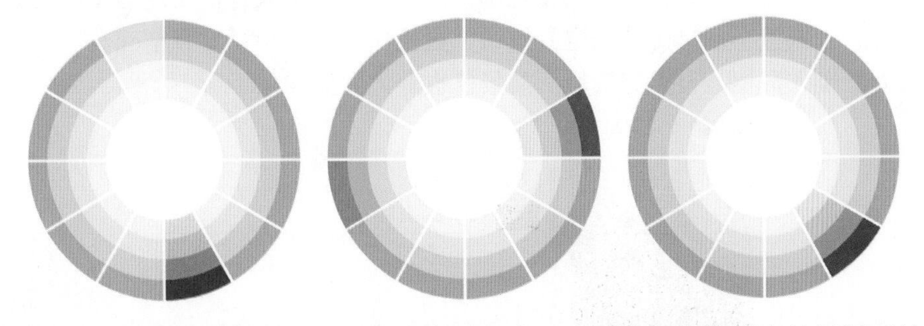

由于互补色具有强烈的分离性，故在电商设计中，在适当的位置恰当地运用互补色，不仅能加强色彩的对比，拉开距离感，还能表现出特殊的视觉对比与平衡效果。

4.3 Photoshop 中颜色的设置与应用

在 Photoshop 中，设置的颜色不只用于【画笔】工具，在【渐变】工具、【颜色替换画笔】工具、【填充】命令，甚至在滤镜中都可能涉及。要设置颜色，设计师可以从内置的色板中选择合适的颜色，也可以随意选择任何颜色，还可以从画面中选择特定颜色。

4.3.1 认识前景色与背景色

在设置颜色之前，设计师需要先了解前景色和背景色。前景色决定了使用绘画工具绘制图形，以及使用文字工具创建文字时的颜色。背景色决定了使用橡皮擦工具擦除图像时，擦除区域呈现的颜色，以及增加画布大小时，新增画布的颜色。设置前景色和背景色可以利用位于工具面板下方的组件进行设置。系统默认状态下，前景色是 R、G、B 数值都为 0 的黑色，背景色是 R、G、B 数值都为 255 的白色。

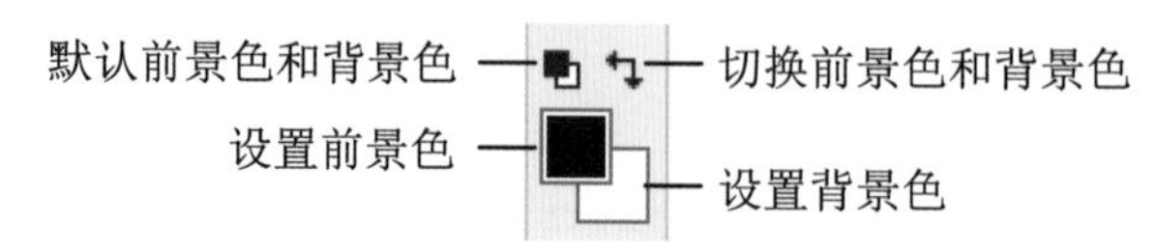

- 【设置前景色】/【设置背景色】图标：单击设置前景色或设置背景色图标，可以在弹出的【拾色器】对话框中选取一种颜色作为前景色或背景色。
- 【切换前景色和背景色】图标：单击该图标，可以切换所设置的前景色和背景色，也可以按快捷键 X 进行切换。
- 【默认前景色和背景色】图标：单击该图标或者按快捷键 D，可以恢复默认的前景色和背景色。

4.3.2 在【拾色器】中选取颜色

认识前景色与背景色之后，单击工具面板底部的【设置前景色】或【设置背景色】图标，可以打开【拾色器】对话框。

以设置前景色为例，单击工具面板底部的前景色色块，弹出【拾色器 (前景色)】对话框。在该对话框中拖动颜色滑块到相应的色相范围内，然后将光标放置在左侧的【色域】中，单击即可选择颜色。设置完毕后单击【确定】按钮完成操作。如果想要设置精确数值的颜色，可以在【颜色值】处输入数值。设置完毕后，前景色也随之发生变化。

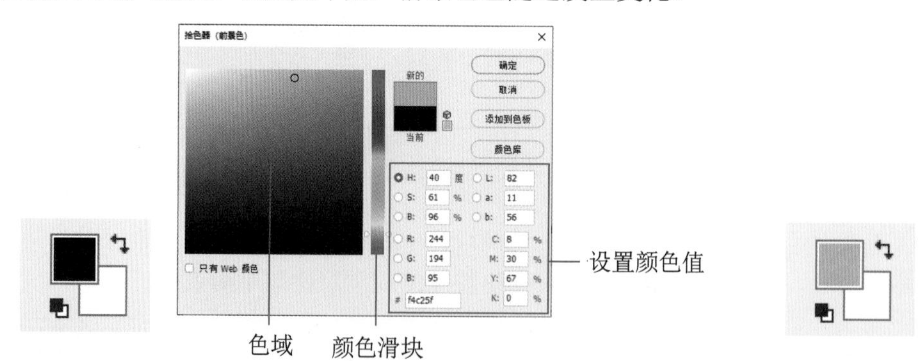

如果出现【非 Web 安全色警告】图标，则表示当前所设置的颜色不能在网络上准确显示出来。单击警告图标下面的色块，可以将颜色替换为与其接近的 Web 安全色。

视频 实例——快速制作商品展示

文件路径：第 4 章 \ 实例——快速制作商品展示
难易程度：★★☆☆☆
技术掌握：设置前景色

01 选择【文件】|【新建】命令，打开【新建文档】对话框。在该对话框中，设置【宽度】和【高度】为 580 像素、【分辨率】为 300 像素/英寸，然后单击【创建】按钮新建文档。

02 在工具面板中，单击【设置前景色】图标。在弹出的【拾色器(前景色)】对话框中，设置前景色为 R:252 G:239 B:76，然后单击【确定】按钮。

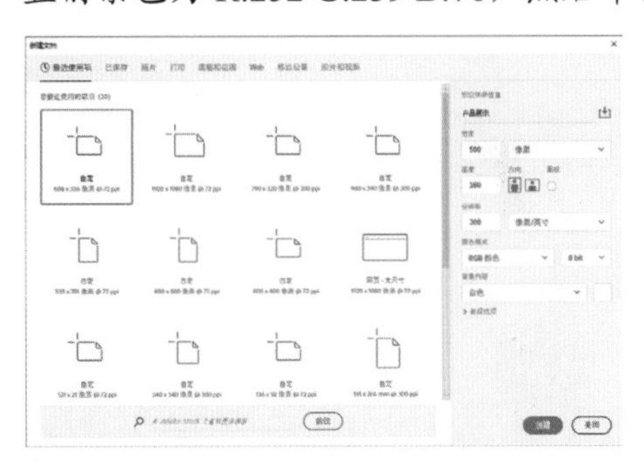

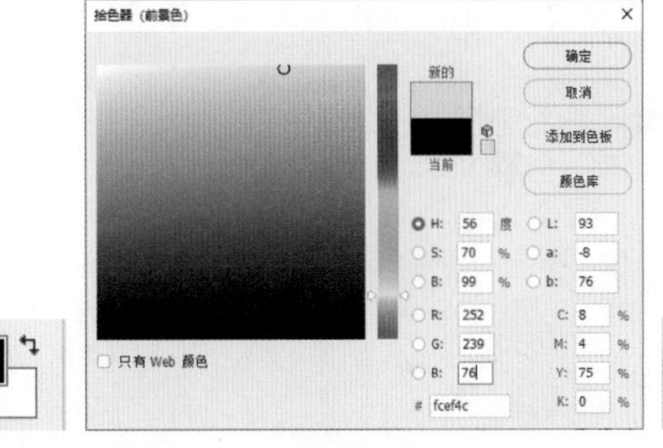

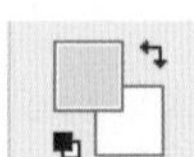

03 在新建文档的【图层】面板中，单击【创建新图层】按钮，新建【图层 1】图层。选择【画笔】工具，在选项栏中设置画笔样式为硬边圆 1100 像素，然后使用【画笔】工具在文档中单击填充颜色。

04 选择【文件】|【置入嵌入对象】命令，分别置入商品和树叶图像文件，并调整其位置及大小。

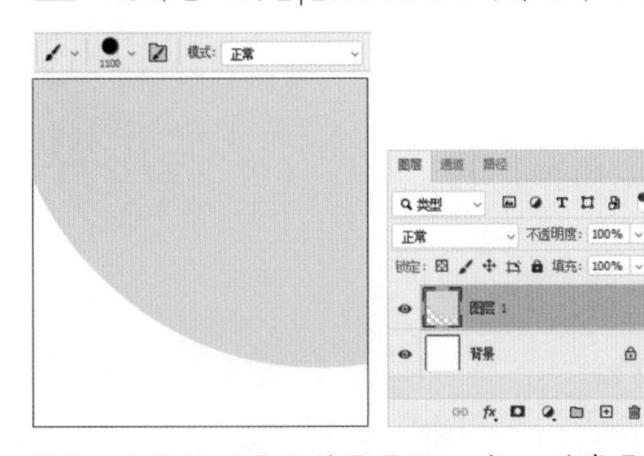

05 继续使用【文件】|【置入嵌入对象】命令，置入鲜花图像文件，并调整其位置及大小。在【图层】面板中，双击刚置入的鲜花图层，打开【图层样式】对话框。在该对话框中，选中【投影】选项，设置【混合模式】为【正片叠底】，单击右侧的色块，在弹出的【拾色器】对话框中设置投影颜色为 R:231 G:117 B:33，单击【确定】按钮返回【图层样式】对话框，设置【不透明度】为 35%、【角度】为 -68 度、【距离】为 5 像素、【大小】为 10 像素，然后单击【确定】按钮应用图层样式。

06 选择【横排文字】工具，在【颜色】面板中设置前景色为 R:129 G:129 B:125。在【字符】面板中，设置字体系列为 Franklin Gothic Medium、字体大小为 16 点、行距为 14 点，单击【全部大写字母】按钮。然后使用【横排文字】工具在图像中单击添加占位文字。

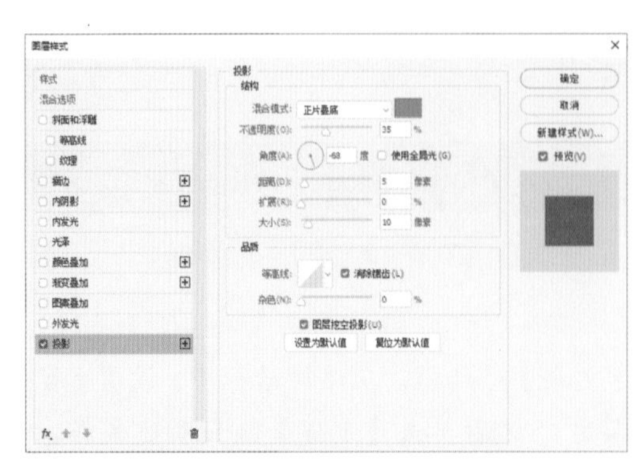

07 使用【横排文字】工具在图像中拖动创建文本框，添加占位符文本。然后在【字符】面板中，更改字体为【Adobe 黑体 Std】、字体大小为 2 点、行距为【(自动)】，再单击【全部大写字母】按钮，完成商品展示的制作。

4.3.3 【吸管】工具：选取画面中的颜色

使用【吸管】工具，可以从计算机屏幕的任何位置拾取颜色，包括在 Photoshop 工作区、计算机桌面、Windows 资源管理器，或者打开的网页等区域。打开图像文件，在工具面板中选择【吸管】工具，在选项栏中设置【取样大小】为【取样点】、【样本】为【所有图层】，并选中【显示取样环】复选框。然后使用【吸管】工具在图像中单击，此时拾取的颜色将作为前景色。按住 Alt 键，然后单击图像中的区域，此时拾取的颜色将作为背景色。

提示

使用【画笔】【铅笔】【渐变】【油漆桶】等绘画类工具时，可按住 Alt 键不放，临时切换为【吸管】工具进行颜色拾取。拾取颜色后，释放 Alt 键可恢复为之前使用的工具。使用【吸管】工具采集颜色时，按住鼠标左键并将光标拖到画布之外，可以采集 Photoshop 界面和界面以外的颜色信息。

实例——从优秀作品中提取配色方案

文件路径：第 4 章 \ 实例——从优秀作品中提取配色方案
难易程度：★☆☆☆☆
技术掌握：【吸管】工具、新建色板组、新建色板

01 配色在设计作品中的地位是非常重要的，这项技能需要长期的经验积累。刚入行的新手可以通过借鉴优秀设计作品的色彩来进行色彩搭配。选择【文件】|【打开】命令，打开素材图像文件。

02 打开【色板】面板，单击面板菜单按钮，在弹出的快捷菜单中选择【新建色板组】命令。在弹出的【组名称】对话框中，设置【名称】为“配色参考”，然后单击【确定】按钮新建一个色板组用来存放将要提取的颜色。

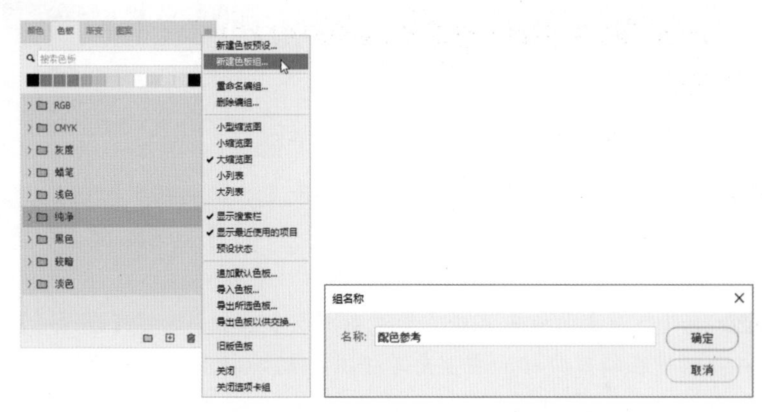

03 单击工具面板中的【吸管】工具，在选项栏的【取样大小】下拉列表中选择【3×3 平均】，设置【样本】为【所有图层】，然后使用【吸管】工具在图像中需要拾取颜色的位置单击。

04 在【色板】面板中，单击【创建新色板】按钮 ⊞，在弹出的【色板名称】对话框中单击【确定】按钮将刚拾取的颜色存储在【色板】面板中。

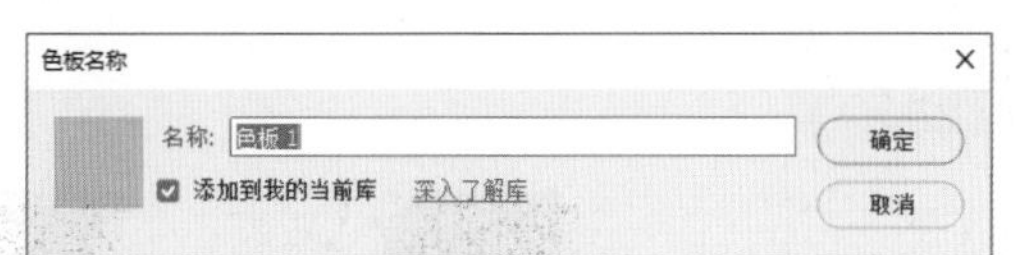

05 继续在画面中单击进行颜色的拾取，并将其存储到【色板】面板中。颜色存储完成后就可以进行应用了。

提 示

前景色或背景色的填充是常用的操作，通过使用快捷键进行操作会更加便捷。在【图层】面板中单击选择一个图层，接着设置合适的前景色，然后使用前景色填充快捷键 Alt+Delete 进行填充。如果想要填充背景色，接着设置合适的背景色，然后使用背景色填充快捷键 Ctrl+Delete 进行填充。

实例——制作黑色星期五折扣广告

文件路径：第 4 章 \ 实例——制作黑色星期五折扣广告

难易程度：★☆☆☆☆

技术掌握：应用【自由变换】命令、填充前景色

01 选择【文件】|【新建】命令，打开【新建文档】对话框。在该对话框中，设置【宽度】为 608 像素、【高度】为 304 像素、【分辨率】为 300 像素 / 英寸，然后单击【创建】按钮新建文档。

02 在【图层】面板中单击【创建新图层】按钮，新建【图层 1】图层。选择【矩形选框】工具，按 Shift 键在新建文档的左上角单击并拖动绘制正方形选区，并按 Alt+Delete 快捷键填充前景色。

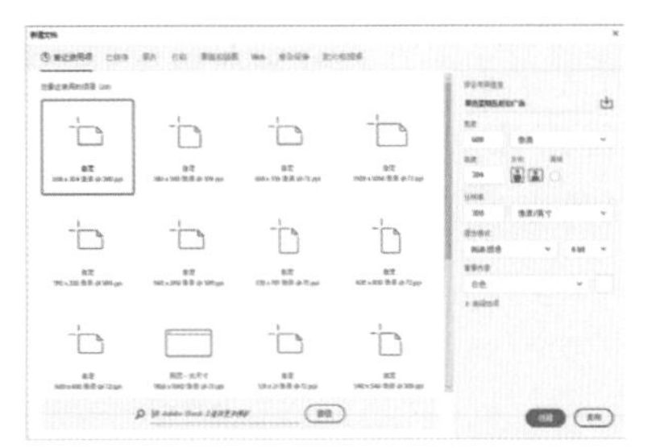

03 按 Ctrl+D 快捷键取消选区，再按 Ctrl+T 快捷键应用【自由变换】命令，显示定界框后，在选项栏中设置 W 为 145%、【设置旋转】为 -30 度。

04 按 Ctrl+J 快捷键复制【图层 1】图层，生成【图层 1 拷贝】图层，然后使用【移动】工具调整其位置。

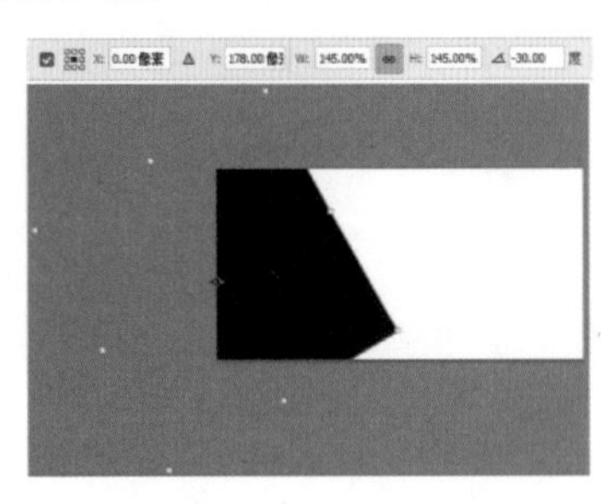

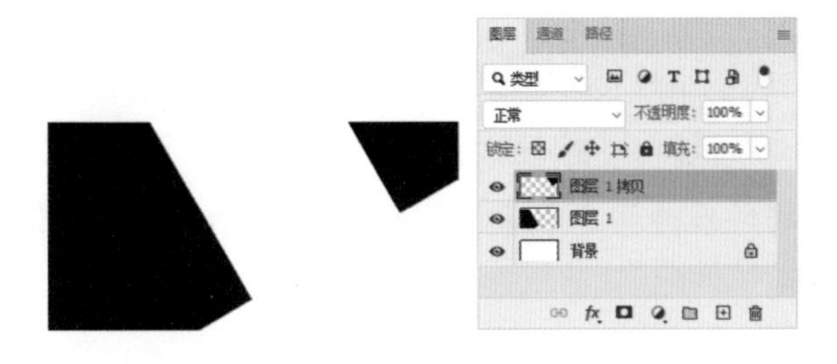

05 在【图层】面板中，按Ctrl键并单击【图层1拷贝】图层缩览图，载入选区。在【颜色】面板中将前景色设置为R:231 G:31 B:25，然后按Alt+Delete快捷键填充前景色。

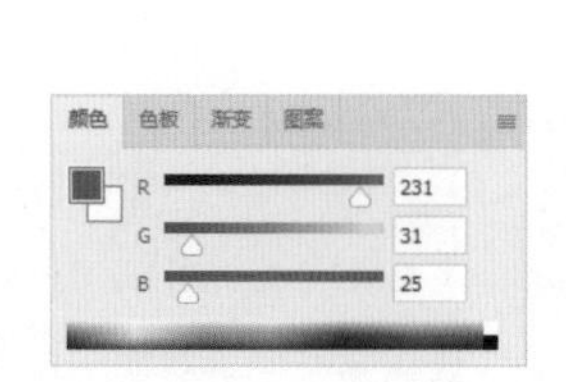

06 按Ctrl+D快捷键取消选区，在【图层】面板中选中【背景】图层。选择【文件】|【置入嵌入对象】命令，置入所需的图像素材。

07 在【图层】面板中选中【图层1拷贝】图层。再选择【文件】|【置入嵌入对象】命令，分别置入文字素材图像文件，调整其位置及大小。然后选择【图像】|【调整】|【反相】命令，转换置入的文字图层颜色，完成黑色星期五折扣广告的制作。

4.4 自动校正商品照片的偏色问题

在【图像】菜单下有3个用于自动调整图像颜色的命令：【自动色调】命令、【自动对比度】命令和【自动颜色】命令。这3个命令无须进行参数设置，选择命令后，Photoshop会自动计算图像颜色和明暗中存在的问题并进行校正，适合处理一些数码照片常见的偏色、偏灰、偏暗或偏亮等问题。

4.4.1 自动色调

使用【自动色调】命令可以自动调整图像中的黑场和白场，将每个颜色通道中最亮和最暗的像素映射到纯白(色阶为255)和纯黑(色阶为0)，中间像素值按比例重新分布，从而增强图像的对比度。该命令常用于校正图像中常见的偏色问题。

4.4.2 自动对比度

使用【自动对比度】命令可以自动调整图像亮部和暗部的对比度。它将图像中最暗的像素转换为黑色，将最亮的像素转换为白色，从而增大图像的对比度。图像的对比度过低时常使用该命令。

4.4.3 自动颜色

【自动颜色】命令主要用于校正图像中颜色的偏差。通过搜索图像来标识阴影、中间调和高光，从而调整图像的对比度和颜色。默认情况下，【自动颜色】使用 RGB128 灰色这一目标颜色来中和中间调，并将阴影和高光像素剪切 0.5%。设计师可以在【自动颜色校正选项】对话框中更改这些默认值。

4.5 调整图像的明暗

在【图像】|【调整】命令的子菜单中有很多调色命令，其中一部分调色命令主要针对图像的明暗进行调整。提高图像的明度可以使画面变亮，降低图像的明度可以使画面变暗；增强图像亮部区域的亮度并降低图像暗部区域的亮度可以增强画面的对比度，反之则会降低画面的对比度。在对素材图像进行调整时，要根据设计风格进行合适的操作。

4.5.1 【亮度 / 对比度】命令

亮度即图像的明暗。对比度表示的是图像中明暗区域最亮的白和最暗的黑之间不同亮度层级的差异范围，范围越大对比越大，反之则越小。【亮度 / 对比度】命令是一个简单而又直接的调整命令，使用该命令可以增亮或变暗图像中的色调。

打开一个图像文件，选择【图像】|【调整】|【亮度 / 对比度】命令，打开【亮度 / 对比度】对话框；或在【调整】面板中，单击【创建新的亮度 / 对比度调整图层】按钮，可创建一个【亮度 / 对比度】调整图层。

- 在【亮度 / 对比度】对话框中，【亮度】用来设置图像的整体亮度。数值为负值时，表示降低图像的亮度；数值为正值时，表示提高图像的亮度。

- 在【亮度 / 对比度】对话框中，【对比度】用于设置图像对比度的强烈程度。数值为负值时，图像对比度减弱；数值为正值时，图像对比度增强。

4.5.2 【色阶】命令

【色阶】命令主要用于调整画面的明暗程度，以及增强或降低对比度。【色阶】命令的优势在于可以单独对图像的阴影、中间调、高光以及亮部、暗部区域进行调整，而且可以对各个颜色通道进行调整。【色阶】直方图用作调整图像基本色调的直观参考。

打开一个图像文件，选择【图像】|【调整】|【色阶】命令，或按Ctrl+L快捷键，打开【色阶】对话框；或在【调整】面板中，单击【创建新的色阶调整图层】按钮，可创建一个【色阶】调整图层。

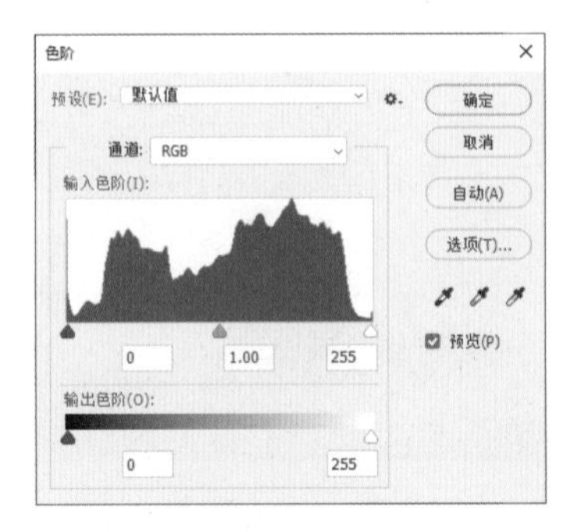

在【输入色阶】区域中可以通过拖动滑块来调整图像的阴影、中间调和高光，同时也可以直接在对应的数值框中输入数值。左边的黑色滑块用于调节深色系的色调，右边的白色滑块用于调节浅色系的色调。将左侧滑块向右侧拖动，明度降低；将右侧滑块向左侧拖动，明度升高。

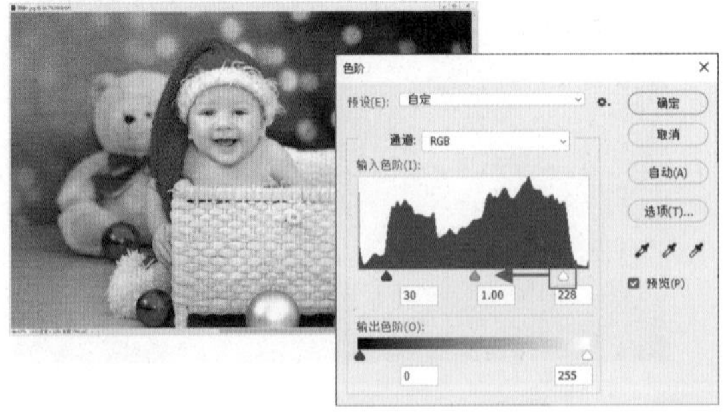

中间的滑块用于调节中间调，向左拖动【中间调】滑块，画面中间调区域会变亮，受其影响，画面大部分区域会变亮；向右拖动【中间调】滑块，画面中间调区域会变暗，受其影响，画面大部分区域会变暗。

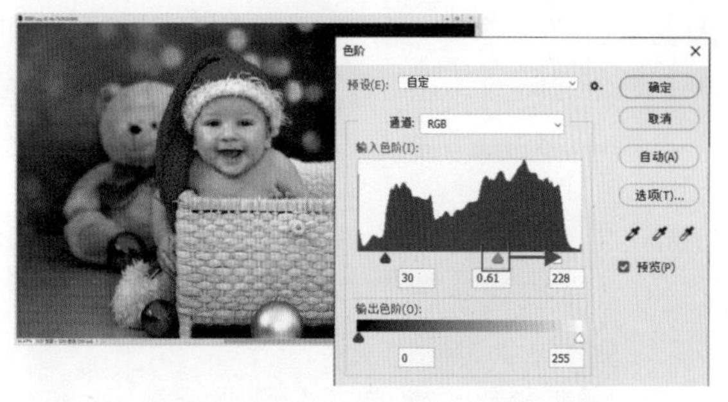

在【输出色阶】区域中可以设置图像的亮度范围，从而降低对比度，使图像呈现褪色效果。向右拖动暗部滑块、画面暗部区域会变亮，画面会产生变灰的效果。向左拖动亮部滑块，画面亮部区域会变暗。

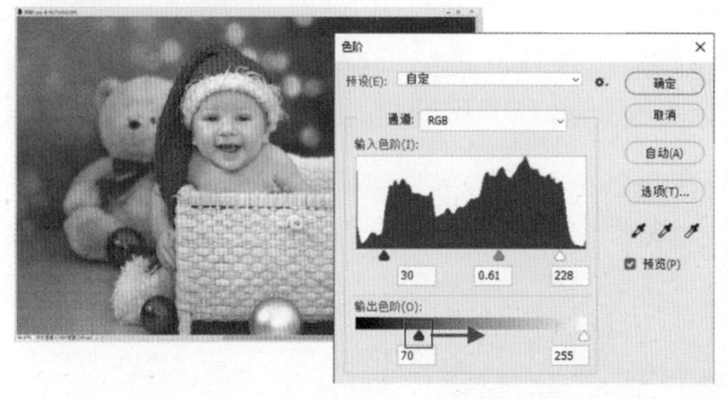

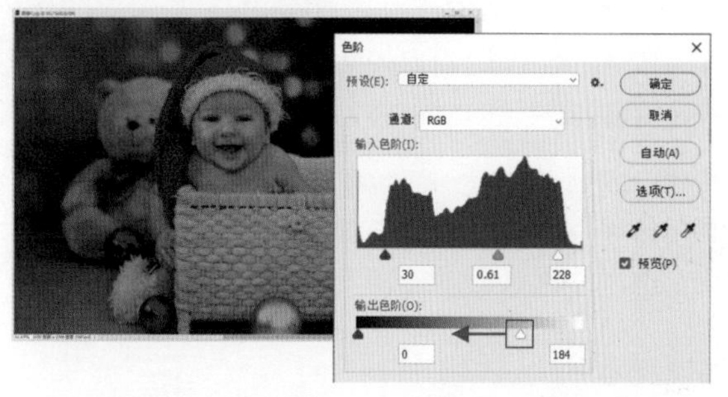

在【色阶】对话框中，使用【在图像中取样以设置黑场】按钮在图像中单击取样，可以将单击点处的像素调整为黑色，同时图像中比该取样点暗的像素也会变成黑色。使用【在图像中取样以设置灰场】按钮在图像中单击取样，可以根据单击点像素的亮度来调整其他中间调的平均亮度。使用【在图像中取样以设置白场】按钮在图像中单击取样，可以将单击点处的像素调整为白色，同时图像中比该取样点亮的像素也会变成白色。

(a) 设置黑场

(b) 设置灰场

(c) 设置白场

4.5.3 【曲线】命令

【曲线】命令和【色阶】命令类似，既可用于对画面的明暗和对比度进行调整，又可用于校正画面偏色以及调整画面色调。打开一个图像文件，选择【图像】|【调整】|【曲线】命令，或按 Ctrl+M 快捷键，可打开【曲线】对话框；或在【调整】面板中，单击【创建新的曲线调整图层】按钮，可创建一个【曲线】调整图层。

在【曲线】对话框中，左侧为曲线调整区域，在这里可以通过改变曲线的形态来调整画面的明暗程度。横轴用来表示图像原来的亮度值，相当于【色阶】对话框中的输入色阶；纵轴用来表示新的亮度值，相当于【色阶】对话框中的输出色阶；对角线用来显示当前【输入】和【输出】数值之间的关系，在没有进行调整时，所有的像素拥有相同的【输入】和【输出】数值。

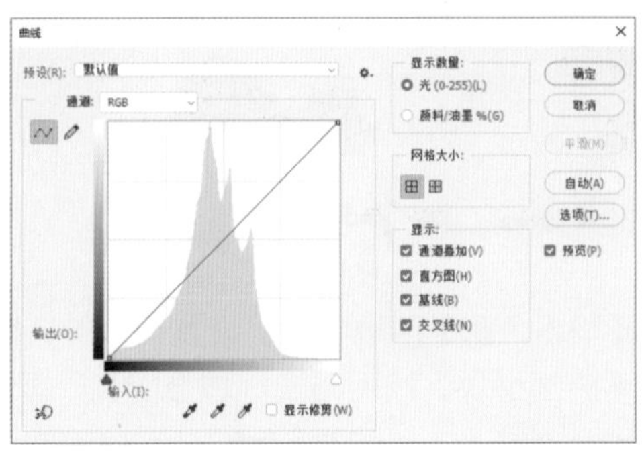

曲线上半部分控制画面亮部区域；曲线中间段部分控制画面中间调区域；曲线下半部分控制画面暗部区域。在曲线上单击可创建一个点，然后通过按住并拖动曲线点的位置调整曲线形态。将曲线上的点向左上移动可以使图像变亮，将曲线点向右下移动可以使图像变暗。

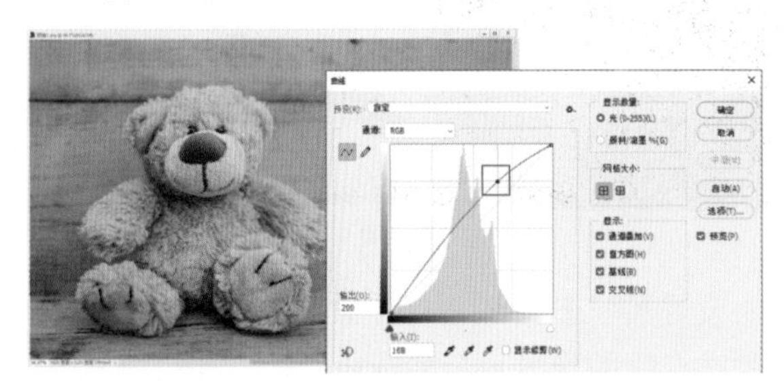

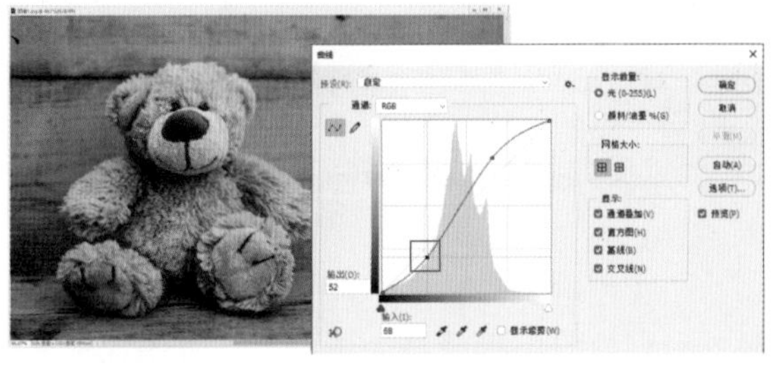

1. 使用预设的曲线效果

在【曲线】对话框的【预设】下拉列表中共有【彩色负片】【反冲】【较暗】【增加对比度】【较亮】【线性对比度】【中对比度】【负片】和【强对比度】9 种曲线预设效果。

(a) 彩色负片　(b) 反冲　(c) 较暗　(d) 增加对比度

(e) 较亮　(f) 线性对比度　(g) 中对比度　(h) 负片　(i) 强对比度

2. 提亮、压暗画面

预设并不一定适合所有情况，大多数情况下设计师都需要自己对曲线进行调整。通常情况下，中间调区域控制的范围较大，所以要对画面整体进行调整时，大多会选择在曲线中间段部分进行调整。如果想让画面整体变亮一些，可以选择在曲线的中间调区域按住鼠标左键并向左

上拖动，此时画面就会变亮。想要使画面整体变暗一些，可以在曲线的中间区域按住鼠标左键并向右下拖动。

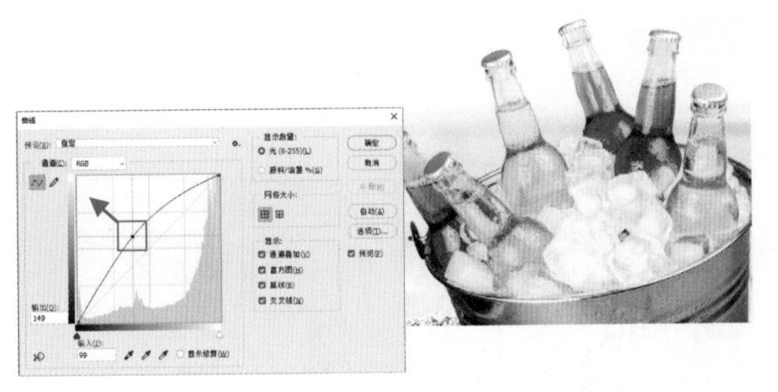

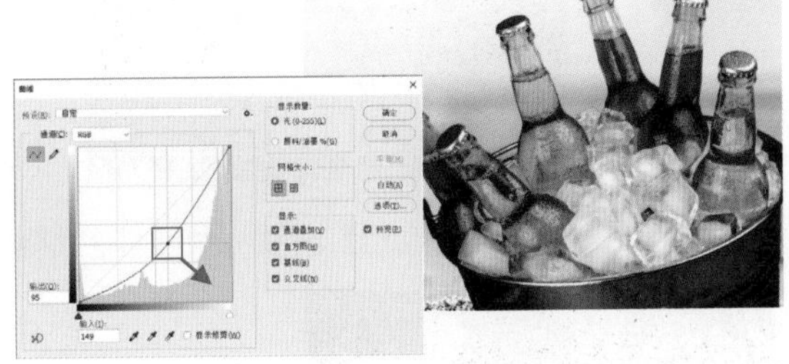

3. 调整图像的对比度

想要增强画面对比度，则需要使画面亮部变得更亮，而暗部变得更暗，这就需要将曲线调整为 S 形，在曲线上半段添加点并向左上拖动，在曲线下半段添加点并向右下拖动。反之，想要使图像对比度降低，则需要将曲线调整为反 S 形。

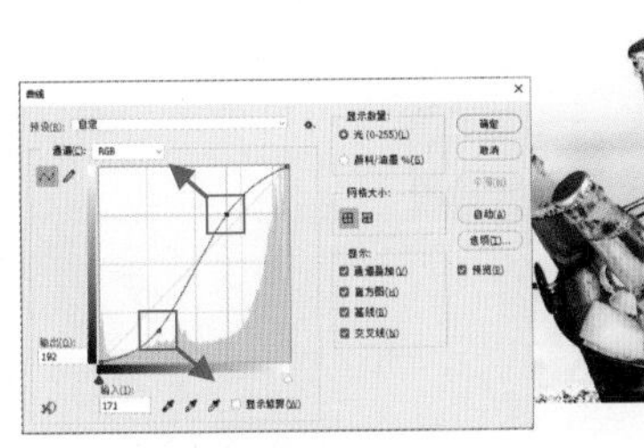

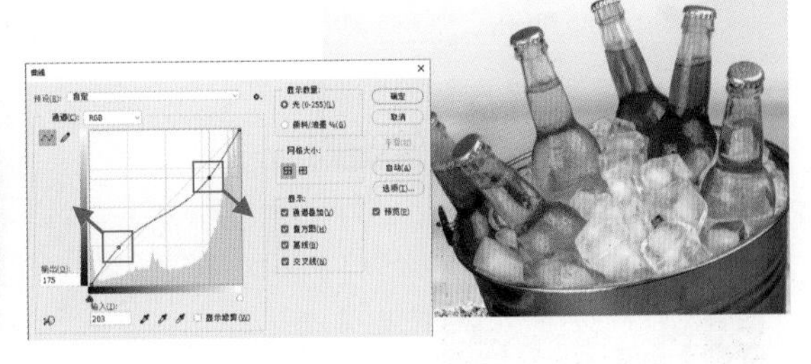

4. 调整图像的颜色

使用曲线可以校正图像偏色，也可以使画面产生各种颜色。如果画面颜色倾向于某种颜色，那么在进行调色处理时，就需要减少该颜色，可以在通道列表中选择相应的颜色，然后调整曲线形态。如果想要改变图像画面的色调，则可以调整单独通道的明暗来改变画面颜色。

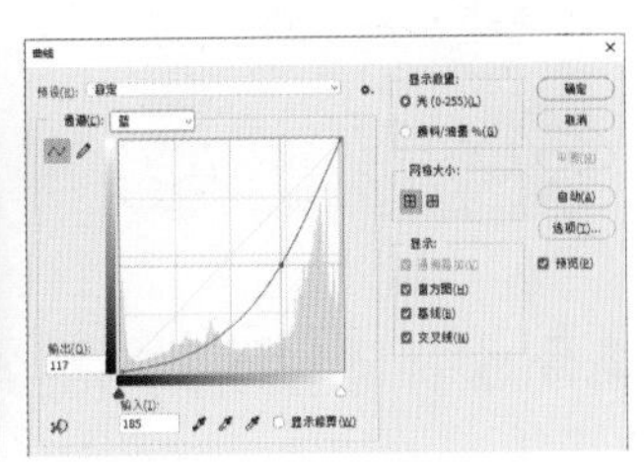

4.5.4 【曝光度】命令

【曝光度】命令主要用来校正图像曝光不足、曝光过度、对比度过低或过高。打开一个图像文件，选择【图像】|【调整】|【曝光度】命令，打开【曝光度】对话框；或在【调整】面板中，单击【创建新的曝光度调整图层】按钮，可创建一个【曝光度】调整图层。在【曝光度】对话框中可以对【曝光度】选项进行设置，使图像变亮或变暗。

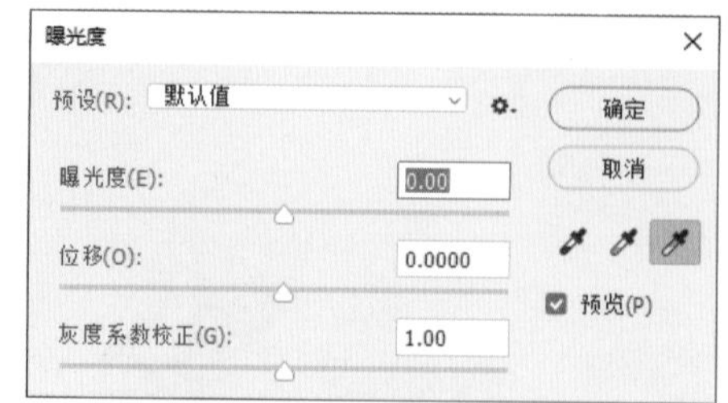

- 向左拖动【曝光度】滑块，可以降低曝光效果；向右拖动滑块，可以增强曝光效果。

- 【位移】选项主要对阴影和中间调起作用。减小【位移】数值，可以使其阴影和中间调区域变暗，但对高光基本不会产生影响。

- 【灰度系数校正】用于控制画面中的中间调区域。将滑块向左调整则增大数值，中间调区域变亮；将滑块向右调整则减小数值，中间调区域变暗。

4.5.5 【阴影/高光】命令

使用【阴影/高光】命令可以对图像的阴影和高光部分进行调整。该命令不是简单地使图像变亮或变暗，它基于阴影或高光中的周围像素(局部相邻像素)增亮或变暗。该命令常用于校正由于图像过暗造成的暗部细节缺失，以及图像过亮导致的亮部细节不明确等问题。

打开一个图像文件，按 Ctrl+J 快捷键复制图像【背景】图层。选择【图像】|【调整】|【阴影/高光】命令，即可打开【阴影/高光】对话框进行设置。在该对话框中，增大【阴影】数值可以使画面暗部区域变亮；减小【阴影】数值可以使画面暗部区域变暗。增大【高光】数值则可以使画面亮部区域变暗。

在【阴影 / 高光】对话框中选中【显示更多选项】复选框，可以显示【阴影 / 高光】的完整选项。【阴影】选项组与【高光】选项组中的参数是相同的。

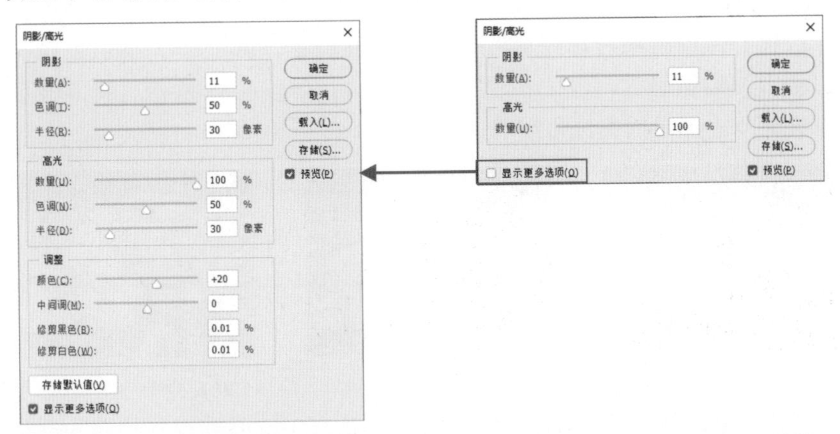

- 【数量】：用来控制阴影 / 高光区域的亮度。【阴影】的数值越大，阴影区域就越亮；【高光】的数值越大，高光区域就越暗。

(a) 阴影数量：10%

(b) 阴影数量：50%

(c) 高光数量：20%

(d) 高光数量：80%

- 【色调】：用来控制色调的修改范围，值越小，修改的范围越小。
- 【半径】：用于控制每个像素周围的局部相邻像素的范围大小。相邻像素用于确定像素是在阴影中还是在高光中，数值越小，范围越小。
- 【颜色】：用于控制画面颜色感的强弱，数值越小，画面饱和度越低；数值越大，画面饱和度越高。
- 【中间调】：用来调整中间调的对比度，数值越大，中间调的对比度越强。

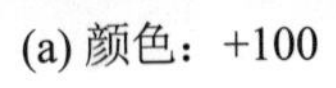

(a) 颜色：+100

(b) 颜色：－100

(a) 中间调：+100

(b) 中间调：－100

- 【修剪黑色】：该选项可以将阴影区域变为纯黑色，数值的大小用于控制变化为黑色阴影的范围。数值越大，变为黑色的区域越大，画面整体越暗。其最大数值为 50%，过大的数值会使图像损失过多细节。

(a) 修剪黑色：0.01%

(b) 修剪黑色：20%

(c) 修剪黑色：50%

- 【修剪白色】：该选项可以将高光区域变为纯白色，数值的大小用于控制变化为白色高光的范围。数值越大，变为白色的区域越大，画面整体越亮。其最大数值为 50%，过大的数值会使图像损失过多细节。

(a) 修剪白色：0.01%

(b) 修剪白色：5%

(c) 修剪白色：20%

- 【存储默认值】：如果要将【阴影 / 高光】对话框中的参数设置存储为默认值，可以单击该按钮。

4.6 调整图像的色彩

在【图像】|【调整】命令的子菜单中包含十几种针对图像色彩进行调整的命令。通过使用这些命令既可以校正偏色，又可以为画面打造出具有特色的色彩风格。

4.6.1 【自然饱和度】命令

使用【自然饱和度】命令可以增加或减少画面颜色的鲜艳程度。使用该命令可以使照片更加明艳，或打造复古怀旧的低饱和度效果，还可以防止肤色过度饱和。因此【自然饱和度】命令非常适用于数码照片的调色。

打开一个图像文件，选择【图像】|【调整】|【自然饱和度】命令，打开【自然饱和度】对话框；或在【调整】面板中，单击【创建新的自然饱和度调整图层】按钮，可创建一个【自然饱和度】调整图层。

- 向左拖动【自然饱和度】滑块，可以降低颜色的饱和度；向右拖动【自然饱和度】滑块，可以增加颜色的饱和度。
- 向左拖动【饱和度】滑块，可以降低所有颜色的饱和度；向右拖动【饱和度】滑块，可以增加所有颜色的饱和度。

(a) 自然饱和度：－100

(b) 自然饱和度：+100

(a) 饱和度：－100

(b) 饱和度：+100

4.6.2 【色相 / 饱和度】命令

【色相 / 饱和度】命令主要用于改变图像像素的色相、饱和度和明度，也可以通过给像素定义新的色相和饱和度，实现给灰度图像上色的功能，还可以制作单色调效果。需要注意的是，由于位图和灰度模式的图像不能使用【色相 / 饱和度】命令，因此使用前必须先将其转换为 RGB 模式或其他的颜色模式。

打开一个图像文件，选择【图像】|【调整】|【色相 / 饱和度】命令，或按 Ctrl+U 快捷键，打开【色相 / 饱和度】对话框。或在【调整】面板中，单击【创建新的色相 / 饱和度调整图层】按钮，可创建一个【色相 / 饱和度】调整图层。

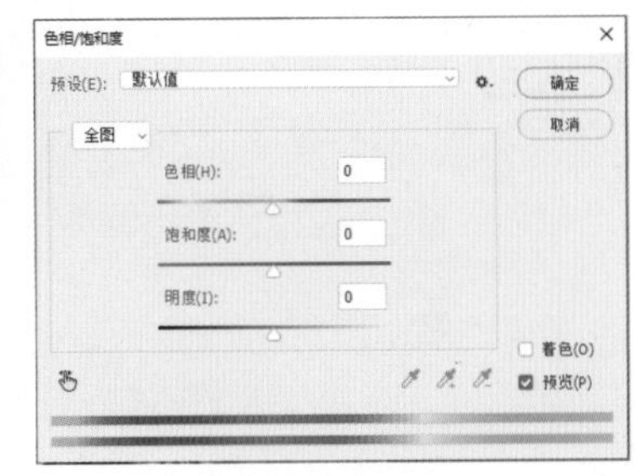

在【色相 / 饱和度】对话框的【预设】下拉列表中提供了【氰版照相】【进一步增加饱和度】【增加饱和度】【旧样式】【红色提升】【深褐】【强饱和度】和【黄色提升】8 种色相 / 饱和度预设。

(a) 氰版照相

(b) 进一步增加饱和度

(c) 增加饱和度

(d) 旧样式

(e) 红色提升

(f) 深褐

(g) 强饱和度

(h) 黄色提升

如果想要调整画面中某种颜色的色相、饱和度和明度，可以在【颜色通道】下拉列表中选择红色、黄色、绿色、青色、蓝色或洋红通道，然后进行调整。

- 【色相】：用于更改画面各个部分或某种颜色的色相。
- 【饱和度】：调整饱和度数值可以增强或减弱画面整体或某种颜色的鲜艳程度。数值越大，颜色越艳丽。
- 【明度】：调整明度数值可以使画面整体或某种颜色的明亮程度增加。数值越大，越接近白色；数值越小，越接近黑色。
- ：选中该工具，在图像上单击设置取样点，然后将光标向左拖动可以降低图像的饱和度，向右拖动可以增加图像的饱和度。

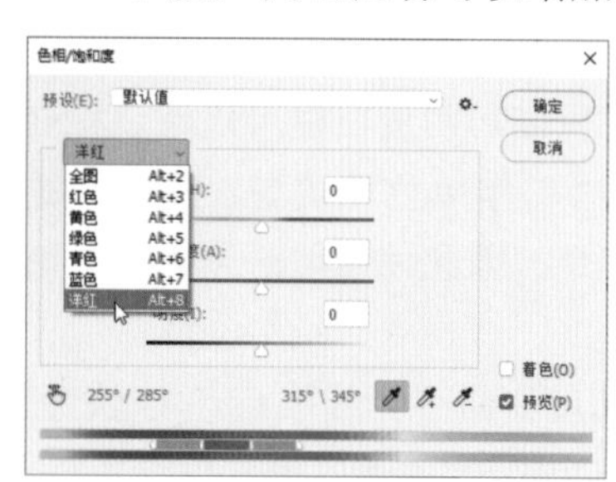

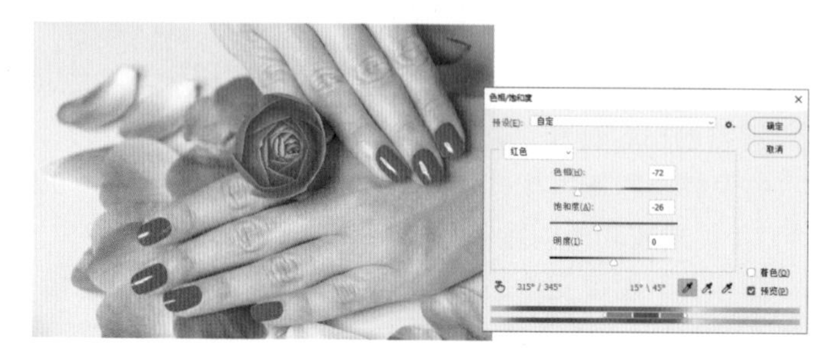

在【色相/饱和度】对话框中，还可对图像进行着色操作。在该对话框中，选中【着色】复选框，通过拖动【色相】和【饱和度】滑块来改变其颜色。

实例——使商品图片更鲜艳

文件路径：第4章\实例——使商品图片更鲜艳

难易程度：★☆☆☆☆

技术掌握：【亮度/对比度】命令、【自然饱和度】命令

01 选择【文件】|【打开】命令，打开素材图像文件。在【调整】面板中，单击【创建新的曝光度调整图层】按钮。然后在【属性】面板中，设置【灰度系数校正】为0.77。

02 在【调整】面板中，单击【创建新的亮度 / 对比度调整图层】按钮。然后在【属性】面板中，设置【亮度】为 102、【对比度】为 -3。

03 在【图层】面板中，选中【亮度 / 对比度 1】图层蒙版。选择【画笔】工具，在选项栏中设置画笔样式为柔边圆、【不透明度】为 50%。然后使用【画笔】工具修饰图像中曝光过度的地方。

04 在【调整】面板中，单击【创建新的自然饱和度调整图层】按钮。然后在【属性】面板中，设置【自然饱和度】为 100、【饱和度】为 10，完成效果的调整。

实例——制作不同颜色的样品

文件路径：第 4 章 \ 实例——制作不同颜色的样品
难易程度：★☆☆☆☆
技术掌握：【色彩范围】命令

01 选择【文件】|【打开】命令，打开素材图像文件。选择【选择】|【色彩范围】命令，打开【色彩范围】对话框。在该对话框中，设置【颜色容差】为 150，然后使用【吸管】工具在鞋面主色上单击选取颜色范围。

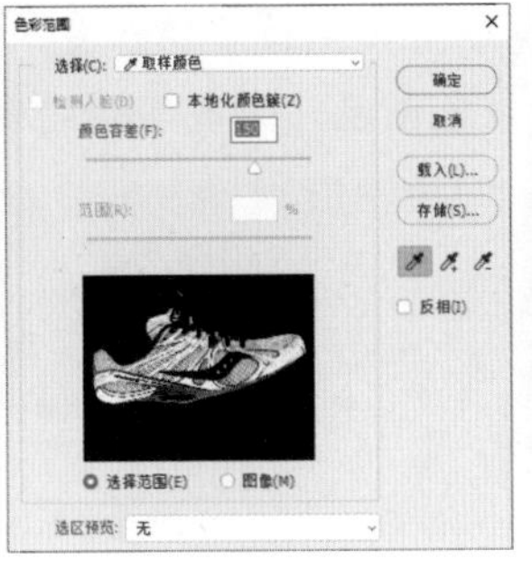

02 在【色彩范围】对话框中单击【添加到取样】按钮，再在鞋面上近似的颜色范围区域单击取样颜色，然后单击【确定】按钮创建选区。

03 在【调整】面板中单击【创建新的色相 / 饱和度调整图层】按钮。然后在【属性】面板中，设置【色相】为 -130、【饱和度】为 -20。

04 在【图层】面板中，选中鞋子图像所在的【图层 1 拷贝】和【色相 / 饱和度 1】图层，单击【链接图层】按钮，然后按 Ctrl+J 快捷键复制选中的图层。

05 在【图层】面板中选中【色相 / 饱和度 1 拷贝】图层，然后在【属性】面板中更改【色相】为 24。

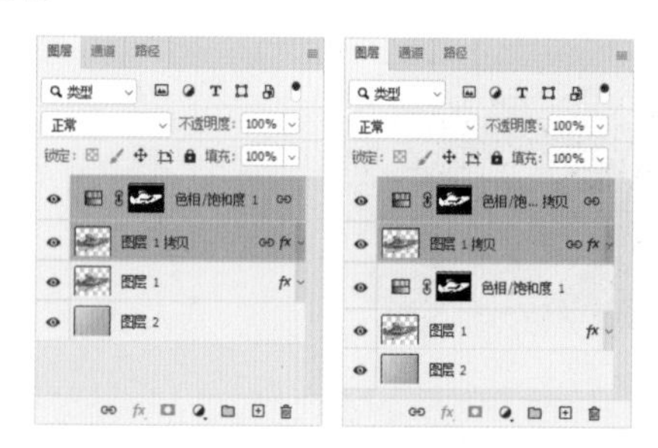

06 使用与步骤 04 至步骤 05 相同的操作方法，复制图层并选中【色相 / 饱和度 1 拷贝 2】图层，然后在【属性】面板中更改【色相】为 180。

07 选择【裁剪】工具，按住鼠标左键并拖动控制点，横向增加画板的宽度。

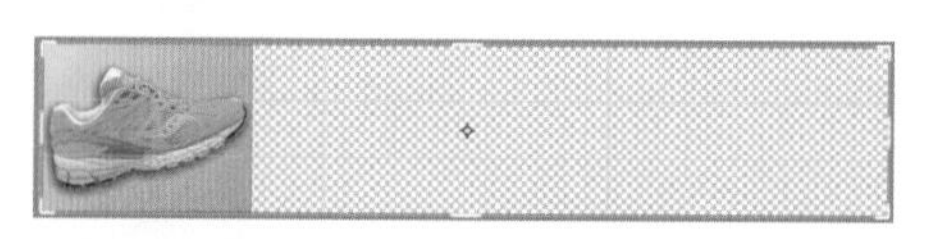

08 选择【移动】工具，分别调整不同颜色鞋子的位置，然后选中背景色图层，按 Ctrl+T 快捷键应用【自由变换】命令调整背景色图层，完成实例的制作。

4.6.3 【可选颜色】命令

【可选颜色】命令可以为图像中各个颜色通道增加或减少某种印刷色的成分含量。使用【可选颜色】命令可以有针对性地调整图像中某个颜色或校正色彩平衡等颜色问题。

打开一个图像文件，选择【图像】|【调整】|【可选颜色】命令，打开【可选颜色】对话框。在该对话框的【颜色】下拉列表中，可以选择所需调整的颜色。在该对话框的【颜色】下拉列表中选择【黄色】选项，设置【青色】为 -100%、【洋红】为 0、【黄色】为 100%、【黑色】为 100%，然后单击【确定】按钮。

提 示

【可选颜色】对话框中的【方法】选项用来设置颜色的调整方式。选中【相对】单选按钮，可按照总量的百分比修改现有的青色、洋红、黄色或黑色的含量；选中【绝对】单选按钮，则采用绝对值调整颜色。

视频 实例——调整商品图片色彩

文件路径：第 4 章 \ 实例——调整商品图片色彩

难易程度：★★☆☆☆

技术掌握：【可选颜色】命令、【色相 / 饱和度】命令

01 选择【文件】|【打开】命令，打开素材图像文件。在【图层】面板中，选中【礼盒】图层。

02 在【调整】面板中单击【创建新的可选颜色调整图层】按钮，新建【选取颜色 1】图层。右击新建的【选取颜色 1】图层，在弹出的快捷菜单中选择【创建剪贴蒙版】命令，建立剪贴蒙版。

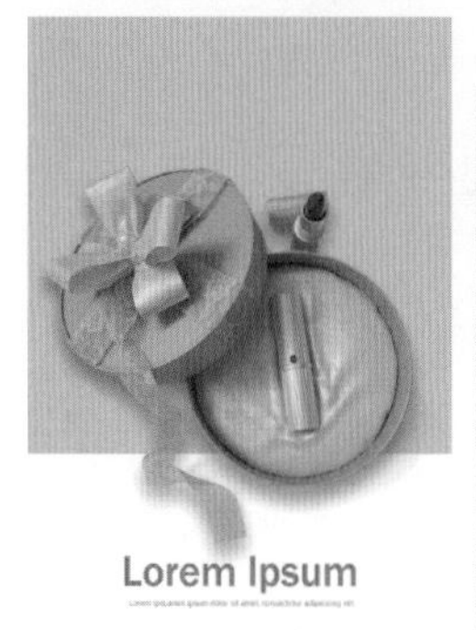

03 在【属性】面板中，设置【红色】的【青色】为 -100%、【洋红】为 22%、【黄色】为 21%、【黑色】为 100%。

04 使用与步骤 02 相同的操作方法，新建【选取颜色 2】调整图层，并创建剪贴蒙版。在【属性】面板中设置【红色】的【青色】为 -14%、【洋红】为 -6%、【黄色】为 12%。

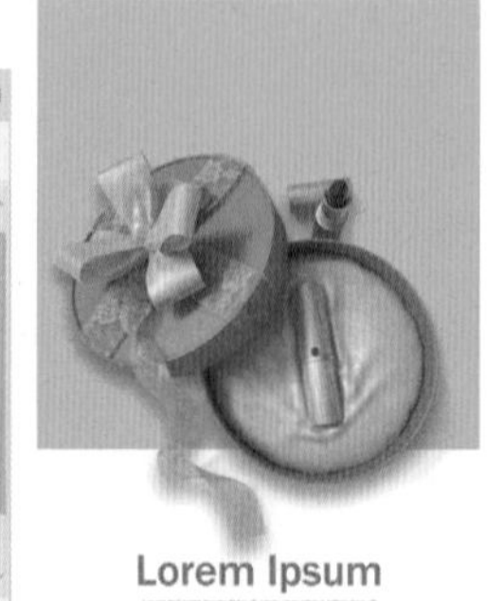

05 在【属性】面板的【颜色】下拉列表中选择【白色】选项，设置【白色】的【黑色】为 -70%。

06 再次使用与步骤 02 相同的操作方法，新建【选取颜色 3】调整图层，并创建剪贴蒙版。在【属性】面板中设置【红色】的【青色】为 -9%、【洋红】为 14%、【黄色】为 -51%、【黑色】为 -26%。

07 在【属性】面板的【颜色】下拉列表中选择【白色】选项，设置【白色】的【黄色】为 -30%、【黑色】为 -45%。

08 在【调整】面板中单击【创建新的色相 / 饱和度调整图层】按钮，新建【色相 / 饱和度 1】图层。在【属性】面板中，设置【饱和度】为 -7、【明度】为 13。

09 在【图层】面板中选中【色相/饱和度1】图层蒙版。选择【画笔】工具，在选项栏中设置画笔样式为柔边圆，然后在图层蒙版中涂抹修饰图像。

10 在【图层】面板中选中【背景】图层。选择【文件】|【置入嵌入对象】命令，置入鲜花图像文件，并调整其位置及大小。单击【添加图层蒙版】按钮，新建图层蒙版，然后使用【画笔】工具在蒙版中涂抹，修饰图像。

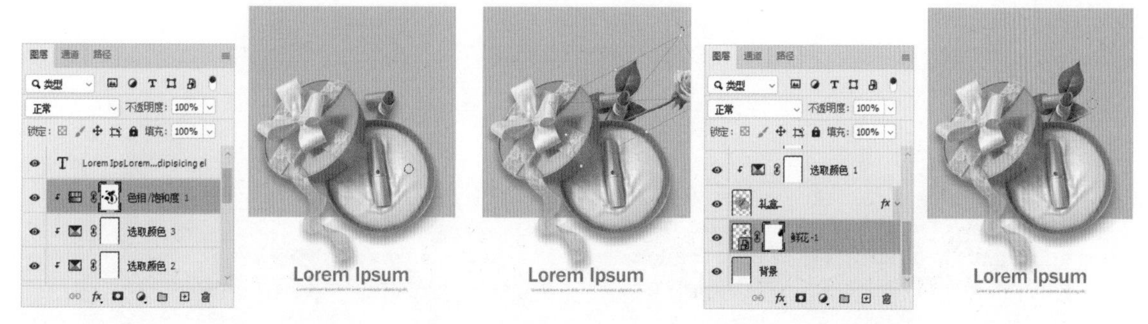

11 按Ctrl+J快捷键复制刚置入的鲜花图像图层，然后按Ctrl+T快捷键应用【自由变换】命令调整刚复制的鲜花图像图层。

12 选择【文件】|【置入嵌入对象】命令，分别置入另外两个鲜花图像文件，并调整其位置及大小。

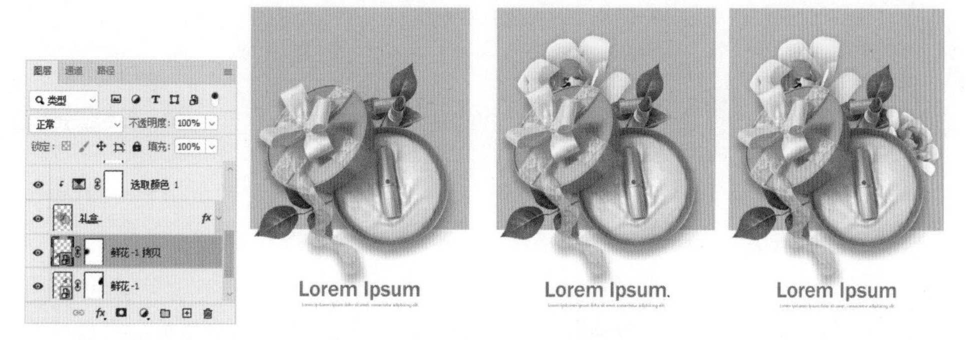

13 在【图层】面板中，按Ctrl+Shift快捷键单击两个鲜花图层缩览图，载入选区。然后在【调整】面板中，单击【创建新的可选颜色调整图层】按钮，新建【选取颜色4】图层。在【属性】面板中，设置【红色】的【青色】为-8%、【洋红】为-15%、【黄色】为-65%、【黑色】为0，完成实例的制作。

4.6.4 【颜色替换】工具：更改局部颜色

使用【颜色替换】工具能够以涂抹的方式更改画面中的部分颜色。更改颜色之前，首先需要设置合适的前景色。想要更改图像中的部分颜色，那么就需要将前景色设置为目标颜色。在不考虑选项栏其他参数的情况下，按住鼠标左键拖曳进行涂抹，即可看到光标经过的位置颜色发生了变化。

在选项栏的【模式】下拉列表中选择前景色与原始图像的混合模式，其中包括【色相】【饱和度】【颜色】和【明度】4 个选项。如果选择【颜色】选项，可以同时替换涂抹部分的色相、饱和度和明度。

(a) 色相

(b) 饱和度

(a) 颜色

(b) 明度

接下来，需要选择合适的取样方式。单击【取样：连续】按钮，在画面中涂抹时可以随时对颜色进行取样，即光标移到哪里，就可以更改与光标中心处颜色接近的区域；单击【取样：一次】按钮，在画面中涂抹时只替换包含第一次单击的颜色区域中的目标颜色；单击【取样：背景色板】按钮，在画面中涂抹时只替换包含当前背景色的区域。

在【限制】下拉列表中选择【不连续】选项时，可以替换出现在光标下任何位置的样本颜色；选择【连续】选项时，只替换与光标下的颜色接近的颜色；选择【查找边缘】选项时，可以替换包含样本颜色的连接区域，同时保留形状边缘的锐化程度。

【容差】数值对替换效果的影响非常大，直接控制着可替换的颜色区域的大小。容差值越大，可替换的颜色范围越大。【容差】没有固定的数值，同样的数值对于不同的图片产生的效果也不相同，多次尝试并进行修改，可得到合适的效果。

4.7 使用图层混合模式进行调色

图层的透明效果、混合模式与图层样式是图层的高级功能。这几项功能是设计中经常使用的功能，使用这些功能，能够轻松制作出多个图层混合叠加的效果。

4.7.1 设置透明效果

不透明度是指图层内容的透明程度。这里的图层内容包括图层中所承载的图像和形状、添加的效果、填充的颜色和图案等。不透明度设置还可以应用于除【背景】图层以外的所有类型的图层，包括调整图层、3D和视频等特殊图层。

从应用角度看，不透明度主要用于混合图像、调整色彩的显现程度、调整工具效果的透明程度。当图层的不透明度为100%时，图层内容完全显示；低于该值时，图层内容会呈现一定的透明效果，这时，位于其下方的图层中的内容就会显现出来。图层的不透明度越低，下方的图层内容就越清晰。如果将不透明度调整为0，图层内容就完全透明，此时下方图层内容完全显现。

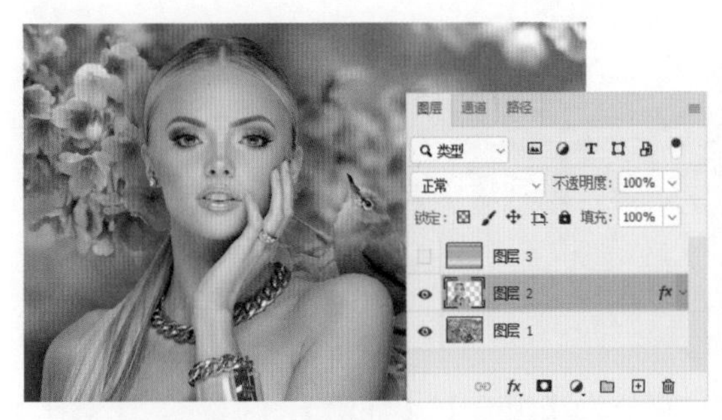

在色彩方面，如果使用【填充】命令、【描边】命令、【渐变】工具和【油漆桶】工具进行填色、描边等操作时，可以通过【不透明度】选项设置颜色的透明程度；如果使用调整图层进行颜色和色调的调整，则可以通过【图层】面板中的【不透明度】选项调整强度。

不透明度的调节选项除了【不透明度】以外，还有【填充】选项。【填充】只影响图层中绘制的像素和形状的不透明度，不会影响图层样式的不透明度。当调整【不透明度】时，会对当前图层中的所有内容产生影响，包括填充、描边和图层样式等；调整【填充】时，只有填充变得透明，描边和图层样式效果都会保持原样。

4.7.2 设置混合效果

混合模式是Photoshop的一个非常重要的功能，它不仅在图层中可以使用，而且在绘图工具、修饰工具、颜色填充中都可以使用。图层的混合模式是指当图像叠加时，上方图层和下方图层的像素进行混合，从而得到另外一种图像效果，且不会对图像造成任何的破坏。图层混合模式再结合对图层不透明度的设置，可以控制图层混合后显示的深浅程度，常用于合成和特效制作中。

设置图层的混合模式，需要在【图层】面板中进行。当文档中存在两个或两个以上的图层时，单击选中图层（背景图层以及锁定的图层无法设置混合模式），然后打开【混合模式】下拉列表，从中选择一种混合模式，当前画面随即发生变化。

在【混合模式】下拉列表中有多种混合模式，共分为【组合】【加深】【减淡】【对比】【比较】和【色彩】6组模式。

1.【组合】模式组

【组合】模式组中包含两种模式：【正常】和【溶解】。默认情况下，新建的图层或置入的图像混合模式均为【正常】。

- 【正常】模式：此模式是Photoshop的默认模式，使用时不产生任何特殊效果。
- 【溶解】模式：使用该模式会使图像中透明区域的像素产生离散效果。在降低图层的【不透明度】或【填充】数值时，效果更加明显。这两个参数的数值越低，像素离散效果越明显。

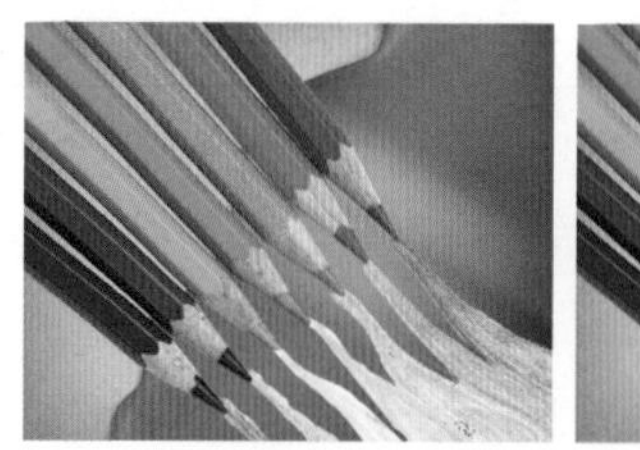

(a) 正常

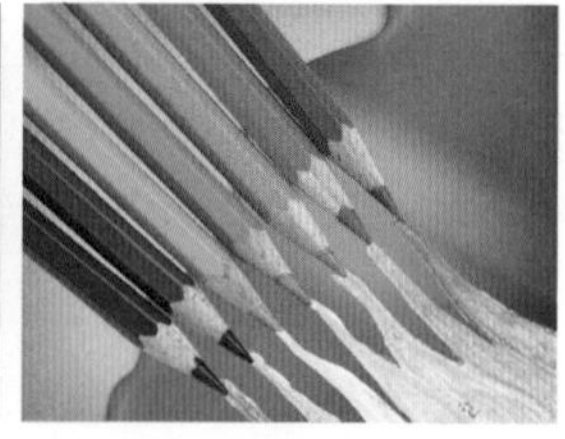

(b) 溶解

2.【加深】模式组

【加深】模式组中包含5种混合模式，这些混合模式可以使当前图层的白色像素被下层较暗的像素替代，使图像产生变暗效果。

- 【变暗】模式：选择此模式，在绘制图像时，软件将取两种颜色的暗色作为最终色，亮于底色的颜色将被替换，暗于底色的颜色保持不变。

- 【正片叠底】模式：选择此模式，可以产生比底色与绘制色都暗的颜色，可以用来制作阴影效果。

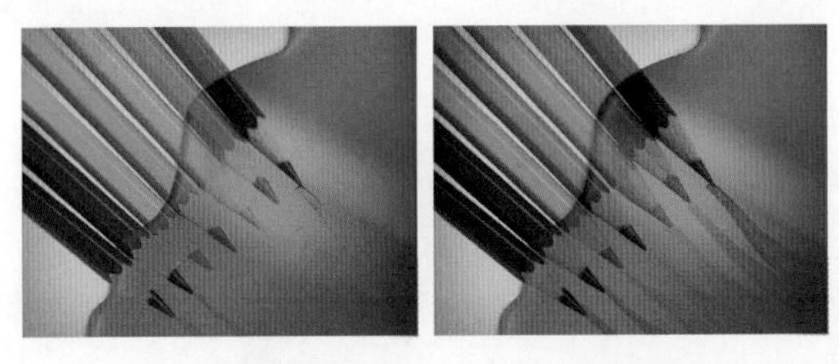

(a) 变暗　　(b) 正片叠底

- 【颜色加深】模式：选择此模式，可以使图像色彩加深，亮度降低。
- 【线性加深】模式：选择此模式，系统会通过降低图像画面亮度使底色变暗，从而反映绘制的颜色。当与白色混合时，将不发生变化。
- 【深色】模式：选择此模式，系统将从底色和混合色中选择最小的通道值来创建结果颜色。

(c) 颜色加深

(d) 线性加深

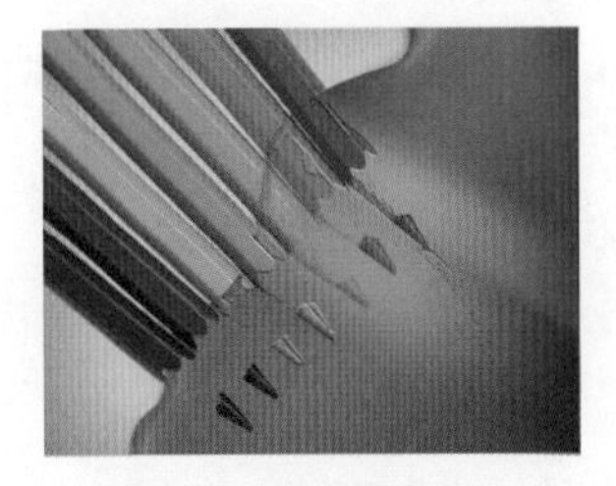

(e) 深色

3. 【减淡】模式组

【减淡】模式组中包含 5 种混合模式。这些模式会使图像中黑色的像素被较亮的像素替换，而任何比黑色亮的像素都可能提亮下层图像。因此【减淡】模式组中的混合模式会使图像变亮。

- 【变亮】模式：这种模式只有在当前颜色比底色深的情况下才起作用，底图的浅色将覆盖绘制的深色。
- 【滤色】模式：此模式与【正片叠底】模式的功能相反，通常这种模式的颜色都较浅。任何颜色的底色与绘制的黑色混合，原颜色都不受影响；与绘制的白色混合将得到白色；与绘制的其他颜色混合将得到漂白效果。
- 【颜色减淡】模式：选择此模式，将通过降低对比度使底色的颜色变亮来反映绘制的颜色，与黑色混合则颜色没有变化。
- 【线性减淡 (添加)】模式：选择此模式，将通过增加亮度使底色的颜色变亮来反映绘制的颜色，与黑色混合则颜色没有变化。
- 【浅色】模式：选择此模式，系统将从底色和混合色中选择最大的通道值来创建结果颜色。

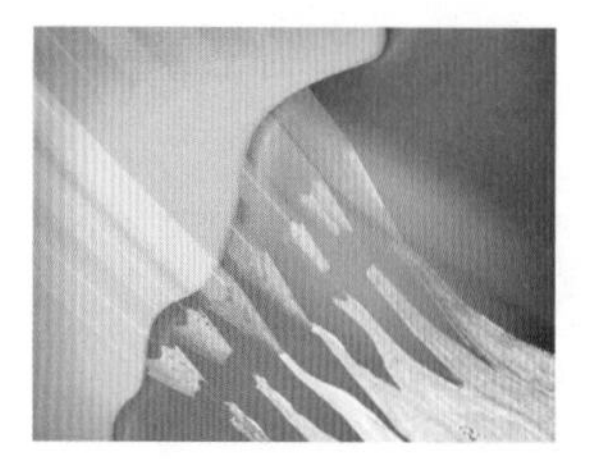

(a) 变亮

(b) 滤色

(c) 颜色减淡

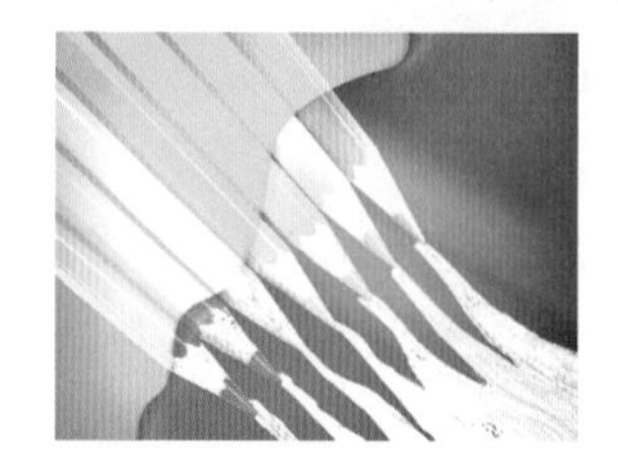

(d) 线性减淡（添加）

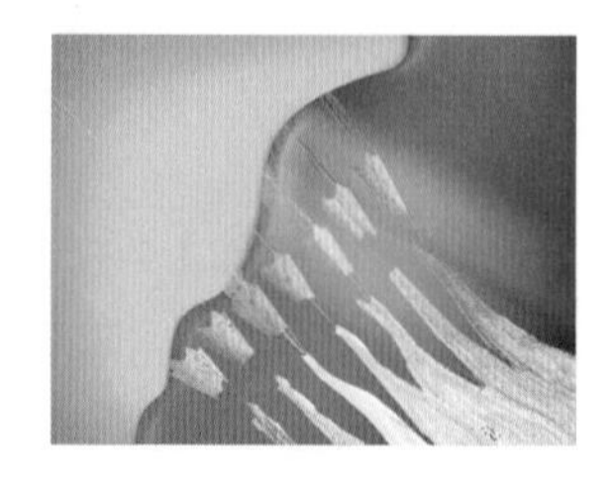

(e) 浅色

4.【对比】模式组

【对比】模式组中包含 7 种模式，使用这些混合模式可以使图像中 50% 的灰色完全消失，亮度值高于 50% 灰色的像素使下层图像变亮，亮度值低于 50% 灰色的像素则使下层图像变暗，以此加强图像的明暗差异。

- 【叠加】模式：选择此模式，使图案或颜色在现有像素上叠加，同时保留基色的明暗对比。
- 【柔光】模式：选择此模式，系统将根据绘制色的明暗程度来决定最终是变亮还是变暗。当绘制的颜色比 50% 的灰色暗时，通过增加对比度使图像变暗。
- 【强光】模式：选择此模式，系统将根据混合颜色决定执行正片叠底还是过滤。当绘制的颜色比 50% 的灰色亮时，底色图像变亮；当比 50% 的灰色暗时，底色图像变暗。
- 【亮光】模式：选择此模式，可以使混合后的颜色更加饱和。如果当前图层中的像素比 50% 灰色亮，则通过减小对比度的方式使图像变亮；如果当前图层中的像素比 50% 灰色暗，则通过增加对比度的方式使图像变暗。
- 【线性光】模式：选择此模式，可以使图像产生更高的对比度。如果当前图层中的像素比 50% 灰色亮，则通过增加亮度使图像变亮；如果当前图层中的像素比 50% 灰色暗，则通过减小亮度使图像变暗。
- 【点光】模式：选择此模式，系统将根据绘制色来替换颜色。当绘制的颜色比 50% 的灰色亮时，则比绘制色暗的像素被替换，但比绘制色亮的像素不被替换；当绘制的颜色比 50% 的灰色暗时，比绘制色亮的像素被替换，但比绘制色暗的像素不被替换。
- 【实色混合】模式：选择此模式，将混合颜色的红色、绿色和蓝色通道数值添加到底色的 RGB 值。如果通道计算的结果总和大于或等于 255，则 RGB 值为 255；如果通道计算的结果总和小于 255，则 RGB 值为 0。

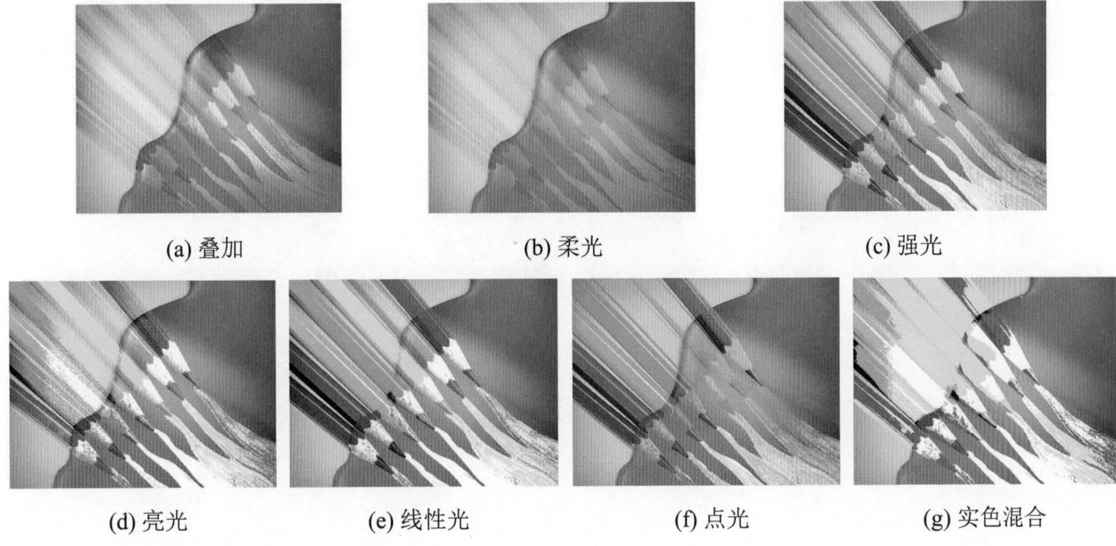

(a) 叠加　(b) 柔光　(c) 强光

(d) 亮光　(e) 线性光　(f) 点光　(g) 实色混合

5. 【比较】模式组

【比较】模式组中包含 4 种模式。这些混合模式可以对比当前图像与下层图像的颜色差别，将颜色相同的区域显示为黑色，不同的区域显示为灰色或彩色。如果当前图层中包含白色，那么白色区域会使下层图像反相，而黑色不会对下层图像产生影响。

- 【差值】模式：选择此模式，系统将用图像画面中较亮的像素值减去较暗的像素值，其差值作为最终的像素值。当与白色混合时将反转基色值，而与黑色混合则不产生任何变化。
- 【排除】模式：选择此模式，可生成与【差值】模式相似的效果，但比【差值】模式生成的颜色对比度要小，因而颜色较柔和。
- 【减去】模式：选择此模式，系统从目标通道中相应的像素上减去源通道中的像素值。
- 【划分】模式：选择此模式，系统将比较每个通道中的颜色信息，然后从底层图像中划分上层图像。

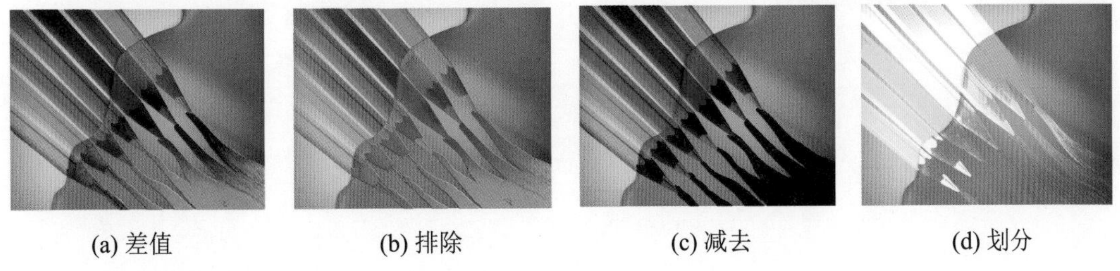

(a) 差值　(b) 排除　(c) 减去　(d) 划分

6. 【色彩】模式组

【色彩】模式组中包含 4 种混合模式。这些混合模式会自动识别图像的颜色属性 (色相、饱和度和亮度)，然后再将其中的一种或两种颜色属性应用在混合后的图像中。

- 【色相】模式：选择此模式，系统将采用底色的亮度与饱和度，以及绘制色的色相来创建最终颜色。

- 【饱和度】模式：选择此模式，系统将采用底色的亮度和色相，以及绘制色的饱和度来创建最终颜色。
- 【颜色】模式：选择此模式，系统将采用底色的亮度，以及绘制色的色相、饱和度来创建最终颜色。
- 【明度】模式：选择此模式，系统将采用底色的色相、饱和度，以及绘制色的亮度来创建最终颜色。此模式的实现效果与【颜色】模式的相反。

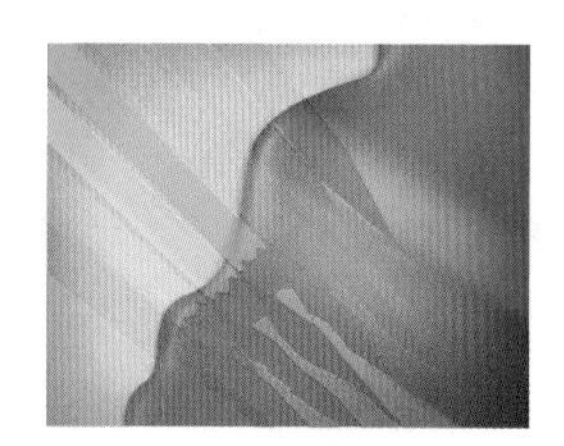
(a) 色相

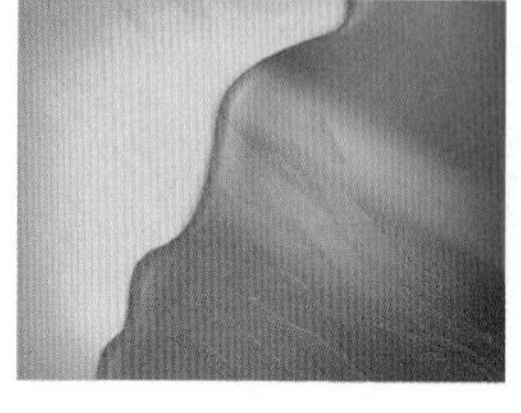
(b) 饱和度

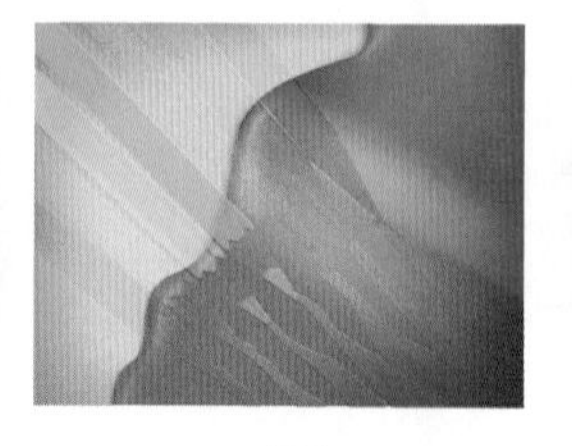
(c) 颜色

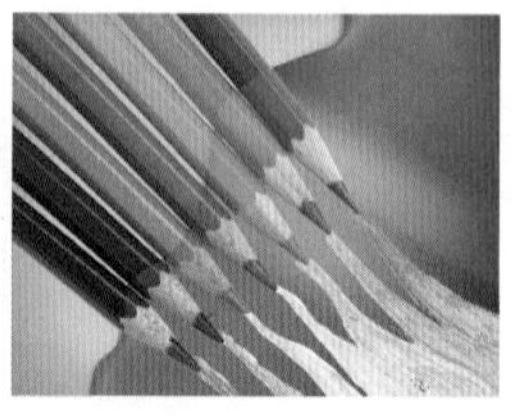
(d) 明度

提示

【背后】和【清除】模式是绘画工具、【填充】和【描边】命令特有的混合模式。使用形状工具时，如果在选项栏中选择【像素】工具模式，则【模式】下拉列表中包含这两种模式。【背后】模式仅在图层的透明部分编辑或绘画，不会影响图层中原有的图像。【清除】模式与橡皮擦工具的作用类似，在该模式下，工具或命令的不透明度决定了像素是否被完全清除，当不透明度为 100% 时，可以完全清除像素；不透明度小于 100% 时，则部分清除像素。

第5章

电商设计中的文字应用

本章导读

文字是电商设计中必不可少的元素。文字不仅用于传达电商产品的信息，也起到美化版面的作用。Photoshop 有着非常强大的文字创建与编辑功能，不仅有多种文字工具可供使用，更有多个参数设置面板可以用来修改文字的效果。本章主要讲解多种类型文字的创建、编辑以及为文字添加丰富的图层样式的方法。

5.1 文字的设计基础

在设计项目时，文字的表现与商品展示同等重要，它可以对电商所要推广的商品、活动、服务内容等信息进行说明和指引，并且通过合理的设计和编排，让信息的传递更加准确。因此，设计师在使用Photoshop进行图文设计前，需要先对文字的字体类型、风格等基础知识进行了解和掌握，然后进一步学习文字的编排规则和创意文字的设计方法。

5.1.1 选择合适风格的字体

在电商设计中，文字不仅要达到表达主题内容的要求，其字体的选择还必须要符合设计项目的风格，这样才能保证版面文字能够准确无误地传达信息。字体的选择是有规律可循的，既可根据面向的客户群选择符合这类人群心理的字体；还可从项目所要表现的风格选用相应属性的字体。

1. 规整型字体

规整型字体是指外形标准、整齐的字体，可以表现出一种统一、规整的感觉。这种字体是电商设计中较为常用的字体，它能够准确、直观地传递产品的信息。在进行电商设计时，利用规整型字体，通过调整字体间的排列间隔，可以很好地控制画面的节奏感，引导受众获取有用的信息。

2. 手写型字体

手写型字体是指使用类似硬笔或软笔手工书写出的艺术字体。手写型字体大小不一、形态各异，带有强烈的个人风格。在进行电商设计时使用手写型字体，可以表现出一种不可模仿的随意性和不受限制的自由性，让设计主题更具不可复制的独特魅力。

3. 书法型字体

书法型字体指的是大家常说的楷书、草书、行书、隶书和篆书 5 大类传统书法字体。书法型字体是一种特有的字体，字体外形自由、笔画流畅且富有变化，笔画间透着洒脱和力道。在进行电商设计时，为了配合项目主题，或配合商品风格，使用书法型字体可以让文字外形的设计感增强，表现出独特的韵味。

5.1.2 电商设计师必知的文字编排规则

为了提升画面设计美感，提高设计项目内容的表述力，让用户进行有效的阅读，接收关键信息，就需要电商设计师深入了解文字的编排规则。

1. 文字组合的间距

文字是电商设计中重要的组成部分，相对图片的隐喻，文字更能直接传达出具体、明确的信息。设计师进行设计时可以先梳理所有信息内容，将主标题文字、副标题文字和其他文字根据信息的主次划分成多个组，再通过调整每组信息文字之间的距离，使信息的主次关系更加清晰，表达更加明确，阅读更加流畅。

2. 字距和行距

在设计过程中选择字体系列时，软件会首先应用默认的字距和行距值，默认值往往并不适用于设计。尤其在设置Banner和标题类的文字时，我们都需要重新调整字距和行距，使文字间形成"亲疏远近"的关系，提高文字的可读性。

字距数值要根据字体本身的粗细程度和观感来调整，要让画面中的比例给人舒适感。一般来说，主标题文字或重要文字会比副标题或其他陪衬文字大很多，并且主标题文字需要紧密、显眼，而副标题或其他陪衬文字的字距宽松且字号相对较小。

在设置行距时，需要保持文字行与行之间的层次关系，具体的行距数值需要根据版式进行调整。如果字距、行距相等，会造成浏览者的阅读障碍，版面也会显得保守、呆板、不美观。

3. 段落排列的易读性

易读性是指通过文字的排列带给客户更好的阅读体验，使阅读过程更加顺遂、流畅。在实际的项目设计中，可以通过选择适合的字体、字号、字间距、行间距等方式，让段落文字之间产生一定的差异，使得文字信息主次清晰，增强文字的易读性，从而让客户更快地掌握重点信息。

为了保证整体阅读的流畅性和版式设计的美观，叙述性的文字长度占版面幅度不超 80% 较为合适。行距设置为字体高度的 1~2 倍较为合适。这样更便于浏览者快速阅读，不会跳行，同时也不影响版面的美观。

4. 布局的审美性

布局的审美性是指通过文字排版的设计感，吸引客户注意力，引导其阅读画面中的信息和对商品产生兴趣。在进行文字编排组合时，为了凸显卖点和主题，或为了让浏览者能快速识别和记忆内容，可调整文字字号和颜色，做出对比的效果。

挖掘出文案中的利益重点后，只需加大字号、加粗文字或改变文字颜色，就能把设计变得既美观又具有可读性。

5.1.3 创意文字的设计方法

创意文字一般用于商业海报中，主要用来制作活动主题。创意文字相比普通的文字更具视觉冲击力和感染力。

1. 笔画替换法

笔画替换是指在统一形态的文字中，根据商品或主题加入相关的图形或文字元素。其就是根据文字的内容意思，用某一形象替代字体的某一部分或某一笔画。笔画替换法在字体设计中用得特别多，字体与图形相结合，更容易直观地表现字意，字体也更生动有趣、有特点。

2. 笔画共用法

笔画共用法是创意文字设计常用的方法之一，可以让字体设计更巧妙、更整体。通过观察选择字与字有共同联系的笔画，通过错位、合并、删除等方法将共同的笔画合为一笔，形成“你中有我，我中有你”的视觉体验。笔画共用在于“巧”，巧出创意。笔画共用设计出来的字体整体性比较强，创意性也比较强。

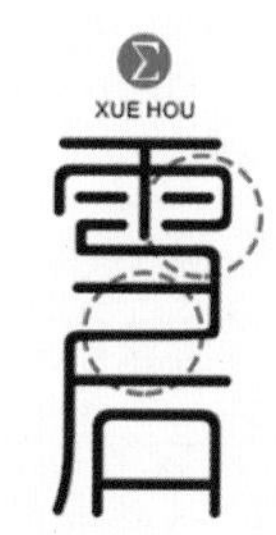

字与字之间通过笔画共用，形成整体。笔画相连要顺势而为，即根据字与字之间的笔画特点巧妙相连，不要为了相连而相连，破坏了字体结构。

3. 笔画叠加法

笔画叠加法是将文字的笔画互相重叠，或字与字、字与图形相互重叠的表现手法。叠加的表现手法能使文字产生立体感，让字体形象更加丰富、饱满，更有内涵。

4. 笔画结构变换法

笔画结构变换法是以字体的轮廓为基础，然后通过 Photoshop 后期处理变换字体结构线条的外观。利用曲线或圆角可以让字体看起来活泼、流畅、柔和；而利用直线或尖角则可以让字体看起来比较稳重、硬朗，大气。

5.2 数字元素的运用

电商设计的文案中经常会出现类似“满 200 减 100”“8 折”“80%OFF”“29.9 元起”“11 月 10 日预售”之类的带有数字利益点的文案，而数字比文字更直观、更吸引注意力，因此，如何合理利用数字做 Banner 设计也是值得研究的。

5.2.1 常见的数字元素

在很多电商 Banner 或专题页中，经常会出现活动日期、抢购时间、商品价格、排名、已售数量等与数字有关的元素，而这些数字所传递的信息重要性和作用都是不一样的，所以在设计上也会有所差异。

像活动日期、价格折扣信息、抢购时间、数量等常出现于头部 Banner 部分，一般来说如果这个数字信息很重要，那么就会用较大的字号进行突出；如果不是那么重要，就会在大小或色彩上对其进行弱化处理。

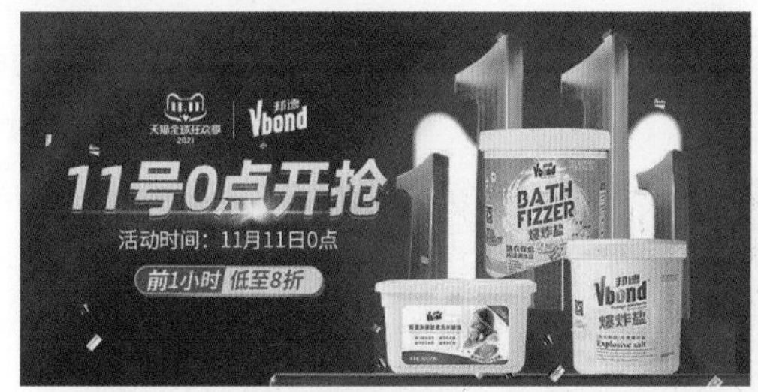

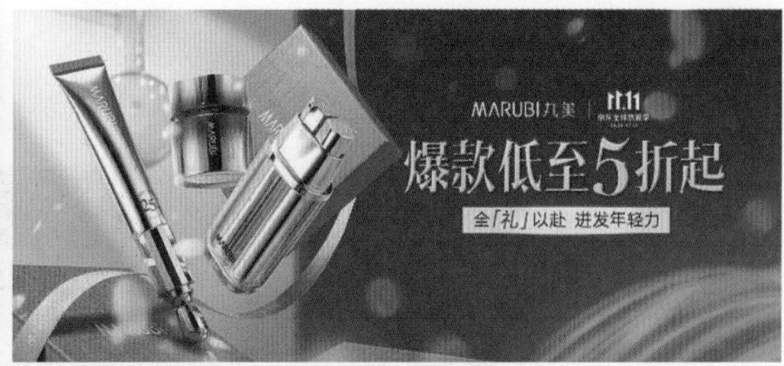

还有优惠券的一些设计，基本都是将数额放大显示。

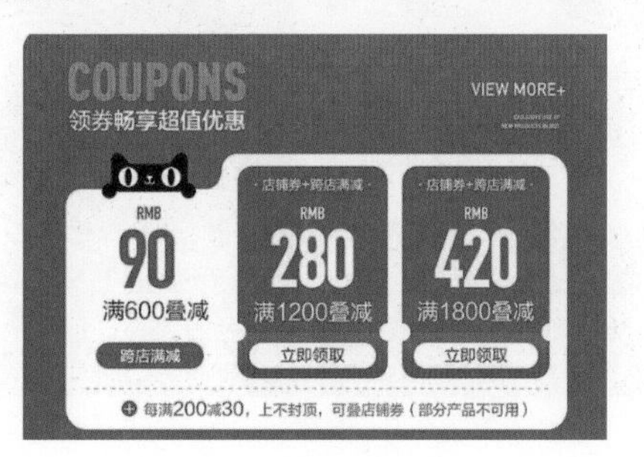

5.2.2 数字元素的设计方法

数字元素作为Banner设计的组成部分，具有强调数字信息的重要性、使整体画面风格统一、增强画面视觉冲击力、引导用户阅读等作用。针对数字元素的设计，设计师可以使用以下处理方法。

1. 放大

优秀的设计富有韵律和节奏感，画面中的各个元素之间有大有小、有疏有密、有深有浅、有明有暗等的变化，画面显得比较耐看。而数字相较于文字来说，笔画少、形态优美，更具有记忆性和吸引力，因此文案中的数字常常被提取出来放大处理。

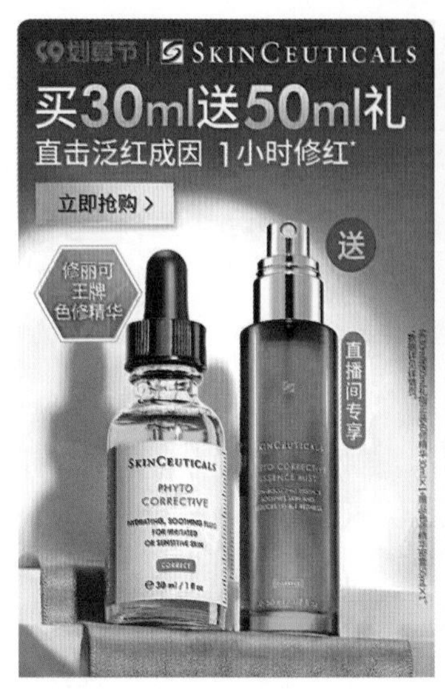

2. 切割

设计师在做设计时经常会用到一种破图的手法，也就是故意把一个完整的元素或图形切割开，再按需要或美感重新组合，甚至舍去一部分的元素或图形。

3. 叠加

有时直接打字会显得有点单调，但是做其他效果又比较费时，或做不出其他效果，这时不妨试下给数字加个与背景相似的叠加效果，或叠加照片背景，或叠加几何图形或图案。

4. 拼接

在数字上拼接一些花草、液体、粉末等实物效果，会使画面具有视觉冲击力或代入感。

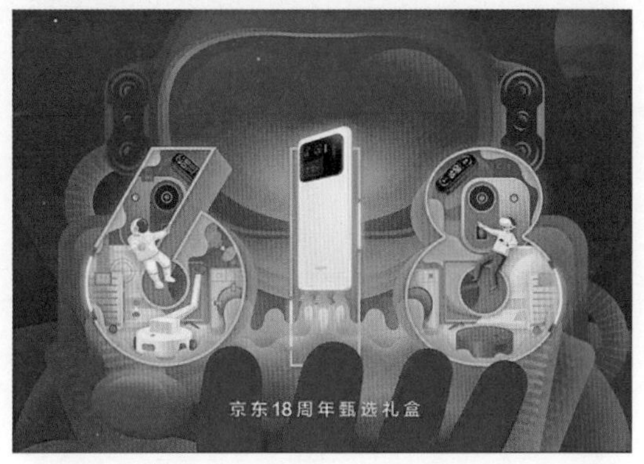

5. 立体

立体效果更有场景代入感，给人的感觉是画面中囊括了更多的信息。

6. 穿插

将数字与其他元素相结合，给人一种前后交错的感觉，可以使画面更加生动和有层次感。

5.3 使用 Photoshop 处理与设计文字

Photoshop 采用了与 Illustrator 相同的文字创建方法，包括可以创建横向或纵向自由扩展的文字、使用矩形框限定范围的一段或多段文字，以及在矢量图形内部或路径上方输入的文字。在将文字栅格化之前，Photoshop 会保留基于矢量的文字轮廓，设计师可以任意缩放文字，调整文字大小。

5.3.1 认识 Photoshop 的文字工具

Photoshop 提供了【横排文字】工具、【直排文字】工具、【直排文字蒙版】工具和【横排文字蒙版】工具 4 种创建文字的工具。【横排文字】工具和【直排文字】工具主要用来创建点文字、段落文字和路径文字。【直排文字蒙版】工具和【横排文字蒙版】工具主要用来创建文字选区。

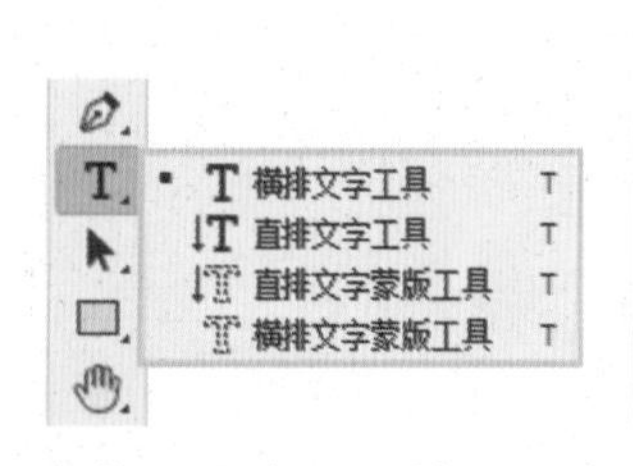

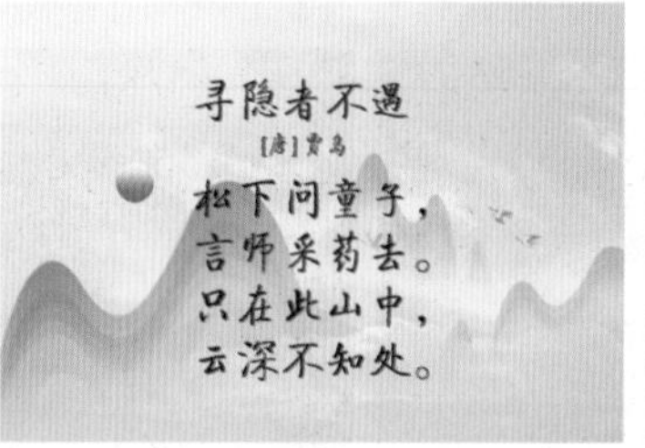

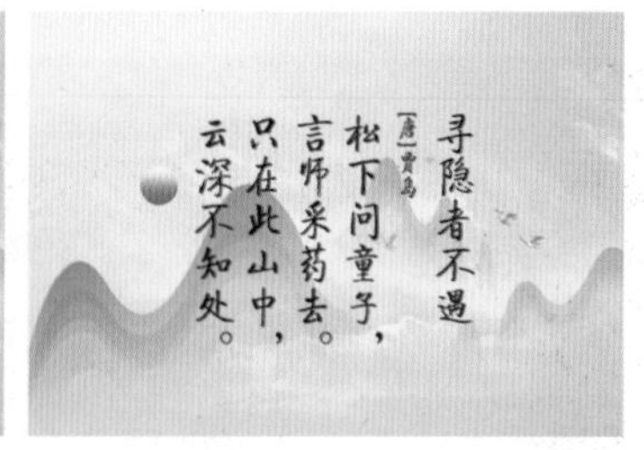

在使用文字工具输入文字之前，需要在工具选项栏或【字符】面板中设置字符的属性，包括文字字体、大小、颜色等。选择文字工具后，可以在选项栏中设置字体的系列、样式、大小、颜色和对齐方式等。

- 【切换文本方向】按钮：如果当前文字为横排文字，单击该按钮，可将其转换为直排文字；如果当前文字是直排文字，则可将其转换为横排文字。
- 【设置字体系列】Arial：在该下拉列表中可以选择字体。
- 【设置字体样式】Regular：用来为字符设置样式，包括 Regular(规则的)、Italic(斜体)、Bold(粗体)、Bold Italic(粗斜体)。该设置只对英文字体有效。
- 【设置字体大小】33点：可以选择字体的大小，或直接输入数值进行设置。

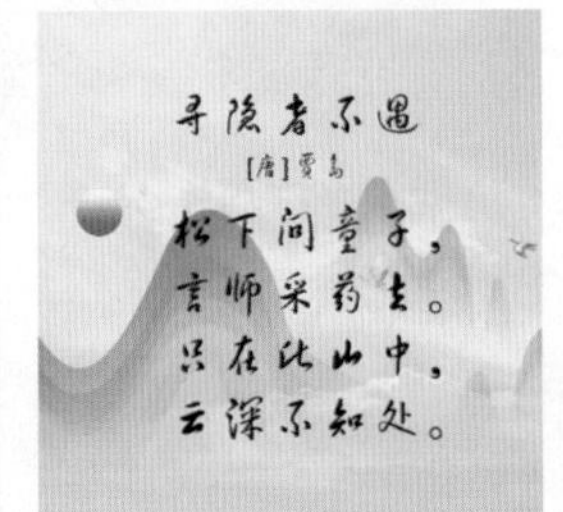

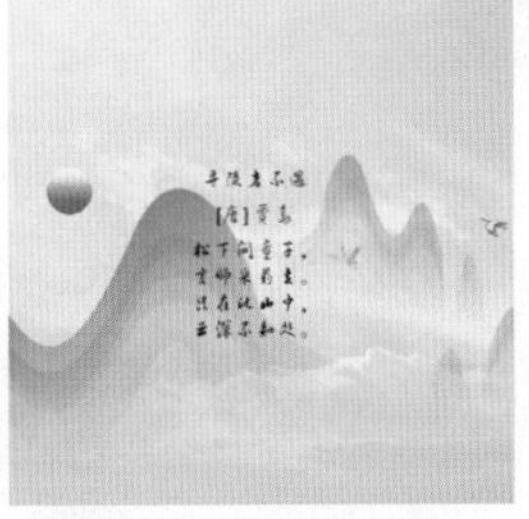

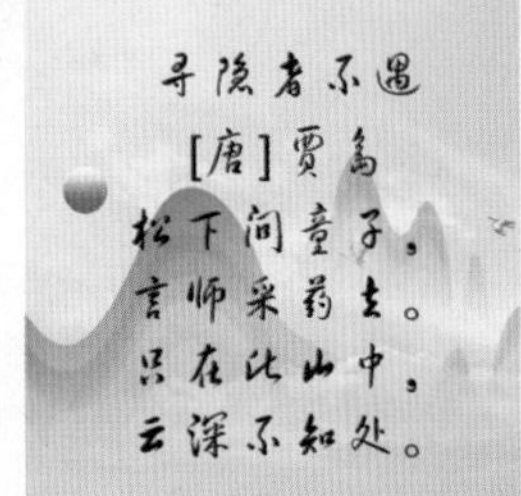

(a) 方正大标宋简体　(b) 方正黄草简体　(a)14 点　(b)36 点

- 【设置取消锯齿的方法】锐利：可为文字选择消除锯齿的方法，Photoshop 通过填充边缘像素来产生边缘平滑的文字。其中包括【无】【锐利】【犀利】【浑厚】【平滑】、Windows LCD 和 Windows 这 7 种选项供设计师选择。
- 【设置文本对齐】：在该选项中，通过单击【左对齐文本】按钮、【居中对齐文本】按钮或【右对齐文本】按钮，可以设置文本对齐的方式。
- 【设置文本颜色】：单击该按钮，可以在打开的【拾色器 (文本颜色)】对话框中设置文字的颜色。默认情况下，使用前景色作为创建的文字颜色。
- 【创建文字变形】按钮：单击该按钮，可以打开【变形文字】对话框。在该对话框中，可以设置文字的多种变形样式。
- 【切换字符和段落面板】按钮：单击该按钮，可以打开或隐藏【字符】面板和【段落】面板。

视频 5.3.2　创建点文本

点文本是最常用的文本形式。在点文本输入状态下，输入的文字会一直沿着水平或垂直方向进行排列。行的长度随着文字的输入而不断增加，不会进行自动换行，需要手动按 Enter 键换行。在创建标题、海报上少量的宣传文字、艺术字等字数较少的文字时，可以通过点文本来完成，具体操作如下。

01 点文本的创建方法非常简单，选择【横排文字】工具，在选项栏中设置字体、字号、颜色等文字属性。然后使用【横排文字】工具在图像中单击插入光标，随即显示占位符。

02 按键盘上的 Backspace 键或 Delete 键可以将占位符删除，然后重新输入文字内容，文字会沿着水平方向进行排列。

03 在需要换行时，按键盘上的 Enter 键进行换行，然后开始输入第二行文字。文字输入完成后，单击选项栏中的✓按钮，或按 Ctrl+Enter 快捷键确认。

04 此时，在【图层】面板中出现一个新的文字图层。如果要修改整个文字图层的字体、字号等属性，可以在【图层】面板中单击并选中该文字图层，然后在选项栏或【字符】面板、【段落】面板中更改文字属性。

05 如果要修改部分字符属性，可以在文本上按住鼠标左键并拖动，选择要修改属性的字符，然后在选项栏或【字符】面板中修改相关属性。完成属性修改后，即可看到只有选中的文字属性发生了变化。

在文字编辑状态下，将光标移至文字的附近，将光标变为形状后按住鼠标左键并拖动即可移动文字的位置。

视频 实例——制作夏日感广告

文件路径：第 5 章 \ 实例——制作夏日感广告

难易程度：★★☆☆☆

技术掌握：新建填充图层、【横排文字】工具

01 选择【文件】|【新建】命令，打开【新建文档】对话框。在该对话框中，设置【宽度】为 608 像素、【高度】为 408 像素、【分辨率】为 300 像素 / 英寸，然后单击【创建】按钮新建一个空白文档。

02 在【图层】面板中，单击【创建新图层】按钮，新建【图层 1】图层。选择【渐变】工具，在选项栏中，单击渐变预览右侧的下拉按钮，在弹出的下拉面板中选中【蓝色】渐变预设组中的预设样式，再单击【径向渐变】按钮，选中【反向】复选框。

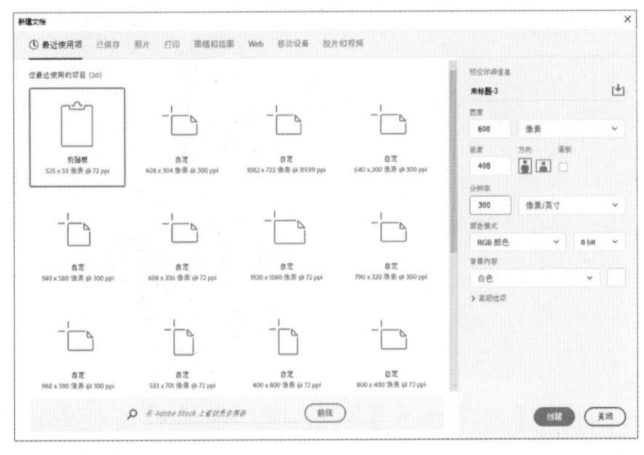

03 使用【渐变】工具，在画板左上角处单击并按住鼠标左键向右下角拖曳，释放鼠标左键，即可填充画板。

04 选择【文件】|【置入嵌入对象】命令，置入所需的图案图像文件，并在【图层】面板中，设置其混合模式为【线性光】、【不透明度】为 50%。

05 继续选择【文件】|【置入嵌入对象】命令，置入模特图像文件，并在【图层】面板中，双击刚置入的图像所在图层，打开【图层样式】对话框。在该对话框中，选中【投影】选项，设置【不透明度】为 45%、【角度】为 135 度、【距离】为 17 像素、【大小】为 20 像素，然后单击【确定】按钮应用图层样式。

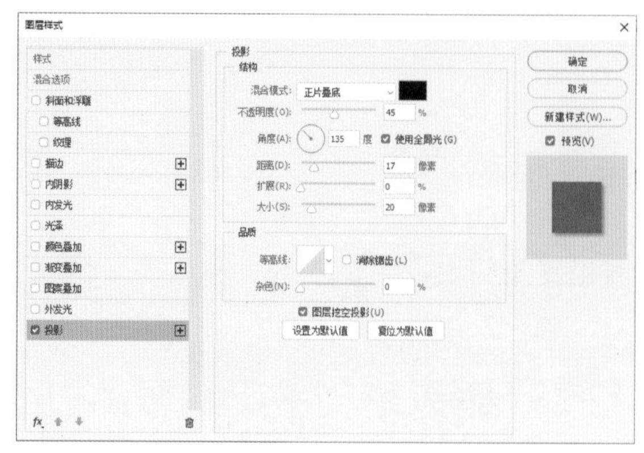

06 选择【横排文字】工具，在画板中单击，在选项栏中设置字体系列为 Franklin Gothic Demi、字体大小为 12 点、字体颜色为白色，然后输入文字内容。输入完成后，按 Ctrl+Enter 快捷键确认。继续使用【横排文字】工具在画板中单击，在选项栏中更改字体大小为 30 点，然后输入文字内容。输入完成后，按 Ctrl+Enter 快捷键确认。

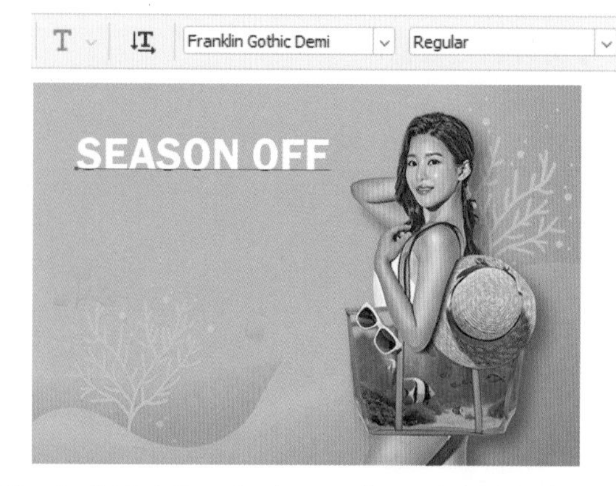

07 在【图层】面板中，双击刚创建的文字图层，打开【图层样式】对话框。在该对话框中，选中【投影】选项，设置【混合模式】为【变暗】、混合颜色为 R:0 G:99 B:186，设置【不透明度】为 77%、【角度】为 135 度、【距离】为 10 像素、【大小】为 16 像素，然后单击【确定】按钮应用图层样式。

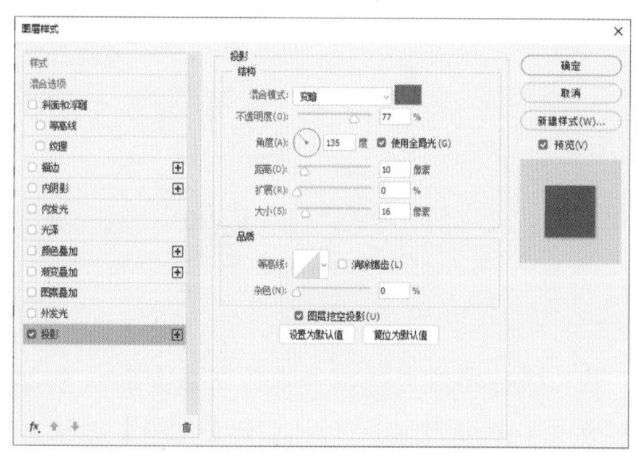

08 在【图层】面板中，右击刚添加图层样式的文字图层，在弹出的快捷菜单中选择【拷贝图层样式】命令。再在另一文字图层上右击，在弹出的快捷菜单中选择【粘贴图层样式】命令。

09 选择【矩形】工具，在选项栏中选择工具模式为【形状】，设置【填充】为白色、【描边】为无，设置圆角的半径为 10 像素。然后使用【矩形】工具在画板中绘制圆角矩形。

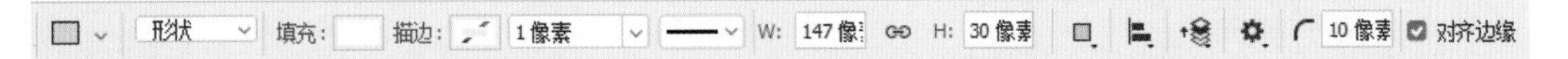

10 选择【横排文字】工具，在画板中单击，在选项栏中设置字体系列为 Franklin Gothic Demi、字体大小为 6 点、字体颜色为 R:0 G:139 B:213，然后输入文字内容。输入完成后，按 Ctrl+Enter 快捷键确认，完成实例的制作。

视频 5.3.3　创建段落文本

段落文本是在文本框内输入的文本，它具有自动换行、调整文字区域大小等功能。在创建文字量较大的文本时，可以使用段落文本来完成。段落文本常用于书籍、杂志、报纸或其他包含大量文字的版面设计，具体操作如下。

01 打开一个图像文件，选择【横排文字】工具，在选项栏中设置合适的字体、字号、文字颜色和对齐方式，然后在图像中单击并拖动鼠标创建矩形文本框。

02 在创建的文本框中输入文字内容，文字会自动排列在文本框中。

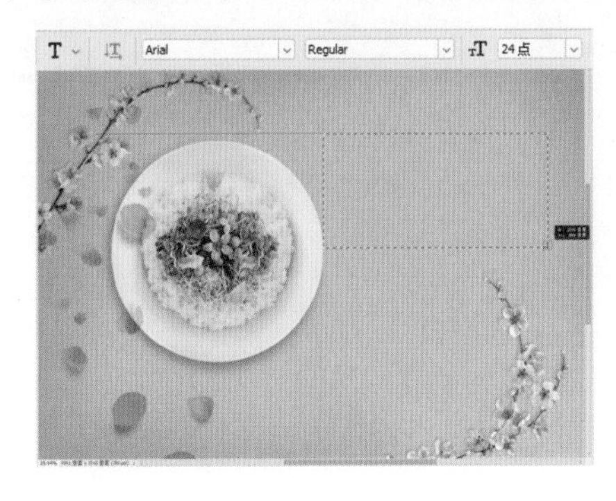

提示

选择文字工具，在画布中单击并拖动鼠标创建文本框时，如果同时按住Alt键，会打开【段落文字大小】对话框。在该对话框中输入【宽度】和【高度】数值，可以精确地定义文本框的大小。要更改文本框的宽度和高度的数值单位，可以在【宽度】或【高度】数值框上右击，在弹出的快捷菜单中选择所需要的数值单位。

03 如果文本框不能显示全部文字内容时，其右下角的控制点会变为田形状。如果要调整文本框的大小，可将光标移到文本框的边缘处，按住鼠标左键并拖动即可。随着文本框大小的改变，文字也会重新排列。

提示

点文本和段落文本可以互相转换。如果是点文本，可选择【文字】|【转换为段落文本】命令，将其转换为段落文本；如果是段落文本，可选择【文字】|【转换为点文本】命令，将其转换为点文本。将段落文本转换为点文本时，所有溢出定界框的字符都会被删除。因此，为了避免丢失文字，应首先调整定界框，使所有文字在转换前都显示出来。

04 文本框还可以进行旋转操作。将光标放在文本框的一角，当其变为弯曲的双向箭头时，按住鼠标左键并拖动，即可旋转文本框，文本框中的文字也会随之旋转。在旋转过程中，如果按住Shift键，能够以15°为增量进行旋转。调整完成后，单击选项栏中的✓按钮，或按Ctrl+Enter快捷键确认。如果要放弃对文本的修改，可以单击选项栏中的⊘按钮，或按Esc键。

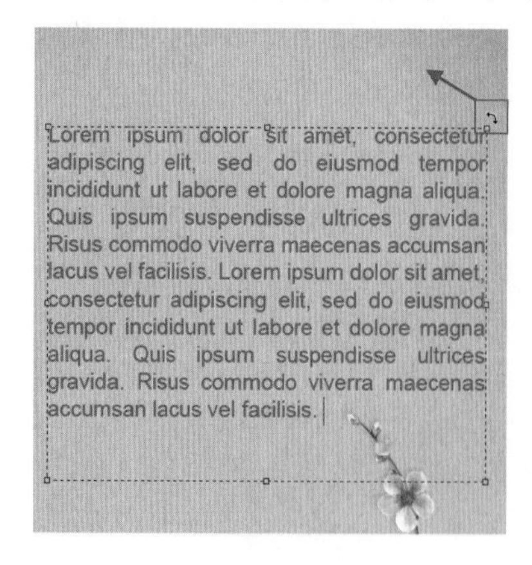

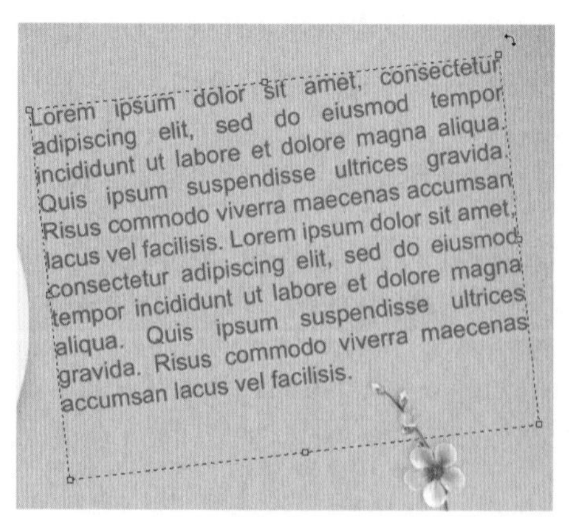

视频 实例——制作商品宣传页

文件路径：第 5 章 \ 实例——制作商品宣传页
难易程度：★★☆☆☆
技术掌握：输入点文本、段落文本、创建剪贴蒙版

01 选择【文件】|【打开】命令，打开背景图像文件。然后选择【文件】|【置入嵌入对象】命令，置入耳机素材图像。

02 按 Ctrl+J 快捷键复制耳机图像图层，并按 Ctrl+T 快捷键应用【自由变换】命令调整复制的耳机素材图像。

03 在【图层】面板中，选中【背景】图层，并单击【创建新图层】按钮，新建【图层 1】图层。选择【椭圆选框】工具，按 Alt+Delete 快捷键填充前景色，然后按 Ctrl+D 快捷键取消选区。

04 选择【滤镜】|【模糊】|【高斯模糊】命令，打开【高斯模糊】对话框。在该对话框中，设置【半径】为 5.5 像素，然后单击【确定】按钮。

05 选择【滤镜】|【模糊】|【动感模糊】命令，打开【动感模糊】对话框。在该对话框中，设置【角度】为 13 度、【距离】为 47 像素，然后单击【确定】按钮。

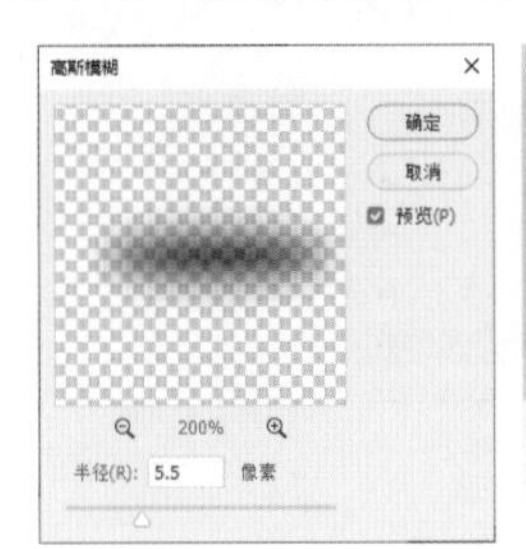

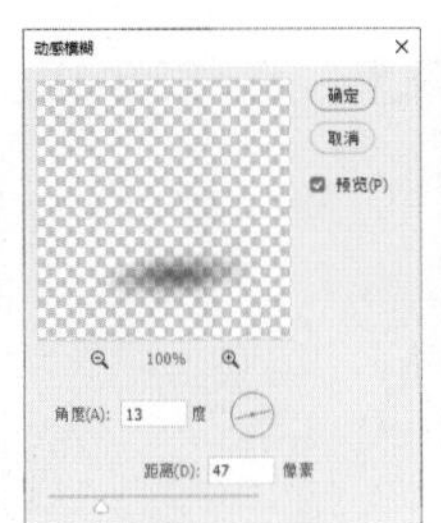

06 按 Ctrl+J 快捷键复制【图层 1】，生成【图层 1 拷贝】图层。使用【移动】工具调整【图层 1 拷贝】图层中图像的位置，然后选中【图层 1】和【图层 1 拷贝】图层，单击【链接图层】按钮。

07 再次按 Ctrl+J 快捷键复制【图层 1】和【图层 1 拷贝】图层，并调整复制后的图层中图像的位置。

08 选择【横排文字】工具，在画板中单击并拖动鼠标创建矩形文本框。在【字符】面板中，设置字体系列为【方正尚酷简体】、字体大小为 24 点、字符间距为 -25，单击【仿斜体】按钮。然后使用【横排文字】工具在文本框中输入文字内容，输入完成后按 Ctrl+Enter 快捷键确认。

09 选择【文件】|【置入嵌入对象】命令，置入图案背景图像。然后在【图层】面板中，右击刚置入的图像背景图层，在弹出的快捷菜单中选择【创建剪贴蒙版】命令，建立剪贴蒙版。

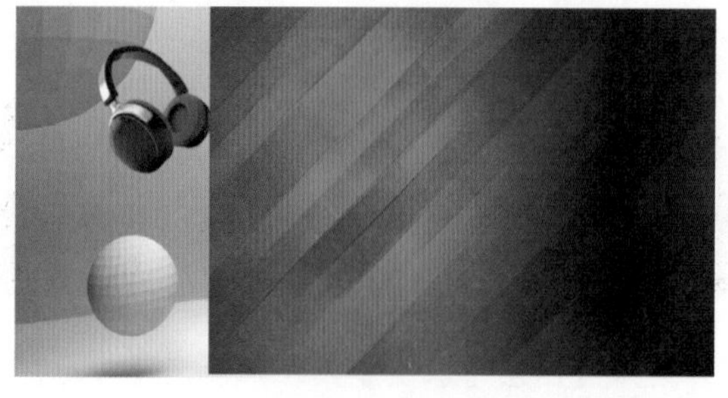

10 选择【横排文字】工具，在画板中单击并拖动鼠标创建矩形文本框。在【字符】面板中，设置字体系列为【方正黑体简体】、字体大小为 6 点、字符间距为 -50、字体颜色为 R:231 G:48

B:48，单击【仿斜体】按钮。在【段落】面板中，单击【全部对齐】按钮。然后使用【横排文字】工具在文本框中输入文字内容，输入完成后按 Ctrl+Enter 快捷键确认。

11 使用【横排文字】工具在文本框中选中第一行文字内容，在【字符】面板中更改字体大小为 8 点、行距为 10 点。

12 在【颜色】面板中将前景色设置为 R:231 G:48 B:48。选择【矩形】工具，在选项栏中设置工具模式为【形状】、【填充】为前景色、【描边】为无，绘制矩形条。然后选择【编辑】|【变换】|【斜切】命令，调整刚绘制的矩形的倾斜角度。

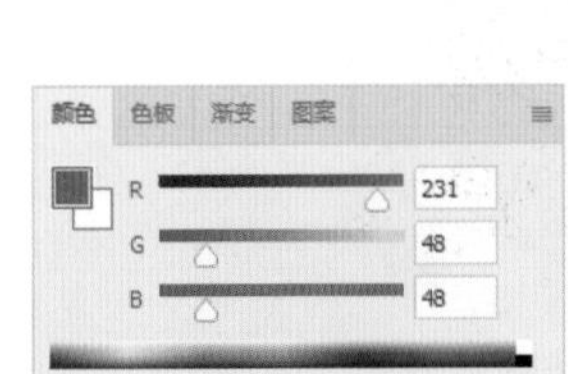

13 选择【横排文字】工具并在画板中单击，在【字符】面板中设置字体系列为【方正黑体简体】、字体大小为 5 点、字符间距为 0。然后使用【横排文字】工具在文本框中输入文字内容，输入完成后按 Ctrl+Enter 快捷键确认。

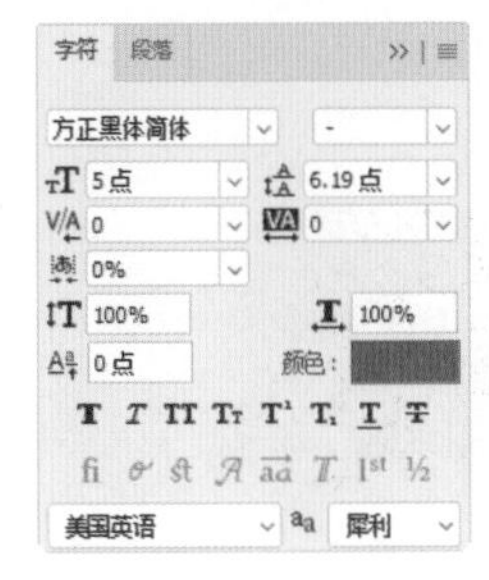

14 选择【矩形】工具，在选项栏中设置工具模式为【形状】、【填充】为无、【描边】为前景色，绘制矩形框。

15 选择【横排文字】工具，在画板中单击并拖动鼠标创建矩形文本框，并自动填充占位符文本。然后在【字符】面板中设置字体系列为【方正黑体简体】、字体大小为2点、字符间距为0。输入完成后，按Ctrl+Enter快捷键结束操作。

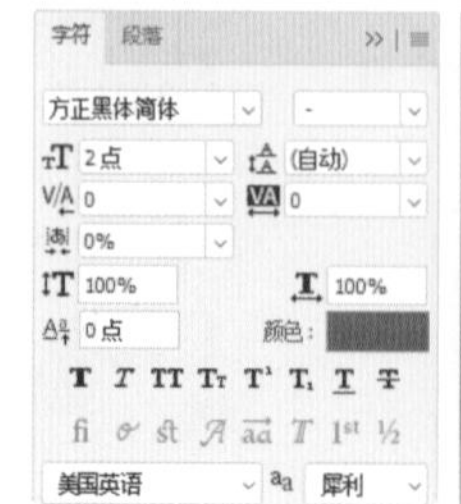

5.3.4 创建路径文字

路径文字是使用【横排文字】工具或【直排文字】工具依附于路径创建的一种文字类型。改变路径形状时，文字的排列方式也会随之改变。

1. 输入路径文字

01 要想沿路径创建文字，首先需要在图像中绘制路径。

02 然后选择【横排文字】工具或【直排文字】工具，将光标放置在路径上，当其显示为⌶时单击，即可在路径上显示文字插入点。

03 输入文字后，文字会沿着路径进行排列。改变路径形状后，文字的排列方式也会随之发生改变。

2. 调整路径上文字的位置

01 要调整所创建文字在路径上的位置，可以选择【路径选择】工具，然后移动光标至文字路径的边缘，当光标显示为⁆或⁅时按住鼠标左键，沿着路径方向拖动文字即可。

02 在拖动文字的过程中，还可以拖动文字至路径的内侧或外侧。

3. 编辑文字路径

01 创建路径文字后，【路径】面板中会有两个一样的路径层，其中一个是原始路径，另一个是基于它生成的文字路径。只有选择路径文字所在的图层时，文字路径才会出现在【路径】面板中。

02 选择【直接选择】工具并单击文字路径，移动路径上的锚点或调整方向线调整路径的形状，文字会沿修改后的路径重新排列。

视频 5.3.5 创建区域文本

区域文本与段落文本比较相似，都是被限定在某个特定的区域内。段落文本只能处于矩形文本框内，而区域文本则可以使用任何形状的文本框，具体操作如下。

01 要想创建区域文本，首先需要在图像文件窗口中创建闭合路径。然后选择文字工具，在其选项栏中设置合适的字体、字号及文本颜色。移动光标至闭合路径，当光标显示为Ⓘ时单击，即可在路径区域显示文字插入点。

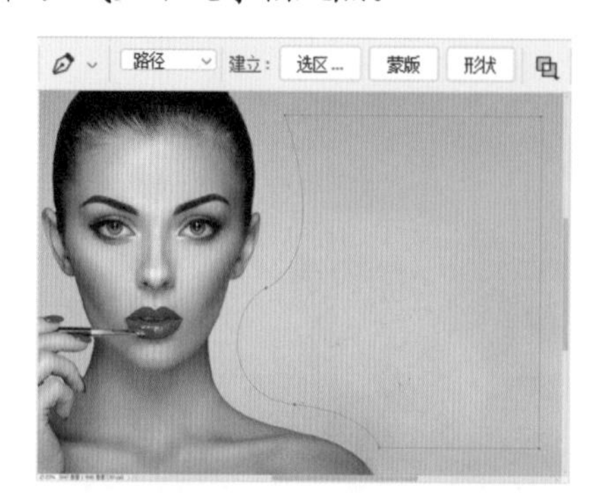

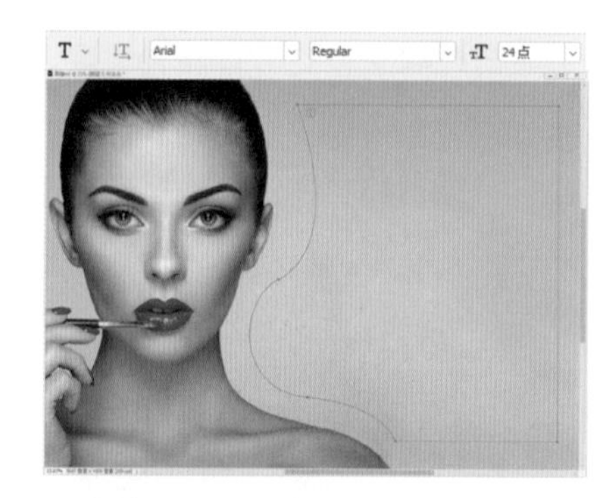

02 在闭合路径区域输入文字内容。输入完成后，单击选项栏中的✓按钮，或按 Ctrl+Enter 快捷键确认。单击其他图层，即可隐藏路径。

视频 5.3.6 创建变形文字

在制作艺术字效果时，经常需要对文字进行变形。利用 Photoshop 提供的【创建文字变形】功能，可以多种方式进行文字的变形，具体操作如下。

01 选中文字图层，在文字工具选项栏中单击【创建文字变形】按钮，打开【变形文字】对话框。

02 在该对话框的【样式】下拉列表中选择一种变形样式即可设置文字的变形效果。分别设置文本扭曲的方向以及【弯曲】【水平扭曲】和【垂直扭曲】等参数，单击【确定】按钮，即可完成文字的变形。

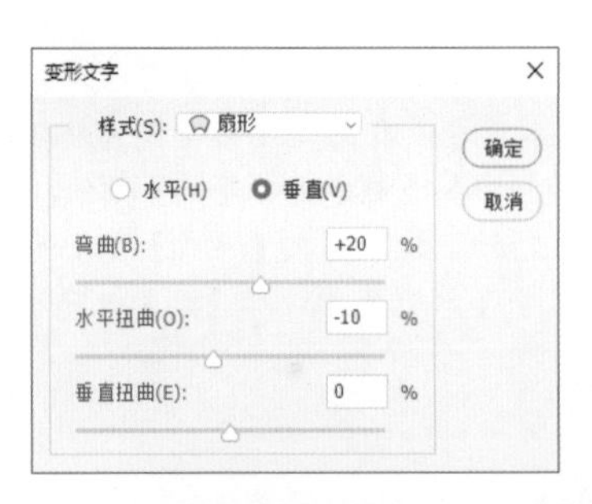

- 【样式】：在此下拉列表中可以选择一种变形样式。

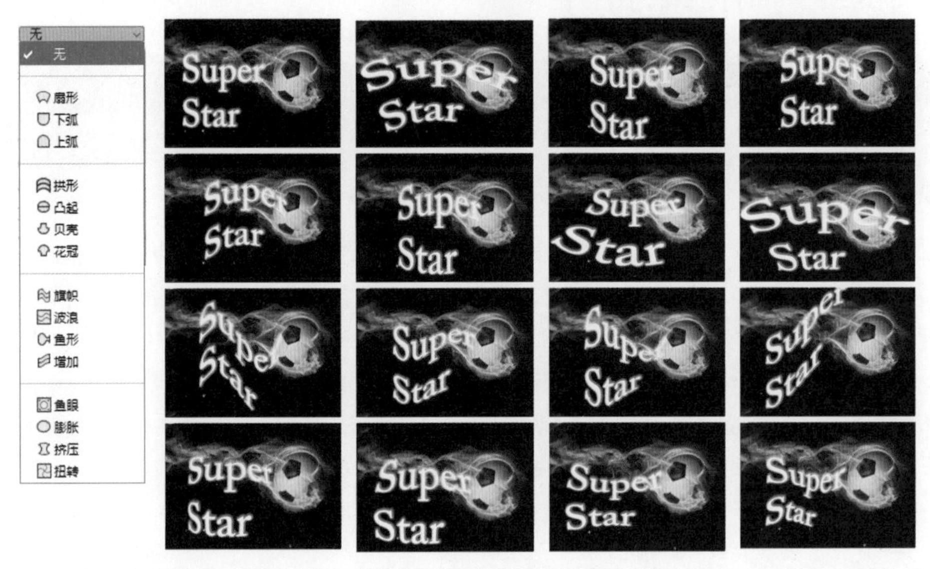

- 【水平】和【垂直】单选按钮：选择【水平】单选按钮，可以将变形效果设置为水平方向；选择【垂直】单选按钮，可以将变形效果设置为垂直方向。
- 【弯曲】：可以调整对图层应用的变形程度。

(a) 水平

(b) 垂直

(a) 弯曲：-70

(b) 弯曲：70

- 【水平扭曲】和【垂直扭曲】：拖动【水平扭曲】和【垂直扭曲】的滑块或输入数值，可以变形应用透视。

(a) 水平扭曲：-50

(b) 水平扭曲：50

(a) 垂直扭曲：-50

(b) 垂直扭曲：50

提示

使用【横排文字】工具和【直排文字】工具创建的文本，在没有将其栅格化或者转换为形状前，可以随时重置参数与取消变形。选择一种文字工具，单击选项栏中的【创建文字变形】按钮，或选择【文字】|【文字变形】命令，可以打开【变形文字】对话框，修改变形参数，或在【样式】下拉列表中选择另一种样式。要取消文字变形，在【变形文字】对话框的【样式】下拉列表中选择【无】选项，然后单击【确定】按钮关闭对话框，即可将文字恢复为变形前的状态。

视频 实例——制作果汁广告

文件路径：第 5 章 \ 实例——制作果汁广告

难易程度：★☆☆☆☆

技术掌握：创建路径文字、设置文字属性

01 选择【文件】|【新建】命令，打开【新建文档】对话框。在该对话框中设置【宽度】和【高度】为 800 像素、【分辨率】为 300 像素 / 英寸，然后单击【创建】按钮新建一个空白文档。

02 在【图层】面板中单击【创建新的填充或调整图层】按钮，在弹出的快捷菜单中选择【渐变】命令。在打开的【渐变填充】对话框中单击【渐变】选项，在弹出的【渐变编辑器】对话框中选择【橙色_05】预设。单击【确定】按钮返回【渐变填充】对话框，在该对话框中设置【样式】为【径向】、【缩放】为 230%，单击【确定】按钮创建【渐变填充 1】图层。

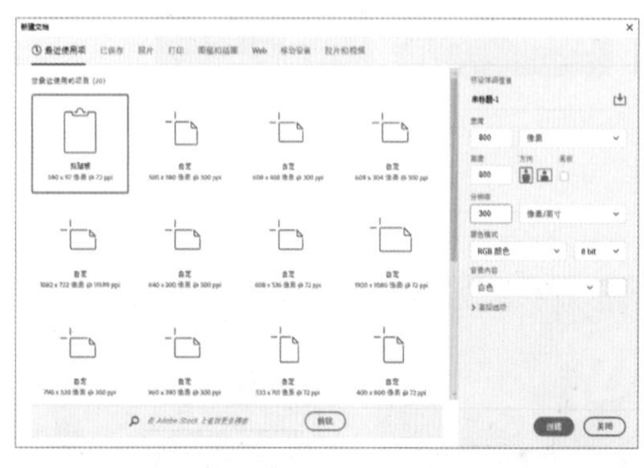

03 选择【椭圆】工具，在选项栏中选择工具模式为【形状】，设置【填充】为白色、【描边】为无，然后按 Shift 键在画板中拖曳绘制圆形，并生成【椭圆 1】图层。

04 在【图层】面板中双击【椭圆 1】图层，打开【图层样式】对话框。在该对话框中，选中【投影】选项，设置【混合模式】为【变暗】、投影颜色为 R:236 G:101 B:25、【不透明度】为 80%，取消选中【使用全局光】复选框，设置【角度】为 60 度、【距离】为 15 像素、【大小】为 16 像素，然后单击【确定】按钮应用图层样式。

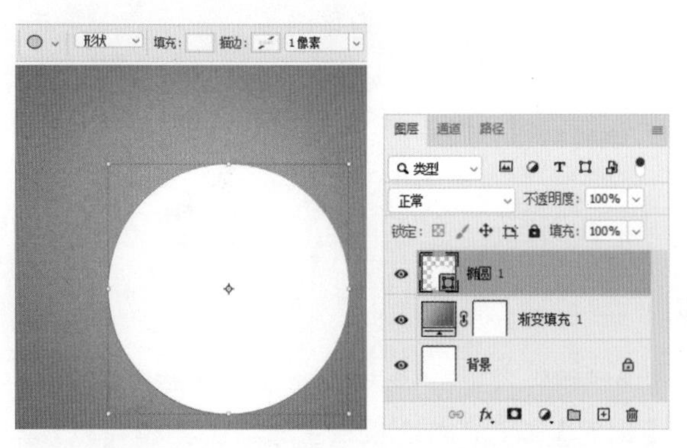

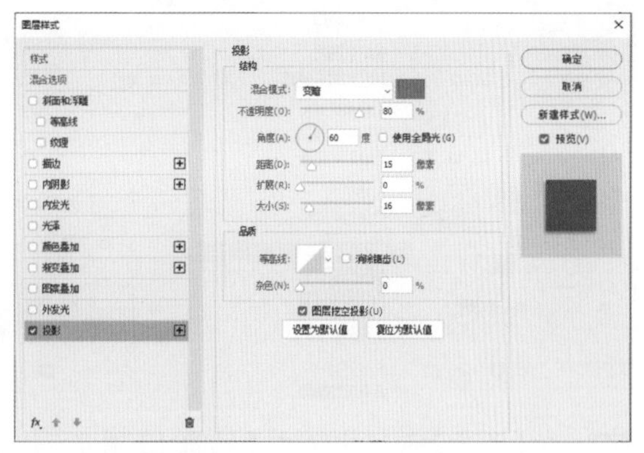

05 选择【文件】|【置入嵌入对象】命令，置入所需的果汁瓶图像文件，并调整其大小及位置。然后按 Ctrl+J 快捷键两次复制果汁瓶图像，生成两个复制图层。

06 在【图层】面板中双击刚复制的果汁瓶图层，打开【图层样式】对话框。在该对话框中，选中【投影】选项，设置【混合模式】为【变暗】、投影颜色为 R:0 G:0 B:0、【不透明度】为 39%，设置【角度】为 50 度、【距离】为 17 像素、【大小】为 20 像素，然后单击【确定】按钮应用图层样式。

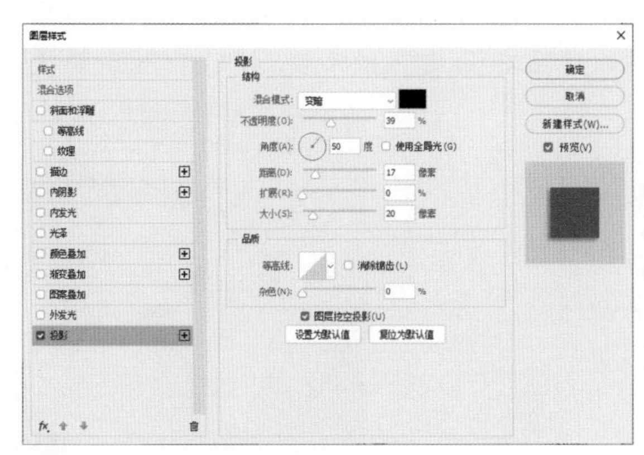

07 在【图层】面板中右击刚应用图层样式的【果汁瓶 拷贝 2】图层，在弹出的快捷菜单中选择【拷贝图层样式】命令。再右击另外两个果汁瓶图层，在弹出的快捷菜单中选择【粘贴图层样式】命令。

08 在【图层】面板中选中【椭圆 1】图层。选择【钢笔】工具，在选项栏中选择工具模式为【路径】，在画板中绘制路径。使用【横排文字】工具在刚绘制的路径上单击，在【属性】面板的【字符】选项组中，设置字体系列为 Arial Rounded MT Bold、字体大小为 35 点、字符间距为 -75、字体颜色为白色，然后输入路径文字。输入结束后，按 Ctrl+Enter 快捷键确认。

09 选择【钢笔】工具，在画板中绘制路径。使用【横排文字】工具在刚绘制的路径上单击，在【属性】面板的【字符】选项组中，设置字体系列为 Arial Rounded MT Bold、字体大小为 24 点、字符间距为 -75、字体颜色为白色，然后输入路径文字。输入结束后，按 Ctrl+Enter 快捷键确认。

10 在【图层】面板中单击【创建新图层】按钮，新建【图层 1】图层。选择【画笔】工具，在选项栏中设置画笔样式为硬边圆、前景色为白色，然后在画板中添加修饰的圆点。

11 选择【文件】|【置入嵌入对象】命令，分别置入所需的橙子图像文件，并调整其大小及位置。

12 使用【横排文字】工具在画板中拖曳绘制文本框，添加占位符文字。在【属性】面板的【字符】选项组中，设置字体系列为 Myriad Pro、字体大小为 4 点、字符间距为 0、字体颜色为黑色。输入结束后，按 Ctrl+Enter 快捷键确认，完成实例的制作。

视频 5.3.7 文字蒙版工具：创建文字选区

【横排文字蒙版】工具和【直排文字蒙版】工具主要用于创建文字形状选区，而不是实体文字。选择其中的一个工具，在画面中单击，然后输入文字即可创建文字形状选区。文字形状选区可以像其他任何选区一样被移动、复制、填充或描边。

01 打开一个图像文件，选择【横排文字蒙版】工具，在选项栏中设置字体、字号、对齐方式等。设置字体系列为 Berlin Sans FB Demi、字体样式为 Bold、字体大小为 60 点，单击【居中对齐文本】按钮。

02 使用【横排文字蒙版】工具在图像中单击并输入文字内容，画面中被半透明的蒙版所覆盖，文字部分显示出图像内容。单击选项栏中的✓按钮，或按 Ctrl+Enter 快捷键确认，文字将以选区的形式出现。

03 在文字选区中，可以填充前景色、背景色、渐变色或图案等，也可以对选区中的填充内容进行编辑。

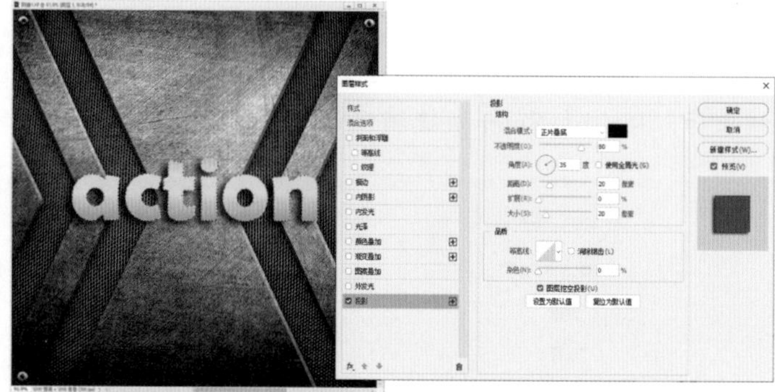

5.3.8 【字符】面板

利用文字工具选项栏可以方便地设置文字属性，但在选项栏中只能对一些常用的属性进行设置，而对于间距、样式、缩进、避头尾法则等选项的设置则需要使用【字符】面板和【段落】面板。

字符是指文本中的文字内容，包括每一个汉字、英文字母、数字、标点和符号等，字符属性就是与它们有关的字体、大小、颜色、字符间距等属性。在 Photoshop 中创建文本对象后，虽然可以在选项栏中设置一些文字属性，但并未包括所有的文字属性。

选择任意一个文字工具，单击选项栏中的【切换字符和段落面板】按钮，或者选择【窗口】|【字符】命令，都可以打开【字符】面板。在【字符】面板中，除了能对常见的字体系列、字体样式、字体大小、文本颜色等进行设置，还可以对行距、字距等字符属性进行设置。

- 【设置字体系列】：在该下拉列表中可以选择字体。

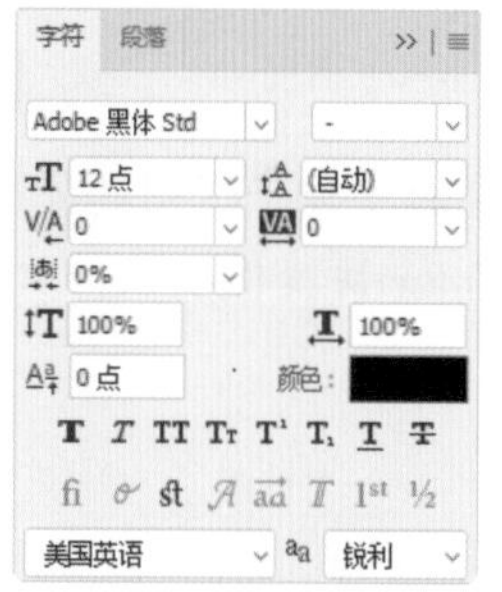

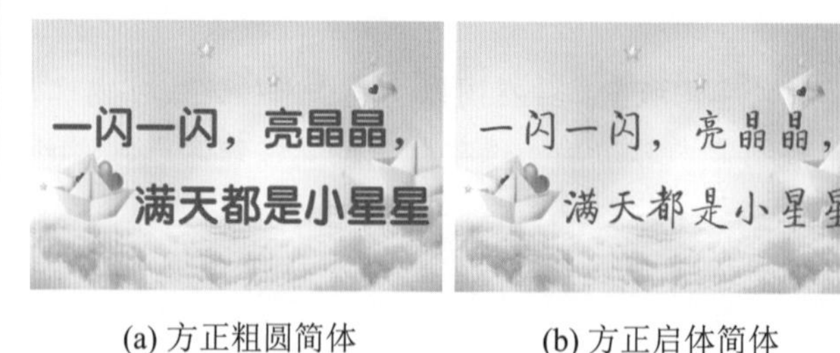

(a) 方正粗圆简体　　(b) 方正启体简体

- 【设置字体大小】下拉列表：该下拉列表用于设置文字的字符大小。
- 【设置行距】下拉列表：该下拉列表用于设置文本对象中两行文字之间的间隔距离。设置【设置行距】选项的数值时，设计师可以通过其下拉列表选择预设的数值，也可以在文本框中自定义数值，还可以选择下拉列表中的【自动】选项，根据创建文本对象的字体大小自动设置适当的行距数值。
- 【设置两个字符之间的字距微调】选项：该选项用于微调光标位置前文字本身的间距。与【设置所选字符的字距调整】选项不同的是，该选项只能设置光标位置前的文字字距。设计师可以在其下拉列表中选择 Photoshop 预设的参数数值，也可以在其文本框中直接输入所需的参数数值。需要注意的是，该选项只能在没有选择文字的情况下为可设置状态。

(a) 行距：36 点

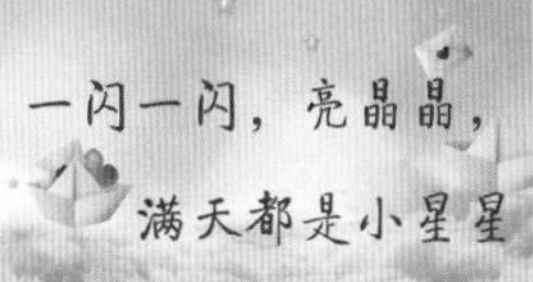

(b) 行距：72 点

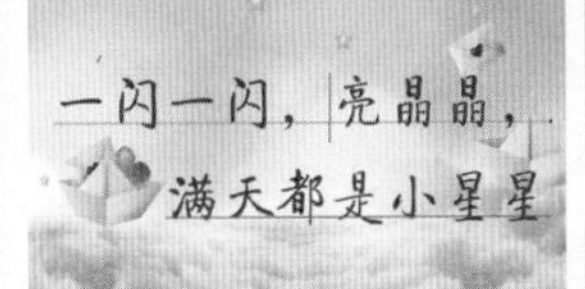

(a) 字距微调：0

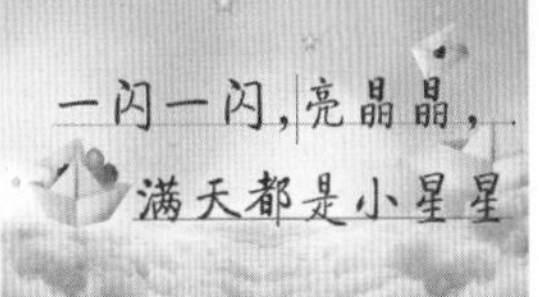

(b) 字距微调：-500

- 【设置所选字符的字距调整】选项：该选项用于设置所选字符之间的距离。设计师可以在其下拉列表中选择 Photoshop 预设的参数数值，也可以在其文本框中直接输入所需的参数数值。
- 【设置所选字符的比例间距】选项：该选项用于设置文字字符间的比例间距，数值越大，字距越小。

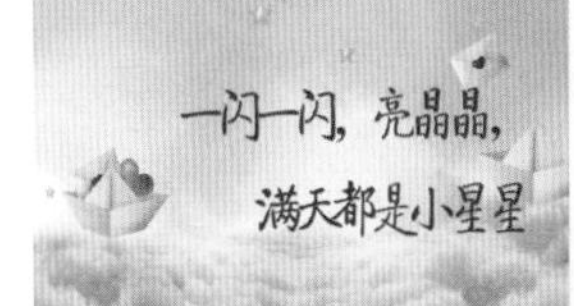

(a) 字距调整：-300

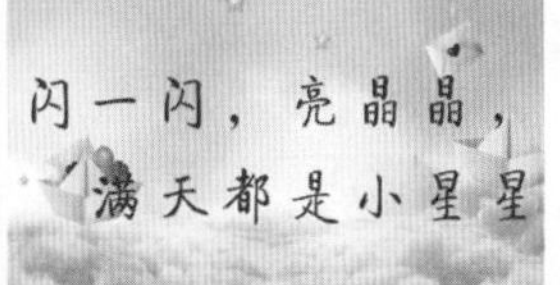

(b) 字距调整：200

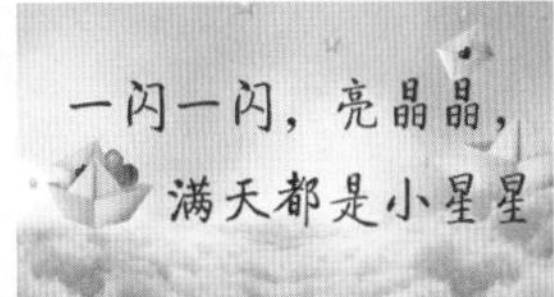

(a) 比例间距：10%

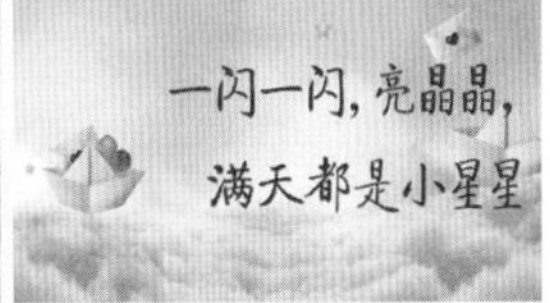

(b) 比例间距：60%

- 【垂直缩放】文本框和【水平缩放】文本框：这两个文本框用于设置文字的垂直和水平缩放比例。
- 【设置基线偏移】文本框：该文本框用于设置选择文字的向上或向下偏移数值。设置该选项参数后，不会影响整体文本对象的排列方向。

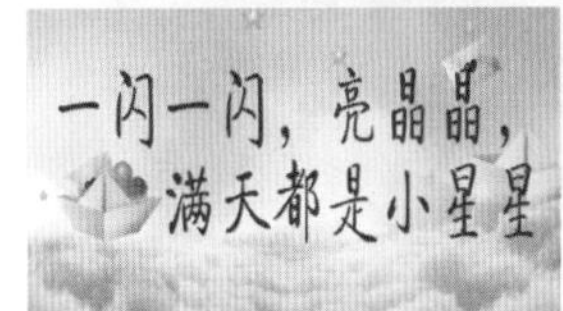

(a) 垂直缩放：150%

(b) 水平缩放：150%

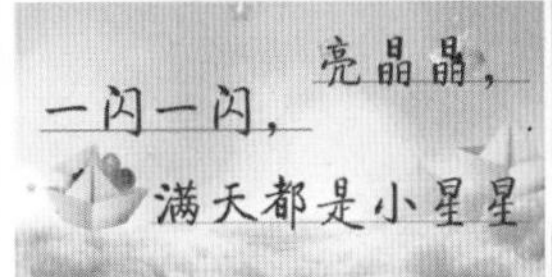

(a) 基线偏移：30

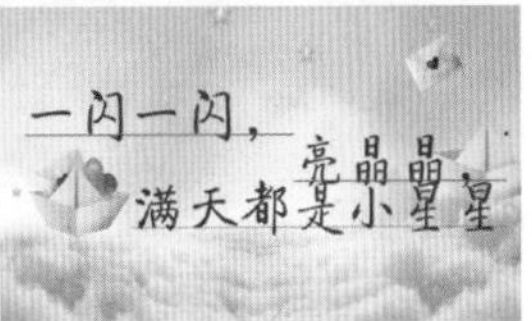

(b) 基线偏移：-30

- 【字符样式】选项组：在该选项组中，通过单击不同的文字样式按钮，可以设置文字为仿粗体、仿斜体、全部大写字母、小型大写字母、上标、下标、下画线、删除线等样式的文字。

(a) 仿斜体　(b) 全部大写字母　(c) 下画线　(d) 删除线

提示

文字的默认度量单位为【点】，也可以使用【像素】和【毫米】作为度量单位。选择【编辑】|【首选项】|【单位与标尺】命令，打开【首选项】对话框。在该对话框的【单位】选项组中，可以设置【文字】选项的单位。

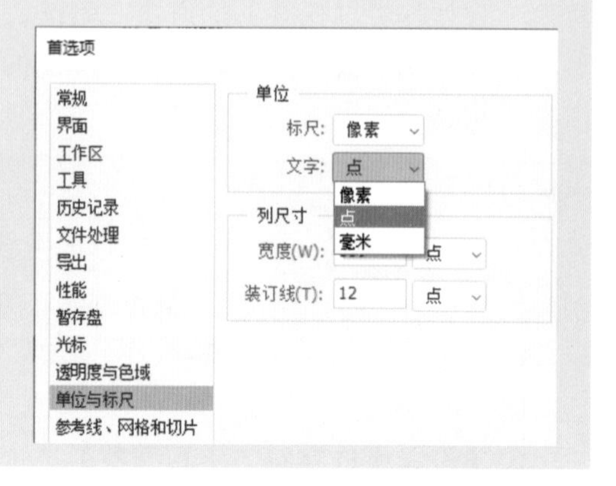

实例——制作网店粉笔字公告

文件路径：第 5 章 \ 实例——制作网店粉笔字公告
难易程度：★★☆☆☆
技术掌握：【横排文字蒙版】工具、【画笔】工具

01 选择【文件】|【打开】命令，打开一个图像文件。

02 选择【文件】|【置入嵌入对象】命令，打开【置入嵌入的对象】对话框。在该对话框中，选中所需的图像文件，单击【置入】按钮置入图像。

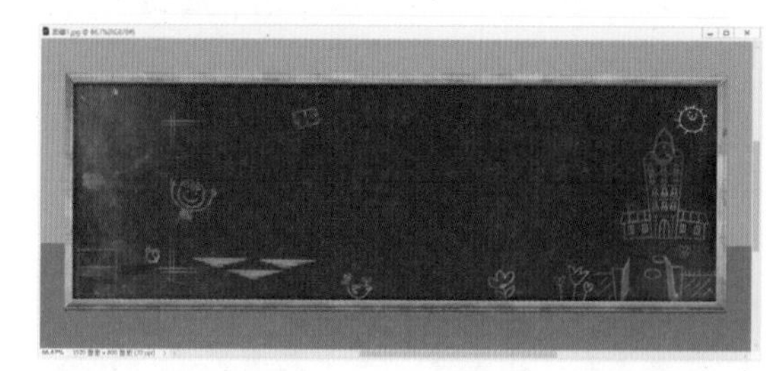

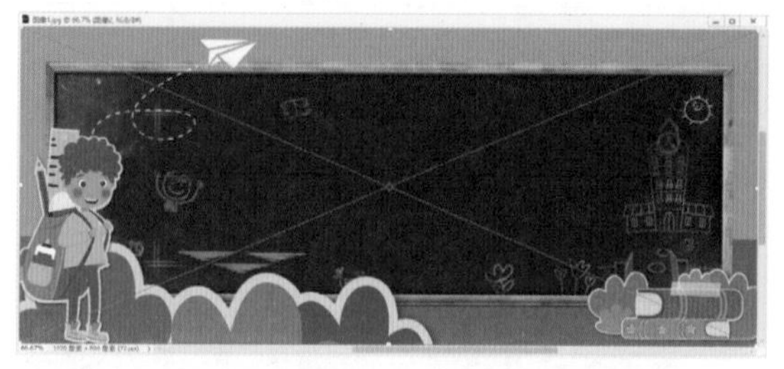

03 选择【横排文字蒙版】工具，在选项栏中设置字体系列为【方正汉真广标简体】、字体大小为 200 点，单击【居中对齐文本】按钮，在画板中输入文字内容。

04 在【图层】面板中单击【创建新图层】按钮，新建【图层 1】图层。将前景色设置为白色，选择【画笔】工具，在【画笔设置】面板中，选中【Kyle 雨滴散布】画笔样式，设置【形状动态】选项组中的【角度抖动】为 10%。然后使用【画笔】工具在文字选区中涂抹。

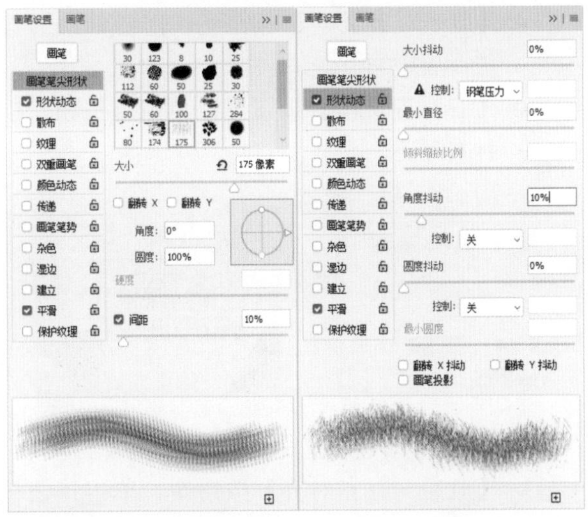

05 按Ctrl+D快捷键取消选区，在选项栏中设置画笔大小为10像素，然后在画板中绘制直线段。

06 在【图层】面板中双击【图层 1】图层，打开【图层样式】对话框。在该对话框中选中【投影】选项，设置【不透明度】为 50%、【角度】为 45 度、【距离】为 10 像素、【大小】为 7 像素，然后单击【确定】按钮应用图层样式，完成实例的制作。

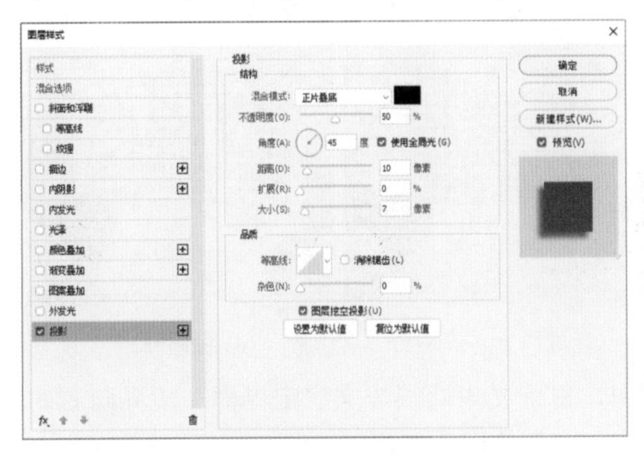

5.3.9 【段落】面板

【段落】面板用于设置段落文本的编排方式，如设置段落文本的对齐方式、缩进值等。选择任意一个文字工具，单击选项栏中的【显示 / 隐藏字符和段落面板】按钮，或者选择【窗口】|【段落】命令，都可以打开【段落】面板，通过设置选项即可设置段落文本属性。

- 【左对齐文本】按钮：单击该按钮，创建的文字会以整个文本对象的左边为界，进行左对齐。左对齐文本对齐方式为段落文本的默认对齐方式。

- 【居中对齐文本】按钮：单击该按钮，创建的文字会以整个文本对象的中心线为界，进行居中对齐。
- 【右对齐文本】按钮：单击该按钮，创建的文字会以整个文本对象的右边为界，进行右对齐。

(a) 左对齐文本

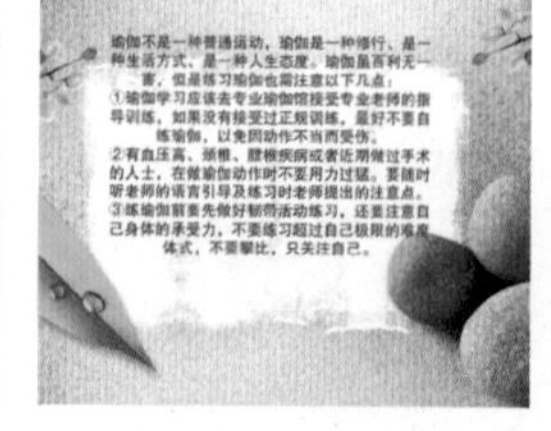

(b) 居中对齐文本

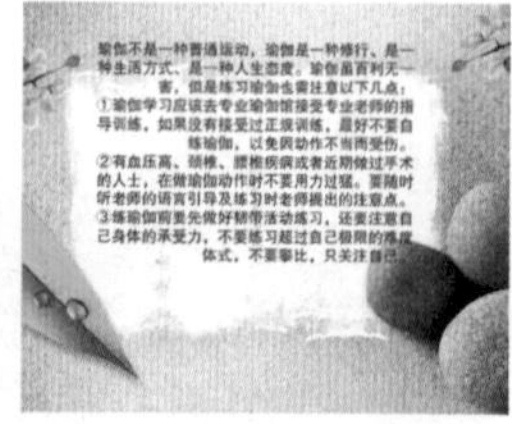

(c) 右对齐文本

- 【最后一行左对齐】按钮：单击该按钮，段落文本中的文本对象会以整个文本对象的左右两边为界进行对齐，同时将处于段落文本最后一行的文本以其左边为界进行左对齐。该对齐方式为段落对齐时常使用的对齐方式。
- 【最后一行居中对齐】按钮：单击该按钮，段落文本中的文本对象会以整个文本对象的左右两边为界进行对齐，同时将处于段落文本最后一行的文本以其中心线为界进行居中对齐。
- 【最后一行右对齐】按钮：单击该按钮，段落文本中的文本对象会以整个文本对象的左右两边为界进行对齐，同时将处于段落文本最后一行的文本以其右边为界进行右对齐。
- 【全部对齐】按钮：单击该按钮，段落文本中的文本对象会以整个文本对象的左右两边为界，对齐段落中的所有文本对象。

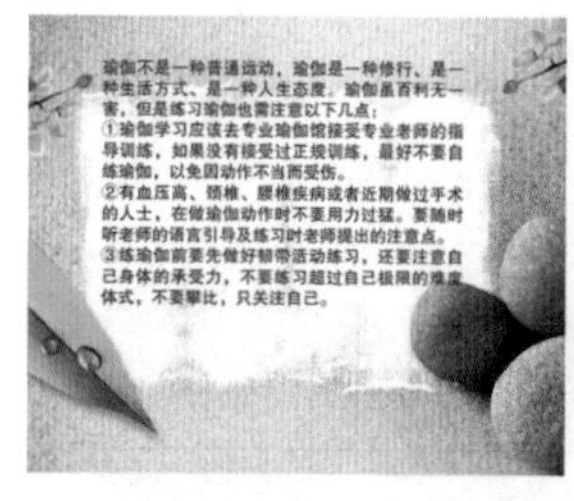

(a) 最后一行左对齐

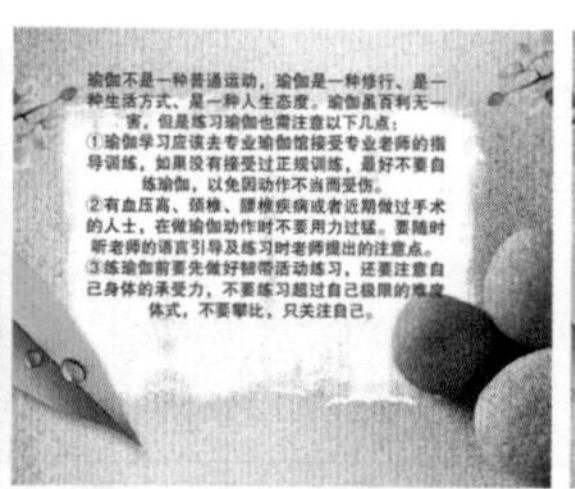

(b) 最后一行居中对齐

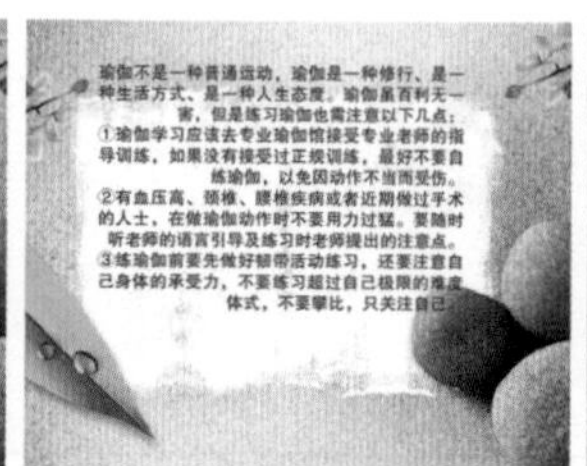

(c) 最后一行右对齐

(d) 全部对齐

- 【左缩进】文本框：用于设置段落文本中，每行文本两端与文字定界框左边界向右的间隔距离，或上边界（对于直排格式的文字）向下的间隔距离。
- 【右缩进】文本框：用于设置段落文本中，每行文本两端与文字定界框右边界向左的间隔距离，或下边界（对于直排格式的文字）向上的间隔距离。
- 【首行缩进】文本框：用于设置段落文本中，第一行文本与文字定界框左边界向右，或上边界（对于直排格式的文字）向下的间隔距离。
- 【段前添加空格】文本框：该文本框用于设置当前段落与其前面段落的间隔距离。
- 【段后添加空格】文本框：该文本框用于设置当前段落与其后面段落的间隔距离。

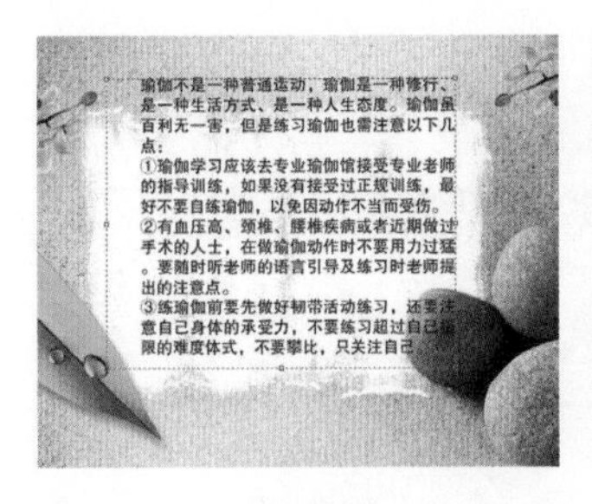

(a) 左缩进

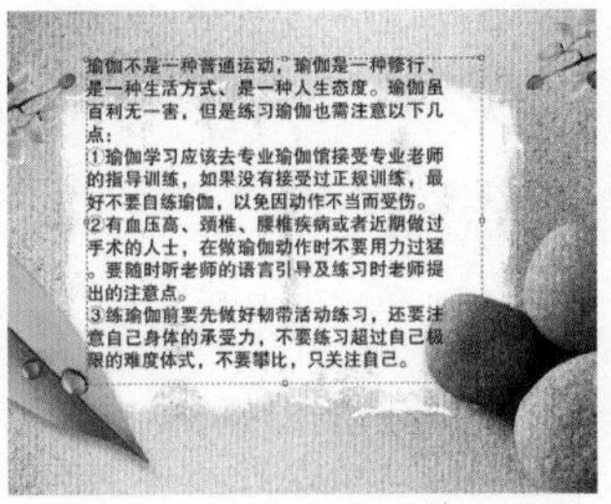

(b) 右缩进

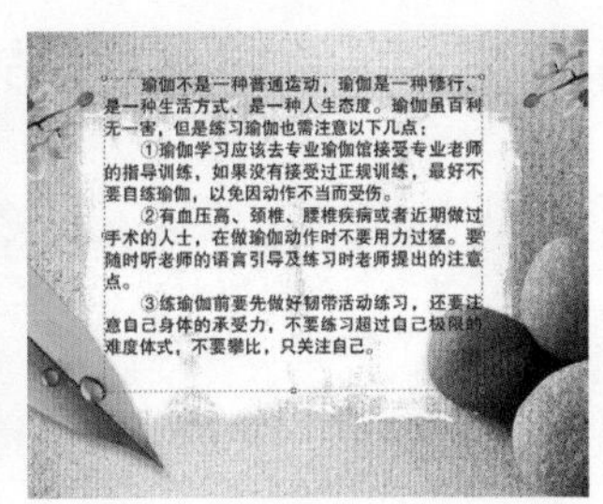

(c) 首行缩进

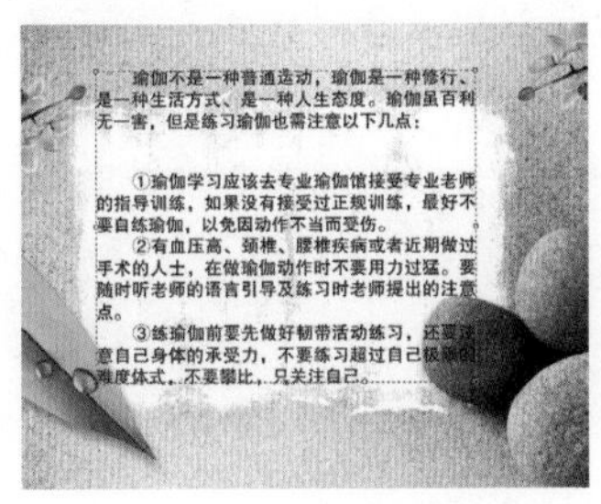

(a) 段前添加空格

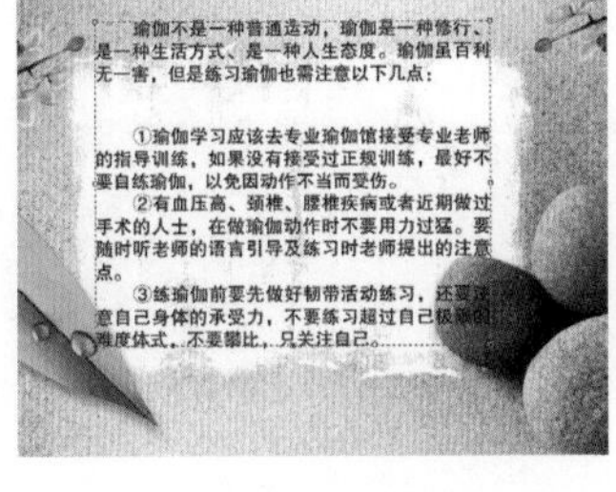

(b) 段后添加空格

- 避头尾法则设置：不能出现在一行的开头或结尾的字符称为避头尾字符。【避头尾法则设置】用于指定亚洲文本的换行方式。
- 间距组合设置：用于为文本编排指定预定义的间距组合。
- 【连字】复选框：选中该复选框，会在输入英文单词的过程中，为自动换行的单词添加连字符。

5.3.10 栅格化：将文字对象变为普通图层

文字对象是比较特殊的对象，在 Photoshop 中不能对文字对象使用描绘工具或【滤镜】菜单中的命令等。要想使用这些工具和命令，必须先栅格化文字对象。在【图层】面板中选择所需操作的文本图层，然后选择【图层】|【栅格化】|【文字】命令，即可转换文本图层为普通图层；也可在【图层】面板中所需操作的文本图层上右击，在打开的快捷菜单中选择【栅格化文字】命令。接着可以在文字图层上进行局部的删除、绘制等操作。

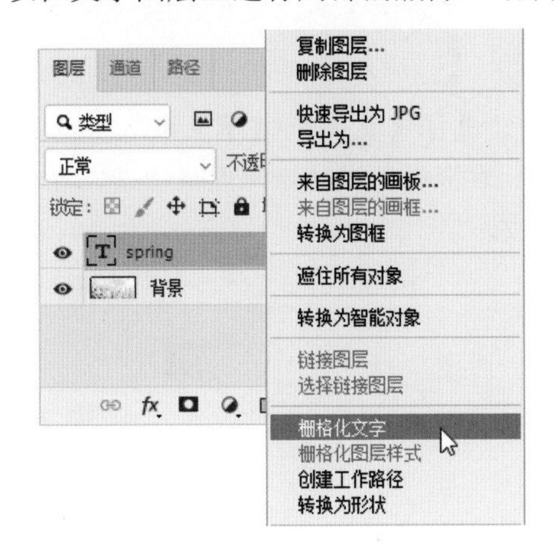

视频 实例——制作季节销售宣传图

文件路径：第 5 章 \ 实例——制作季节销售宣传图
难易程度：★★★☆☆
技术掌握：【横排文字】工具、【字符】面板、【栅格化文字】命令

01 选择【文件】|【新建】命令，打开【新建文档】对话框。在该对话框中，设置【宽度】为 790 像素、【高度】为 390 像素、【分辨率】为 300 像素 / 英寸，然后单击【创建】按钮新建一个空白文档。

02 选择【渐变】工具，在选项栏中单击渐变预览，在弹出的【渐变编辑器】对话框中设置渐变填充为 R:255 G:247 B:255 至 R:193 G:196 B:242，设置【位置】为 75%，然后单击【确定】按钮。使用【渐变】工具在画板顶部单击并按住鼠标左键向底部拖曳，释放鼠标左键，即可填充画板。

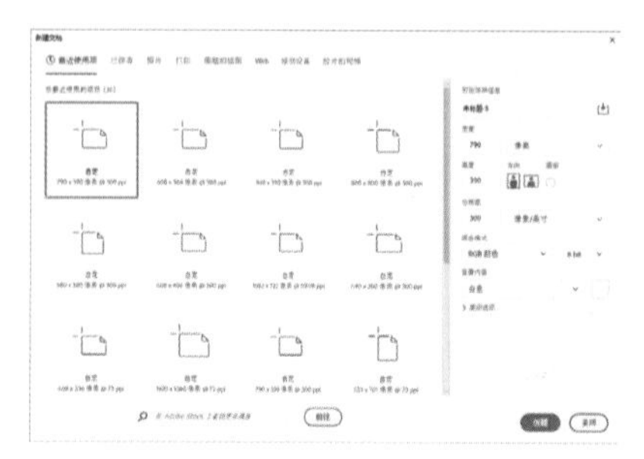
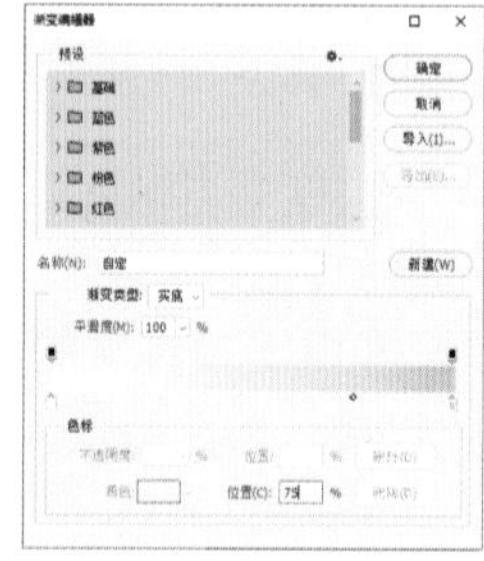

03 选择【文件】|【置入嵌入对象】命令，置入所需的椰子树边角素材图像文件。

04 使用【横排文字】工具在画板中单击，在选项栏中设置字体系列为 Franklin Gothic Demi、字体大小为 36 点，设置字体颜色为 R:138 G:45 B:130，然后输入文字内容。输入完成后，按 Ctrl+Enter 快捷键确认。

05 按 Ctrl+J 快捷键复制刚创建的文字图层。选择【文件】|【置入嵌入对象】命令，置入所需的海滩素材图像文件。在【图层】面板中，右击刚置入的海滩图像图层，在弹出的快捷菜单中选择【创建剪贴蒙版】命令，创建剪贴蒙版。

06 选择【文件】|【置入嵌入对象】命令，置入所需的椰子树素材图像文件。

07 在【图层】面板中，选中步骤 **04** 创建的文字图层，按 Ctrl+T 快捷键应用【自由变换】命令。显示定界框后，按 Ctrl 键调整文字形状。

08 在【图层】面板中右击刚调整的文字图层，在弹出的快捷菜单中选择【栅格化文字】命令，并设置【不透明度】为 50%。选择【滤镜】|【模糊】|【高斯模糊】命令，打开【高斯模糊】对话框。在该对话框中，设置【半径】为 3.4 像素，然后单击【确定】按钮。

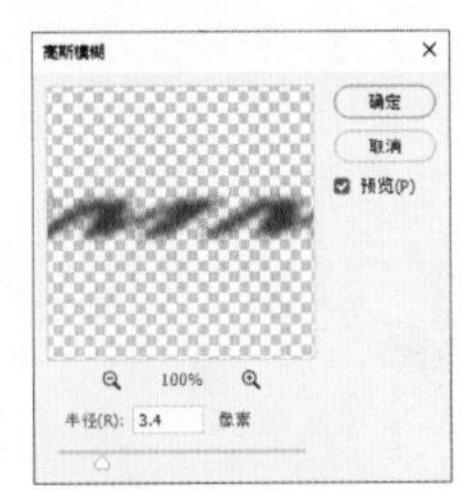

09 使用【横排文字】工具在画板中单击，在【字符】面板中设置字体系列为 Arial、字型为 Narrow，设置字体大小为 10 点、字符间距为 100，然后输入文字内容。输入完成后，按 Ctrl+Enter 快捷键确认。

10 继续使用【横排文字】工具在画板中单击，在【字符】面板中设置字体系列为 Microsoft YaHei UI，设置字体大小为 20 点、字符间距为 500，设置字体颜色为 R:81 G:56 B:123，然后输入文字内容。输入完成后，按 Ctrl+Enter 快捷键确认。

11 按 Ctrl+J 快捷键复制刚创建的文字图层，然后使用【横排文字】工具更改部分文字颜色为白色。

12 在【图层】面板中选中步骤 10 创建的文字图层，按 Ctrl+T 快捷键应用【自由变换】命令。显示定界框后，按 Ctrl 键调整文字形状。

13 在【图层】面板中，右击刚调整的文字图层，在弹出的快捷菜单中选择【栅格化文字】命令，并设置【不透明度】为 50%。选择【滤镜】|【模糊】|【高斯模糊】命令，打开【高斯模糊】对话框。在该对话框中，设置【半径】为 3.4 像素，然后单击【确定】按钮。

14 使用【横排文字】工具在画板中单击并拖曳创建文本框，并添加占位符文本。在【字符】面板中选择字体系列为 Arial、字形为 Narrow，设置字体大小为 3 点、字符间距为 200。按 Ctrl+Enter 快捷键确认，完成实例的制作。

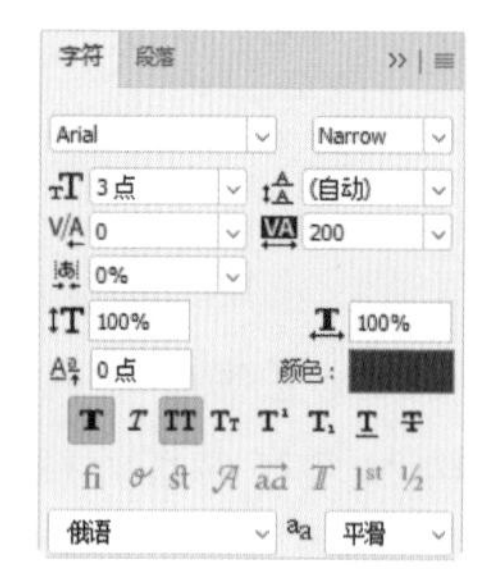

5.3.11 将文字对象转换为形状图层

使用【转换为形状】命令可以将文字对象转换为矢量的形状图层。将文字对象转换为形状图层后，就可以使用形状工具对文字的外形进行编辑。通常在制作一些变形艺术字的时候，需要将文字对象转换为形状图层，具体操作如下。

01 打开一个图像文件，在【图层】面板中选择文字图层。然后在图层名称上右击，在弹出的快捷菜单中选择【转换为形状】命令，或选择菜单栏中的【文字】|【转换为形状】命令，将文字图层转换为形状图层。

02 使用【直接选择】工具调整锚点位置，或者使用【钢笔】工具组中的工具在形状上添加锚点并调整锚点形态，制作出艺术字效果。

实例——制作 H5 促销广告

文件路径：第 5 章 \ 实例——制作 H5 促销广告
难易程度：★★★☆☆
技术掌握：【横排文字】工具、【转换为形状】命令

01 选择【文件】|【新建】命令，打开【新建文档】对话框。在该对话框中，设置【宽度】为 1024 像素、【高度】为 1535 像素、【分辨率】为 300 像素 / 英寸，然后单击【创建】按钮新建一个空白文档。

02 选择【文件】|【置入嵌入对象】命令，置入所需的背景素材图像文件，并调整其位置及大小。

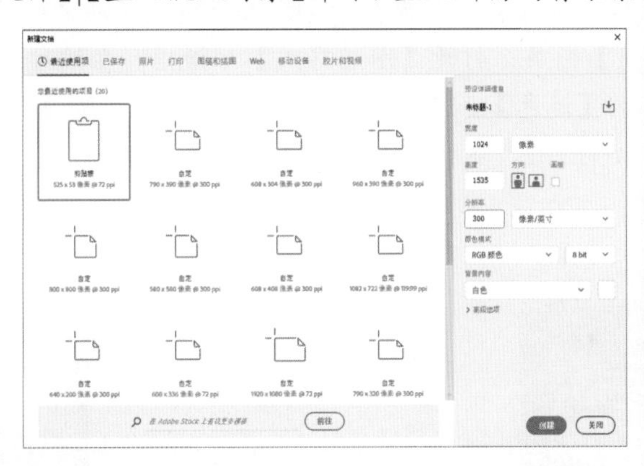

03 使用【横排文字】工具在画板中单击，在【字符】面板中设置字体系列为【方正尚酷简体】、字体大小为 45 点、行距为 55 点、字体颜色为白色，然后输入文字内容。

04 按 Ctrl+T 快捷键应用【自由变换】命令，显示定界框。然后在选项栏中，设置 H 为 -9 度，V 为 -5 度。

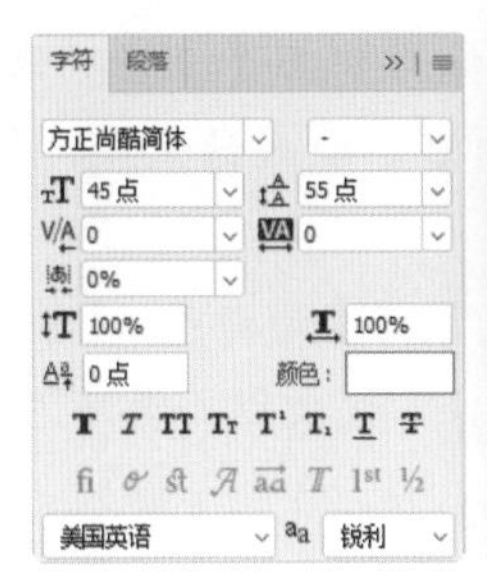

05 在【图层】面板中，按Ctrl+J快捷键复制刚创建的文字图层。右击复制的文字图层，在弹出的快捷菜单中选择【转换为形状】命令。然后使用【直接选择】工具调整文字形状。

06 在【图层】面板中，按Ctrl键并单击文字形状图层缩览图，载入选区。再按Ctrl键，单击【创建新图层】按钮，新建【图层1】图层。

07 选择【编辑】|【描边】命令，打开【描边】对话框。在该对话框中，设置【宽度】为2像素、颜色为R:255 G:0 B:255，选中【居外】单选按钮，然后按【确定】按钮描边选区。按Ctrl+D快捷键取消选区，并按Ctrl+T快捷键应用【自由变换】命令调整描边文字的大小及形状。

08 在【图层】面板中双击【图层1】图层，打开【图层样式】对话框。在该对话框中，选中【外发光】选项，设置【混合模式】为【滤色】、【不透明度】为35%、【扩展】为15%、【大小】为29%、发光颜色为R:196 G:66 B:202，然后单击【确定】按钮应用图层样式。

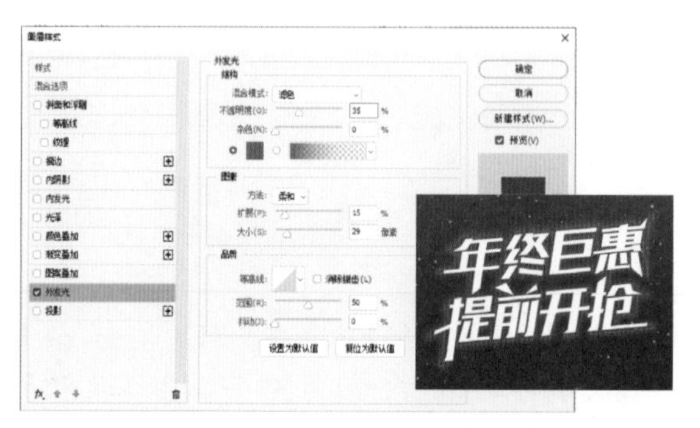

09 在【图层】面板中选中最上方的图层。然后选择【文件】|【置入嵌入对象】命令，分别置入装饰元素图像，并调整装饰元素在图像中的位置及大小。

10 使用【横排文字】工具在画板中单击，在选项栏中设置字体系列为【方正黑体简体】、字体大小为11点、字体颜色为R:232 G:41 B:91，然后输入文字内容。输入结束后，按Ctrl+Enter快捷键确认。

11 选择【矩形】工具，在选项栏中设置工具模式为【形状】、【填充】为白色、【描边】为白色、描边粗细为5像素，然后使用【矩形】工具绘制形状，并按Ctrl+[快捷键将其下移一层，放置在文字下方。

12 按 Ctrl+J 快捷键复制刚创建的矩形形状图层，在选项栏中更改【填充】为【无】，并使用【移动】工具调整其位置。

13 选择【横排文字】工具，选中步骤 **10** 输入的部分文字内容，然后更改字体颜色为白色。

14 使用【横排文字】工具在画板中单击，在【字符】面板中设置字体系列为【方正黑体简体】、字体大小为 16 点、字体颜色为 R:255 G:197 B:35，然后输入文字内容。输入结束后，按 Ctrl+Enter 快捷键确认。

15 在【图层】面板中双击刚创建的文字图层，打开【图层样式】对话框。在该对话框中，选中【投影】选项，设置【混合模式】为【正片叠底】、投影颜色为 R:66 G:37 B:2、【不透明度】为 55%、【角度】为 90 度、【距离】为 10 像素、【扩展】为 10%、【大小】为 10 像素，然后单击【确定】按钮应用图层样式，完成实例的制作。

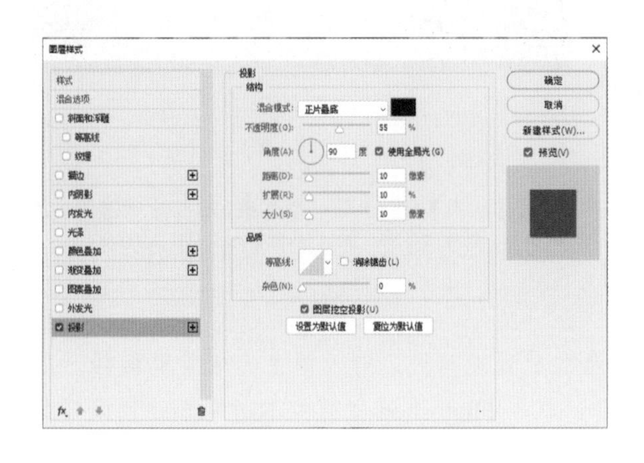

5.4 图层样式：为文字添加艺术效果

图层样式也称为图层效果，它用于创建图像特效。图层样式可以随时被修改、隐藏或删除，具有较强的灵活性。Photoshop 中共有 10 种图层样式：斜面和浮雕、描边、内阴影、内发光、光泽、颜色叠加、渐变叠加、图案叠加、外发光与投影。

视频 5.4.1 使用图层样式

在 Photoshop 中，设计师可以通过【样式】面板对图像或文字快速应用预设的图层样式效果，并且可以对预设样式进行编辑处理。【样式】面板用来保存、管理和应用图层样式。设计师也可以将 Photoshop 提供的预设样式库或外部样式库载入该面板中，具体操作如下。

01 打开一个图像文件，在【图层】面板中选中需要添加样式的图层。选择【窗口】|【样式】命令，打开【样式】面板。

02 在【样式】面板中，包含了 4 组样式。单击样式组名称前的 › 按钮，展开样式组。单击样式组中的样式，即可为图层添加该样式。

提示

要添加预设样式，首先选择一个图层，然后单击【样式】面板中的一个样式，即可为所选图层添加样式；也可以打开【图层样式】对话框，在左侧的列表中选择【样式】选项，再从右侧的窗格中选择预设的图层样式，然后单击【确定】按钮。

03 如果在【样式】面板中没有找到所需的预设样式，可以单击面板菜单按钮，在弹出的快捷菜单中选择【旧版样式及其他】命令，载入 Photoshop 之前版本所包含的预设样式，然后从中选择所需要的预设样式。

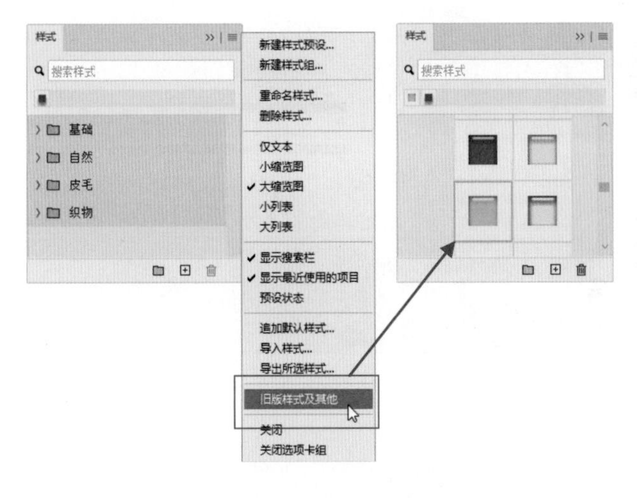

5.4.2 使用混合选项

默认情况下，在打开的【图层样式】对话框中显示【混合选项】设置。在其中，设计师可以对一些常见的选项，如混合模式、不透明度、混合颜色带等进行设置。使用混合选项只能隐藏像素，而不是真正删除像素。重新打开【图层样式】对话框后，将参数滑块拖回起始位置，便可以将隐藏的像素显示出来。

01 打开一个图像文件，双击文字图层，打开【图层样式】对话框。

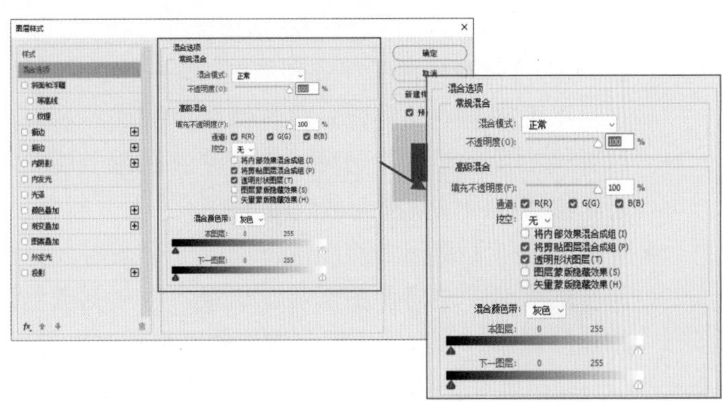

02 在【混合选项】设置中，【常规混合】选项组中的【混合模式】和【不透明度】选项的作用与【图层】面板中的作用相同。

03 单击【混合颜色带】下拉按钮，从弹出的下拉列表中选择【蓝】选项，然后按住 Alt 键向右拖动【下一图层】滑杆黑色滑块的右半部分，按 Alt 键向左拖动右侧白色滑块的左半部分。

- 【混合模式】下拉列表：在该下拉列表中选择一个选项，即可使当前图层按照选择的混合模式与图像下层图层叠加在一起。
- 【不透明度】数值框：通过拖动滑块或直接在数值框中输入数值，设置当前图层的不透明度。

- 【高级混合】选项组中的设置适用于控制图层蒙版、剪贴蒙版和矢量蒙版属性。它还可创建挖空效果。
- 【填充不透明度】数值框：通过拖动滑块或直接在数值框中输入数值，设置当前图层的填充不透明度。填充不透明度将影响图层中绘制的像素或图层中绘制的形状，但不影响已经应用于图层的任何图层效果的不透明度。
- 【通道】复选框：通过选中不同通道的复选框，可以显示不同的通道效果。
- 【挖空】选项：用于指定图像中哪些图层是穿透的，从而使其从其他图层的内容中显示出来。
- 【混合颜色带】选项组用来控制当前图层与其下面的图层混合时，在混合结果中显示哪些像素。单击【混合颜色带】右侧的下拉按钮，在打开的下拉列表中选择不同的颜色选项，然后通过拖动下方的滑块，可调整当前图层对象的相应颜色。
- 【本图层】是指当前正在处理的图层，拖动【本图层】滑块，可以隐藏当前图层中的像素，显示下面图层中的图像。将左侧黑色滑块向右拖动时，当前图层中所有比该滑块所在位置暗的像素都会被隐藏；将右侧的白色滑块向左拖动时，当前图层中所有比该滑块所在位置亮的像素都会被隐藏。
- 【下一图层】是指当前图层下面的一个图层。拖动【下一图层】滑块，可以使下面图层中的像素穿透当前图层显示出来。将左侧黑色滑块向右拖动时，可显示下面图层中较暗的像素；将右侧的白色滑块向左拖动时，则可显示下面图层中较亮的像素。

5.4.3 斜面和浮雕

【斜面和浮雕】样式主要通过为图层添加高光与阴影，使图像产生立体感，常用于制作立体感的文字或带有厚重感的对象效果。在【斜面和浮雕】样式中包含多种凸起效果，如【外斜面】【内斜面】【浮雕效果】【枕状浮雕】和【描边浮雕】。

选中图层，选择【图层】|【图层样式】|【斜面和浮雕】命令，打开【斜面和浮雕】参数设置对话框进行设置，所选图层会产生凸起效果。

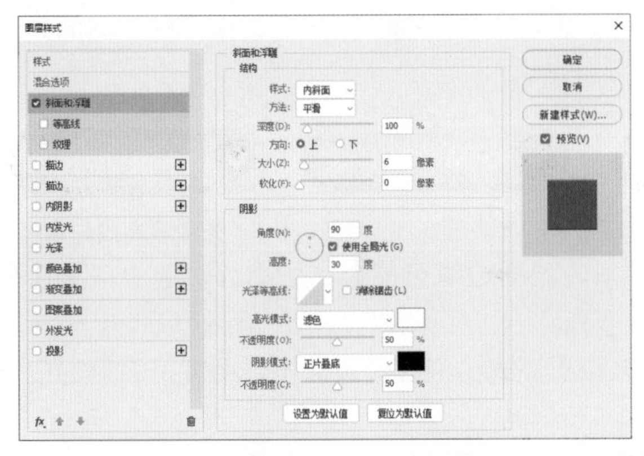

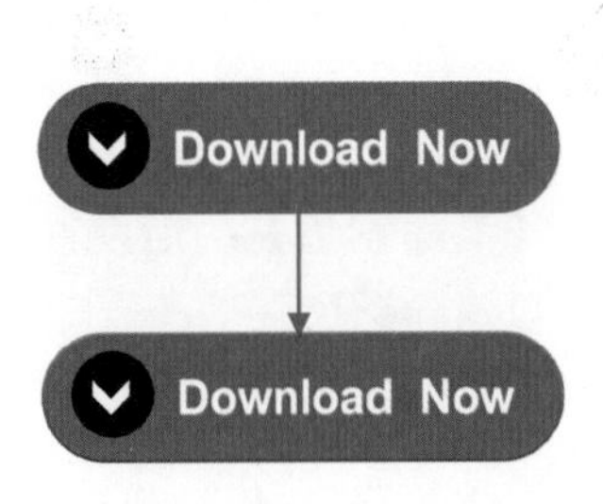

- 【样式】：从下拉列表中选择斜面和浮雕的样式，其中包括【外斜面】【内斜面】【浮雕效果】【枕状浮雕】和【描边浮雕】选项。

(a) 外斜面　(b) 内斜面　(c) 浮雕效果　(d) 枕状浮雕　(e) 描边浮雕

- 【方法】：用来选择创建浮雕的方法。选择【平滑】，可以得到比较柔和的边缘；选择【雕刻清晰】，可以得到最精确的浮雕边缘；选择【雕刻柔和】，可以得到中等水平的浮雕效果。

(a) 平滑　(b) 雕刻清晰　(c) 雕刻柔和

- 【深度】：用来设置浮雕斜面的应用深度。该值越大，浮雕的立体感越强。
- 【方向】：用来设置高光和阴影的位置。该选项与光源的角度有关。

(a) 深度：25%　(b) 深度：50%　(a) 方向：上　(b) 方向：下

- 【大小】：用来设置斜面和浮雕的阴影面积的大小。
- 【软化】：用来设置斜面和浮雕的平滑程度。

(a) 大小：120 像素　(b) 大小：10 像素　(a) 软化：2 像素　(b) 软化：16 像素

- 【角度】：用来设置光源的发光角度。
- 【高度】：用来设置光源的高度。
- 【使用全局光】：选中该复选框，则所有浮雕样式的光照角度都将保持在同一个方向。

- 【光泽等高线】：选择不同的等高线样式，可以为斜面和浮雕的表面添加不同的光泽质感，也可以编辑等高线样式。

(a) 角度：25°

(b) 角度：153°

(a) 光泽等高线：锥形

(b) 光泽等高线：锯齿 1

- 【消除锯齿】：当设置了光泽等高线后，斜面边缘可能会产生锯齿，选中该复选框可以消除锯齿。
- 高光模式 / 不透明度：这两个选项用来设置高光的混合模式和不透明度，右侧的色块用于设置高光的颜色。
- 阴影模式 / 不透明度：这两个选项用来设置阴影的混合模式和不透明度，右侧的色块用于设置阴影的颜色。

提示

在【图层样式】对话框中，【投影】【内阴影】和【斜面和浮雕】样式都包含了一个【使用全局光】复选框，选中该复选框后，以上样式将使用相同角度的光源。如果要调整全局光的角度和高度，可选择【图层】|【图层样式】|【全局光】命令，打开【全局光】对话框进行设置。

1. 等高线

在【斜面和浮雕】样式下方还有另外两个样式：【等高线】和【纹理】。选中【斜面和浮雕】样式下方的【等高线】复选框，切换到【等高线】设置选项。

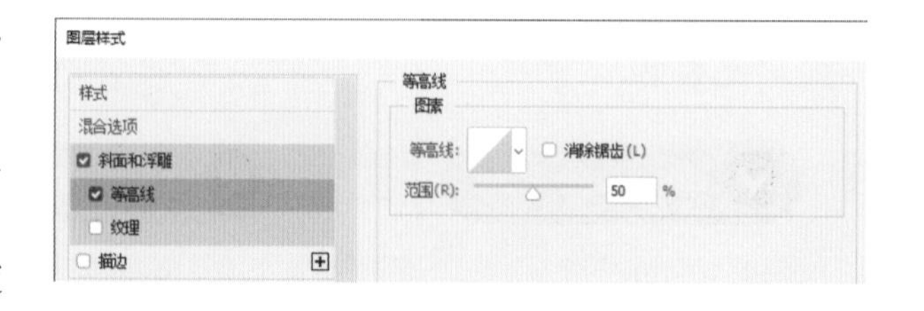

使用【等高线】可以控制效果在指定范围内的起伏效果，以模拟不同的材质。在【图层样式】对话框中，除【斜面和浮雕】样式外，【内阴影】【内发光】【光泽】【外发光】和【投影】样式都包含等高线设置选项。单击【等高线】选项右侧的下拉按钮，可以在打开的下拉面板中选择预设的等高线样式。如果单击等高线缩览图，则可以打开【等高线编辑器】对话框。【等高线编辑器】对话框的使用方法与【曲线】对话框的使用方法非常相似，可以通过添加、删除和移动控制点来修改等高线的形状，从而影响图层样式的外观。

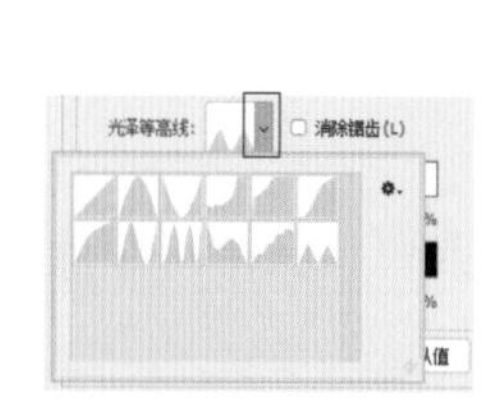

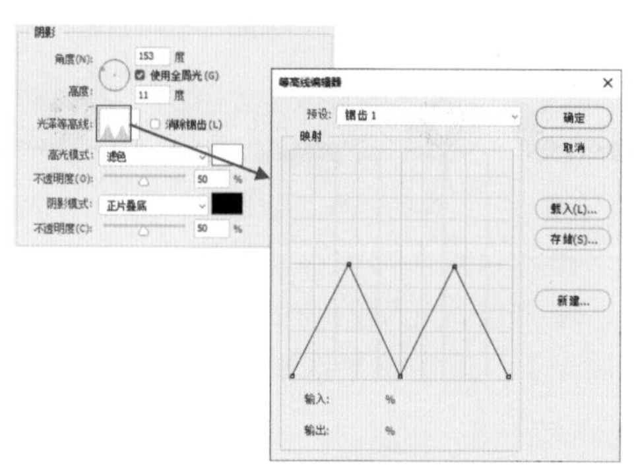

2. 纹理

选中图层样式列表中的【纹理】复选框，启用该样式，单击并切换到【纹理】设置选项。【纹理】样式可以为图层表面模拟肌理效果。

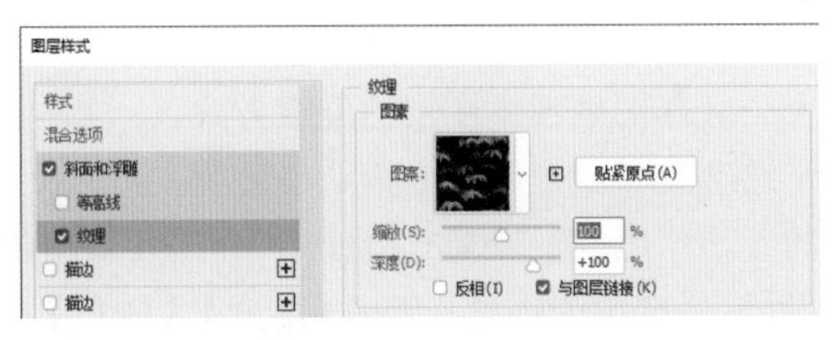

- 【图案】：单击【图案】，可以在弹出的【图案】拾色器中选择一个图案，并将其应用到斜面和浮雕上。
- 【从当前图案创建新的预设】：单击该按钮，可以将当前设置的图案创建为一个新的预设图案，同时新图案会保存在【图案】拾色器中。
- 【贴紧原点】：将原点对齐图层或文档的左上角。
- 【缩放】：用来设置图案的大小。
- 【深度】：用来设置图案纹理的使用程度。
- 【反相】：选中该复选框后，可以反转图案纹理的凹凸方向。
- 【与图层链接】：选中该复选框后，可以将图案和图层链接在一起，这样在对图层进行变换操作时，图案会随之变换。

5.4.4 描边

使用【描边】样式能够在图层的边缘处添加纯色、渐变色及图案。通过参数设置可以使描边处于图层边缘以内、图层边缘以外，或者使描边出现在图层边缘的两侧。选中图层，选择【图层】|【图层样式】|【描边】命令，在打开的【描边】设置选项中可以对描边大小、位置、混合模式、不透明度、填充类型及描边颜色进行设置。

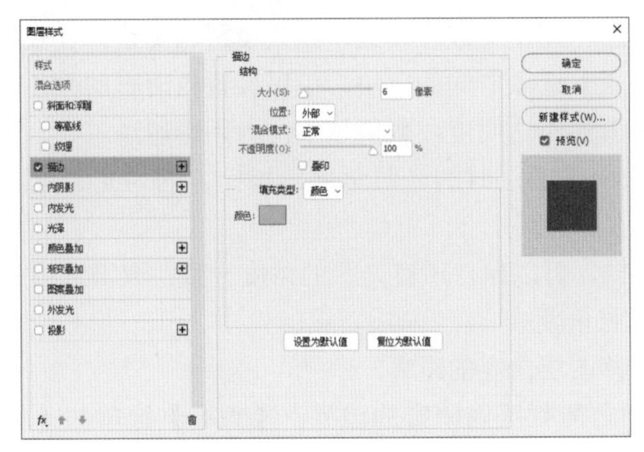

- 【大小】：用于设置描边的粗细，数值越大，描边越粗。
- 【位置】：用于设置描边与对象边缘的相对位置。选择【外部】，描边位于对象边缘以外；选择【内部】，描边位于对象边缘以内；选择【居中】，描边一半位于对象边缘以内，一半位于对象边缘以外。

(a) 外部

(b) 内部

(c) 居中

- 【混合模式】：用于设置描边内容与底部图层或本图层的混合方式。
- 【不透明度】：用于设置描边的不透明度，数值越小，描边越透明。
- 【叠印】：选中该复选框，描边的不透明度和混合模式会应用于原图层内容表面。
- 【填充类型】：在该下拉列表中可以选择描边的类型，包括【渐变】【颜色】和【图案】。选择不同的方式，下方的参数设置也不同。
- 【颜色】：当填充类型为【颜色】时，可以在此处设置描边的颜色。

5.4.5 内阴影

使用【内阴影】样式可以在图层中的图像边缘内部增加投影效果，使图像产生立体和凹陷的外观效果。选中图层，选择【图层】|【图层样式】|【内阴影】命令，在打开的【内阴影】设置选项中可以对内阴影的结构及品质进行设置。

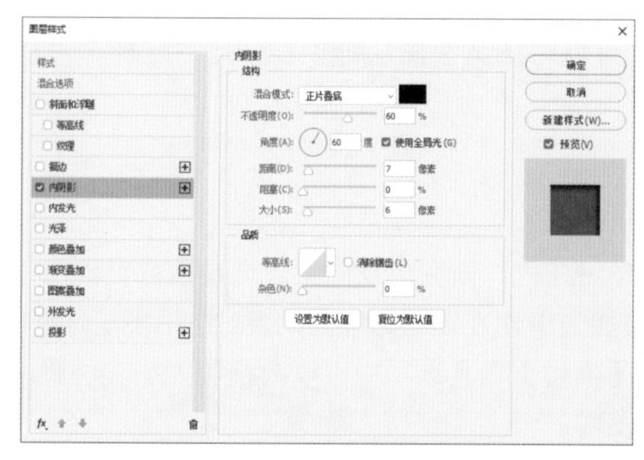

- 【混合模式】：用来设置内阴影与图层的混合模式，默认设置为【正片叠底】模式。
- 【阴影模式】：单击【混合模式】选项右侧的色块，可以设置内阴影的颜色。
- 【不透明度】：用来设置内阴影的不透明度，数值越小，内阴影越淡。
- 【角度】：用来设置内阴影应用于图层时的光照角度，指针方向为光源方向，相反方向为投影方向。
- 【使用全局光】：选中该复选框，可以保持所有光照的角度一致；取消选中该复选框，可以为不同的图层分别设置光照角度。
- 【距离】：用来设置内阴影偏移图层内容的距离。
- 【阻塞】：用来在模糊或清晰之前收缩内阴影的边界。【大小】选项与【阻塞】选项是互相关联的，【大小】数值越大，可设置的【阻塞】范围就越大。
- 【大小】：用来设置投影的模糊范围，数值越大，模糊范围越广，反之内阴影越清晰。
- 【等高线】：调整曲线的形状来控制内阴影的形状，可以手动调整曲线形状，也可以选择内置的等高线预设。

- 【消除锯齿】：混合等高线边缘的像素，使投影更加平滑。该选项对于尺寸较小且具有复杂等高线的内阴影比较实用。
- 【杂色】：用来在投影中添加杂色的颗粒感效果，数值越大，颗粒感越强。

5.4.6 内发光

使用【内发光】样式可以沿图层内容的边缘向内创建发光效果。选中图层，选择【图层】|【图层样式】|【内发光】命令，在打开的【内发光】设置选项中可以对内发光的结构、图素及品质进行设置。

- 【混合模式】：设置发光效果与下面图层的混合方式。
- 【不透明度】：设置发光效果的不透明度。
- 【杂色】：在发光效果中添加随机的杂色效果，使光晕产生颗粒感。
- 【发光颜色】：单击【杂色】选项下面的色板，可以设置发光颜色；单击色板右侧的渐变条，可以在打开的【渐变编辑器】对话框中选择或编辑渐变色。
- 【方法】：用来设置发光的方式。选择【柔和】选项，发光效果比较柔和；选择【精确】选项，可以得到精确的发光边缘。
- 【源】：控制光源的位置。
- 【阻塞】：用来在模糊或清晰之前收缩内发光的边界。
- 【大小】：设置光晕范围的大小。
- 【等高线】：使用等高线可以控制发光的形状。
- 【范围】：控制发光中作为等高线目标的部分或范围。
- 【抖动】：改变渐变的颜色和不透明度的应用。

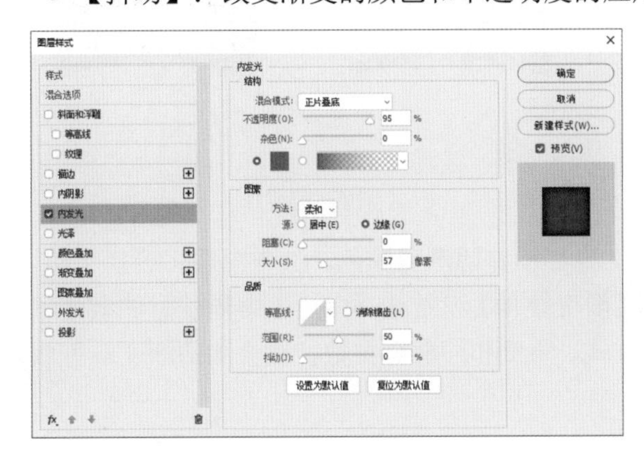

5.4.7 光泽

使用【光泽】样式可以为图层添加受到光线照射后表面产生的映射效果。【光泽】样式通常用来制作具有光泽质感的按钮和金属。选中图层，选择【图层】|【图层样式】|【光泽】命令，在打开的【光泽】设置选项中可以对光泽的颜色、混合模式、不透明度、角度、距离、大小、等高线进行设置。

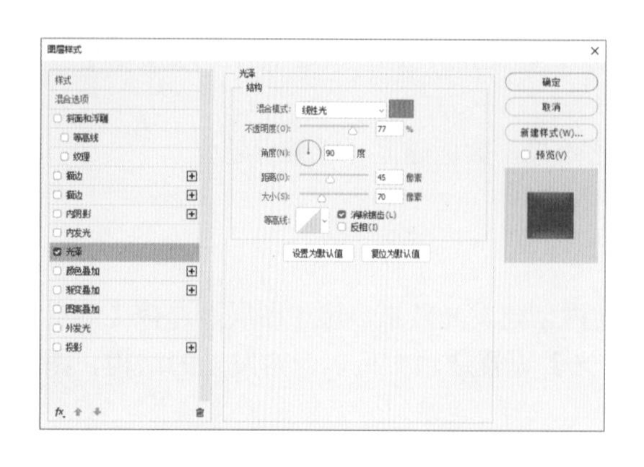

5.4.8 颜色叠加

使用【颜色叠加】样式可以在图层上叠加指定的颜色，通过设置颜色的混合模式和不透明度来控制叠加的颜色效果，以达到更改图层内容颜色的目的。选中图层，选择【图层】|【图层样式】|【颜色叠加】命令，在打开的【颜色叠加】设置选项中通过调整颜色的混合模式与不透明度来调整该图层的效果。

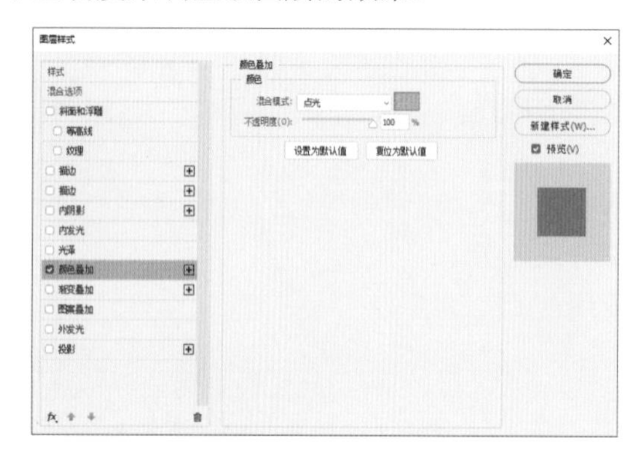

5.4.9 渐变叠加

使用【渐变叠加】样式可以在图层内容上叠加指定的渐变颜色。选中图层，选择【图层】|【图层样式】|【渐变叠加】命令，在打开的【渐变叠加】设置选项中可以编辑任意的渐变颜色，然后通过设置渐变的混合模式、不透明度、样式、角度和缩放等参数控制叠加的渐变颜色效果。

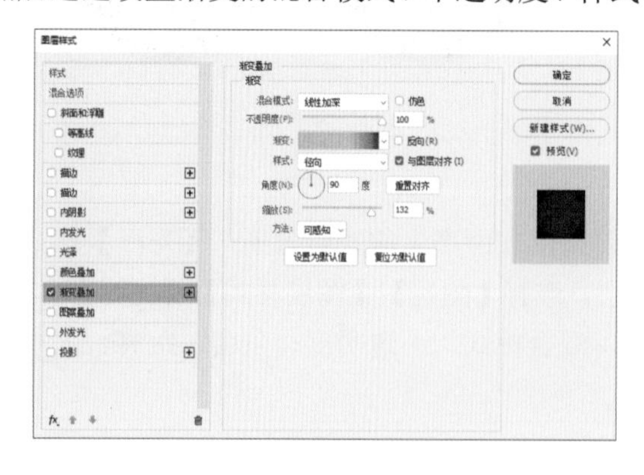

5.4.10 图案叠加

使用【图案叠加】样式可以在图层内容上叠加图案效果。选中图层，选择【图层】|【图层样式】|【图案叠加】命令，在打开的【图案叠加】设置选项中可以选择 Photoshop 预设的多种图案，然后缩放图案，设置图案的混合模式和不透明度，制作出特殊质感的效果。

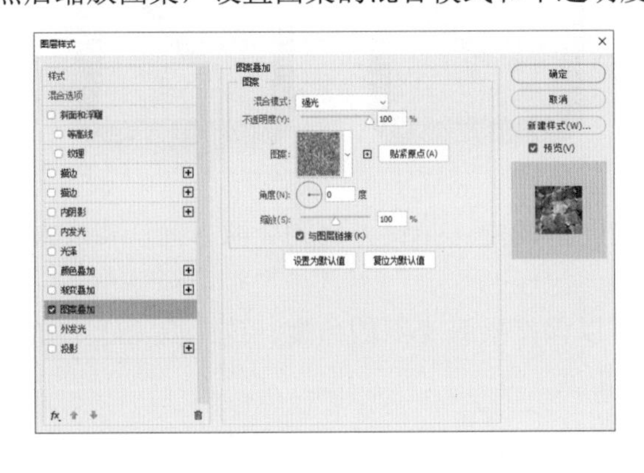

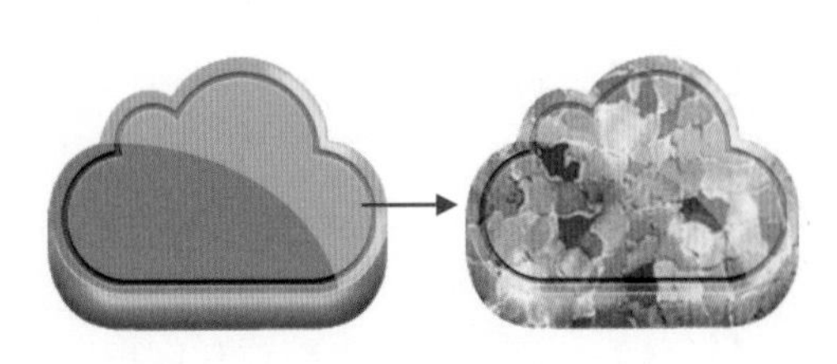

5.4.11 外发光

【外发光】样式与【内发光】样式非常相似，使用【外发光】样式可以沿图层内容的边缘向外创建发光效果。选中图层，选择【图层】|【图层样式】|【外发光】命令，在打开的【外发光】设置选项中可以对外发光的结构、图素及品质进行设置。【外发光】样式可用于制作自发光效果，以及人像或其他对象的光晕效果。

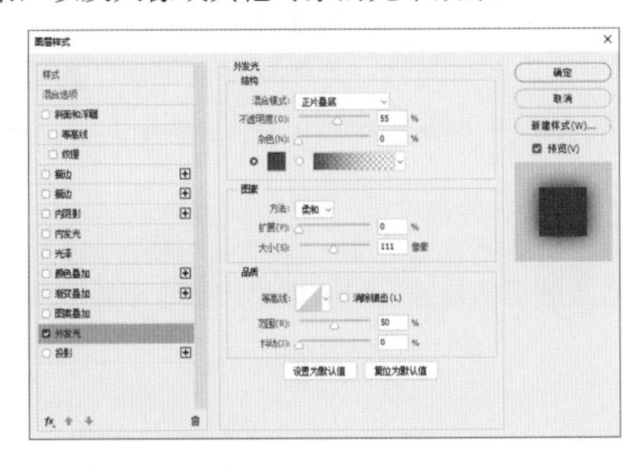

5.4.12 投影

使用【投影】样式可以为图层内容边缘外侧添加阴影效果，并控制阴影的颜色、大小和方向等，让图像效果更具立体感。选择【图层】|【图层样式】|【阴影】命令，在打开的【阴影】设置选项中通过设置参数来增加图层的层次感及立体感。

- 【混合模式】：用来设置投影与下面图层的混合方式，默认设置为【正片叠底】模式。
- 【阴影颜色】：单击【混合模式】选项右侧的色板，可以设置阴影的颜色。
- 【不透明度】：用来设置投影的不透明度。其数值越小，投影越淡。

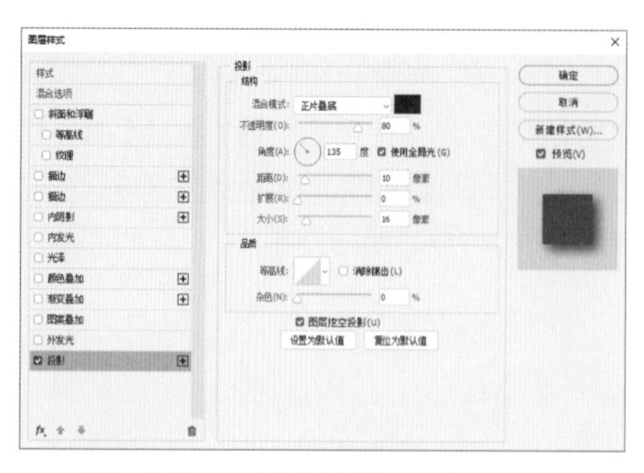

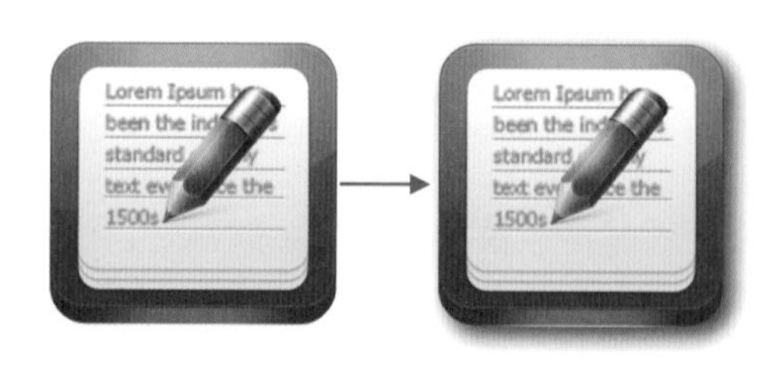

- 【角度】：用来设置投影应用于图层时的光照角度。指针方向为光源方向，相反方向为投影方向。
- 【使用全局光】：当选中该复选框时，可以保持所有光照的角度一致；取消选中该复选框时，可以为不同的图层分别设置光照角度。
- 【距离】：用来设置投影偏移图层内容的距离。
- 【扩展】：用来设置投影的扩展范围。该值受【大小】选项的影响。
- 【大小】：用来设置投影的模糊范围，该值越大，模糊范围越广，反之投影越清晰。
- 【等高线】：以调整曲线的形状来控制投影的形状，可以手动调整曲线形状，也可以选择内置的等高线预设。
- 【消除锯齿】：混合等高线边缘的像素，使投影更加平滑。该选项对于尺寸较小且具有复杂等高线的投影比较实用。
- 【杂色】：用来在投影中添加杂色的颗粒感效果，数值越大，颗粒感越强。
- 【图层挖空投影】：用来控制半透明图层中投影的可见性。选中该复选框后，如果当前图层的【填充】数值小于100%，则半透明图层中的投影不可见。

视频 5.4.13　编辑已添加的图层样式

图层样式的运用非常灵活，设计师可以随时修改效果的参数，隐藏效果，或者删除效果，这些操作都不会对图层中的图像造成任何破坏。

1. 显示、隐藏图层样式

如果要隐藏一个效果，可以单击该效果名称前的可见图标；如果要隐藏一个图层中的所有效果，可单击该图层【效果】前的可见图标；如果要隐藏文档中所有图层效果，可以选择【图层】|【图层样式】|【隐藏所有效果】命令。隐藏效果后，在原可见图标位置处单击，可以重新显示效果。

2. 修改图层样式参数

在【图层】面板中双击一个效果的名称，可以打开【图层样式】对话框并进入该效果的设置面板。此时可以修改效果的参数，修改完成后，单击【确定】按钮，可以将修改后的效果应用于图像。

3. 复制、粘贴图层样式

当需要对多个图层应用相同的样式效果时，复制和粘贴样式是最便捷的方法，具体操作如下。

01 打开一个图像文件，在【图层】面板中选择添加了图层样式的图层，选择【图层】|【图层样式】|【拷贝图层样式】命令复制图层样式；或直接在【图层】面板中右击添加了图层样式的图层，在弹出的快捷菜单中选择【拷贝图层样式】命令复制图层样式。

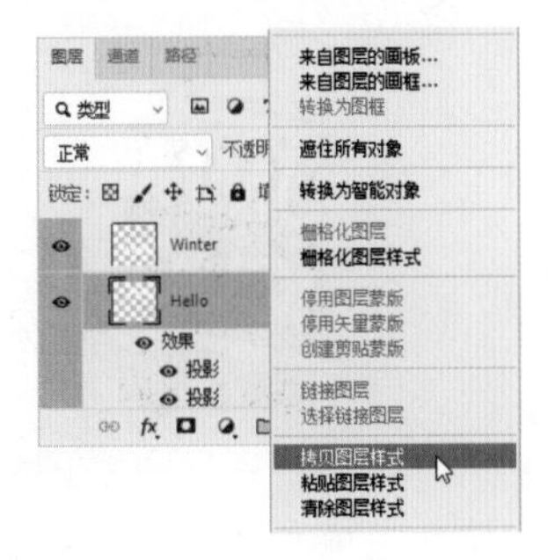

02 在【图层】面板中选择目标图层，然后选择【图层】|【图层样式】|【粘贴图层样式】命令，或直接在【图层】面板中右击目标图层，在弹出的快捷菜单中选择【粘贴图层样式】命令，可以将复制的图层样式粘贴到该图层中。按住 Alt 键将效果图标从一个图层拖到另一个图层，这样可以将该图层的所有效果都复制到目标图层。如果只需复制一个效果，可按住 Alt 键拖动该效果的名称至目标图层。如果没有按住 Alt 键，则可以将效果移到目标图层。

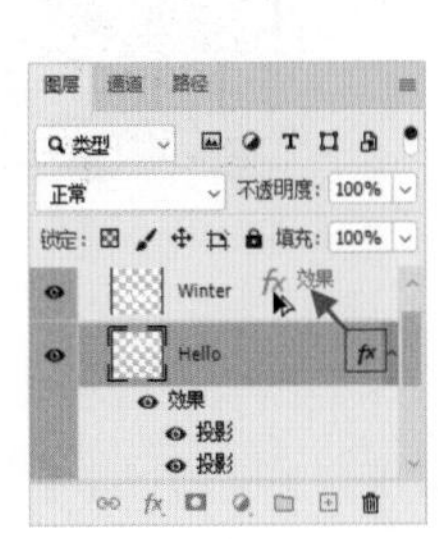

4. 清除图层样式

如果要清除一种图层样式，将其拖至【删除图层】按钮 上即可；如果要删除一个图层的所有样式，可以将图层效果名称拖至【删除图层】按钮 上，也可以选择样式所在的图层，然后选择【图层】|【图层样式】|【清除图层样式】命令。

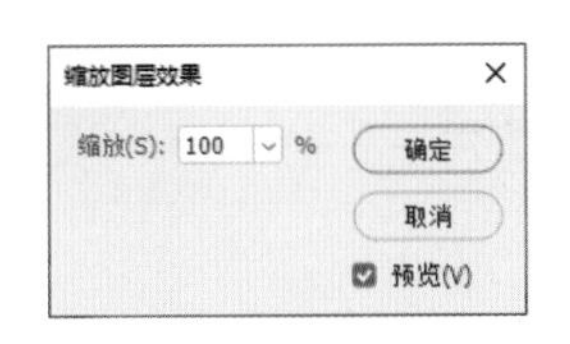

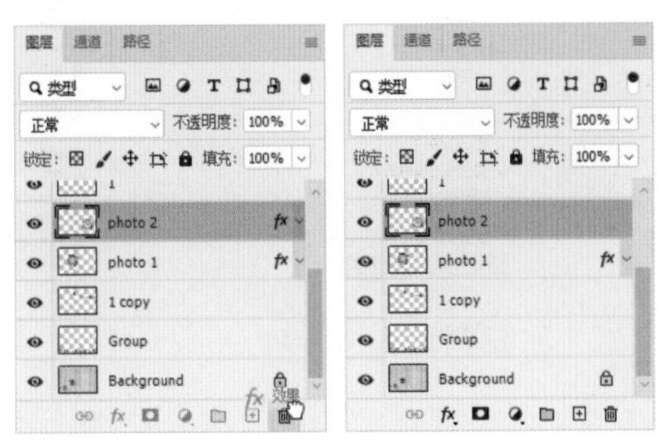

5. 缩放图层样式

通过使用缩放效果，可以将图层样式中的效果缩放，而不会缩放应用图层样式的对象。选择【图层】|【图层样式】|【缩放效果】命令，即可打开【缩放图层效果】对话框，具体操作如下。

01 打开一个图像文件，并在【图层】面板中选中需要添加样式的图层。在【样式】面板中，选择预设或导入的外部样式。

02 预设样式常与编辑的图像尺寸不相匹配，此时可以选择【图层】|【图层样式】|【缩放效果】命令进行调整。

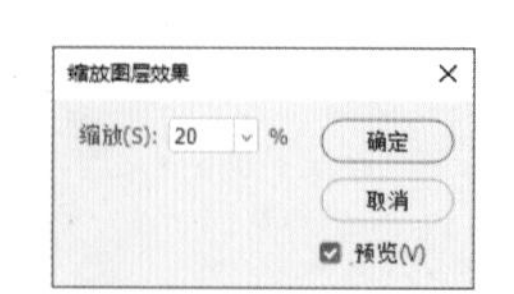

6. 载入样式库

在【样式】面板菜单中选择【导入样式】命令，在打开的【载入】对话框中，选择外部样式库，单击【载入】按钮即可载入外部样式库，具体操作如下。

01 在打开的【载入】对话框中，选中需要载入的样式库，然后单击【载入】按钮。

02 在【样式】面板底部，可以看到刚载入的样式库。展开样式库，单击样式，即可将其应用到图层中。

实例——制作多彩指甲油主图

文件路径：第 5 章 \ 实例——制作多彩指甲油主图

难易程度：★★☆☆☆

技术掌握：用画笔描边路径、应用【图层样式】

01 选择【文件】|【打开】命令，打开指甲油素材图像文件。选择【选择】|【主体】命令，选中图像文件中的产品部分。

02 选择【多边形套索】工具，在选项栏中单击【添加到选区】按钮，在图像下部添加选区。然后再选择【选择】|【反选】命令，选中图像上部区域。

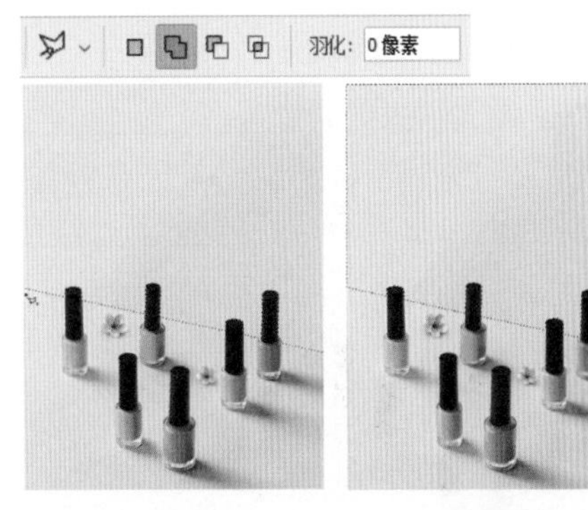

03 保持选区，在【图层】面板中单击【创建新图层】按钮，新建【图层 1】图层。选择【渐变】工具，在选项栏中单击【径向渐变】按钮，再单击渐变预览，在弹出的【渐变编辑器】对话框中设置渐变填充色为 R:221 G:169 B:232 至 R:176 G:130 B:203。然后使用【渐变】工具在图像左上角单击并按住鼠标左键向右下角拖曳，释放鼠标左键，即可填充选区。

04 按 Ctrl+D 快捷键，取消选区。使用【横排文字】工具在画板中拖曳创建文本框，然后输入文字内容。输入结束后，按 Ctrl+Enter 快捷键确认。在【字符】面板中，设置字体系列为 Arial Rounded MT Bold、字体大小为 150 点、行距为 150 点、字符间距为 -300、字符比例间距为 50%、水平缩放为 80%。

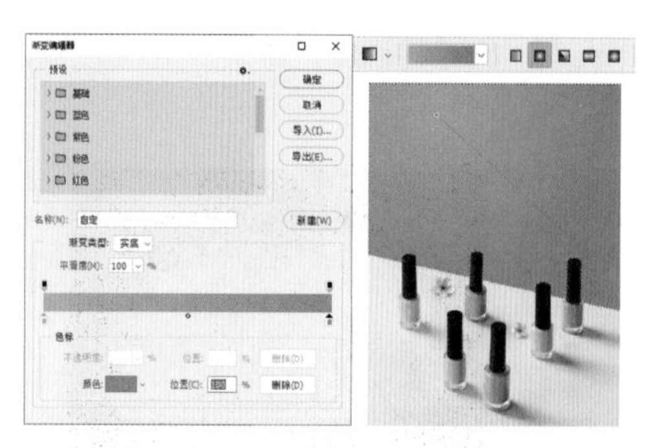

05 在【图层】面板中右击刚创建的文字图层，在弹出的快捷菜单中选择【创建工作路径】命令，并关闭文字图层的视图。

06 在【图层】面板中单击【创建新图层】按钮，新建【图层 2】图层。将前景色设置为 R:135 G:74 B:148，选择【画笔】工具，在选项栏中设置画笔样式为柔边圆 50 像素。

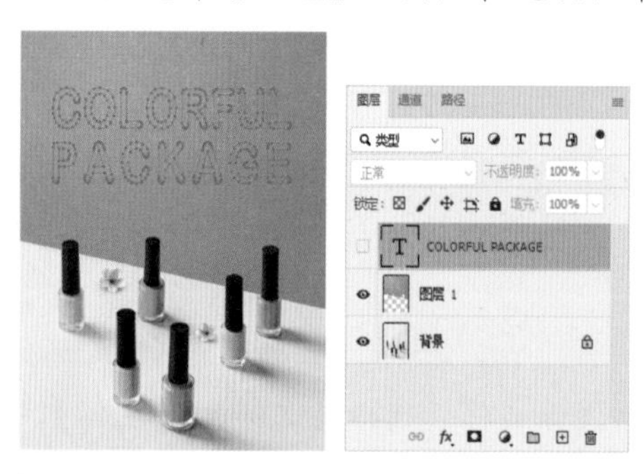

07 在【路径】面板中，按 Alt 键并单击【用画笔描边路径】按钮。在弹出的【描边路径】对话框中取消选中【模拟压力】复选框，然后单击【确定】按钮描边路径。

08 在【路径】面板的空白处单击，取消选中工作路径。再在【图层】面板中，设置【图层 2】图层的【填充】为 40%。

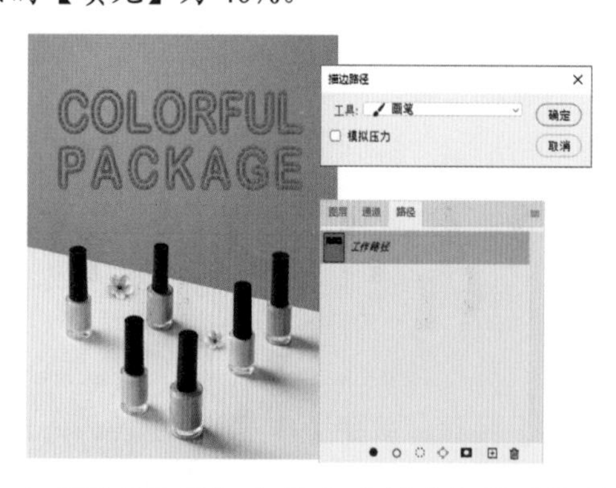

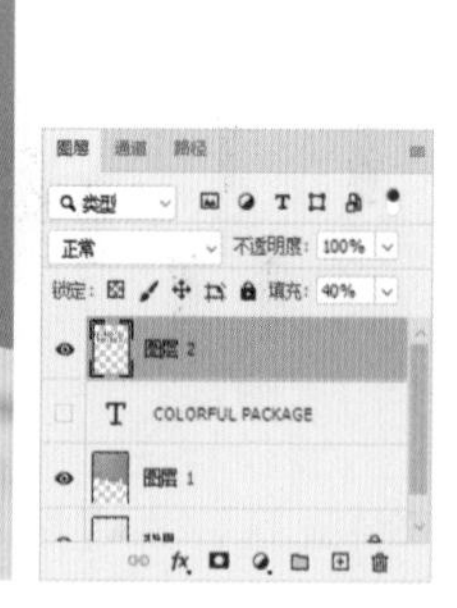

09 在【图层】面板中单击【创建新图层】按钮，新建【图层 3】图层。将前景色设置为白色，选择【画笔】工具，在选项栏中设置画笔样式为柔边圆 300 像素、【不透明度】为 50%。使用【画笔】工具在图像中添加修饰效果，并设置【图层 3】图层的混合模式为【变亮】。

10 在【图层】面板中单击【创建新图层】按钮，新建【图层 4】图层。将前景色设置为白色，选择【画笔】工具，在选项栏中设置画笔样式为硬边圆 30 像素、【不透明度】为 100%。然后在【路径】面板中选中【工作路径】，单击【用画笔描边路径】按钮描边路径。

11 在【图层】面板中双击【图层 4】图层，打开【图层样式】对话框。在该对话框中，选中【投影】选项，设置【混合模式】为【颜色加深】、投影颜色为黑色、【不透明度】为 60%，取消选中【使用全局光】复选框，设置【角度】为 121 度、【距离】为 40 像素、【扩展】为 4%、【大小】为 73 像素。

12 在【图层样式】对话框中，选中【外发光】选项，设置【混合模式】为【强光】、【不透明度】为 67%、发光颜色为 R:254 G:103 B:220、【扩展】为 5%、【大小】为 46 像素。

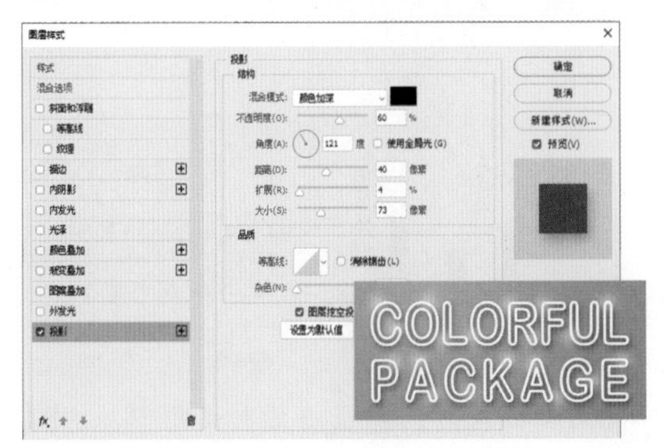
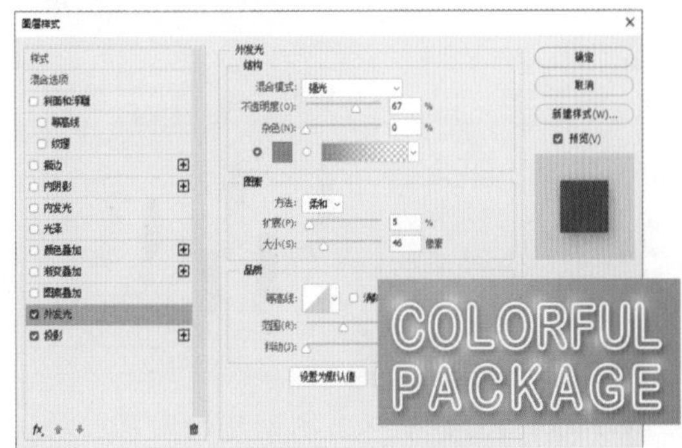

13 在【图层样式】对话框中选中【内阴影】选项，设置【混合模式】为【正片叠底】、内阴影颜色为 R:227 G:125 B:208、【不透明度】为 75%、【角度】为 90 度、【距离】为 10 像素、【大小】为 6 像素，然后单击【确定】按钮应用图层样式。选择【移动】工具，调整【图层 4】图层中文字图像的位置。

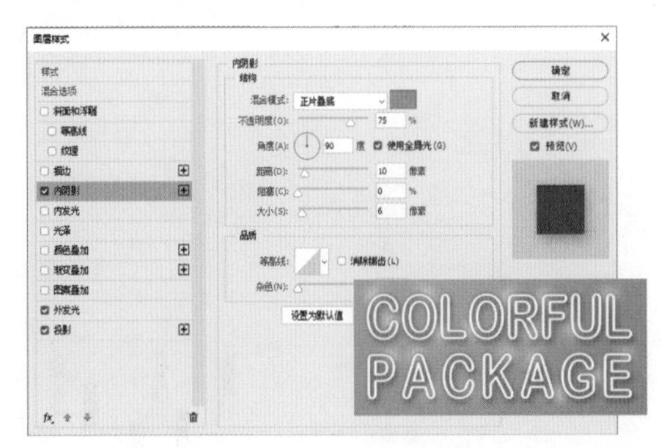

14 在【图层】面板中选中【图层 1】图层。选择【矩形】工具，在选项栏中选择工具模式为【形状】，单击【填充】选项下拉面板。在下拉面板中，单击【渐变】按钮，设置渐变色为 R:186 G:110 B:207 至 R:167 G:96 B:197，旋转渐变为 0。然后使用【矩形】工具在画板中拖动绘制矩形条。

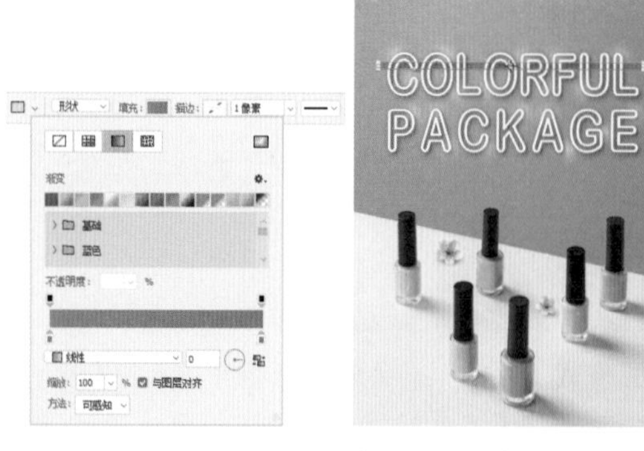

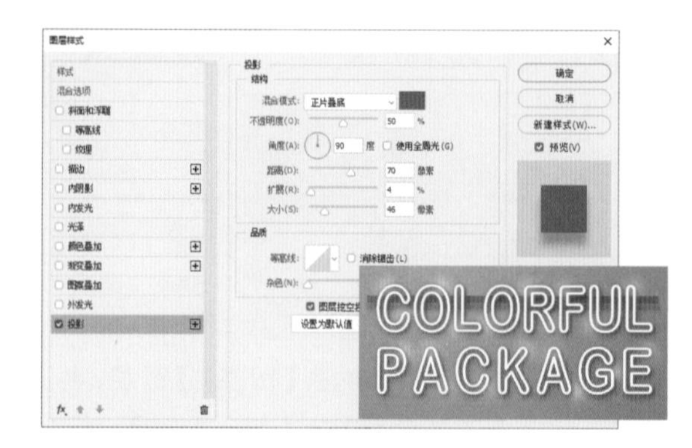

15 按Ctrl+J快捷键，复制刚创建的形状图层，并使用【移动】工具调整形状图层的位置。

16 选择【横排文字】工具，在画板中单击添加占位符文字。然后在【字符】面板中，设置字体系列为Arial Rounded MT Bold、字体大小为55点、字体颜色为R:254 G:255 B:191。

17 在【图层】面板中双击刚创建的文字图层，打开【图层样式】对话框。在该对话框中，选中【投影】选项，设置【混合模式】为【颜色加深】、投影颜色为黑色、【不透明度】为45%，取消选中【使用全局光】复选框，设置【角度】为120度、【距离】为45像素，【扩展】为0、【大小】为40像素。

18 在【图层样式】对话框中选中【外发光】选项，设置【混合模式】为【强光】、【不透明度】为80%、发光颜色为R:255 G:210 B:102、【扩展】为0、【大小】为30像素，然后单击【确定】按钮应用图层样式，完成实例的制作。

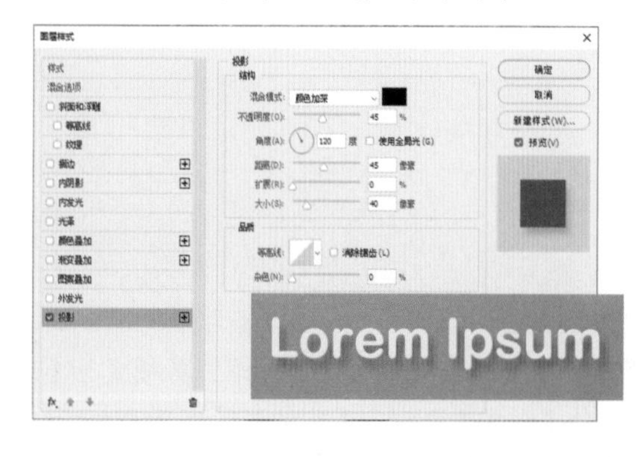

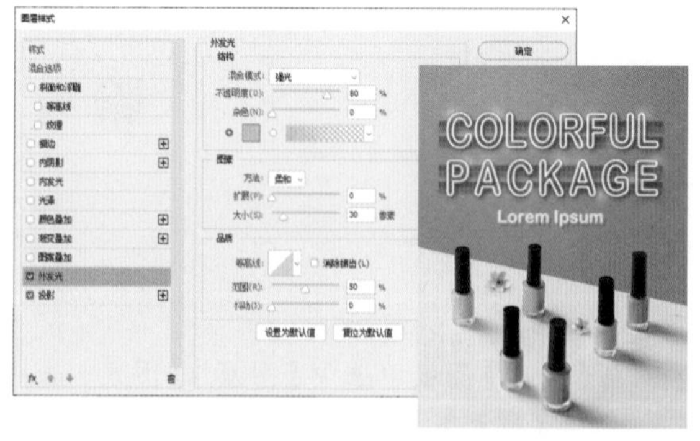

第 6 章

排版设计

本章导读

排版是设计人员必备的技能。电商设计中，大到网店的“装修”，小到店铺广告的设计、主图的编排，这些都离不开排版。优秀的排版会让观看者感到赏心悦目，同时能有效地传达信息。

6.1 如何在设计中有效排版

版式设计是电商设计中不可或缺的部分，也是考验设计师将信息转换为设计的一道命题。版式设计是指在有限的、特定的版面中，根据设计的内容、目的、要求，把文字、图形、颜色等元素进行合理的组合排列。

一个好的版式一定具有思想性、艺术性、创造性和协调性。思想性是指文字信息表达清晰，能体现设计的主题思想，能增强画面的表达力，做到信息的层次分明。艺术性是指利用元素展示时，增强版面的变化感，同时不会影响主体表现。创造性是指通过色彩搭配让版面设计在适合产品的主题时，又能表现出独特性。协调性是指能够将各类内容、信息和素材进行很好的布局和比例控制，使版面更有美感和欣赏价值。

6.1.1 图像关联性运用

图像在版式设计中占有非常大的比重，其视觉冲击力比文字强烈。在电商设计中，要对画面中的内容和图像进行组合、排列和设计，让浏览者能够在短时间内流畅地阅读，并能够清晰地理解画面内容，让浏览者明白画面想要传达的信息。因此，设计师在做电商主图内容或挖掘产品卖点时，可以选取具有关联性、联想性的图片，引导消费者心理。

6.1.2 阅读体验舒适性

电商设计中，版式元素的组合方式不同，给浏览者带来的阅读体验也会大不相同。要获得舒适的阅读体验，电商设计师应该分析版式元素的主次关系，视线的浏览顺序，对画面内容进行梳理与排列，简化浏览的方向线，使画面更加统一，突出产品卖点。

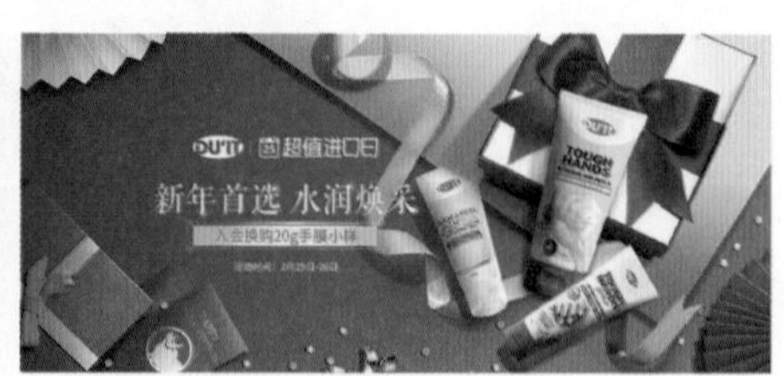

6.1.3　主题内容引导性

在阅读时，浏览者的视线一定会最先聚焦在具有视觉吸引力的图像上，之后才会从焦点位置移到其他元素上。因此，电商设计师在进行电商设计时可以将内容引导分为聚焦、方向引导和锁定 3 步。

1. 聚焦

聚焦指的是利用文字内容、色彩和图形元素的组合变化改变版式的结构，引导消费者首先关注画面中的重要部分，即聚焦消费者的视线。

2. 方向引导

人们在观察事物时，视线会按照一定的顺序进行有规律的移动，因此可以利用画面中产品、图像或图形元素的布局来引导消费者的浏览视线。方向引导经常被应用在电商的 Banner 和详情页的设计中。

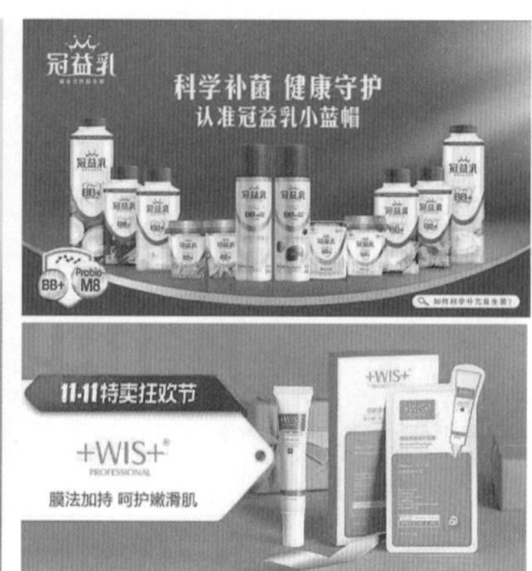

3. 锁定

一个成功的版式设计，会让浏览者的视线尽可能多地接触到画面中的元素。当浏览者对关注的元素失去兴趣时，视线便会转移。为了避免视线移出画面，可以通过版式的设计把浏览者的视线锁定在画面中，这就是锁定的作用。它经常被应用在详情页的设计中，可以有效提升浏览率。

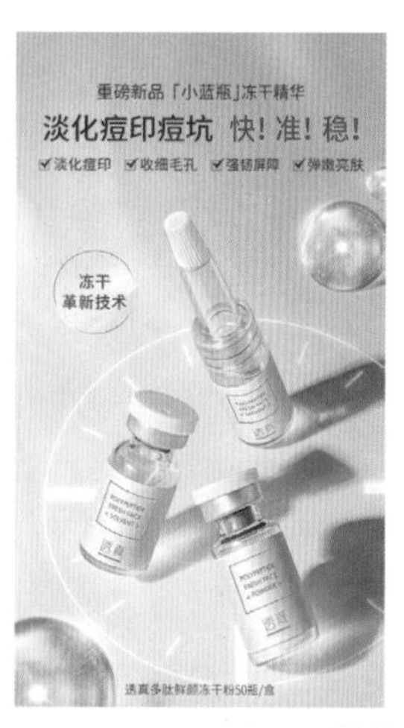

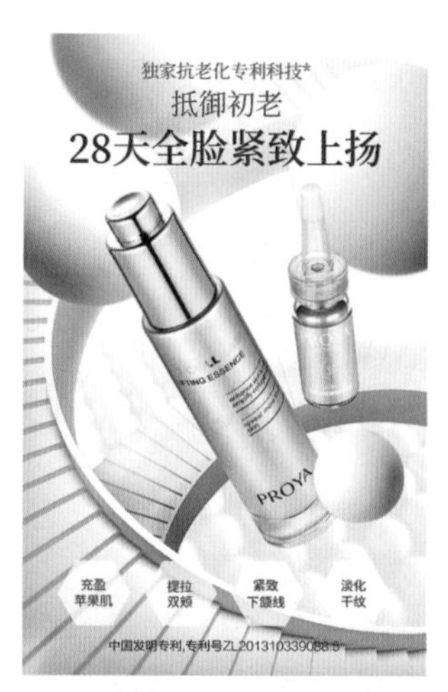

6.2 电商视觉营销中的构图方法

电商视觉营销设计最终的目的是销售产品，实现流量的转化。因此，任何构图的目的都十分明确。

6.2.1 平衡对称构图

平衡对称的形式经常出现在我们的生活场景中，这种形式会让我们感到整齐、稳定、统一。平衡对称的形式运用在构图中时，如果画面左右两侧内容相同，画面虽然有平衡感，但会显得呆板且有局限性。因此，两侧内容可以略有不同，但整体要保持相对的平衡感。

在实际应用过程中，画面中会有不同的产品、信息内容和画面结构，很难达到真正意义上的平衡。电商设计师就需要快速地将所有元素进行归类、分区，再用平衡对称法解决构图的问题，使画面变得干净、有条理。

6.2.2 中心构图

中心构图也称为焦点构图，它将画面的主体内容集中在版面的中心位置，以引导视线，是常用的经典技法。

采用中心构图进行设计时，会将主体与次要元素集中在版面的中心区域，并通过运用色彩差异或强烈的对比让中心成为浏览者的注目焦点，周围的次要元素也会将浏览者的视线引向视觉中心。这种构图的优势在于能让所要表现的内容更加突出，起到吸引眼球的作用。

运用中心构图法不仅可以提升视觉上的集中性，还能让版面变得系统、规整；在中心附近添加少量的设计元素，还能够提升版面的动感和丰富感。

6.2.3　对角线构图

对角线构图其实是引导线构图中的一种，会使画面具有延伸性，能增加画面的空间长度，便于实现留白设计。对角线上的内容可以是文字、图形或产品，只要整体延伸方向与对角线方向接近，就可以视为对角线构图。

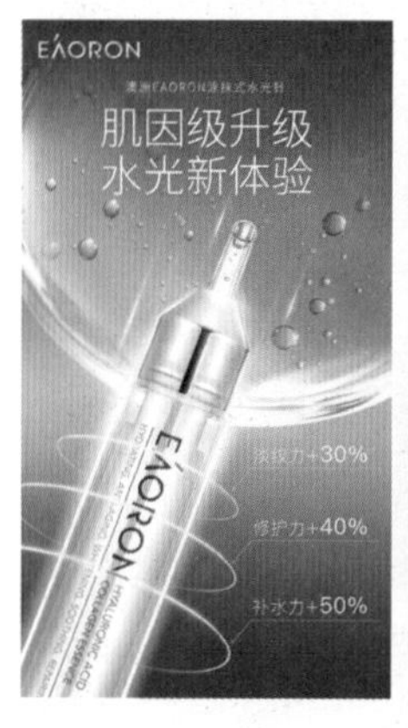

6.2.4　S形构图

S形构图也是人们常说的曲线构图，其画面优美且富有活力、韵味，能表现出空间感和深度感，同时浏览者的视线会随着曲线的形态在画面中移动。

在实际设计过程中，要使用S形构图将产品和信息内容融入其中时，需要调节内容的大小比例，做到有大小渐变，有远近变化，这样才能体现出S形构图的灵活性和艺术性。

6.2.5　三角形构图

三角形构图又叫金字塔构图，画面中主要元素的分布呈三角形。正三角形构图最具有安全感和稳定感；倒三角形构图则会相应地产生活泼、多变的感觉，动感强烈。

在版式设计时需要注意的是，使用正三角形构图应避免呆板，可通过对文字和图片的处理来打破其呆板；而使用倒三角形构图在产生动感的同时要注意其稳定性。

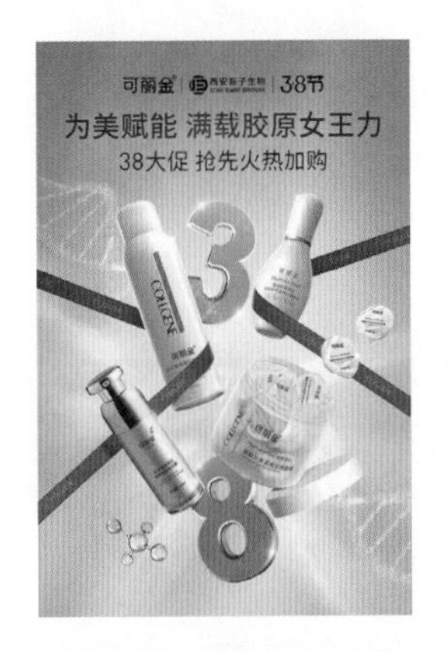

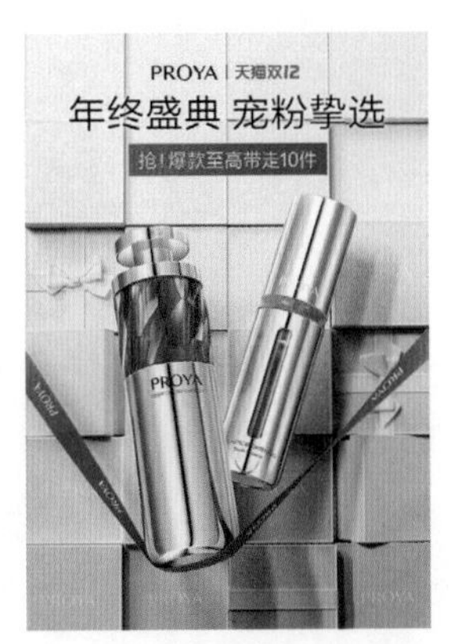

6.3 版式中的留白

留白是版式中未放置任何图文的空间，它是版式设计中一种特殊的表现手法。其形式、大小、比例决定着版面的质量。适当的留白可以解决内容拥挤、画面凌乱的问题，可提升画面的艺术性、设计感。但留白并不是越多越好，也不是只要留出空间就叫留白设计。使用留白设计时，需要根据产品风格、主题性质和文案需求来调整留白的位置和大小。

留白设计更多地被应用在雅致、高端、文艺感的设计中。大量的画面留白，容易聚焦浏览者的视线，整个画面会给人一种宁静、舒适的感觉；让画面的空间感也得到了增强。

当画面中缺乏留白时，画面中的元素充满画面会给人一种压迫感，导致画面不但没有视觉焦点，而且浏览者的视线也很容易被分散，让浏览者在观看时产生抗拒心理和不舒适感。

6.4 使用辅助工具安排版面

在 Photoshop 中使用辅助工具可以快速对齐、测量或排列对象。辅助工具包括标尺、参考线和网格等。它们的作用和特点各不相同。

6.4.1 标尺

标尺可以帮助设计师准确地定位图像或元素的位置。选择【视图】|【标尺】命令，或按Ctrl+R快捷键，可以在图像文件窗口的左侧和顶部分别显示水平和垂直标尺。此时移动光标，标尺内的标记会显示光标的精确位置。

默认情况下，标尺的原点位于文档窗口的左上角。修改原点的位置，可从图像上的特定位置开始测量。将光标放置在原点上，单击并向右下方拖动，画面中会显示十字线。将它拖到需要的位置，然后释放鼠标，定义原点新位置。定位原点的过程中，按住Shift键可以使标尺的原点与标尺的刻度记号对齐。将光标放在原点默认的位置上，双击鼠标即可将原点恢复到默认位置。

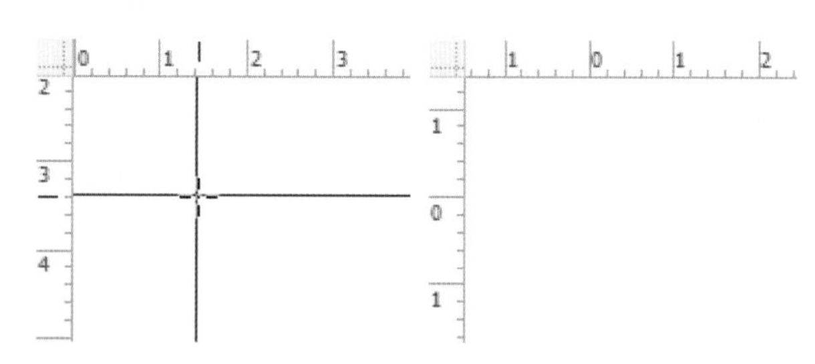

在文档窗口中双击标尺，可以打开【首选项】对话框，在该对话框的【标尺】下拉列表中可以修改标尺的测量单位；或在标尺上右击，在弹出的快捷菜单中选择标尺的测量单位。

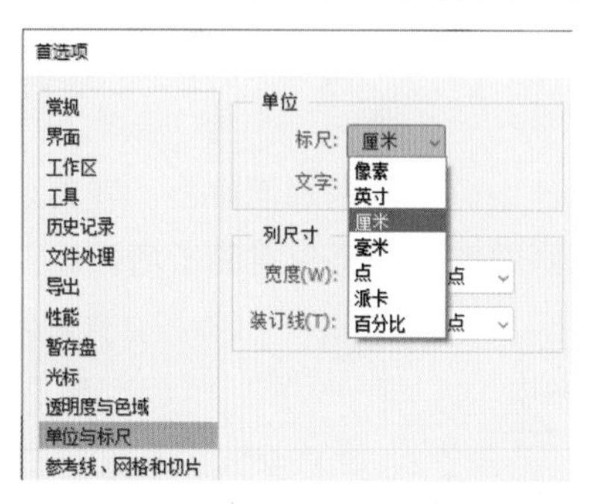

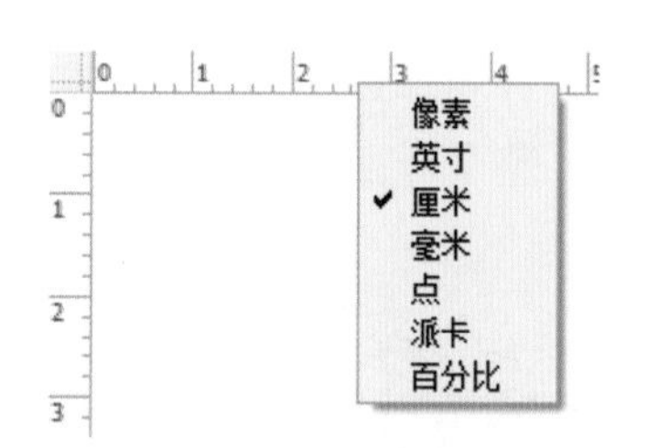

6.4.2 参考线

参考线是一种常用的辅助工具，在平面设计中尤为实用。当设计师需要制作排列整齐的元素时，徒手移动很难保证元素整齐排列。如果使用参考线，则可在移动对象时将其自动吸附到参考线上，从而使版面更加整齐。除此之外，在制作一个完整的版面时，也可以先使用参考线将版面进行分割，之后再进行元素的添加。

1. 创建画布参考线

参考线是显示在图像文件上方的、不会被打印出来的线条，可以帮助设计师定位图像。在Photoshop中，通过以下两种方法可以创建参考线。一种方法是按Ctrl+R快捷键，在图像文件

中显示标尺，然后将光标放置在标尺上，并向文档窗口中拖动，即可创建画布参考线。如果想要使参考线与标尺上的刻度对齐，可以在拖动时按住 Shift 键。

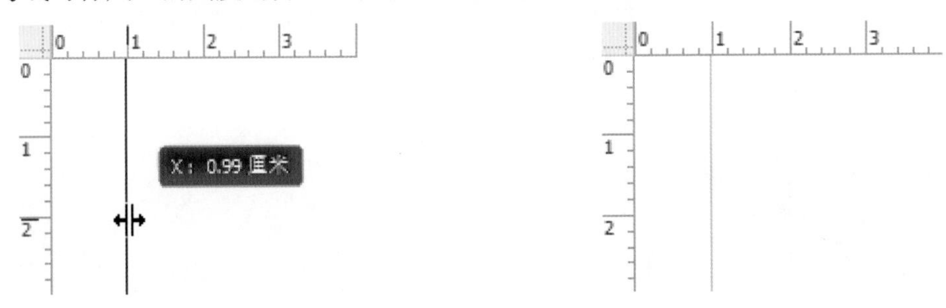

在文档窗口中，没有选中画板时，拖动创建的参考线为画布参考线；选中画板后，拖动创建的参考线为画板参考线。

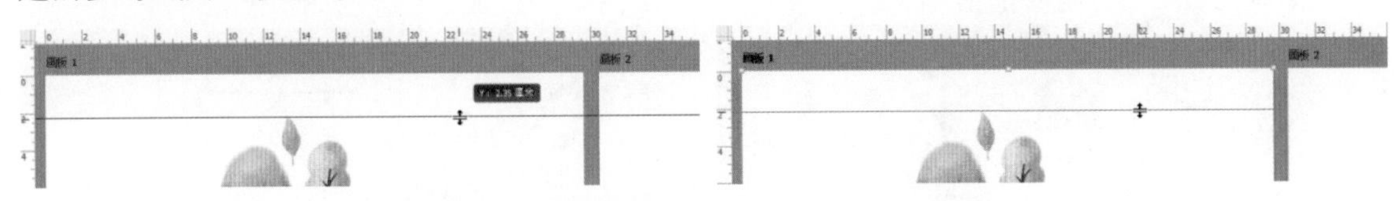

另一种方法是选择【视图】|【新建参考线】命令，打开【新建参考线】对话框。在该对话框的【取向】选项组中选择需要创建参考线的方向；在【位置】文本框中输入数值，此值代表了参考线在图像中的位置，然后单击【确定】按钮，可以按照设置的位置创建水平或垂直的参考线。

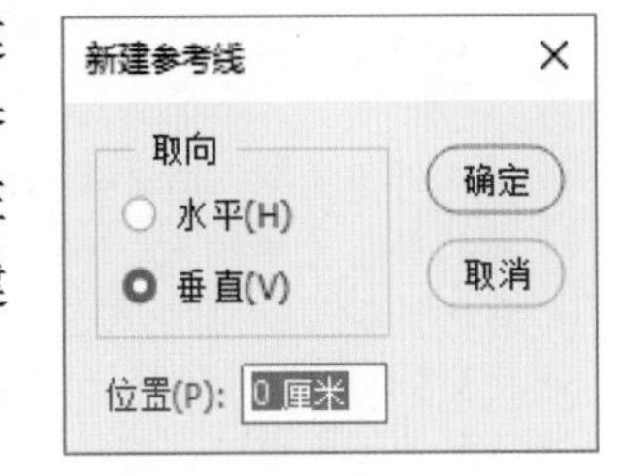

提示

选择【视图】|【显示】|【参考线】命令，或按 Ctrl+; 快捷键，可以将当前参考线隐藏。

2. 锁定参考线

创建参考线后，将鼠标移到参考线上，当鼠标显示为⇹或⇞图标时，单击并拖动鼠标，可以改变参考线的位置。在编辑图像文件的过程中，为了防止参考线被移动，选择【视图】|【锁定参考线】命令可以锁定参考线的位置；再次选择该命令，取消命令前的√标记，即可取消参考线的锁定。

3. 清除参考线

如果不需要再使用参考线，可以将其清除。选择【视图】|【清除参考线】命令或【清除所选画板参考线】命令或【清除画布参考线】命令，即可将参考线清除。

- 选择【清除参考线】命令，可以删除图像文件中的画板参考线和画布参考线。
- 选择【清除所选画板参考线】命令，可以删除所选画板上的参考线。
- 选择【清除画布参考线】命令，可以删除文档窗口中的画布参考线。

6.4.3 网格

默认情况下，网格显示为不可打印的线条或网点。网格对于对称布置图像和图形的绘制都十分有用。选择【视图】|【显示】|【网格】命令，或按 Ctrl+’ 快捷键可以在当前打开的文件窗口中显示网格。

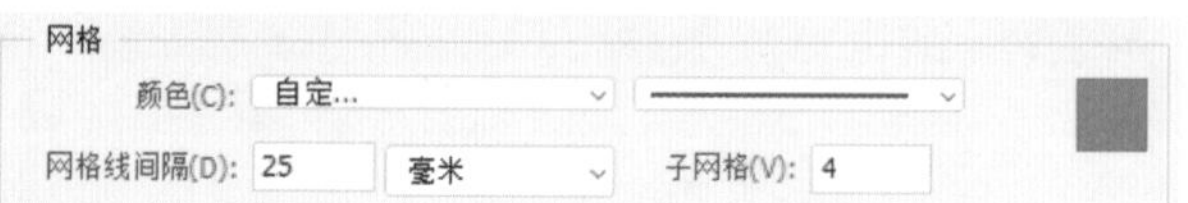

提示

默认情况下，参考线的颜色为青色，智能参考线的颜色为洋红色，网格的颜色为灰色。如果要更改参考线、网格的颜色，可以选择【编辑】|【首选项】|【参考线、网格和切片】命令，在打开的【首选项】对话框中可以选择合适的颜色，还可以选择线条类型。

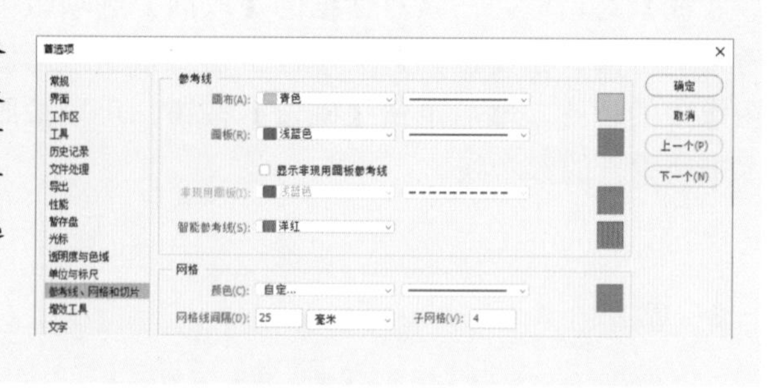

6.4.4 对齐

开启【对齐】功能，在进行移动、变换或者创建新图形时，对象会被自动吸附到另一个对象的边缘或者某些特定位置。这一功能有助于精确地放置选区、裁剪选框、切片、调整形状和路径等。选择【视图】|【对齐】命令，可以切换【对齐】功能的启用与关闭。在【视图】|【对齐到】命令的子菜单中可以设置可对齐的对象。

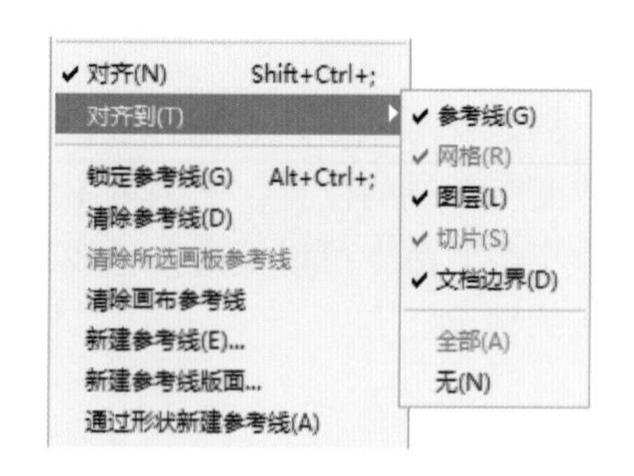

视频 实例——制作优惠券领取界面

文件路径：第 6 章 \ 实例——制作优惠券领取界面

难易程度：★★★☆☆

技术掌握：显示网格、绘制形状、【自由变换】命令

01 选择【文件】|【新建】命令，打开【新建文档】对话框。在该对话框中，设置【宽度】为 1024 像素、【高度】为 1536 像素、【分辨率】为 300 像素 / 英寸，然后单击【创建】按钮新建空白文档。

02 在【颜色】面板中，设置前景色为 R:248、G:166、B:129，然后按 Alt+Delete 快捷键使用前景色填充【背景】图层。

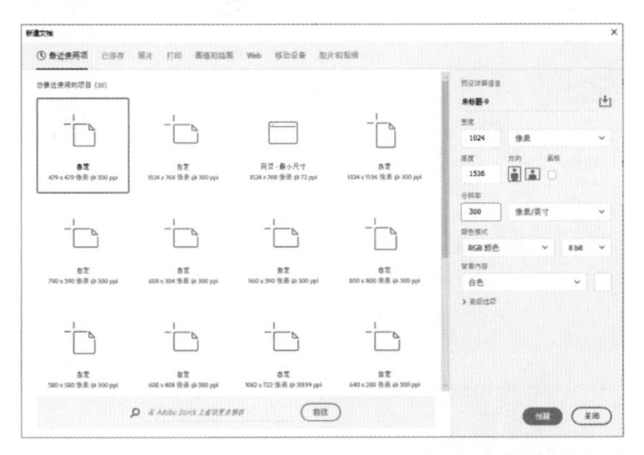

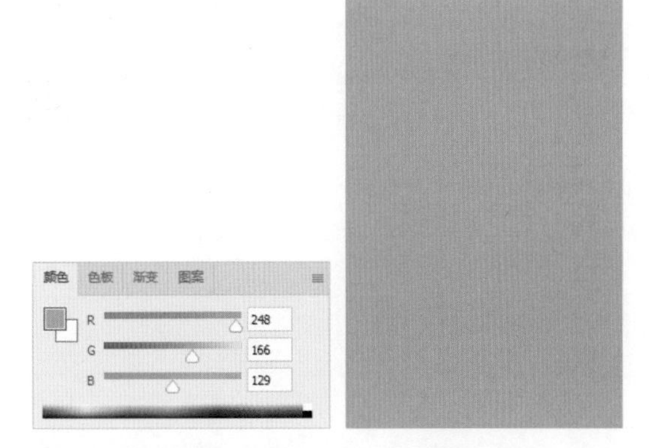

03 选择【视图】|【显示】|【网格】命令，显示网格。选择【矩形】工具，在选项栏中选择工具模式为【形状】，设置【填充】为 R:255 G:82 B:73、【描边】为无，然后使用【矩形】工具在画板中拖动绘制矩形，生成【矩形 1】图层。在【图层】面板中单击【锁定位置】按钮。

04 在【图层】面板中选中【背景】图层。选择【多边形】工具，在选项栏中设置边数为 6，然后使用【多边形】工具在画板中依据网格拖动绘制六边形。

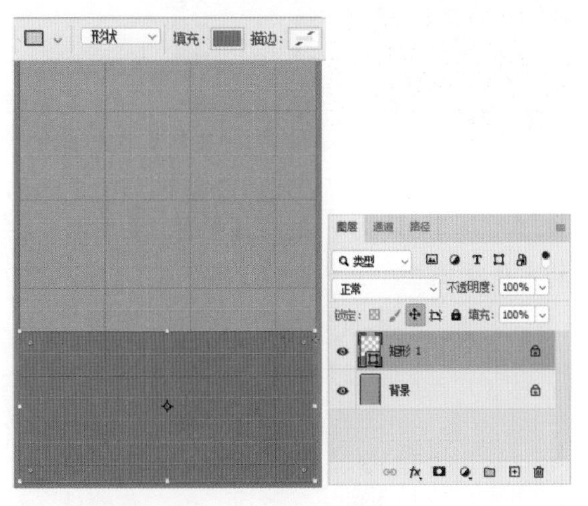

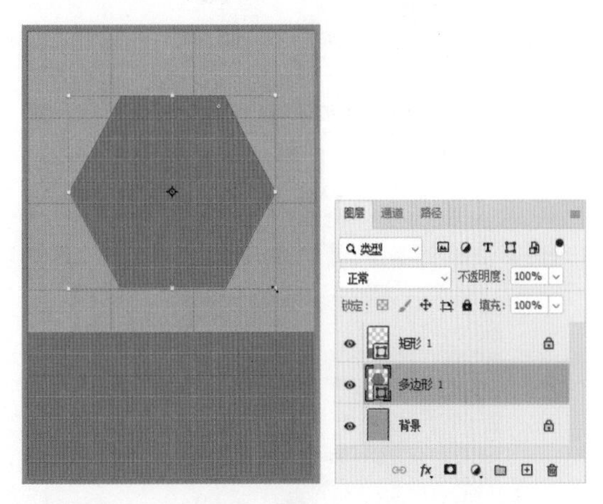

05 在【图层】面板中双击【多边形 1】图层，打开【图层样式】对话框。在该对话框中，选中【描边】选项，设置【大小】为 18 像素、【位置】为【内部】、【颜色】为 R:247 G:229 B:213。

06 在【图层样式】对话框中选中【投影】选项，设置【混合模式】为【正片叠底】、【不透明度】为 25%、【角度】为 70 度、【距离】为 25 像素、【大小】为 80 像素，然后单击【确定】按钮应用图层样式。

07 选择【文件】|【置入嵌入对象】命令，置入所需的模特图像文件。在【图层】面板中，右击刚置入的图像图层，在弹出的快捷菜单中选择【创建剪贴蒙版】命令创建剪贴蒙版。

08 在【图层】面板中选中【背景】图层。选择【矩形】工具，在选项栏中选择工具模式为【形状】，设置【填充】为 R:239 G:211 B:133、【描边】为无，然后使用【矩形】工具在画板中拖动绘制矩形，生成【矩形 2】图层。

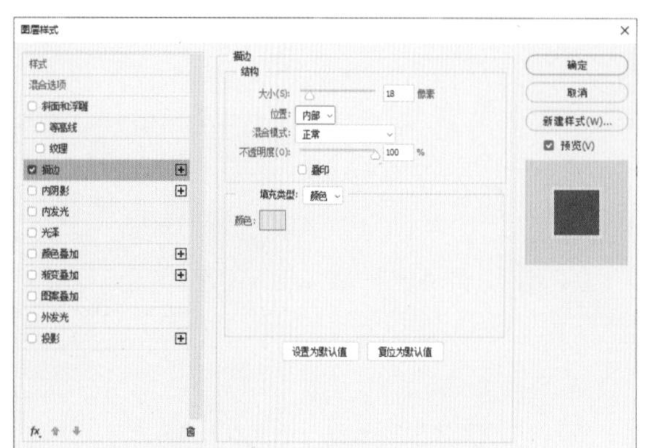

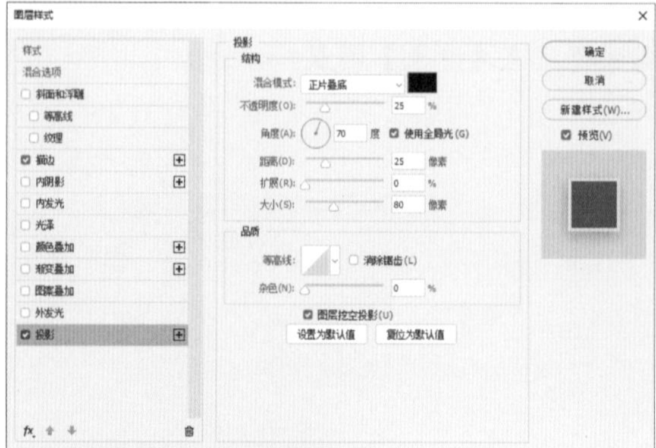

09 选择【文件】|【置入嵌入对象】命令，置入所需的化妆品素材图像。然后按 Ctrl+T 快捷键应用【自由变换】命令，调整图像的角度。再在【图层】面板中，选中【矩形 2】图层，按 Ctrl+T 快捷键应用【自由变换】命令，调整矩形的角度及位置。

10 在【图层】面板中选中化妆品素材图层。选择【文件】|【置入嵌入对象】命令，置入文字素材图像。

11 在【图层】面板中选中【矩形 1】图层。使用【文件】|【置入嵌入对象】命令，分别置入优惠券素材图像。

12 在【图层】面板中选中上一步置入的素材图层，按 Ctrl+T 快捷键应用【自由变换】命令，在选项栏中设置 W 数值为 80%。然后使用【移动】工具，依据参考线调整优惠券图像的位置。

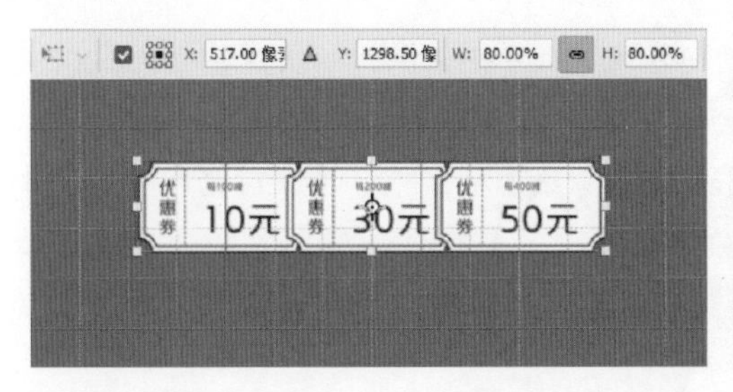

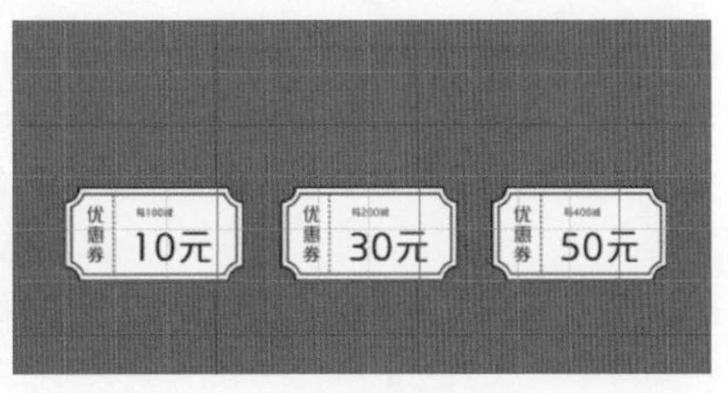

13 选择【横排文字】工具，在画板中单击并输入文字内容，在【字符】面板中选择字体系列为【方正汉真广标简体】，设置字体大小为 18 点、字符间距为 200、字体颜色为白色，然后再次选择【视图】|【显示】|【网格】命令，隐藏网格，完成实例的制作。

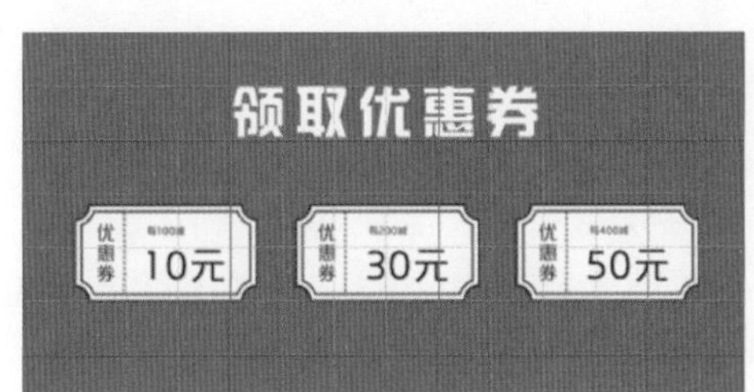

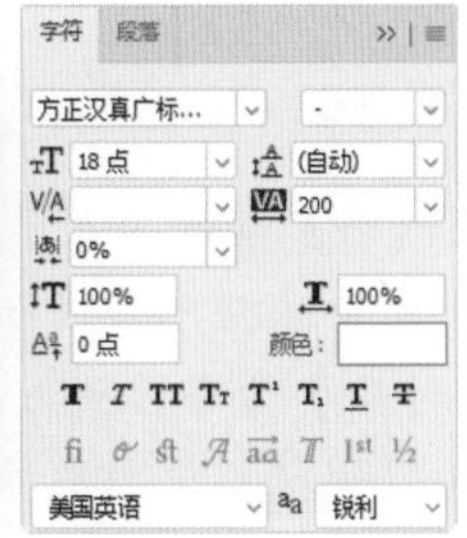

视频 实例——制作果汁广告

文件路径：第 6 章 \ 实例——制作果汁广告
难易程度：★☆☆☆☆
技术掌握：【新建参考线】命令、绘制形状、创建剪贴蒙版

01 选择【文件】|【新建】命令，在打开的【新建文档】对话框中，设置【宽度】为 1024 像素、【高度】为 768 像素、【分辨率】为 300 像素 / 英寸，然后单击【创建】按钮新建空白文档。

02 选择【渐变】工具，在选项栏中单击渐变预览，在弹出的【渐变编辑器】对话框中，设置渐变颜色为 R:232 G:232 B:232 至 R:255 G:255 B:255 至 R:232 G:232 B:232，然后使用【渐变】工具在画板顶部单击并按住鼠标左键向下拖动，释放鼠标填充画板。

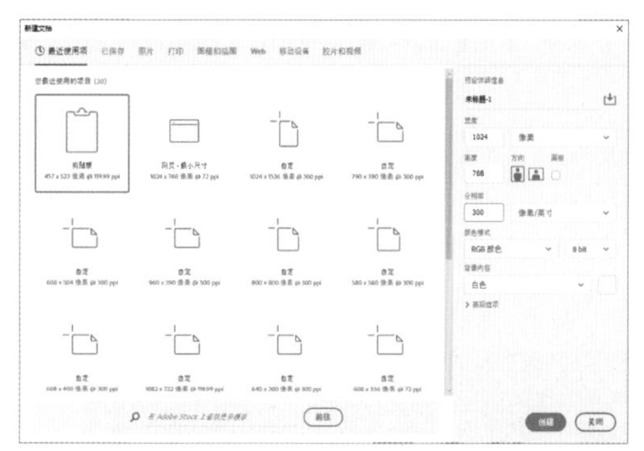
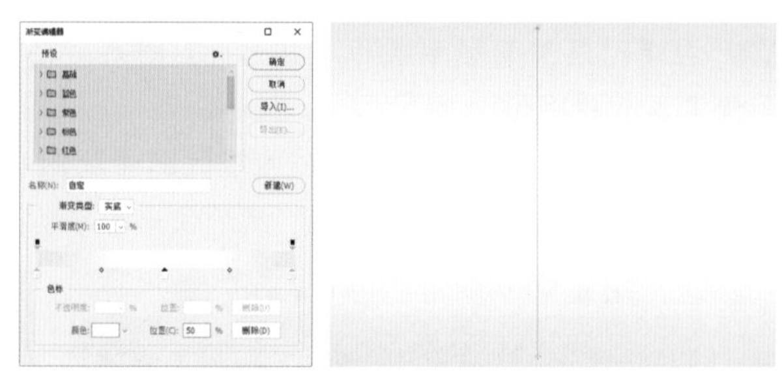

03 选择【视图】|【新建参考线】命令，打开【新建参考线】对话框。在该对话框中，选中【垂直】单选按钮，设置【位置】为117像素，然后单击【确定】按钮创建参考线。再次选择【视图】|【新建参考线】命令，打开【新建参考线】对话框。在该对话框中，设置【位置】为907像素，然后单击【确定】按钮创建参考线。

04 选择【视图】|【新建参考线】命令，打开【新建参考线】对话框。在该对话框中，选中【水平】单选按钮，设置【位置】为117像素，然后单击【确定】按钮创建参考线。再次选择【视图】|【新建参考线】命令，打开【新建参考线】对话框。在该对话框中，选中【水平】单选按钮，设置【位置】为651像素，然后单击【确定】按钮创建参考线。

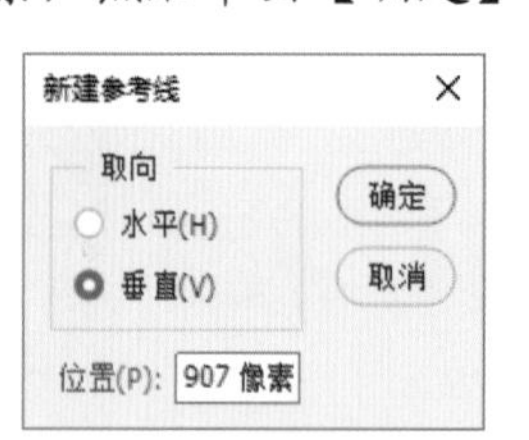

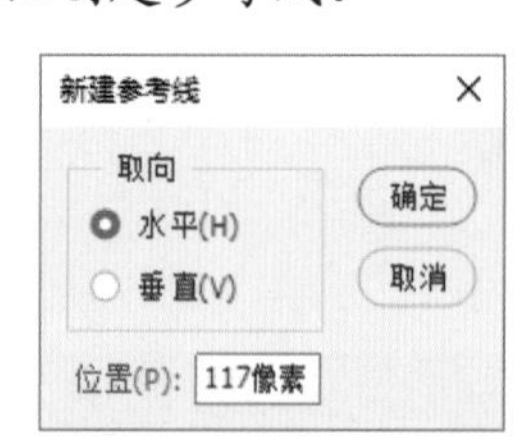

05 选择【视图】|【显示】|【网格】命令，显示网格。选择【矩形】工具，在选项栏中选择工具模式为【形状】，然后在画板中依据参考线和网格绘制矩形，生成【矩形 1】图层。

06 选择【文件】|【置入嵌入对象】命令，置入所需的素材图像文件。在【图层】面板中，右击刚置入的图像图层，在弹出的快捷菜单中选择【创建剪贴蒙版】命令创建剪贴蒙版，并按Ctrl+T快捷键应用【自由变换】命令调整图像的大小及位置。

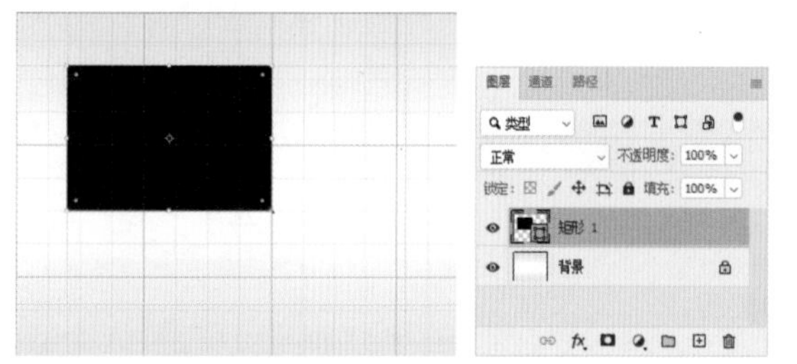

07 使用与步骤05至步骤06相同的操作方法，绘制【矩形 2】图层，并置入另一个素材图像文件。

08 使用【矩形】工具，在选项栏中更改【填充】为白色、【描边】为【无】，然后使用【矩形】工具依据参考线和网格绘制矩形。

09 选择【文件】|【置入嵌入对象】命令，置入所需的素材图像文件，并调整其大小及角度。

10 在【图层】面板中，双击刚置入的图像图层，打开【图层样式】对话框。在该对话框中，选中【投影】选项，设置【混合模式】为【正片叠底】、【不透明度】为75%，取消选中【使用全局光】复选框，设置【角度】为130度、【距离】为25像素、【大小】为30像素，然后单击【确定】按钮应用图层样式。

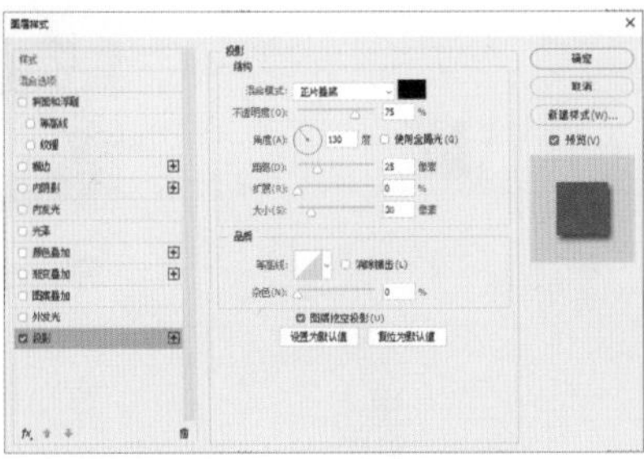

11 在【图层】面板中选中【矩形4】图层。选择【矩形】工具，然后在选项栏中单击【填充】选项，在弹出的下拉面板中单击【渐变】按钮，设置渐变颜色为R:201 G:20 B:69至R:150 G:18 B:46，指定渐变样式为【径向】。

12 选择【横排文字】工具，在画板中单击并输入文字内容。然后在【字符】面板中，设置字体系列为Franklin Gothic Book、字体大小为21点、字符比例间距为80%、字体颜色为R:199 G:20 B:68。

13 使用【横排文字】工具在画板中拖动创建文本框并输入文字内容。然后在【字符】面板中，设置字体系列为Chaparral Pro、字体大小为16点、行距为12点，字体颜色为白色。在【段落】面板中，单击【全部对齐】按钮。

14 使用【横排文字】工具在画板中输入文字内容，在【字符】面板中设置字体系列为Adefebia、字体大小为24点、字体颜色为R:113 G:12 B:12。

15 在【图层】面板中双击刚创建的文字图层，打开【图层样式】对话框。在该对话框中，选中【投影】选项，设置【混合模式】为【正常】、投影颜色为白色、【不透明度】为75%、【角度】为130度、【距离】为3像素、【大小】为0像素，然后单击【确定】按钮应用图层样式。选择【视图】|【显示】|【网格】命令，隐藏网格，完成实例的制作。

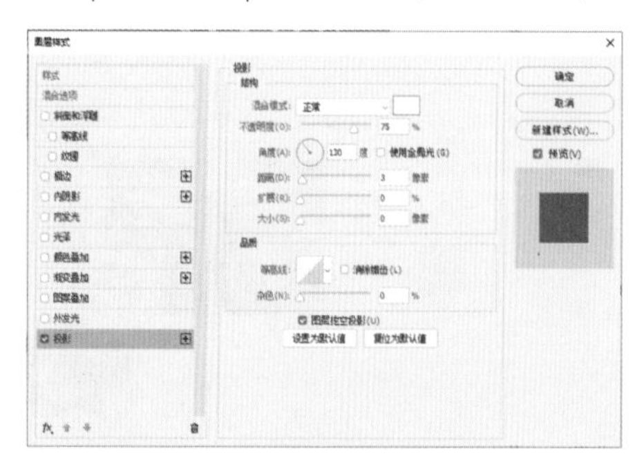

视频 6.4.5 【图框】工具

【图框】工具可用于限定图层显示的范围。使用【图框】工具可以创建方形和圆形的图框，除此之外，还能够将图形或文字转换为图框，并将图层限定到图形或文字的范围内，具体操作如下。

01 打开一个图像文件，选择【图框】工具，单击选项栏中的【矩形画框】按钮，接着在图层所在的位置按住鼠标左键拖动绘制图框。

02 释放鼠标后，即可看到该图层中画框以外的部分被隐藏。此时单击【图层】面板中的图框缩览图，拖动控制点即可调整图框的大小。如果单击【图层】面板中的图层内容缩览图，可以调整图层内容的大小、位置。

03 如果要替换图框中的内容，选中图框图层并右击，从弹出的快捷菜单中选择【替换内容】命令。在弹出的【替换文件】对话框中单击选择一个图像，接着单击【置入】按钮。替换图像的位置和大小可适当进行调整。

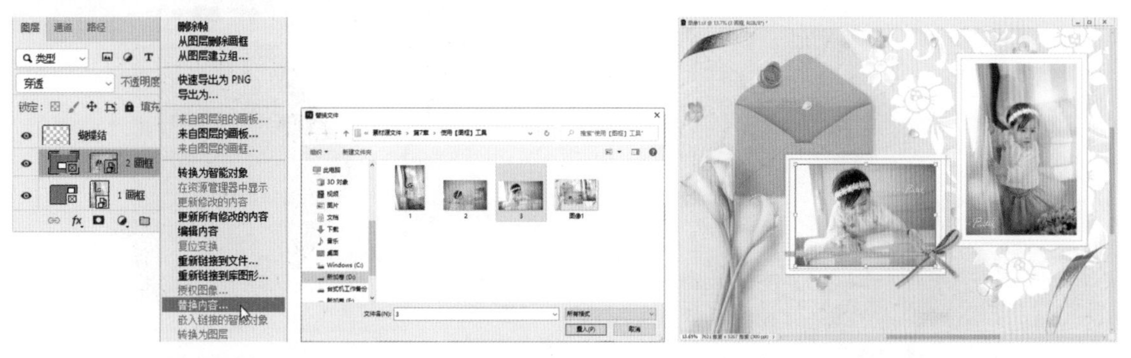

04 如果要删除图框，恢复到图层原始效果，可以在图框上右击，从弹出的快捷菜单中选择【从图层删除图框】命令。

提示

如果要将矢量形状图形转换为图框对象，可以在【图层】面板中选中形状图层并右击，从弹出的快捷菜单中选择【转换为图框】命令。在弹出的【新建帧】对话框中，单击【确定】按钮，即可将形状图层转换为图框。如果要将文字对象转换为图框对象，选中文字图层并右击，在弹出的快捷菜单中选择【转换为图框】命令。在弹出的【新建帧】对话框中，单击【确定】按钮，即可将文字图层转换为图框。创建其他形状图框后，可以将所需的图像置入图框中。

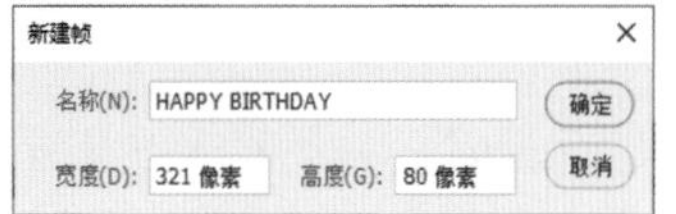

视频 实例——制作家具销售广告

文件路径：第 6 章 \ 实例——制作家具销售广告

难易程度：★★★☆☆

技术掌握：显示网格、绘制形状、【转换为图框】命令

01 选择【文件】|【新建】命令，打开【新建文档】对话框。在该对话框中，设置【宽度】和【高度】为 580 像素、【分辨率】为 300 像素 / 英寸，然后单击【创建】按钮新建图像文档。

02 选择【视图】|【显示】|【网格】命令，显示网格。选择【钢笔】工具，在选项栏中选择工具模式为【形状】，然后使用【钢笔】工具依据网格绘制图形。

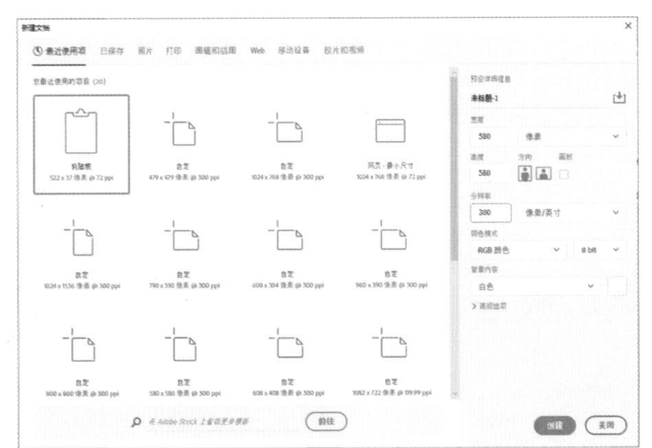

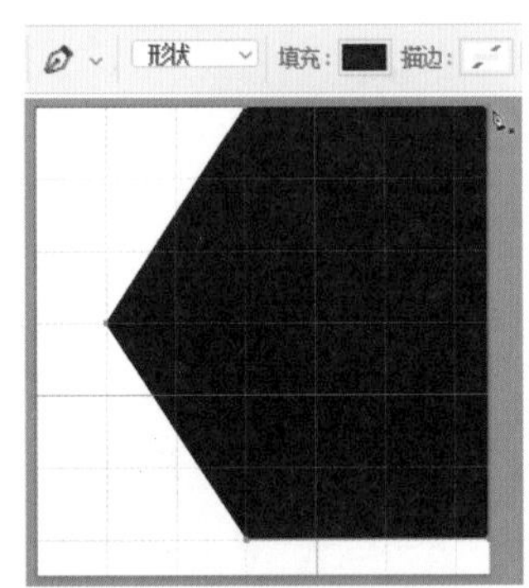

03 使用【添加锚点】工具在刚绘制的形状上添加锚点，然后使用【直接选择】工具选中锚点并调整锚点位置。使用【转换点】工具在绘制的形状最左侧锚点上单击并拖动控制柄，调整角点形态。

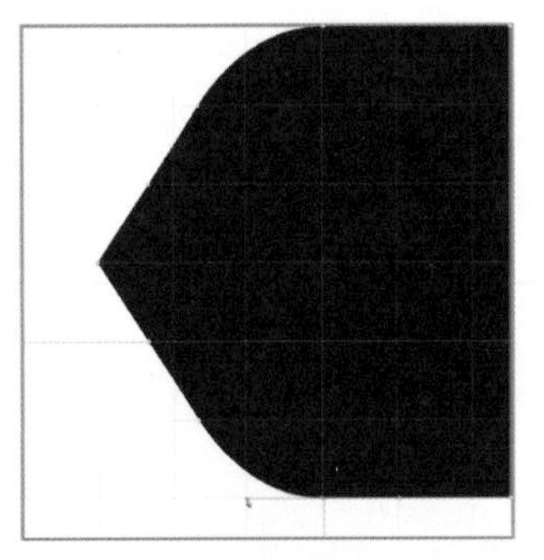

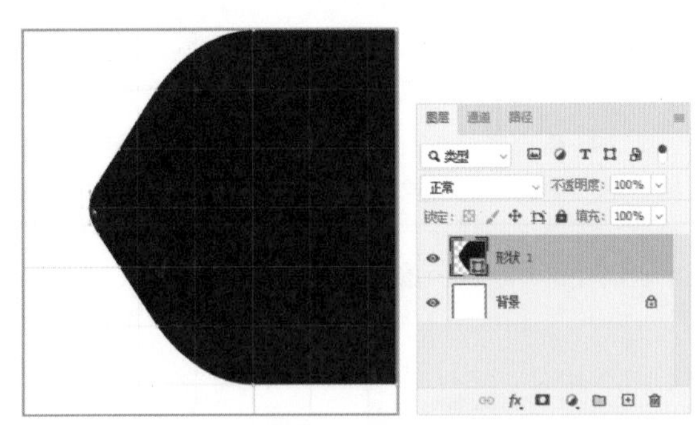

04 使用【转换点】工具在画板空白处单击，然后按 Ctrl+J 快捷键，复制【形状 1】图层。按 Ctrl+T 快捷键应用【自由变换】命令，调整【形状 1 拷贝】图层对象的大小及位置。

05 在【图层】面板中，双击【形状 1 拷贝】图层缩览图，打开【拾色器 (纯色)】对话框，并设置填充色为 R:24 G:52 B:91。

06 在【图层】面板中选中【形状 1】图层，并按 Ctrl+J 快捷键复制图层，生成【形状 1 拷贝 2】图层。右击【形状 1 拷贝 2】图层，在弹出的快捷菜单中选择【转换为图框】命令。在弹出的【新建帧】对话框中，单击【确定】按钮。

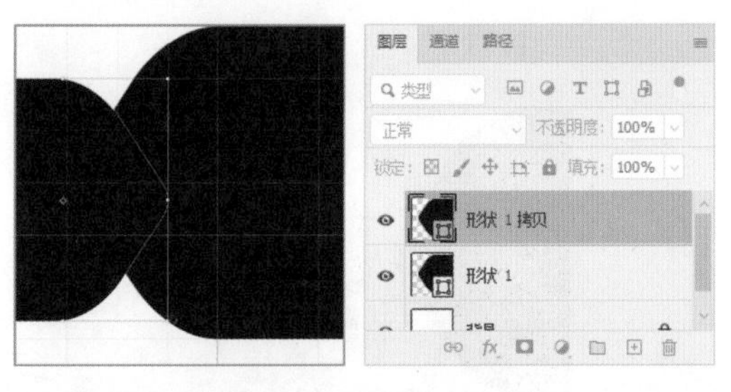

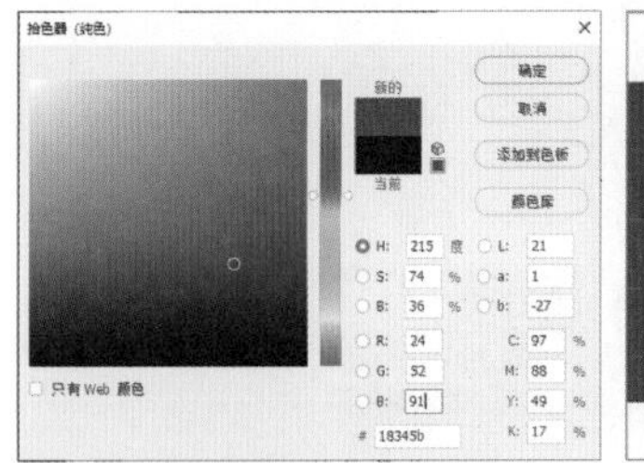

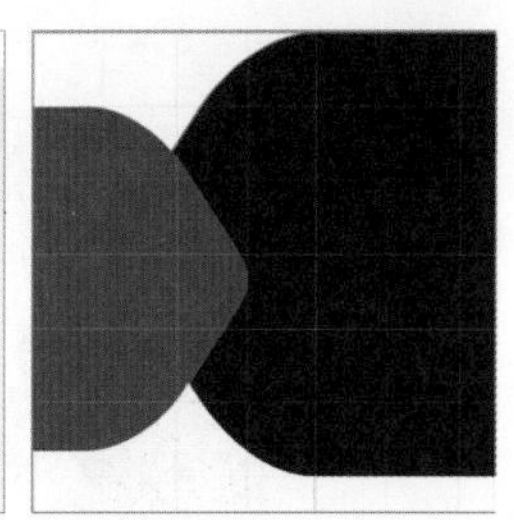

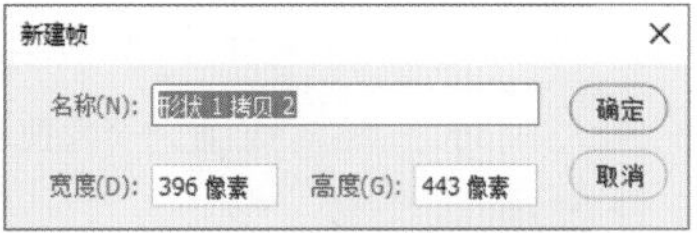

07 选择【文件】|【置入嵌入对象】命令，置入所需的家具素材图像文件，并调整图像的位置。

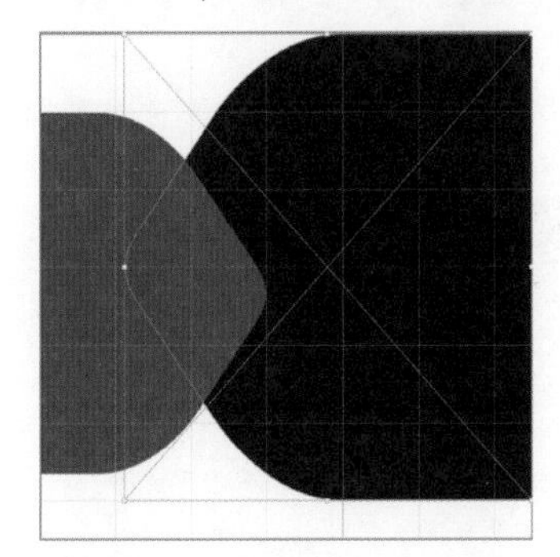

08 在【图层】面板中双击【形状 1】图层缩览图，打开【拾色器 (纯色)】对话框，并设置填充色为 R:111 G:165 B:201。然后按 Ctrl+T 快捷键应用【自由变换】命令调整其大小。

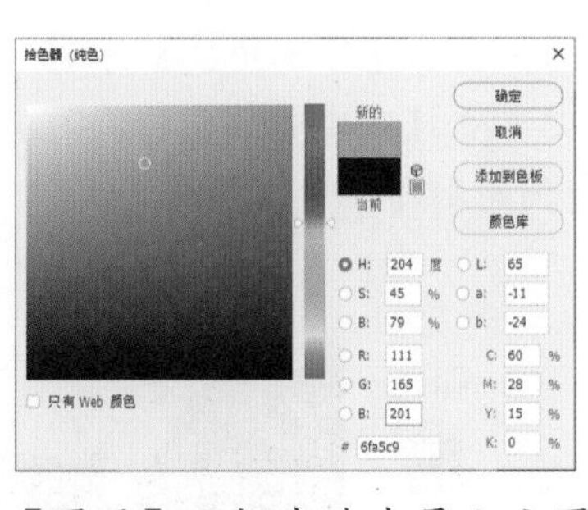

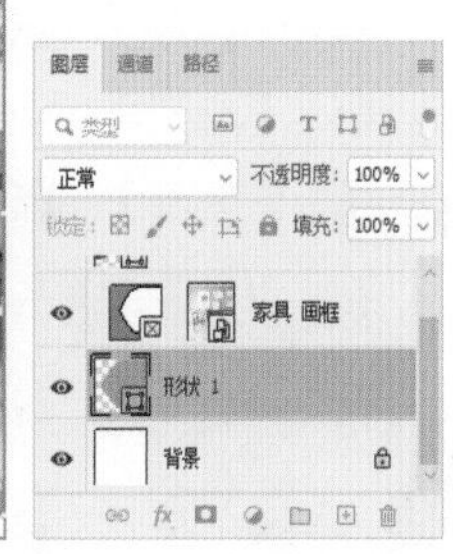

09 在【图层】面板中选中最上方图层。使用【横排文字】工具在画板中单击，在选项栏中设置字体系列为 Franklin Gothic Demi Cond、字体大小为 8.5 点、字体颜色为白色，并输入文字内容，输入完成后按 Ctrl+Enter 快捷键确认。

10 继续使用【横排文字】工具在画板中单击，在选项栏中设置字体系列为 Humanst521 Lt BT、字体大小为 12 点、字体颜色为 R:255 G:246 B:0，并输入文字内容，输入完成后按 Ctrl+Enter 快捷键确认。

11 选择【矩形】工具，在选项栏中选择工具模式为【形状】、【填充】为白色、【描边】为无，设置圆角的半径为13像素，然后绘制圆角矩形。

12 使用【横排文字】工具在画板中单击，在选项栏中设置字体系列为Humanst521 Lt BT、字体大小为5点，设置字体颜色为R:47 G:47 B:47，并输入文字内容，输入完成后按Ctrl+Enter快捷键确认。

13 使用【横排文字】工具在画板中单击，在选项栏中设置字体系列为Adefebia、字体大小为36点，设置字体颜色为R:255 G:246 B:0，并输入文字内容，输入完成后按Ctrl+Enter快捷键确认。

14 在【图层】面板中双击刚创建的文字图层，打开【图层样式】对话框。在该对话框中，选中【投影】选项，设置【混合模式】为【正片叠底】、投影颜色为黑色、【不透明度】为75%、【角度】为90度、【距离】为5像素、【大小】为5像素，然后单击【确定】按钮应用图层样式。选择【视图】|【显示】|【网格】命令，隐藏网格，完成实例的制作。

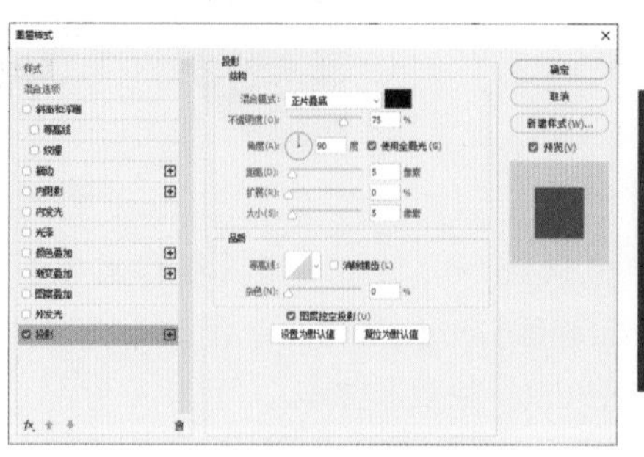

第 7 章

Banner 设计

本章导读

Banner 是电商设计中最早采用的，也是最常见的广告形式。一个 Banner 做得是否够好，在于是否能吸引人，点击率是否够高。好的 Banner 设计可以有效地宣传产品，从而引起消费者的购买欲望。本章将详细介绍 Banner 的设计思路及设计技巧。

7.1 Banner的释义和运用范围

电商设计中，Banner设计是入门的基础，专题页、详情页、海报设计等都可以看作在Banner设计的基础上衍生而来的。

Banner其实就是展示于网页或数字媒体顶部、底部或两侧的各种尺寸大小的矩形图广告。其作用是展示、宣传、广而告之，是商家进行促销和营销的一种重要手段。

7.2 Banner设计解析

当电商设计师要进行一个Banner设计时，首先要了解以下几点。

- 了解Banner设计的目的是针对某个节日的专题活动，还是针对某一品类产品的销售，这关系到Banner设计风格的选择。
- 确定文案内容。设计师一般会从文案中寻找设计方向，先确认好文案后再动手。因为后续如果要更改文案或增减字数，会影响到版面的布局。
- 了解Banner要投放的位置与周围元素的关系。比如首页Banner图背景要避免与导航背景同色，如果投放的位置周围都是“热闹”的图，就可以尝试下素净、大面积留白的设计风格，使其与周围的元素形成对比和反差。
- 与需求人沟通，倾听其看法或建议。在运营方面，需求人比设计师更了解用户的需求和喜好。但设计师也要有自己的判断，对需求人的意见适当引用和取舍，可以展现自己的专业素养。

7.2.1 Banner设计要点

Banner作为营销平台的重要元素，现在变得越来越不可或缺。在浏览网站的过程中，Banner不仅包含着重要的营销信息，而且能够给消费者提供很好的视觉体验。归纳起来Banner设计要注意以下几点。

1. 简化背景

Banner 设计不适合内容复杂或元素过多的画面。若将内容过多的 Banner 放置到电商平台中，受图片尺寸的限制会弱化主题的表达，降低消费者的关注度。因此，Banner 设计要简化背景，将产品和文字信息清晰地展示出来，能够清晰明了地让消费者知道销售的是什么，利益点是什么，放到平台后既醒目，又不会被周围其他 Banner 的颜色或图片所干扰。

2. 突出产品

想要利用 Banner 吸引消费者的眼球，只用普通的版式和设计方法是很难从众多 Banner 中脱颖而出的。放大产品特性或只展现产品的局部细节，不仅可以起到激发消费者了解产品的欲望，还能增强视觉的集中感，放到平台展位中也具有吸睛效果。

3. 放大利益点

一些促销活动的推广，Banner 缺少核心利益点，无法激发消费者的购物欲望，并且无法调动促销活动的氛围感。将其放到展位后，消费者很难被其内容吸引。

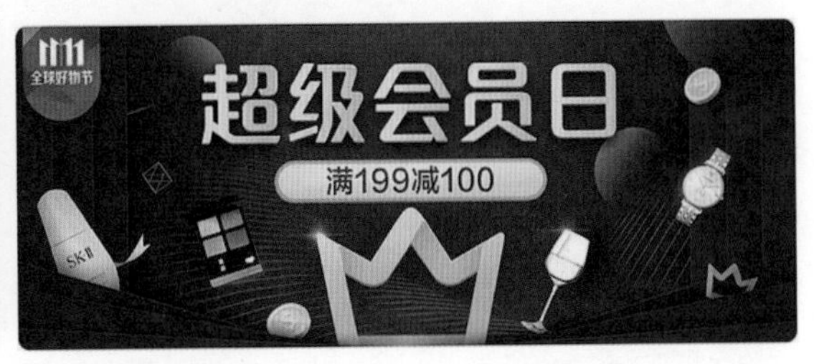

将文案的利益点提炼出来并进行放大，以利益点为展示核心，能引导消费者点击并了解详情。将其放入展位后，能够让消费者清晰地看到店铺商品和优惠力度。

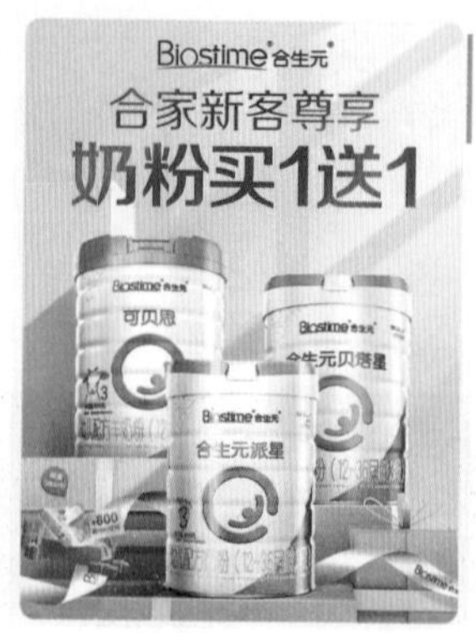

4. 色彩对比

色彩是决定画面吸引力的重要因素之一。如果 Banner 的点击率比较低，可能是因为其色彩不够突出，缺乏吸引力。

7.2.2 Banner 设计风格定位

不同的营销平台及产品定位，决定了 Banner 设计风格的不同思路。归纳来看，Banner 设计主要有以下几种设计风格。

1. 关键词：文艺、素雅

总结：

(1) 此类 Banner 最明显的特点是版面上有大量的留白。

(2) 字体多采用衬线体或手写体，除一级标题字号略大些，其他的文案在版面中所占面积都非常小，给人以精致的感觉。

(3) 色彩以灰白色系为主，或其他饱和度和纯度低、明度高的色彩。

(4) 点缀物多用细线条、素雅的鲜花或纹理背景。

2. 关键词：高冷、时尚

总结：

(1) 高冷、时尚的 Banner 最大的特点就是文字内容非常精练。

(2) 用色大多采用黑、白、灰色调。

(3) 素材图多采用特写，突出细节，体现出对产品品质的自信。

(4) 很少运用点缀物。

3. 关键词：中国风、意境

总结：

(1) 字体采用书法字体，文案多用竖形排版、从右向左的顺序。

(2) 可以选用的素材有印章、山水画、墨迹、扇面、剪纸、园林窗格、古纹样、祥云、京剧、卷轴等中国传统文化元素。

4. 关键词：青春、活力

总结：

(1) 此类 Banner 的突出特点就是模特都很年轻、有活力。

(2) 采用的色彩饱和度和纯度比较高。

(3) 排版形式灵活，不拘一格。

5. 关键词：可爱、甜美

总结：

(1) 可爱、甜美风格的 Banner 多采用少年字体、手写字体或卡通字体。

(2) 点缀物多使用卡通、女性化的小元素，以手绘和柔美的图片为主，如星星、云朵和短线条等。

(3) 色彩上多使用暖色调，营造软萌的感觉。

6. 关键词：节日、促销、热闹

总结：

(1) 色彩丰富，红色、黄色、紫色偏多，画面饱满，很少留白。

(2) 主标题多采用个性、夸张、有视觉冲击力的字体。

(3) 可以用到的点缀物有光效、鞭炮、舞台、灯光、五彩的渐变、冲击性的线条和各种几何图形等。

7. 关键词：手绘风格

总结：

(1) 手绘风格具有鲜明的个性，而且经常会被使用到。

(2) 手绘风格可以用在文案上；产品本身也可以采用手绘的形式。不同的手绘风格所营造的氛围也不一样。

8. 关键词：未来、科技

总结：

(1) 此类 Banner 概括来讲有两个要点，即科技感的文字配以科技感的背景图。

(2) 用色多以蓝色、黑色、紫色等冷色调为主，画面给人硬朗、空间感、速度和力量的感觉。

(3) 可以用到的点缀物有光效、金属效果、线条、光点和宇宙等科技感、未来感强的元素。

视频 实例——制作中国风饰品 Banner

文件路径：第 7 章 \ 实例——制作中国风饰品 Banner
难易程度：★★☆☆☆
技术掌握：置入嵌入对象、添加图层蒙版、【横排文字】工具

01 选择【文件】|【新建】命令，打开【新建文档】对话框。在该对话框中，设置【宽度】为 1024 像素、【高度】为 527 像素、【分辨率】为 300 像素 / 英寸，然后单击【创建】按钮新建空白文档。

02 在【颜色】面板中设置【前景色】为 R:220 G:220 B:220，然后按 Alt+Delete 快捷键填充【背景】图层。

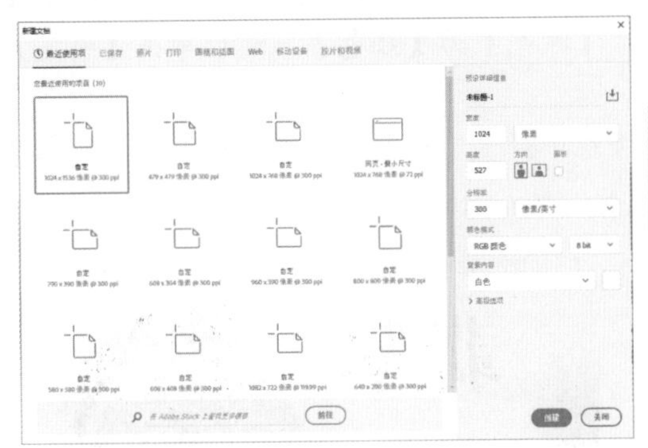

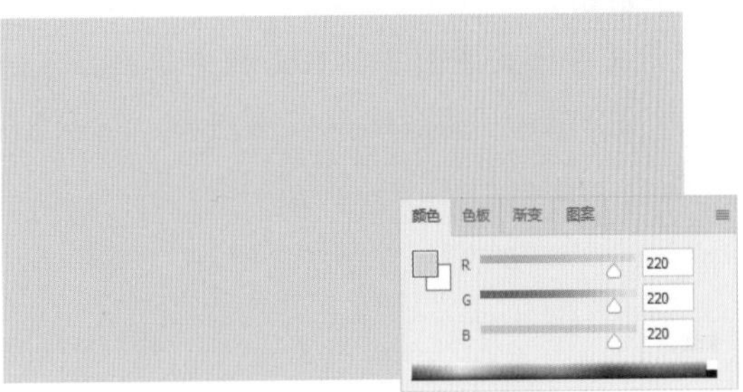

03 在【图层】面板中单击【创建新图层】按钮，新建【图层 1】图层。选择【画笔】工具，在选项栏中设置画笔样式为柔边圆 1000 像素、前景色为白色，然后在画板中央单击。

04 选择【文件】|【置入嵌入对象】命令，置入墨迹素材图像。然后在【图层】面板中设置图层混合模式为【正片叠底】。

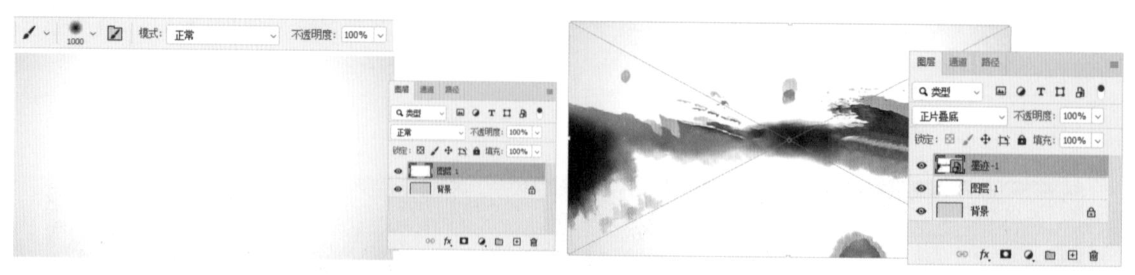

05 在【图层】面板中单击【添加图层蒙版】按钮，添加图层蒙版。选择【画笔】工具，在图层蒙版中调整图层画面效果。

06 选择【文件】|【置入嵌入对象】命令，置入另一幅墨迹素材图像。然后在【图层】面板中设置图层混合模式为【明度】。

07 在【图层】面板中单击【添加图层蒙版】按钮，添加图层蒙版。选择【画笔】工具，在图层蒙版中调整图层画面效果。

08 选择【文件】|【置入嵌入对象】命令，置入项链素材图像，并调整其大小及位置。

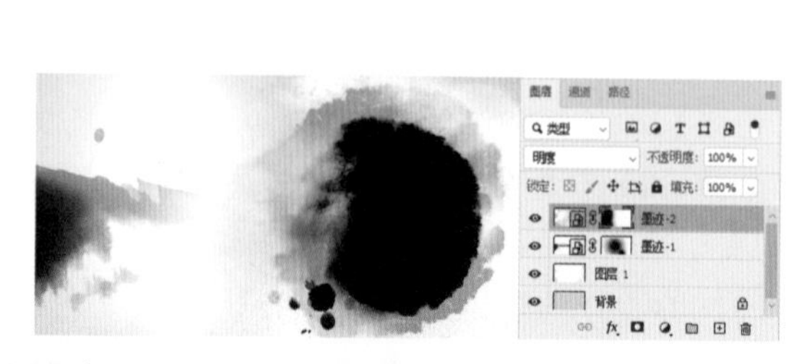

09 在【图层】面板中单击面板菜单按钮，在弹出的菜单中选择【新建组】命令。在打开的【新建组】对话框中，设置【名称】为“文字内容”、【颜色】为【红色】，然后单击【确定】按钮新建图层组。

10 使用【横排文字】工具在画板中单击，在选项栏中设置字体系列为【方正大标宋简体】、字体大小为 36 点，然后输入文字内容。输入完成后，按 Ctrl+Enter 快捷键确认。

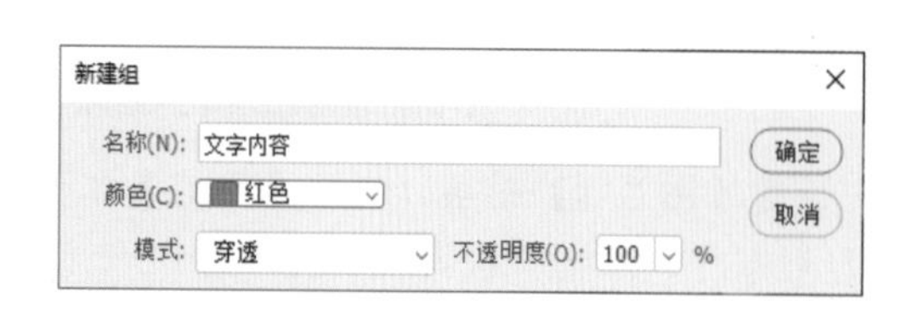

11 继续使用【横排文字】工具在画板中单击，在选项栏中单击【居中对齐文本】按钮，在【字符】面板中设置字体系列为【黑体】、字体大小为 8 点、字符间距为 -50，然后输入文字内容。输入完成后，按 Ctrl+Enter 快捷键确认。

12 在【图层】面板中选中【文字内容】图层组。选择【文件】|【置入嵌入对象】命令，置入金箔纸素材图像文件。

13 在【图层】面板中右击刚置入的金箔纸图像图层，在弹出的快捷菜单中选择【创建剪贴蒙版】命令，创建剪贴蒙版。

14 选择【文件】|【置入嵌入对象】命令，置入 LOGO 素材图像，并调整其大小及位置，完成实例的制作。

视频 实例——制作节日主题 Banner

文件路径：第 7 章 \ 实例——制作节日主题 Banner

难易程度：★★☆☆☆

技术掌握：定义画笔预设、设置画笔预设、设置【图层样式】

01 选择【文件】|【新建】命令，打开【新建文档】对话框。在该对话框中，设置【宽度】为 1024 像素、【高度】为 658 像素、【分辨率】为 300 像素 / 英寸，然后单击【创建】按钮新建空白文档。

02 在【图层】面板中单击【创建新的填充或调整图层】按钮，在弹出的快捷菜单中选择【渐变】命令。在弹出的【渐变填充】对话框中，设置【角度】为 145 度，单击【渐变】选项右侧的渐变预览，在弹出的【渐变编辑器】对话框中，设置渐变填充色为 R:143 G:179 B:255 至 R:226 G:239 B:255，设置中心点【位置】为 40%，然后单击【确定】按钮应用渐变填充。

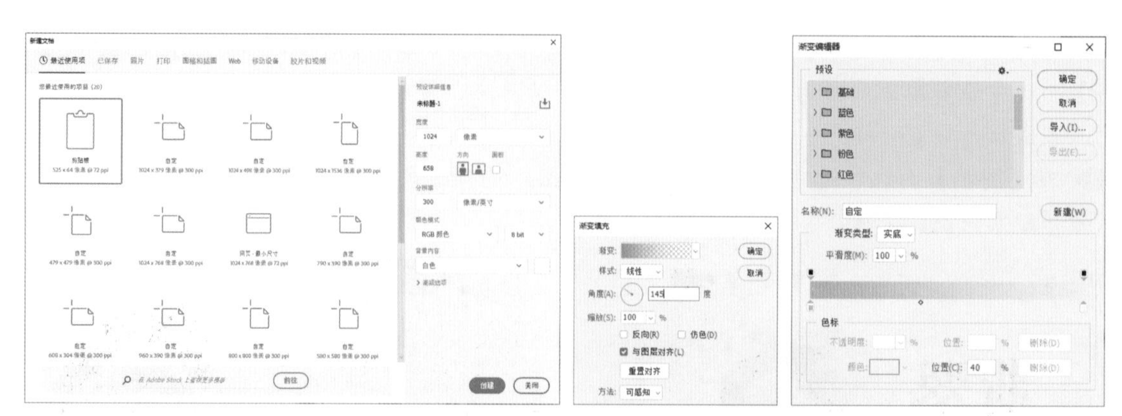

03 选择【钢笔】工具，在选项栏中选择工具模式为【形状】，然后在画板中绘制形状。

04 在【图层】面板中，双击刚创建的形状图层，打开【图层样式】对话框。在该对话框中，选中【渐变叠加】选项，单击【渐变】选项右侧的渐变预览，在弹出的【渐变编辑器】对话框中，设置渐变填充色为 R:213 G:233 B:255 至 R:245 G:250 B:255，设置中心点【位置】为 30%，然后单击【确定】按钮应用渐变填充。

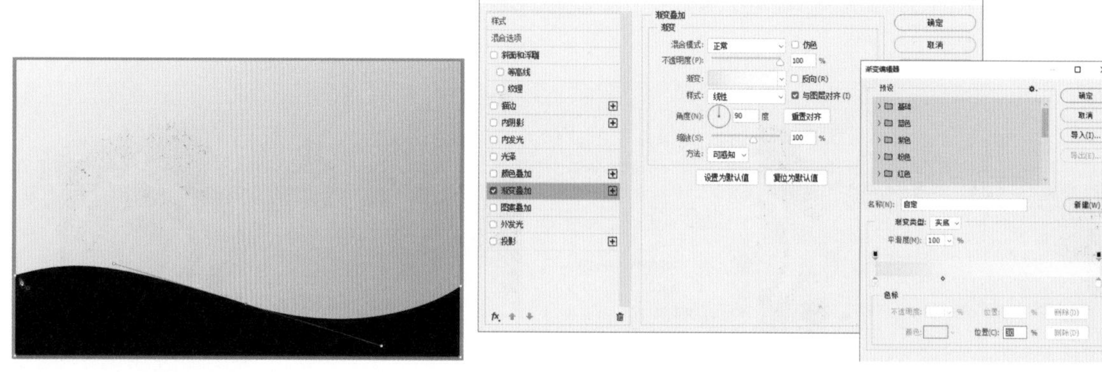

05 在【图层样式】对话框中选中【投影】选项，设置【混合模式】为【颜色加深】、投影颜色为黑色、【不透明度】为 75%、【距离】为 4 像素、【大小】为 23 像素，然后单击【确定】按钮应用图层样式。

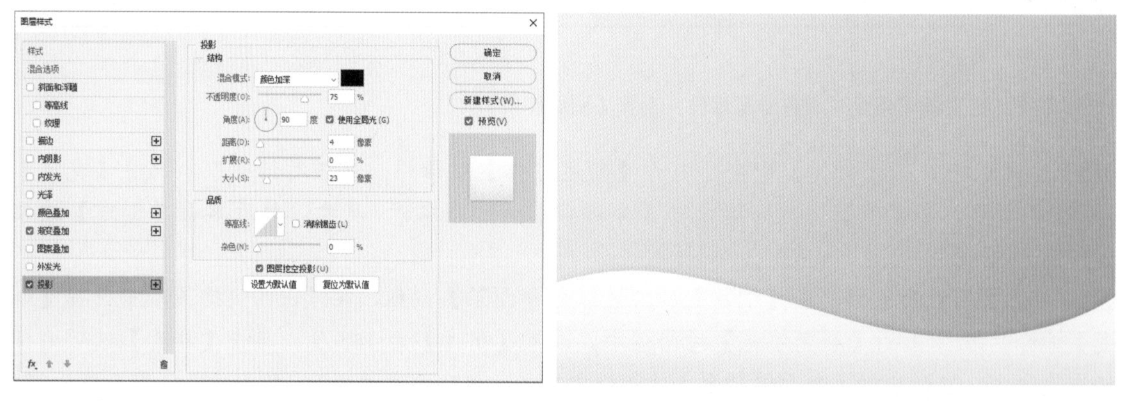

06 选择【文件】|【打开】命令，打开所需的雪花图案文件。选择【编辑】|【定义画笔预设】命令，在打开的【画笔名称】对话框中，单击【确定】按钮新建画笔。

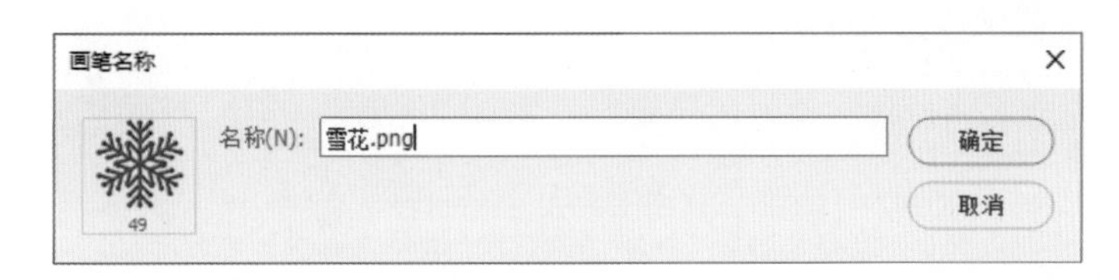

07 在【图层】面板中单击【创建新图层】按钮，新建【图层 1】图层。选择【画笔】工具，打开【画笔设置】面板。在该面板的【画笔笔尖形状】选项组中，设置【大小】为 90 像素、【间距】为 200%；选中【形状动态】选项，设置【大小抖动】为 75%、【角度抖动】为 35%；选中【散布】选项，选中【两轴】复选框，设置【散布】为 600%。在【颜色】面板中，设置前景色为 R:117、G:172、B:255，然后使用【画笔】工具在面板中拖动进行绘制。

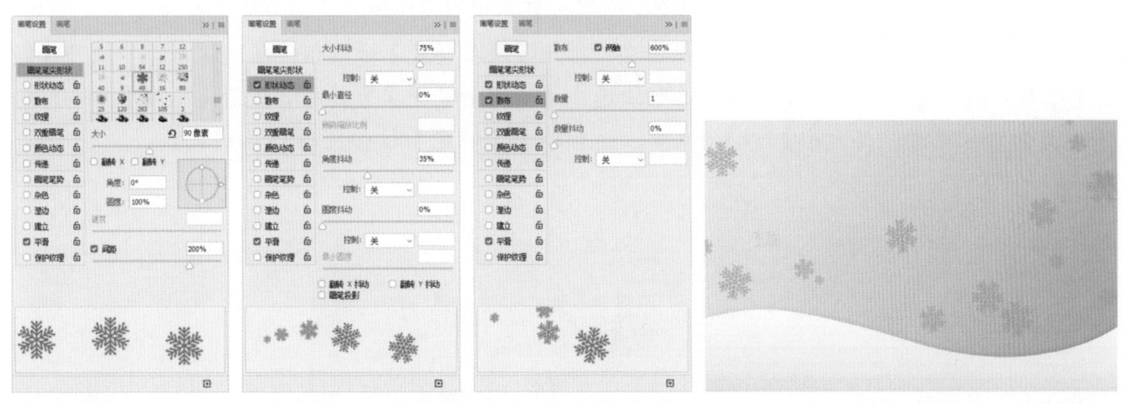

08 选择【文件】|【置入嵌入对象】命令，置入银色装饰 -1 素材图像，并调整其大小及位置。在【图层】面板中，双击刚置入的素材图层，打开【图层样式】对话框。在该对话框中选中【投影】选项，设置【不透明度】为 50%，取消选中【使用全局光】复选框，设置【角度】为 120 度、【距离】为 27 像素、【大小】为 23 像素，然后单击【确定】按钮应用图层样式。

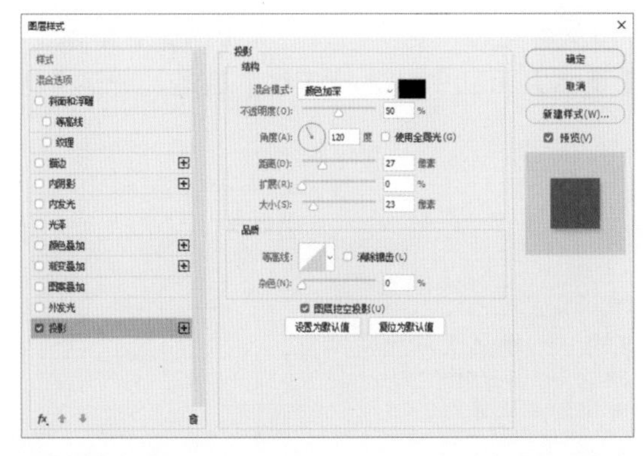

09 选择【文件】|【置入嵌入对象】命令，分别置入其他素材图像，并调整其大小及位置。然后在【图层】面板中，选中刚置入的图像图层，按 Ctrl+G 快捷键将选中的图层进行编组，生成【组 1】图层组。

10 在【图层】面板中双击【组 1】图层组，打开【图层样式】对话框。在该对话框中选中【投影】选项，设置【不透明度】为 65%、【距离】为 8 像素、【大小】为 10 像素，然后单击【确定】按钮应用图层样式。

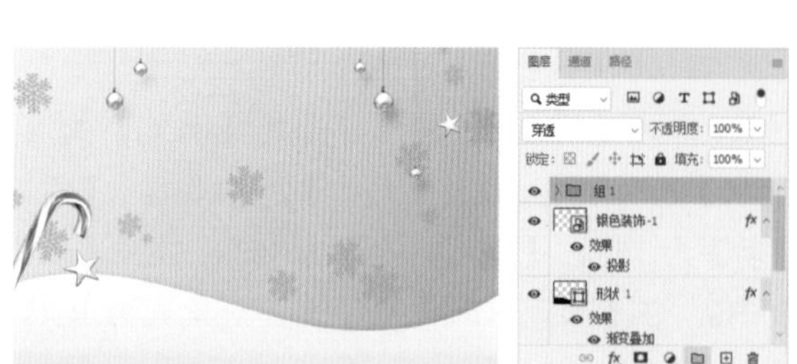

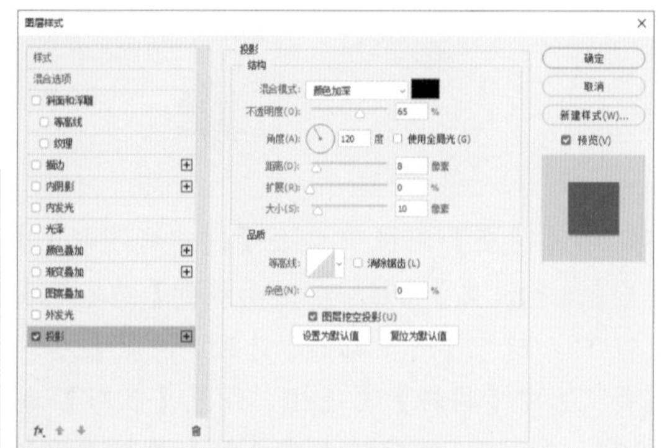

11 选择【文件】|【置入嵌入对象】命令，置入蓝色装饰-2素材图像，并调整其大小及位置。在【图层】面板中，双击刚置入的素材图层，打开【图层样式】对话框。在该对话框中选中【投影】选项，设置【不透明度】为50%，取消选中【使用全局光】复选框，设置【角度】为90度、【距离】为8像素、【大小】为10像素，然后单击【确定】按钮应用图层样式。

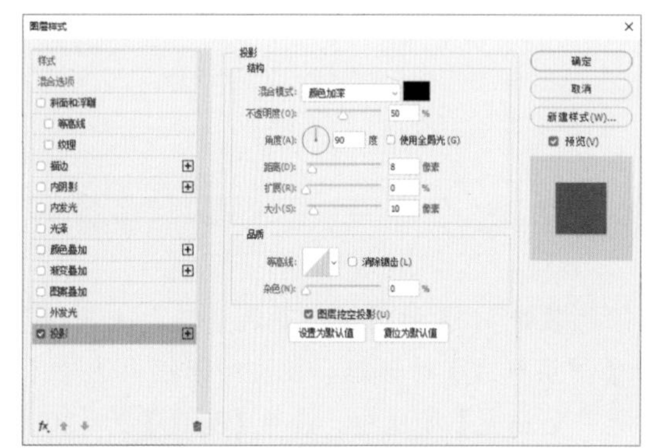

12 选择【文件】|【置入嵌入对象】命令，置入礼品素材图像，并调整其大小及位置。

13 在【图层】面板中，按Ctrl键并单击【礼品】图层缩览图，载入选区。在【调整】面板中，单击【创建新的曲线调整图层】按钮。在打开的【属性】面板中，选择【红】通道，并调整通道的曲线形状，提亮图像。

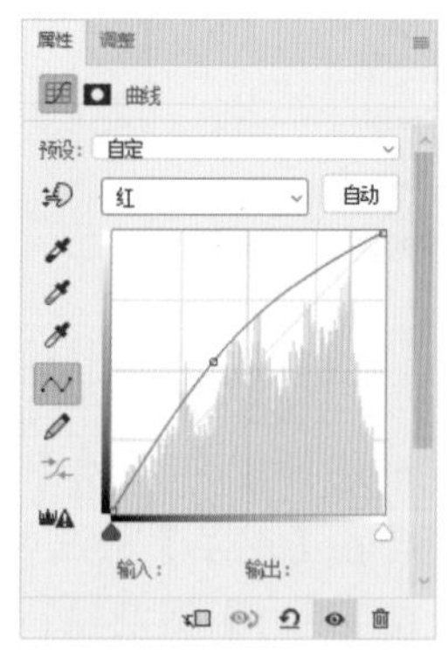

14 使用【横排文字】工具在画板中单击，在选项栏中设置字体系列为【Adobe 宋体 Std】、字体大小为30点，单击【居中对齐文本】按钮，设置字体颜色为白色，然后输入文字内容。输入结束后，按Ctrl+Enter快捷键确认。

15 在【图层】面板中双击刚创建的文字图层，打开【图层样式】对话框。在该对话框中，选中【投影】选项，设置【不透明度】为 50%、【角度】为 90 度、【距离】为 8 像素、【大小】为 10 像素，然后单击【确定】按钮应用图层样式。

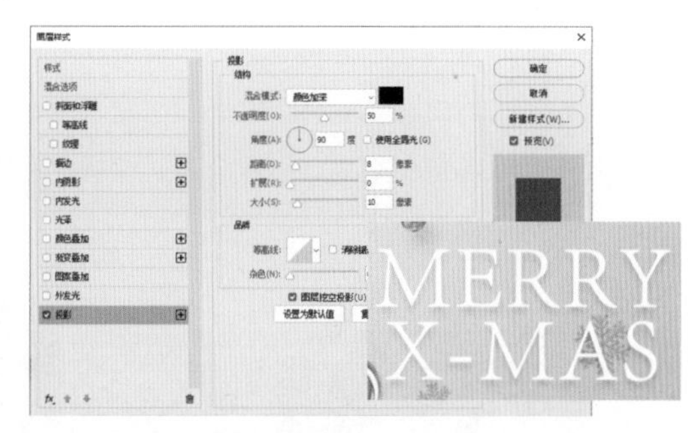

16 使用【横排文字】工具在画板中单击，在【字符】面板中设置字体系列为 Myriad Pro，字体大小为 18 点，字符间距为 200，【垂直缩放】为 105%，字体颜色为 R:179 G:12 B:18，单击【仿粗体】按钮，然后输入文字内容。

17 选择【矩形】工具，在选项栏中选择工具模式为【形状】，单击【填充】选项右侧的色板，在弹出的下拉面板中单击【渐变】按钮，设置渐变填充色为 R:255 G:84 B:79 至 R:186 G:186 B:66，设置旋转角度为 -45、【缩放】为 177%。设置圆角的半径为 5 像素，然后使用【矩形】工具绘制矩形。

18 使用【横排文字】工具在画板中单击，在【字符】面板中设置字体系列为 Myriad Pro、字体大小为 5 点、字符间距为 300、【垂直缩放】为 103%、字体颜色为白色，然后输入文字内容。输入完成后，按 Ctrl+Enter 快捷键确认操作，完成实例的制作。

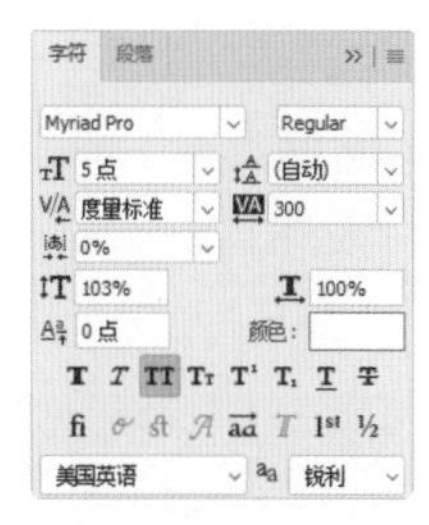

7.3 Banner 设计的组成要素

运营类设计中，Banner 设计在其中占了较大的比重。Banner 设计主要由以下 5 部分组成：版式、字体、颜色、点缀和背景。

7.3.1 版式

现在的Banner版式设计可以说是非常丰富多彩的，大体上可以将其分为7种：重心型、分割型、倾斜型、满版型、折线型、对称型和包围型。

1. 重心型

重心型版式的Banner容易让浏览者产生视觉焦点，界面效果强烈且突出。其中最常见的是反差对比的方式。

差异越大，反差越明显，能让特定要素更显眼；相反，差异不大，反差就不明显，也无法体现出重要的要素与重要的信息，不会给浏览者一种强烈的印象。

2. 分割型

分割型主要有上下分割和左右分割。一般情况下，Banner的高度比较窄，左右分割型的Banner比较常见，上下分割型的Banner比较少见。

左右分割就是把整个版面分割为左右两个部分，分别在左或右配置文案。当左右两部分形成强弱对比时，则造成视觉和心理上的不平衡。不过，若将分割线虚化处理，或用文字进行左右重复或穿插，左右图文则会变得自然、和谐。

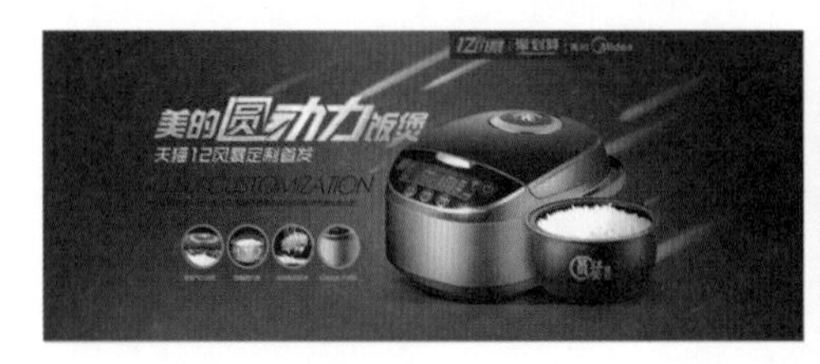

3. 倾斜型

倾斜型的Banner偏个性化一些，常出现在一些设计公司或运动品牌的网站中。版面的主体形象做倾斜设计，造成版面强烈的动感和不稳定因素，这种设计比较引人注目，有时会被归类到左右分割型版式中。

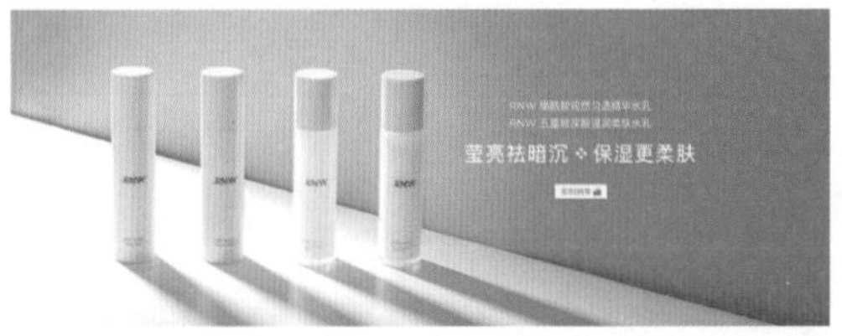

4. 满版型

满版型的 Banner，通常是以图像充满整个版面，主要以图像为诉求，视觉传达直观而强烈。

文字配置在图像的上下、左右或中部。满版型的版式给人以大方、舒展的感觉。

5. 折线型

折线型的版式是指图片或文字在版面结构上做折线的编排构成，产生节奏和韵律，多出现在运动型的 Banner 设计中。把许多相同形状的要素以多种角度进行编排可以营造出节奏感。

6. 对称型

对称型的版式给人稳定、庄重、理性的感觉。对称有绝对对称和相对对称两种，进行版式设计时一般多采用相对对称，以避免过于严谨。Banner 对称以左右对称居多。

7. 包围型

包围型是指在版面的四角以及连接四角的对角线结构上编排图形。这种结构的版面，给人以严谨、规范的感觉。

不同的排版可以给人不同的视觉感受，好的版式会让 Banner 更加出彩。版式也没有绝对的好坏，只有适合和不适合。

实例——制作每日坚果 Banner

文件路径：第 7 章 \ 实例——制作每日坚果 Banner
难易程度：★★☆☆☆
技术掌握：置入嵌入对象、对齐对象

01 选择【文件】|【新建】命令，打开【新建文档】对话框。在该对话框中设置【宽度】为 750 像素、【高度】为 1000 像素、【分辨率】为 300 像素 / 英寸，然后单击【创建】按钮新建一个空白文档。

02 选择【文件】|【置入嵌入对象】命令，打开【置入嵌入的对象】对话框。在该对话框中选中所需要的背景素材图像文件，然后单击【置入】按钮置入图像，并调整图像的大小及位置。

03 选择【文件】|【打开】命令，打开所需要的图像文件。选择【对象选择】工具，在选项栏中单击【选择主体】按钮，然后在【图层】面板中单击【添加图层蒙版】按钮。

04 右击图层，在弹出的快捷菜单中选择【复制图层】命令，打开【复制图层】对话框。在该对话框的【文档】下拉列表中选择步骤 01 中创建的文档名称，然后单击【确定】按钮。切换至步骤 01 创建的图像文档，按 Ctrl+T 快捷键应用【自由变换】命令，在选项栏中设置变换中心点为左上角、W 为 18%，然后调整复制图层对象的位置。

05 在【图层】面板中双击素材图像图层，打开【图层样式】对话框。在该对话框中，选中【投影】选项，设置【混合模式】为【正片叠底】、投影颜色为 R:100 G:47 B:47、【不透明度】为 60%，取消选中【使用全局光】复选框，设置【角度】为 80 度、【距离】为 9 像素、【扩展】为 0、【大小】为 20 像素，然后单击【确定】按钮。

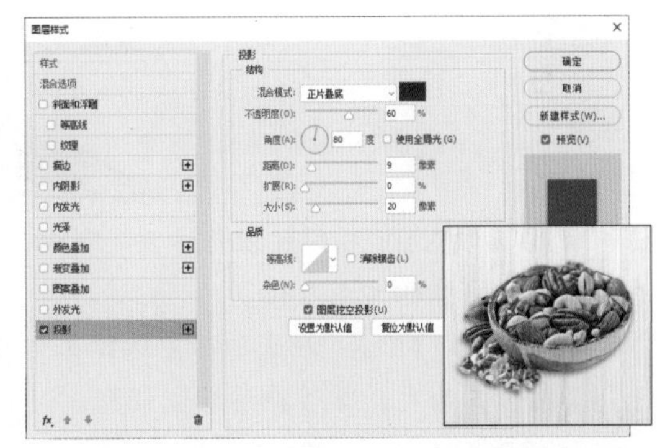

06 使用【横排文字】工具在画板中单击，在【字符】面板中设置字体系列为【方正喵呜体】、字体大小为 30 点，然后输入文字内容。输入结束后，按 Ctrl+Enter 快捷键确认。

07 继续输入文字内容，输入结束后按 Ctrl+Enter 快捷键确认。然后在【字符】面板中更改其字体样式为【黑体】、字体大小为 11 点。

08 单击【创建新图层】按钮，新建【图层 2】图层。选择【铅笔】工具，在选项栏中设置画笔大小为 2 像素，然后绘制直线。按 Ctrl+J 快捷键复制【图层 2】图层，生成【图层 2 拷贝】图层，并使用【移动】工具调整复制图层的位置。

09 在【图层】面板中，选中步骤 **06** 至步骤 **08** 中创建的图层和【背景】图层，然后单击选项栏中的【水平居中对齐】按钮，对齐标题文字内容。

10 选择【文件】|【置入嵌入对象】命令，打开【置入嵌入的对象】对话框。在该对话框中选中一种坚果图像，然后单击【置入】按钮置入图像，并调整图像的大小及位置。

11 使用与步骤 10 相同的操作方法，选择【文件】|【置入嵌入对象】命令，置入其他坚果图像，并调整图像的大小及位置。

12 选择【矩形】工具，在选项栏中选择工作模式为【形状】，设置【填充】为 R:160 G:160 B:160，设置【描边】为无，然后拖动绘制矩形。

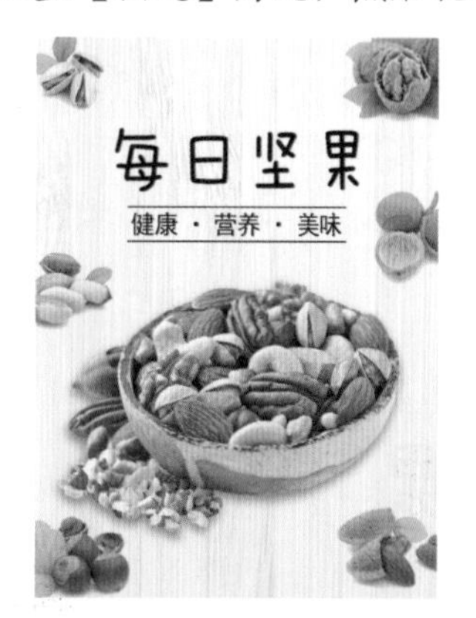

13 按 Ctrl+J 快捷键复制【矩形 1】图层，在选项栏中更改图层的填充颜色为 R:198 G:35 B:35，然后使用【移动】工具调整位置。

14 使用【横排文字】工具在画板中单击，在选项栏中设置字体系列为【宋体】、字体大小为 8 点，单击【居中对齐文本】按钮，设置字体颜色为白色，然后输入文字内容。

15 选择【文件】|【置入嵌入对象】命令，打开【置入嵌入的对象】对话框。在该对话框中选中绿叶图像，然后单击【置入】按钮置入图像，并调整图像的大小及位置。

16 选中【图层 1】图层，选择【文件】|【置入嵌入对象】命令，打开【置入嵌入的对象】对话框。在该对话框中选中花瓣图像，然后单击【置入】按钮置入图像，并调整图像的大小及位置，完成实例的制作。

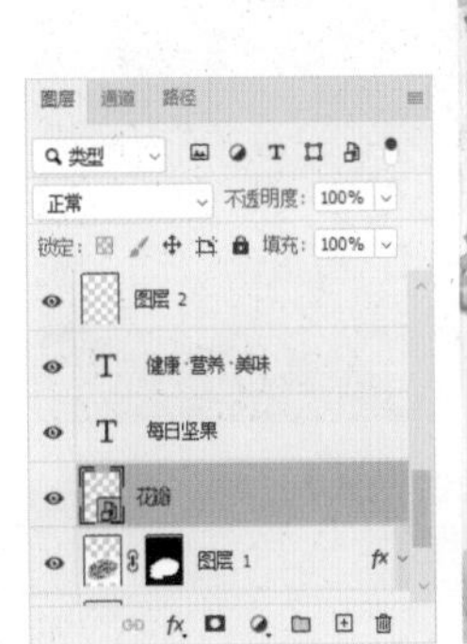

7.3.2 字体

Banner 中常用的字体有 3 种：衬线体 (serif)、非衬线体 (sans-serif) 和书法体 (cursive)。

3 种字体有各自的特点，衬线体的笔画有粗细之分，在笔画开始、结束的地方有额外的装饰，它模仿的是中国古代字体和古代碑文上的字体，因此衬线体能给人一种古典、文艺的感觉，适合用于有文艺气息的设计或与女性相关的设计。

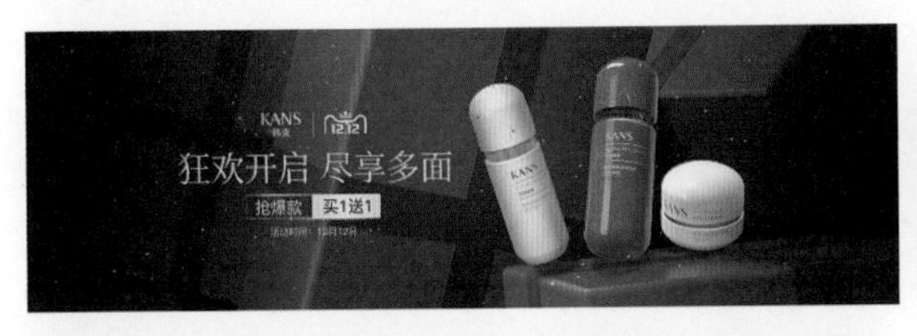

非衬线体的笔画简洁，没有额外的装饰，而且笔画的粗细差不多，体现现代、简约的特性，适合用于大多数品类的视觉设计。

书法体源自中国古代，能体现中国文化和挥洒墨水的豪气，适合用于文艺主题和金戈铁马般的豪迈主题。

不过需要注意的是，很多好看的字体都是有版权的，如果私自商用会构成侵权。所以设计师使用字体时，应选择免费的字体和自己设计的字体，或者购买有版权的字体。

实例——制作国潮风字体 Banner

文件路径：第 7 章 \ 实例——制作国潮风字体 Banner
难易程度：★★★☆☆
技术掌握：【变形】命令、新建组、【画笔】工具

01 选择【文件】|【新建】命令，打开【新建文档】对话框。在该对话框的名称栏中输入“水墨字效果”，设置【宽度】为 1500 像素、【高度】为 1000 像素、【分辨率】为 300 像素 / 英寸，然后单击【创建】按钮新建一个空白文档。

02 使用【横排文字】工具在画板中单击，在【字符】面板中设置字体系列为【方正启笛简体】、字体大小为 130 点、字符间距为 -200，设置字体颜色为 R:255 G:0 B:0，然后输入文字内容。

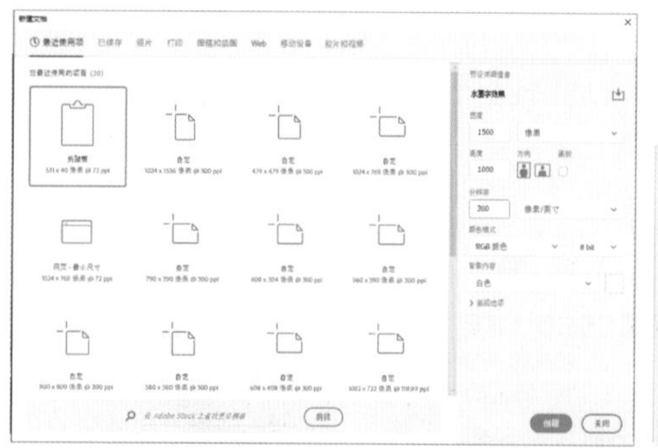

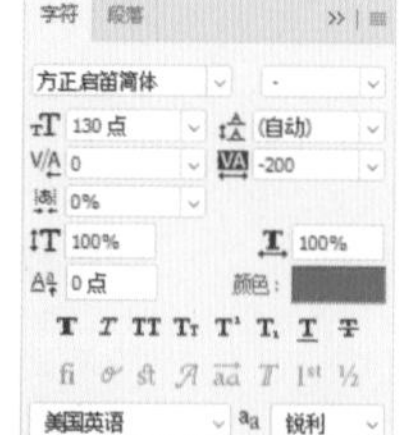

03 选择【文件】|【打开】命令，打开“水墨笔触”图形文档。在该图像文档中，右击所需的笔触，在弹出的快捷菜单中选择笔触图像所在的图层。然后使用【移动】工具将选中的笔触图像拖至步骤 01 创建的“水墨字效果”文档中。

04 按 Ctrl+T 快捷键应用【自由变换】命令，调整粘贴形状的位置及角度。在定界框内右击，在弹出的快捷菜单中选择【变形】命令，根据输入的文字构架调整笔触图形的形状。

05 使用与步骤 03 至步骤 04 相同的操作方法，为文字添加其他笔触图形。

06 在【图层】面板中选中所有的笔画图层，单击面板菜单按钮，在弹出的菜单中选择【从图层新建组】命令，打开【从图层新建组】对话框。在该对话框的【名称】文本框中输入“笔触”，在【颜色】下拉列表中选择【红色】选项，然后单击【确定】按钮。

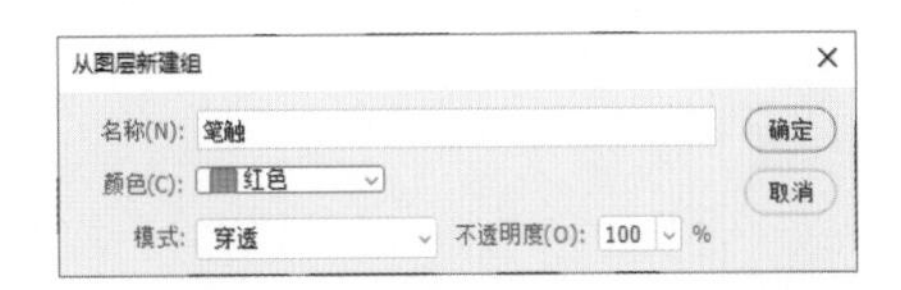

07 在【图层】面板中关闭文字图层视图，并按 Ctrl 键单击文字图层缩览图载入选区。单击【创建新图层】按钮创建新图层，并使用黑色填充选区。

08 按 Ctrl+D 快捷键取消选区，在【图层】面板中，单击【添加图层蒙版】按钮添加图层蒙版。选择【画笔】工具，在选项栏中设置画笔样式为【KYLE 额外厚实炭笔】，然后使用【画笔】工具根据需要调整画笔大小，并调整图层蒙版效果。

09 使用与步骤 **03** 至步骤 **04** 相同的操作方法，再为文字添加一些喷溅墨点的效果。

10 在【图层】面板中，选中【笔触】图层组至步骤 **09** 创建的所有图层，单击面板菜单按钮，在弹出的菜单中选择【从图层新建组】命令，打开【从图层新建组】对话框。在该对话框的【名称】文本框中输入“字体”，然后单击【确定】按钮。

11 在【图层】面板中双击刚创建的【字体】图层组，打开【图层样式】对话框。在该对话框中选中【颜色叠加】选项，设置叠加颜色为 R:255 G:0 B:0，然后单击【确定】按钮应用图层样式。

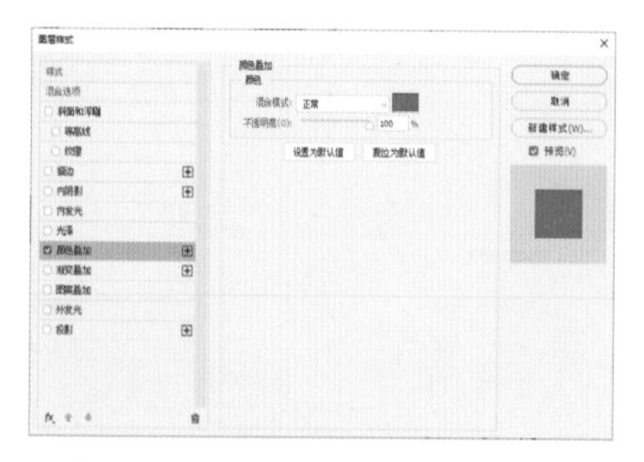

12 选择【文件】|【打开】命令，打开所需的背景素材图像。切换至“水墨字效果”图像，在【图层】面板中右击【字体】图层组，在弹出的快捷菜单中选择【复制组】命令，打开【复制组】对话框。在该对话框的【文档】下拉列表中选择【背景 .jpg】，然后单击【确定】按钮。

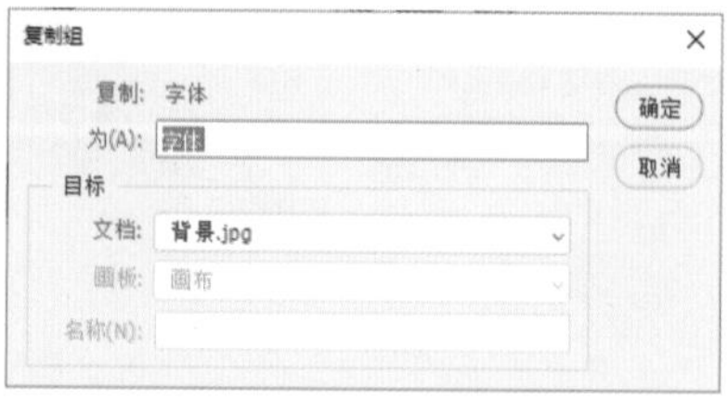

13 切换至背景图像文档，选择【移动】工具，按 Shift 键拖曳【字体】图层组中的对象，调整文字位置。在【图层】面板中，再次双击【字体】图层组，打开【图层样式】对话框。在该对话框中，选中【投影】选项，设置【混合模式】为【正片叠底】、【不透明度】为 88%，取消选中【使用全局光】复选框，设置【角度】为 90 度、【距离】为 20 像素、【扩展】为 5%、【大小】为 20 像素，然后单击【确定】按钮应用图层样式，完成实例的制作。

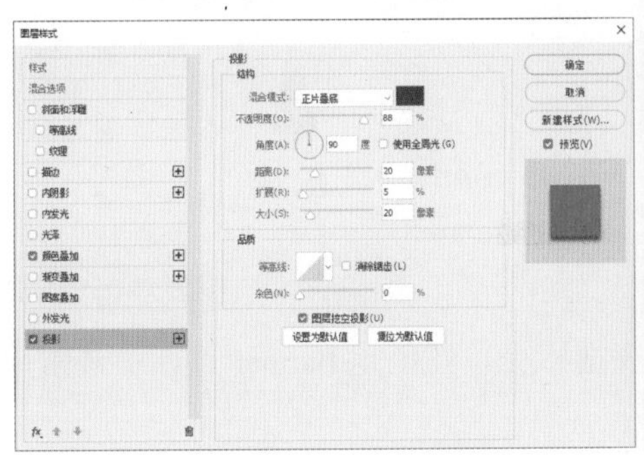

7.3.3 颜色

Banner 设计中的颜色分为主色、点缀色和辅助色。主色是设计中色彩面积占比最大的颜色。点缀色是色彩面积占比最小、起点缀作用的颜色，可以理解为画面中面积小但最突出的颜色。而辅助色是色彩面积占比小于主色大于点缀色的部分。常用的一些主色有以下系列。

黑色是一种代表品质、权威、稳重、时尚的颜色，适用于高端、前沿、有代表性的产品设计。

白色可以传递一种简单、朴素、干净、安静平和的视觉感受。白色适合设计风格定位为文艺、素雅、高冷、时尚的一些女性用品或家居用品的设计。

灰色是一种介于黑色和白色之间的颜色，属于无彩色系。灰色给人一种寂寞、捉摸不定的感觉。灰色是代表睿智、老实、执着、严肃和压抑的色彩，很容易让人联想到石头、钢铁等坚硬的、代表男性化的事物，因此比较适合男性用品、户外用品的设计。

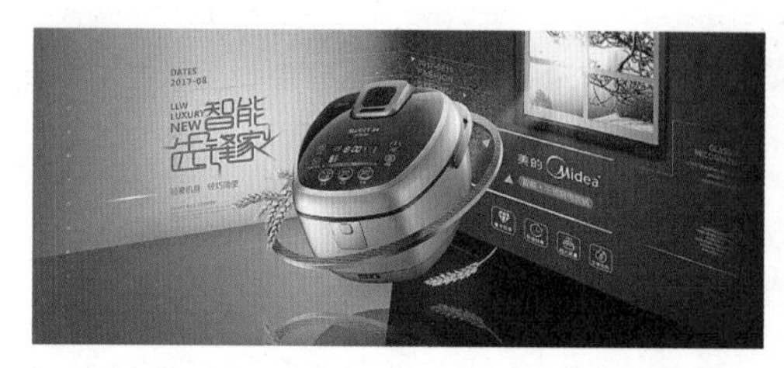

红色可以传递喜庆、热烈、自信、权威、性感等视觉感受。红色是 Banner 设计中最常用到的颜色，是节日宣传设计中不可或缺的颜色。

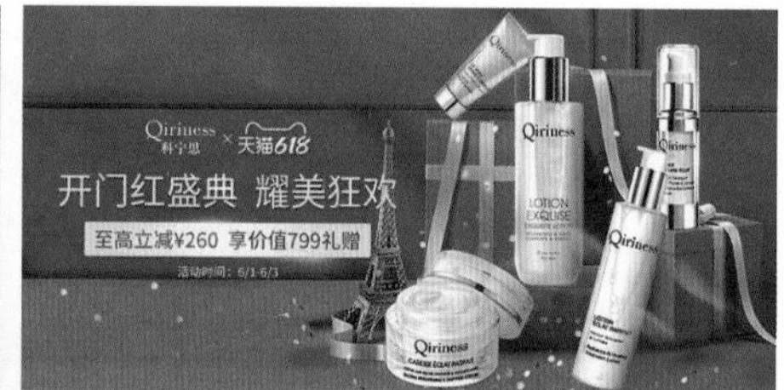

粉色会让人联想到鲜花、气球、云朵等一些轻柔、浪漫、甜美、年轻、女性化的事物。粉色在女性或母婴用品设计中常会应用。

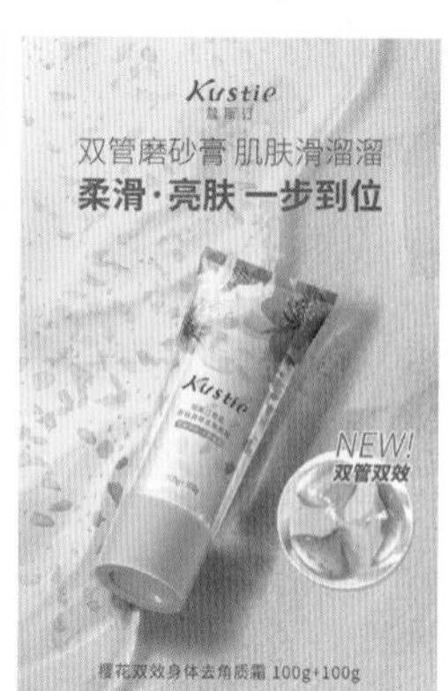

绿色系会让人联想到湖水、绿叶、天然的石头等自然界常见的事物，给人一种淡雅、脱俗、宁静、平和、有生命力和希望的感觉。如果产品包装运用绿色系，可以向受众传达一种安全使用、成分天然的心理暗示。

蓝色是三原色中的一种，常给人以永恒、灵性、清新、自由、放松、舒适、宁静、商务、科技等视觉感受。蓝色是一种刚柔并济的颜色，既可以表现柔美、轻盈，又可以表现沉稳、科幻，应用范围相当广泛。

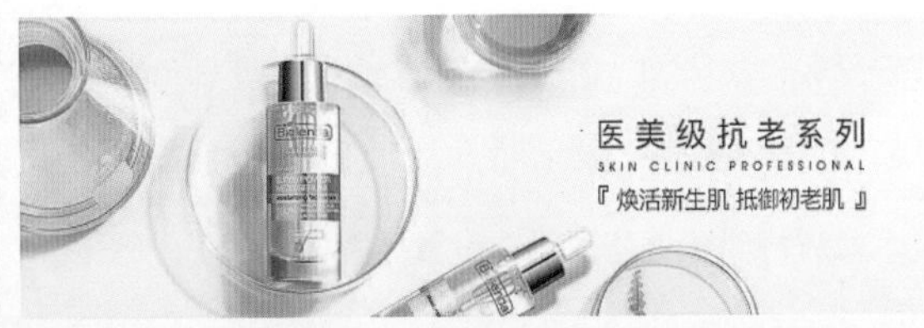

紫色是一种代表优雅、浪漫、高贵、时尚、神秘、梦幻、灵性、创造性的颜色。紫色在女性用品的设计中常会运用。

黄色是代表阳光、青春、活力、时尚、尊贵、希望的颜色，会让人联想到太阳、橙子、火焰等一些本身颜色就是黄色，充满激情、活力、耀眼的事物。

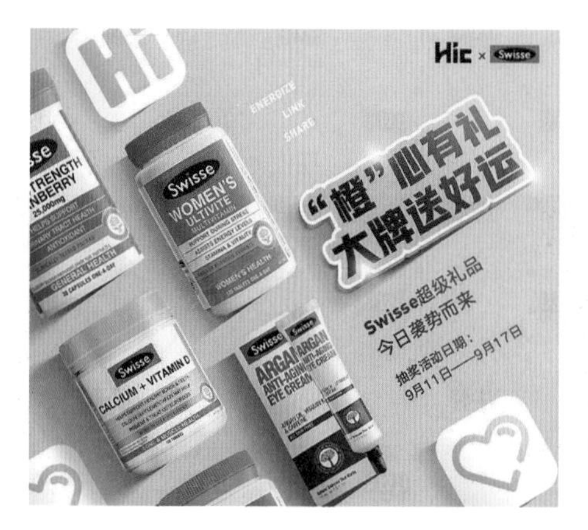

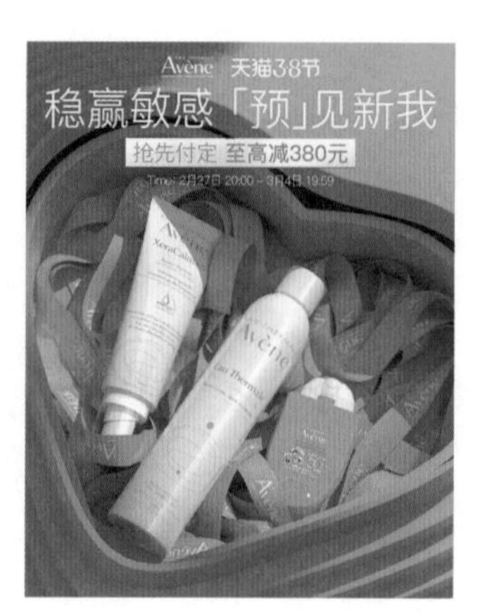

视频 实例——制作红色主题 Banner

文件路径：第 7 章 \ 实例——制作红色主题 Banner

难易程度：★★★☆☆

技术掌握：创建调整图层、设置【图层样式】

01 选择【文件】|【新建】命令，打开【新建文档】对话框。在该对话框中，设置【宽度】为 1024 像素、【高度】为 724 像素、【分辨率】为 300 像素 / 英寸，然后单击【创建】按钮新建空白文档。

02 在【颜色】面板中设置前景色为 R:142 G:10 B:18，然后按 Alt+Delete 快捷键使用前景色填充背景图层。

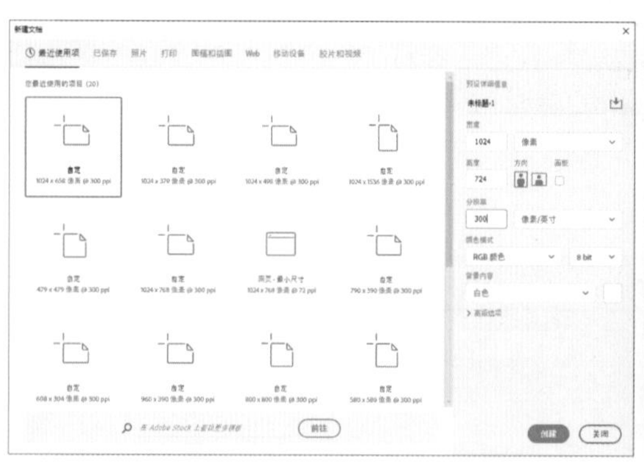

03 选择【矩形】工具，在选项栏中选择工具模式为【形状】，设置【填充】为 R:142 G:10 B:18，【描边】为无，然后在画板中绘制矩形。按 Ctrl+T 快捷键应用【自由变换】命令，调整矩形的位置及角度。

04 在【图层】面板中，按 Ctrl 键并单击【矩形 1】图层缩览图，载入选区。

05 按 Ctrl+Shift+I 快捷键，反选选区。在【图层】面板中，按 Ctrl 键并单击【创建新图层】按钮，在【矩形 1】图层下方新建【图层 1】图层。

06 将前景色设置为黑色，选择【画笔】工具，在选项栏中设置画笔样式为柔边圆 175 像素、【不透明度】为 10%，然后使用【画笔】工具在选区内涂抹。

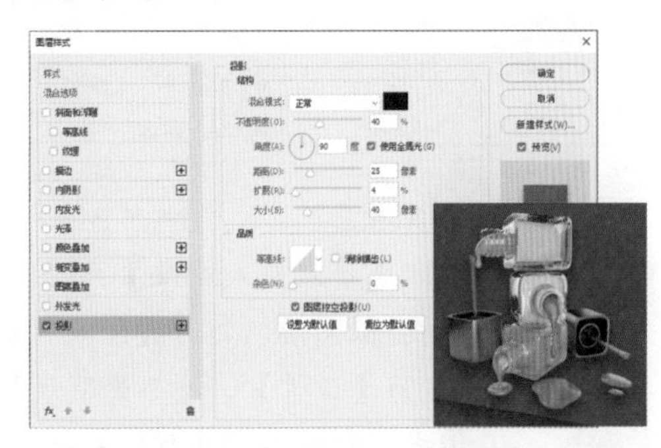

07 选择【文件】|【置入嵌入对象】命令，置入所需的素材图像文件。在【图层】面板中，双击刚置入的素材图像图层，打开【图层样式】对话框。在该对话框中，选中【投影】选项，设置【混合模式】为【正常】、【不透明度】为 40%、【距离】为 25 像素、【扩展】为 4%、【大小】为 40 像素，然后单击【确定】按钮应用图层样式。

08 在【调整】面板中单击【创建新的色阶调整图层】按钮，新建【色阶 1】图层。在【属性】面板中，设置输入色阶为 1、0.66、255。然后在【图层】面板中右击刚创建的【色阶 1】图层，在弹出的快捷菜单中选择【创建剪贴蒙版】命令，创建剪贴蒙版。

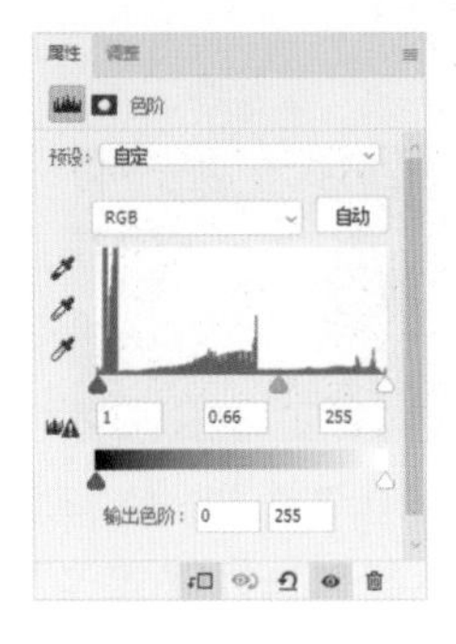

09 在【调整】面板中单击【创建新的可选颜色调整图层】按钮，新建【选取颜色 1】图层。在【属性】面板中，设置【红色】的【黑色】为49%。然后在【图层】面板中右击刚创建的【选取颜色 1】图层，在弹出的快捷菜单中选择【创建剪贴蒙版】命令，创建剪贴蒙版。

10 在【调整】面板中单击【创建新的色相/饱和度调整图层】按钮，新建【色相/饱和度 1】图层。在【属性】面板中，选择【洋红】颜色通道，设置【色相】为38、【饱和度】为33、【明度】为-24。然后在【图层】面板中右击刚创建的【色相/饱和度 1】图层，在弹出的快捷菜单中选择【创建剪贴蒙版】命令，创建剪贴蒙版。

11 选择【文件】|【置入嵌入对象】命令，置入所需的素材图像文件。在【图层】面板中，双击刚置入的素材图像图层，打开【图层样式】对话框。在该对话框中，选中【投影】选项，设置【混合模式】为【正常】、【不透明度】为30%、【距离】为24像素、【扩展】为4%、【大小】为40像素，然后单击【确定】按钮应用图层样式。

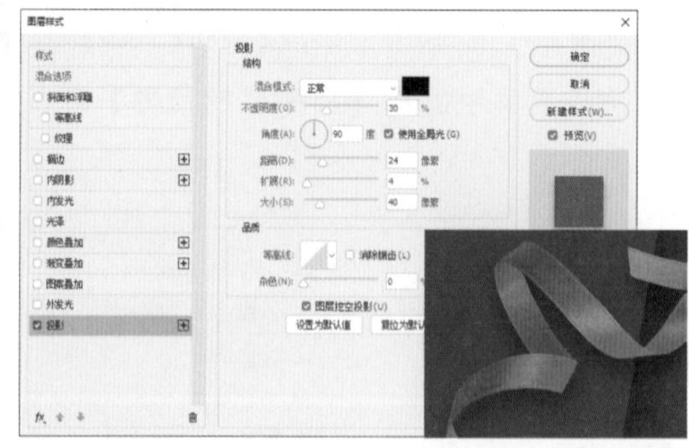

12 在【调整】面板中，单击【创建新的色相/饱和度调整图层】按钮，新建【色相/饱和度 2】图层。在【属性】面板中，选择【全图】颜色通道，设置【色相】为135。然后在【图层】面

板中右击刚创建的【色相 / 饱和度 2】图层，在弹出的快捷菜单中选择【创建剪贴蒙版】命令，创建剪贴蒙版。

13 在【调整】面板中单击【创建新的可选颜色调整图层】按钮，新建【选取颜色 2】图层。在【属性】面板中，设置【红色】的【黑色】为 38%。然后在【图层】面板中右击刚创建的【选取颜色 2】图层，在弹出的快捷菜单中选择【创建剪贴蒙版】命令，创建剪贴蒙版。

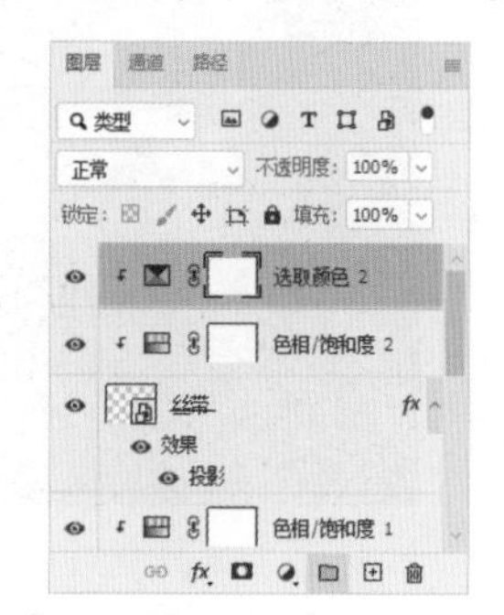

14 使用【横排文字】工具在画板中单击，在【字符】面板中设置字体系列为 Palatino Linotype、字体大小为 9 点、字符间距为 50、字体颜色为 R:255 G:221 B:193，然后输入文字内容。输入结束后，按 Ctrl+Enter 快捷键确认。

15 继续使用【横排文字】工具在画板中单击，在【字符】面板中设置字体大小为 16 点、字符间距为 -20，然后输入文字内容。输入结束后，按 Ctrl+Enter 快捷键确认。

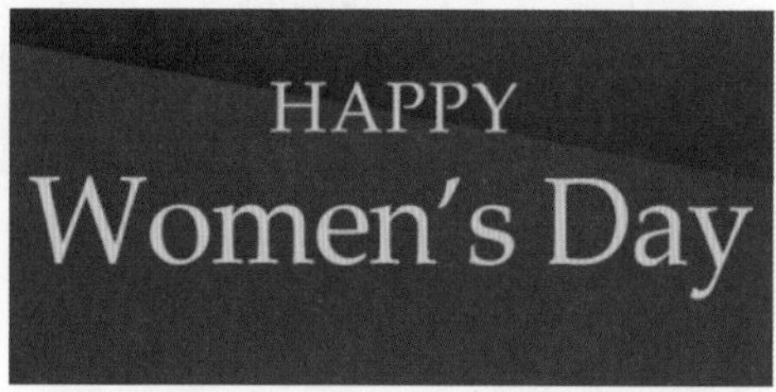

16 继续使用【横排文字】工具在画板中单击，并输入文字内容。输入结束后，按 Ctrl+Enter 快捷键确认。然后在【字符】面板中，更改字体系列为 Myriad Pro、字体大小为 54 点。

17 在【图层】面板中双击刚创建的文字图层，打开【图层样式】对话框。在该对话框中，选中【渐变叠加】选项，设置【混合模式】为【正常】、【不透明度】为 100%，设置【渐变】为 R:52 G:31 B:0 至 R:255 G:223 B:177 至 R:52 G:31 B:0，设置【角度】为 26 度、【缩放】为 120%，取消选中【与图层对齐】复选框。

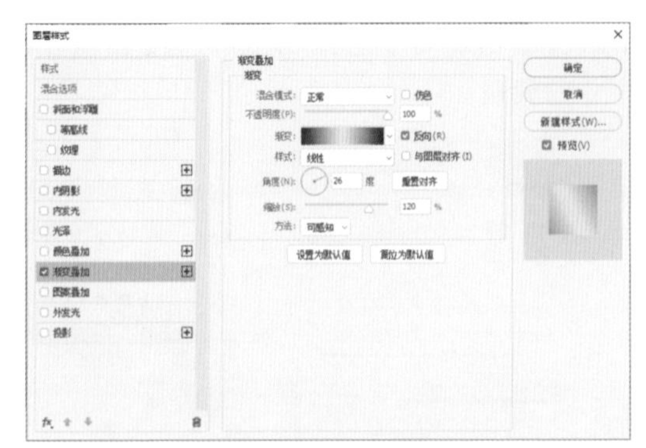

18 在【图层样式】对话框中选中【投影】选项，设置【混合模式】为【正片叠底】、【不透明度】为65%、【角度】为131度、【距离】为30像素、【大小】为25像素，然后单击【确定】按钮应用图层样式，完成实例的制作。

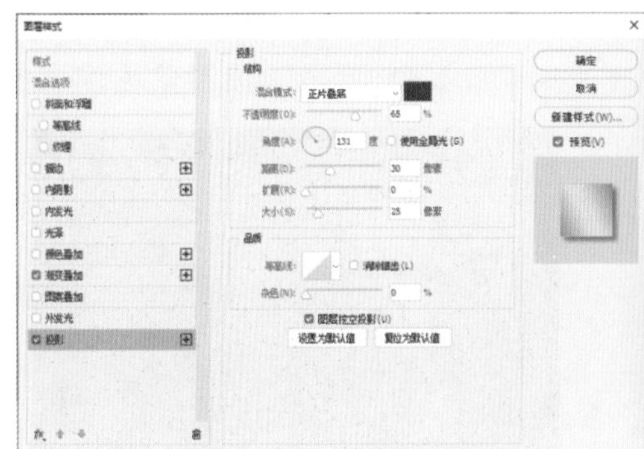

7.3.4 点缀

点缀大约有两种：图形点缀和实物点缀。为了不让实物点缀太过抢眼，可以适当地将其弱化，如降低不透明度或进行模糊处理。

视频 实例——制作女装特卖主题 Banner

文件路径：第 7 章 \ 实例——制作女装特卖主题 Banner

难易程度：★★☆☆☆

技术掌握：移动并复制对象、编组对象

01 选择【文件】|【新建】命令，打开【新建文档】对话框。在该对话框中，设置【宽度】为 1024 像素、【高度】为 379 像素、【分辨率】为 300 像素 / 英寸，然后单击【创建】按钮。

02 选择【文件】|【置入嵌入对象】命令，置入所需的背景素材图像文件。

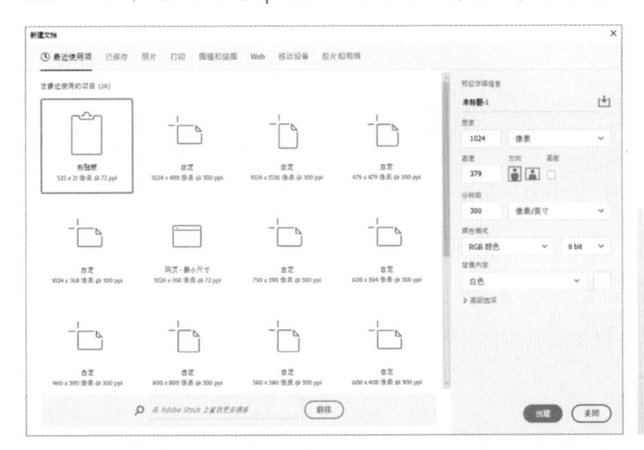

03 选择【文件】|【置入嵌入对象】命令，置入【花朵-0】素材图像文件。选择【移动】工具，按住 Ctrl+Alt 快捷键并拖曳刚置入的【花朵-0】素材图像，移动并复制图像。

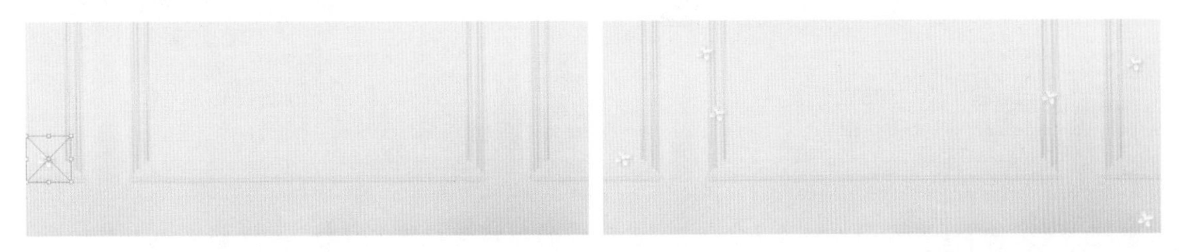

04 在【图层】面板中选中上一步创建的花朵图像图层，并按 Ctrl+G 快捷键将选定的图层进行编组，创建【组 1】图层组。

05 选择【文件】|【置入嵌入对象】命令，置入“花朵-1”素材图像文件。选择【移动】工具，按住 Ctrl+Alt 快捷键并拖曳刚置入的【花朵 -1】素材图像，移动并复制图像。然后按 Ctrl+T 快捷键应用【自由变换】命令调整图像大小。

06 使用与步骤 03 相同的操作方法，分别置入“花朵-2”“花朵-3”和“花朵-4”素材图像文件，移动并复制图像。

07 在【图层】面板中选中步骤 05 至步骤 06 创建的花朵图像图层，并按 Ctrl+G 快捷键将选定的图层进行编组，创建【组 2】图层组。

08 在【图层】面板中双击【组 2】图层组，打开【图层样式】对话框。在该对话框中，选中【投影】选项，设置【混合模式】为【正片叠底】、投影颜色为 R:226 G:220 B:211、【不透明度】为 100%，取消选中【使用全局光】复选框，设置【角度】为 135 度、【距离】为 6 像素、【大小】为 8 像素，然后单击【确定】按钮应用图层样式。

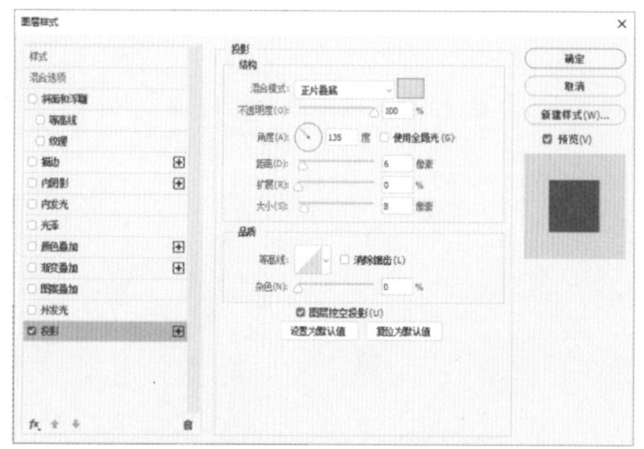

09 选择【文件】|【置入嵌入对象】命令，置入所需的模特素材图像文件，并调整其大小及位置。

10 使用【横排文字】工具在画板中单击，在选项栏中设置字体系列为【Adobe 黑体 Std】、字体大小为 13.5 点、字体颜色为 R:54 G:46 B:43，在【字符】面板中设置字符间距为 50，然后输入文字内容。输入完成后，按 Ctrl+Enter 快捷键确认。

11 使用【横排文字】工具选中英文部分内容，在选项栏中更改字体系列为 Myriad Pro。

12 选择【矩形】工具，在选项栏中选择工具模式为【形状】，设置【填充】为 R:54 G:46 B:43，设置【描边】为无，然后在画板中拖动绘制矩形。

13 使用【横排文字】工具在画板中单击，在选项栏中设置字体系列为 MMa TextBook、字体大小为 12 点、字体颜色为白色，在【字符】面板中设置字符间距为 -50，然后输入文字内容。输入完成后，按 Ctrl+Enter 快捷键确认。

14 继续使用【横排文字】工具在画板中单击，在【字符】面板中设置字体大小为 4 点，设置字符间距为 100，然后输入文字内容。输入完成后，按 Ctrl+Enter 快捷键确认。

15 继续使用【横排文字】工具在画板中单击，在【字符】面板中设置字符间距为 400，然后输入文字内容。输入完成后，按 Ctrl+Enter 快捷键结束操作，完成实例的制作。

7.3.5 背景

背景有 3 种：纯色背景、实物背景和材质背景。背景可以根据画面设计的需要选择合适的底图。

视频 实例——制作男士手表 Banner

文件路径：第 7 章 \ 实例——制作男士手表 Banner

难易程度：★★★☆☆

技术掌握：【自由变换】命令、添加图层蒙版

01 选择【文件】|【新建】命令，打开【新建文档】对话框。在该对话框中，设置【宽度】为 1024 像素、【高度】为 498 像素、【分辨率】为 300 像素 / 英寸，然后单击【创建】按钮新建空白文档。

02 选择【文件】|【置入嵌入对象】命令，置入背景素材图像。

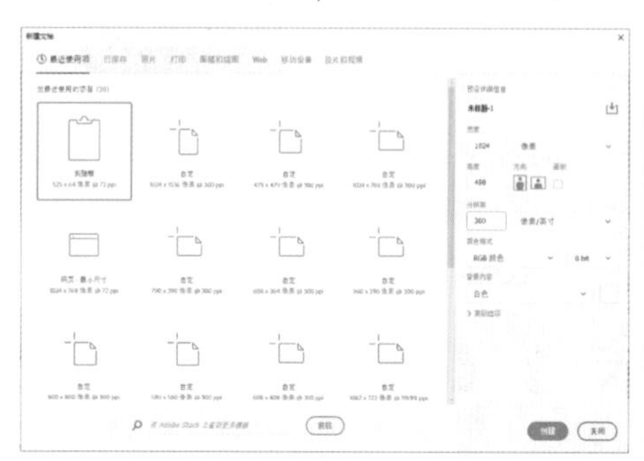

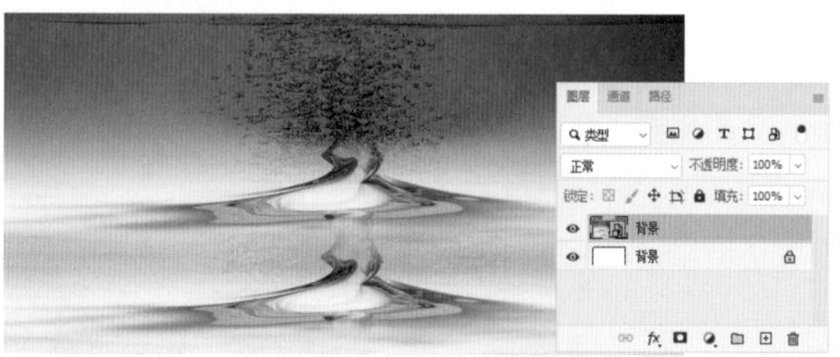

03 按 Ctrl+J 快捷键复制刚置入的背景图像图层，然后右击【背景 拷贝】图层，在弹出的快捷菜单中选择【栅格化图层】命令。再选择【图像】|【调整】|【去色】命令。

04 在【图层】面板中，单击【添加图层蒙版】按钮，为【背景 拷贝】图层添加图层蒙版。选择【画笔】工具，在选项栏中设置画笔样式为柔边圆，然后使用【画笔】工具在图层蒙版中单击。

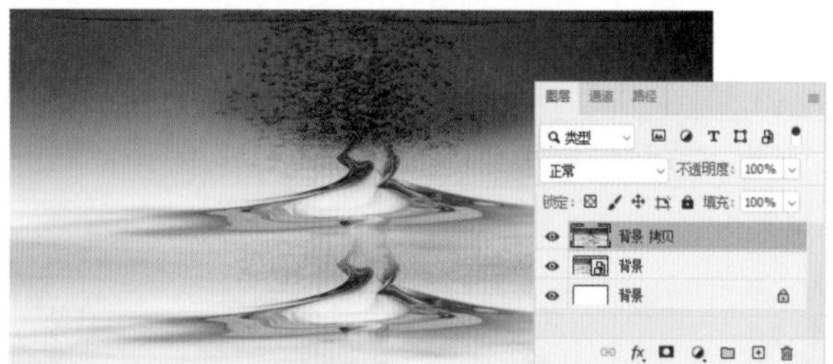

05 选择【文件】|【置入嵌入对象】命令，置入手表素材图像，并调整其大小及位置。

06 在【图层】面板中，按 Ctrl 键并单击【创建新图层】按钮，在手表图像图层下方新建【图层 1】图层。再按 Ctrl 键，单击手表图像图层缩览图，载入选区。

07 在【颜色】面板中设置前景色为 R:38 G:53 B:68，并按 Alt+Delete 快捷键填充选区。按 Ctrl+D 快捷键，取消选区，并按 Ctrl+T 快捷键应用【自由变换】命令调整图像。

08 选择【滤镜】|【模糊】|【高斯模糊】命令，打开【高斯模糊】对话框。在该对话框中设置【半径】为 30 像素，然后单击【确定】按钮，并在【图层】面板中设置图层混合模式为【正片叠底】。

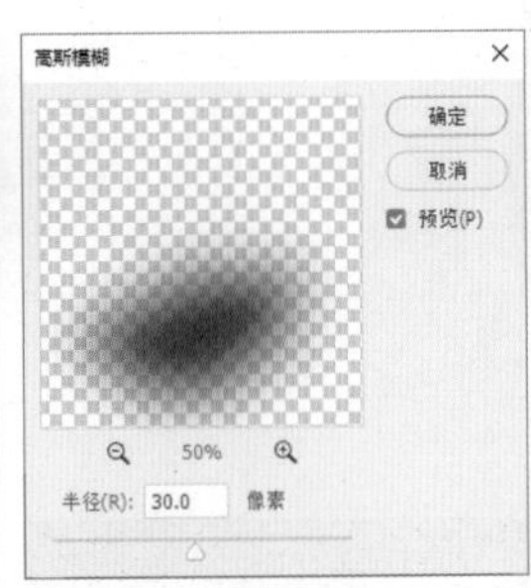

09 选择【文件】|【置入嵌入对象】命令，置入水花素材图像，并调整其大小及位置。按 Ctrl+J 快捷键复制刚置入的水花图像图层，并按 Ctrl+T 快捷键应用【自由变换】命令调整复制的水花图像。

10 在【图层】面板中选中手表图像图层，按 Ctrl+J 快捷键两次复制手表图像图层，并按 Ctrl+T 快捷键应用【自由变换】命令调整复制的手表图像大小及位置。

11 在【图层】面板中选中最上方的图层。选择【文件】|【置入嵌入对象】命令，置入“水花-2”素材图像，并调整其大小及位置。

12 再次置入“水花-1”素材图像文件，并调整其大小及位置。在【图层】面板中，单击【添加图层蒙版】按钮，为刚置入的素材图像图层添加图层蒙版。然后使用【画笔】工具，在蒙版中涂抹，调整图像效果。

13 在【图层】面板中选中步骤 09 中复制的水花素材图层，单击【添加图层蒙版】按钮，为该图层添加图层蒙版。然后使用【画笔】工具，在蒙版中涂抹，调整图像效果。

14 使用【横排文字】工具在画板中单击，在选项栏中设置字体系列为【微软雅黑】、字体大小为 6 点、字体颜色为 R:204 G:187 B:159，然后输入文字内容。输入完成后，按 Ctrl+Enter 快捷键确认。

15 选择【横排文字】工具，选中部分文字内容，并更改字体颜色为白色。然后选择【文件】|【置入嵌入对象】命令，置入 LOGO 素材图像，并调整其大小及位置，完成实例的制作。

第 8 章

详情页设计

本章导读

在电商设计中，商品详情页设计是一个非常重要的内容。商品详情页设计的好坏，直接影响买家对商品的认知和购买意愿。本章将介绍电商详情页设计的方法及注意事项。

8.1 解读详情页设计

商品详情页主要用于展示单个商品的细节信息，它的精细程度和设计感直接影响买家对商品的认知。

8.1.1 商品详情页的设计思路

设计师要做好一个详情页，需要下功夫去研究和推敲。商品详情页的最大作用在于促进销售。一个好的详情页是店铺商品销量增加的奥秘所在。接下来我们就详细介绍如何设计商品详情页。

1. 换位思考

一个好的商品详情页需要“想客户所想”，把详情页做成客户想看到的而不是设计师认为可以的效果。这就需要设计师在设计的时候做到换位思考，通过设计打动客户，在符合商品本身气质的同时追求画面和文字的美感，而不是盲目地追求高大上的效果。

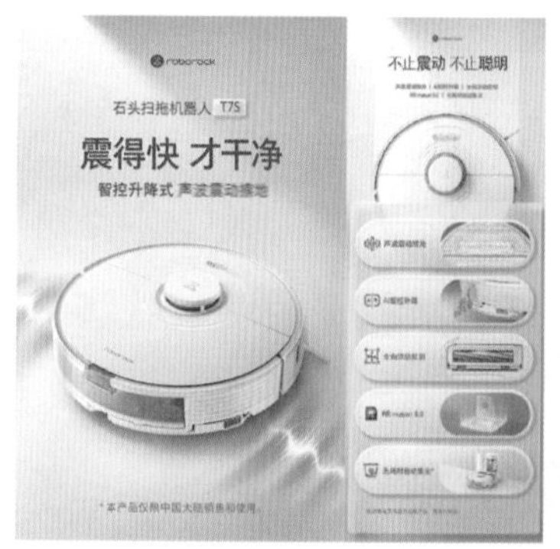

2. 了解目标人群

设计师在做商品详情页之前，首先要了解设计商品的具体客户群体是老人、小孩，还是白领等，然后针对不同的人群制定不同的设计风格。分析客户人群包括分析其消费能力、喜好以及购买商品时在意的问题等。了解了这些后，设计师就能在设计详情页时做到胸有成竹。

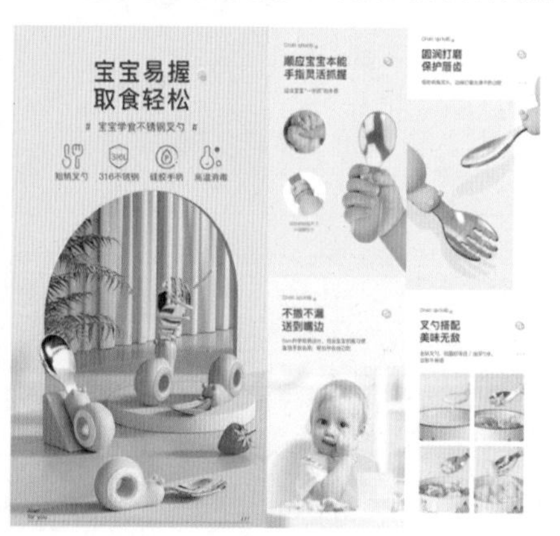

3. 颜色的选择

商品详情页的颜色也是至关重要的一部分。这就需要设计师针对目标客户人群定制详情页特有的颜色。通常商品详情页的颜色、风格要和主页整体的颜色、风格相统一，这样有利于加强客户对店铺的印象。例如，女性更喜欢粉红色、紫色、马卡龙色系的详情页风格；男性则更偏爱炫酷一些的单一色系，如灰色、黑色、银色、蓝色等。

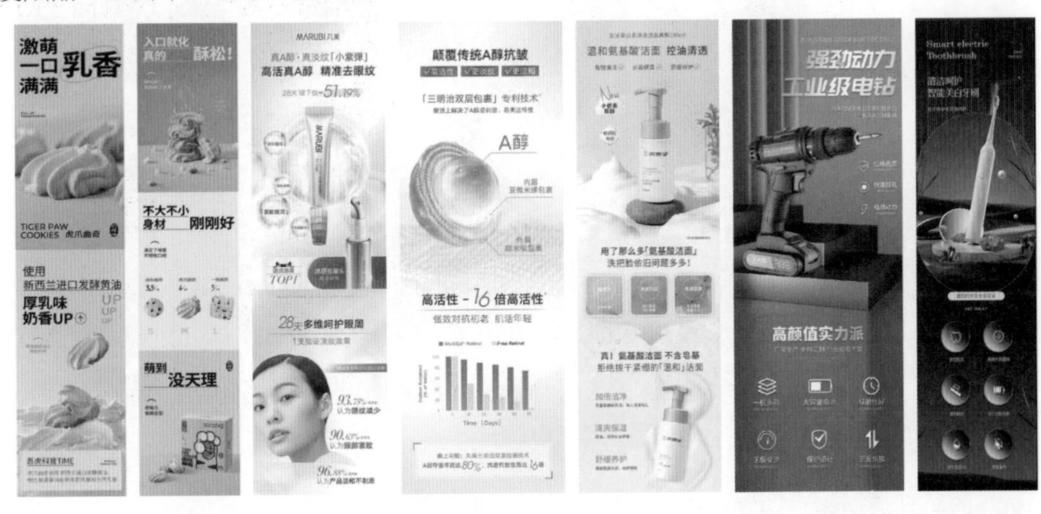

8.1.2 商品详情页的设计要点

商品详情页设计的好坏会直接影响到电子商城网站的销售业绩。看似简单而千篇一律的商品页面，却暗藏着许多网站设计门道。电商网站设计的商品详情页与用户对产品的需求、用户种类和用户的使用习惯息息相关。下面分享一些电商网站设计商品详情页的一些小技巧。

1. 以商品图片的展示为主

据调查显示，在电商网站设计中用户对文字的记忆通常只有 20%，而多数用户对图片的认知能力远高于对文字的认知能力，以图片展示为主的详情页会提升用户的好感度。

2. 图片质量优先

清晰的商品图片更能突出商品的真实度和美感，但图片的尺寸不宜过大，尺寸过大则容易使用户在视觉上产生不适。在电商网站设计中，商品细节可以采用鼠标悬停放大展示的方式，使用户在浏览网页的过程中既能感受产品整体的美感，又能了解产品的细节。

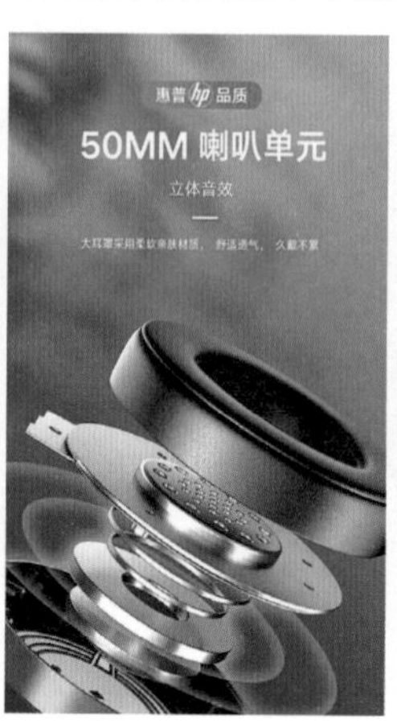

3. 色彩的搭配原则

色彩能起到调动客户购物积极性的作用。有研究表明，橙色对冲动购物者的吸引力很大，蓝色则更吸引预算有限的买家。值得指出的是，五颜六色、花哨的电商网站设计页面会降低客户的好感度。

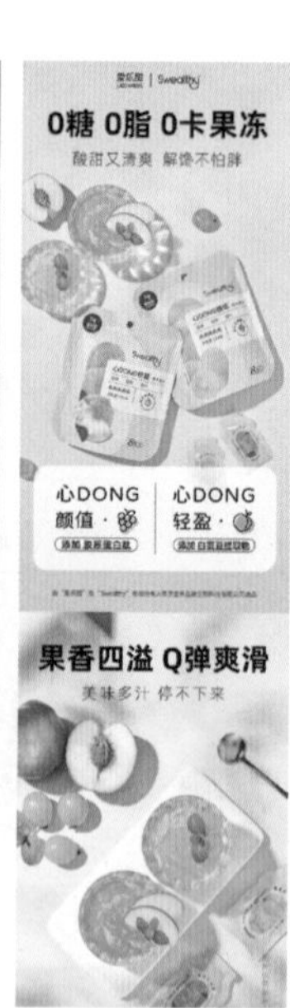

4. 产品文字内容

产品介绍的文字内容尽量简洁、生动，选取产品优势、卖点的关键词，加以自信有趣的介绍，使客户对产品的质量和用途产生信心，减少客户的阅读时间。

视频 实例——制作产品主图

文件路径：第 8 章 \ 实例——制作产品主图

难易程度：★★☆☆☆

技术掌握：置入嵌入对象、【横排文字】工具

01 选择【文件】|【新建】命令，打开【新建文档】对话框。在该对话框中输入文档名称“产品主图”，设置【宽度】和【高度】均为 790 像素、【分辨率】为 300 像素 / 英寸，然后单击【创建】按钮。

02 选择【文件】|【置入嵌入对象】命令，置入“背景 -1”图像，并调整其大小及位置。在【图层】面板中，单击【添加图层蒙版】按钮添加图层蒙版。选择【画笔】工具，在选项栏中设置画笔样式为柔边圆、【不透明度】为 30%，然后在图层蒙版中涂抹调整图像。

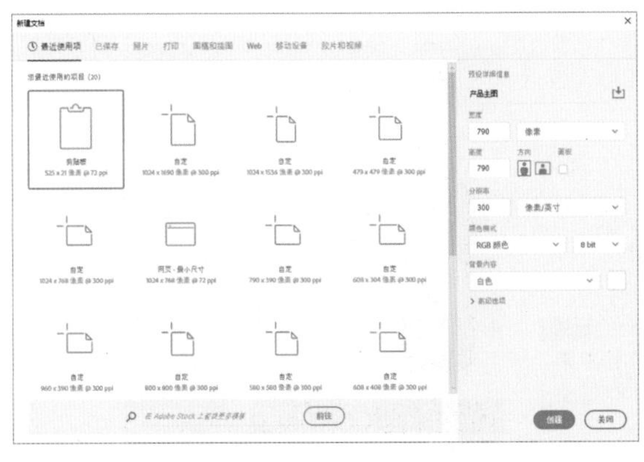

03 选择【文件】|【置入嵌入对象】命令，置入“背景 -2”图像，并调整其大小及位置。在【图层】面板中，单击【添加图层蒙版】按钮添加图层蒙版。然后使用【画笔】工具在图层蒙版中涂抹调整图像。

04 继续选择【置入嵌入对象】命令，置入“背景 -3”图像，并调整其大小及位置。然后添加图层蒙版，使用【画笔】工具调整图层蒙版。

05 在【图层】面板中单击【创建新图层】按钮，新建【图层 1】图层。在【颜色】面板中，设置前景色为 R:251 G:248 B:212，然后使用【画笔】工具在图层中涂抹添加图像间的过渡。

06 选择【文件】|【置入嵌入对象】命令，分别置入酒瓶和酒杯素材图像，并调整其大小及位置。

07 在【图层】面板中选中【图层 1】图层，单击【创建新图层】按钮，新建【图层 2】图层。在【颜色】面板中，设置前景色为 R:88 G:49 B:26，然后使用【画笔】工具为酒瓶和酒杯图像添加底部阴影效果。

08 使用【横排文字】工具在画板中单击，在【字符】面板中设置字体系列为【方正粗倩简体】、字体大小为 18 点、字体颜色为 R:209 G:125 B:13，然后输入文字内容。

09 在【图层】面板中双击刚创建的文字图层，打开【图层样式】对话框。在该对话框中，选中【渐变叠加】选项，设置【混合模式】为【正常】、【不透明度】为 60%、渐变为 R:80 G:40 B:19 至不透明度为 0 的 R:80 G:40 B:19，【角度】为 -90 度。

10 在【图层样式】对话框中，选中【描边】选项，设置【大小】为 2 像素、【位置】为【外部】、【颜色】为白色。

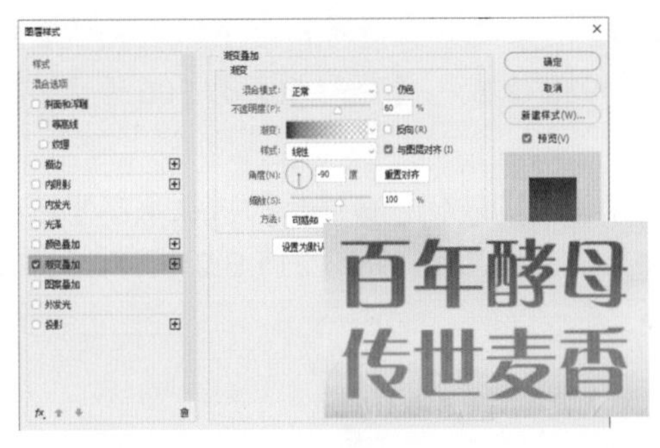

11 在【图层样式】对话框中选中【投影】选项，设置【混合模式】为【正片叠底】、投影颜色为 R:71 G:34 B:14、【不透明度】为 70%、【角度】为 90 度、【距离】为 5 像素，然后单击【确定】按钮应用图层样式。

12 选择【文件】|【置入嵌入对象】命令，置入 logo 图像，并调整其大小及位置。

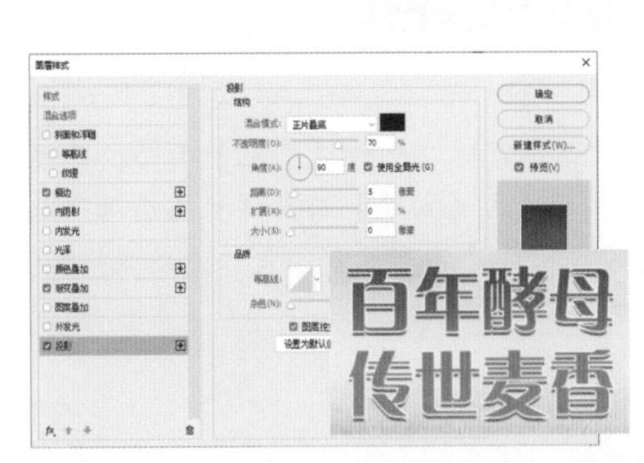

13 在【图层】面板中双击刚置入的图像图层，打开【图层样式】对话框。在该对话框中，选中【外发光】选项，设置【混合模式】为【线性减淡(添加)】、【不透明度】为 22%、发光颜色为白色、【大小】为 54 像素，然后单击【确定】按钮应用图层样式，完成实例的制作。

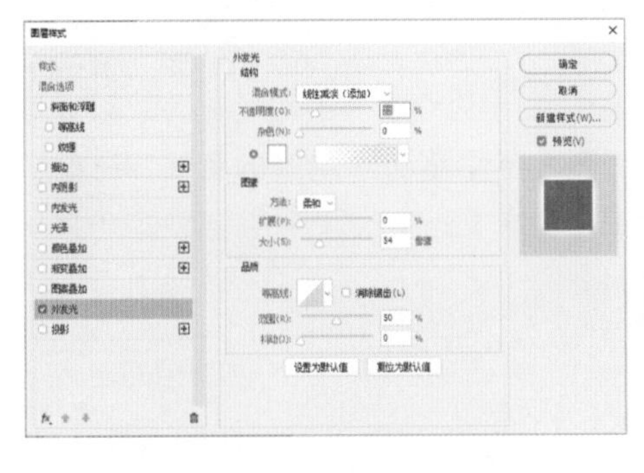

视频 实例——制作产品描述

文件路径：第 8 章 \ 实例——制作产品描述

难易程度：★★★☆☆

技术掌握：设置混合模式、移动并复制对象、输入并设置文字

01 选择【文件】|【新建】命令，打开【新建文档】对话框。在该对话框中输入文档名称“产品描述”，设置【宽度】为790像素、【高度】为988像素、【分辨率】为300像素/英寸，然后单击【创建】按钮。

02 在【图层】面板中，单击【创建新的填充或调整图层】按钮，在弹出的快捷菜单中选择【纯色】命令。在弹出的【拾色器(纯色)】对话框中设置填充色为R:198 G:215 B:255，然后单击【确定】按钮，创建【颜色填充1】图层。

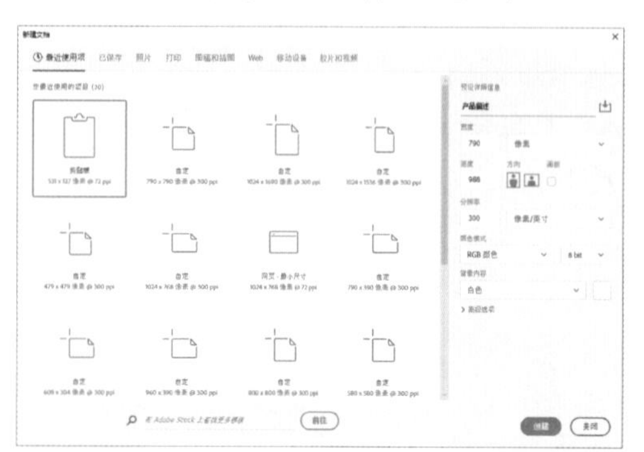

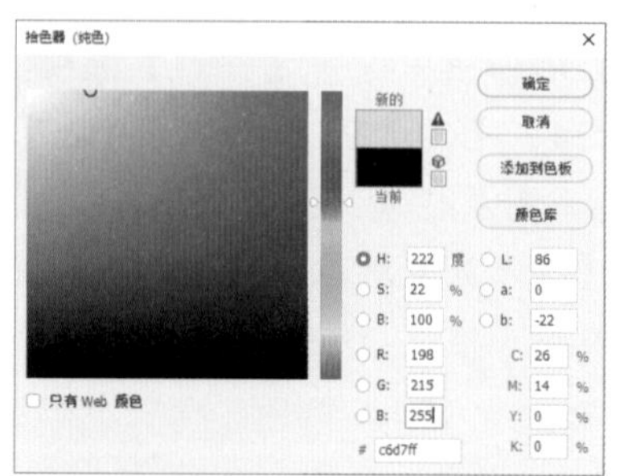

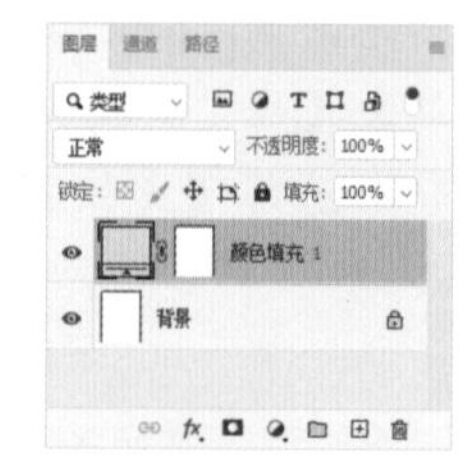

03 在【图层】面板中，选中【颜色填充1】图层蒙版。选择【画笔】工具，在选项栏中设置画笔样式为柔边圆、【不透明度】为30%。然后使用【画笔】工具调整图层填充效果。

04 选择【文件】|【置入嵌入对象】命令，置入所需要的产品图像文件，并调整其位置及大小。

05 选择【文件】|【置入嵌入对象】命令，分别置入所需要的水花图像文件，并调整其位置及大小，然后在【图层】面板中设置混合模式为【正片叠底】。

06 在【图层】面板中单击【添加图层蒙版】按钮添加图层蒙版。然后使用【画笔】工具调整图像效果。

07 使用【横排文字】工具在画板中单击，在【字符】面板中设置字体系列为【方正品尚黑简体】、字体大小为 7 点、字符间距为 500、字体颜色为 R:23 G:89 B:153，然后输入文字内容。

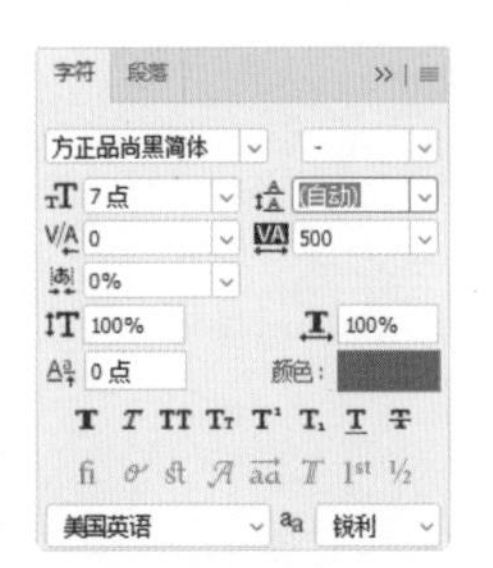

08 在【图层】面板中单击【创建新图层】按钮，新建【图层 1】图层。选择【铅笔】工具，将前景色设置为 R:23 G:89 B:153，然后在刚创建的文字上下绘制直线。

09 使用【横排文字】工具在画板中单击，在【字符】面板中设置字体系列为【Adobe 黑体 Std】、字体大小为 27 点，然后输入文字内容。

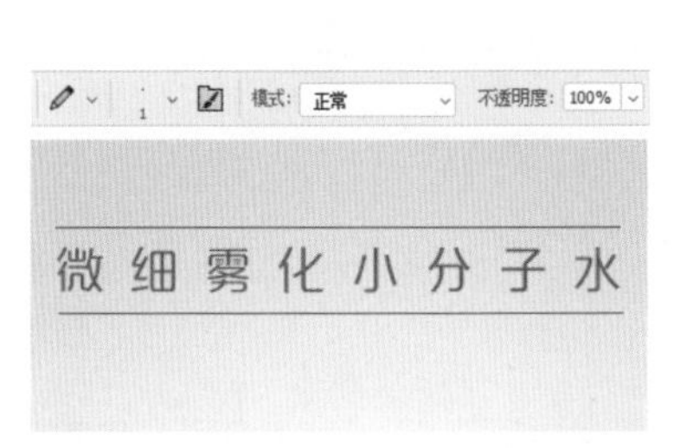

10 在【图层】面板中双击刚创建的文字图层，打开【图层样式】对话框。在该对话框中，选中【渐变叠加】选项，设置【混合模式】为【正常】、【不透明度】为 100%、【渐变】为 R:242 G:172 B:38 至 R:253 G:100 B:79、【角度】为 -90 度。

11 在【图层样式】对话框中选中【描边】选项，设置【大小】为 1 像素、【位置】为【外部】、【颜色】为 R:255 G:114 B:0，然后单击【确定】按钮应用图层样式。

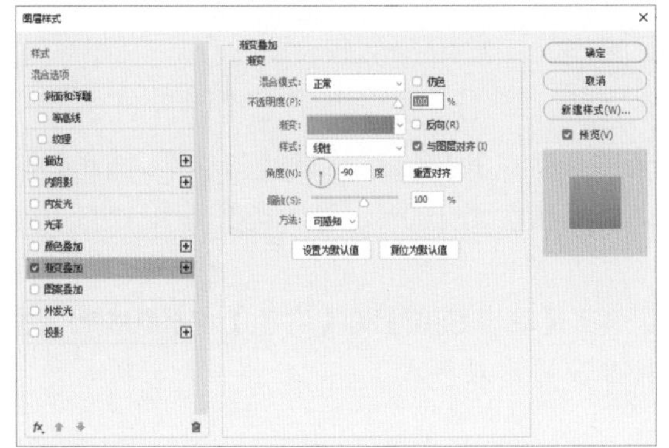

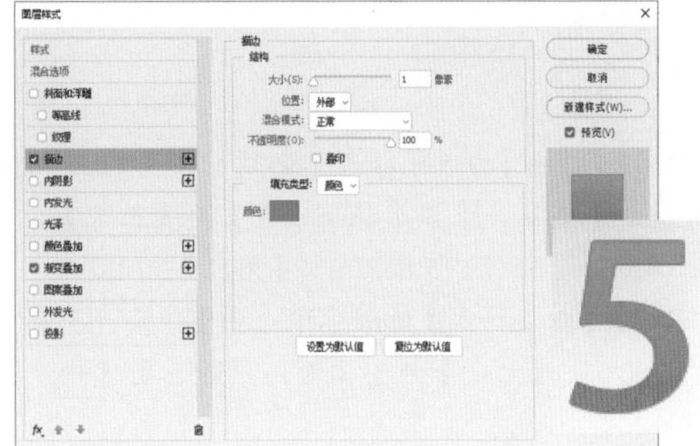

12 使用【横排文字】工具在画板中单击，在【字符】面板中设置字体系列为【方正黑体简体】、字体大小为16点，然后输入文字内容。

13 在【图层】面板中双击刚创建的文字图层，打开【图层样式】对话框。在该对话框中，选中【渐变叠加】选项，设置【混合模式】为【正常】、【不透明度】为100%、【渐变】为R:42 G:100 B:162至R:22 G:175 B:231，然后单击【确定】按钮应用图层样式。

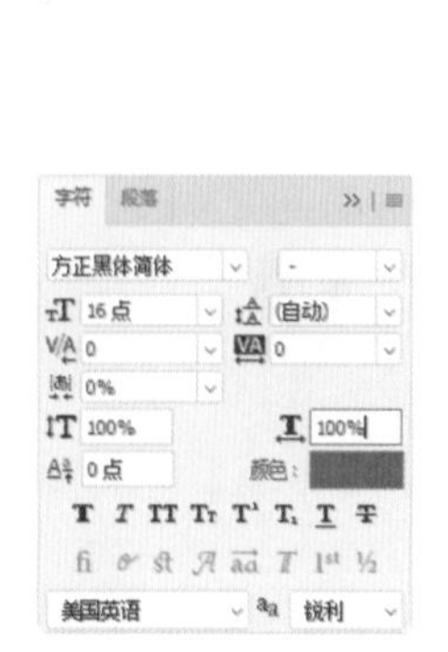

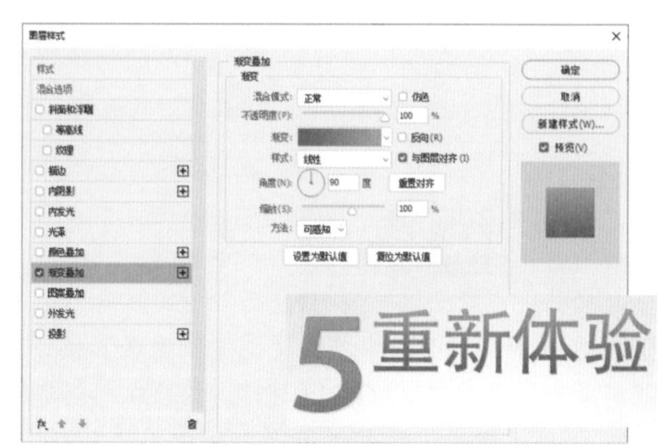

14 选择【文件】|【置入嵌入对象】命令，置入所需要的气泡图像文件，并调整其位置及大小。

15 使用【横排文字】工具在画板中单击，在选项栏中单击【居中对齐文本】按钮，在【字符】面板中设置字体系列为【方正品尚中黑简体】、字体大小为4点、行距为5点、字符间距为-20、字体颜色为R:7 G:114 B:189，然后输入文字内容。

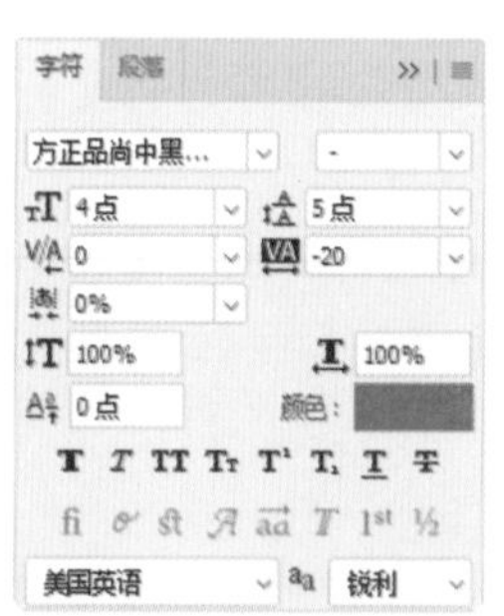

16 在【图层】面板中双击刚创建的文字图层，打开【图层样式】对话框。在该对话框中，选中【渐变叠加】选项，设置【混合模式】为【正常】、【不透明度】为100%、【渐变】为R:42 G:100 B:162至R:22 G:175 B:231、【角度】为90度。

17 在【图层样式】对话框中选中【外发光】选项，设置【混合模式】为【滤色】、【不透明度】为100%、【大小】为1像素，然后单击【确定】按钮应用图层样式。

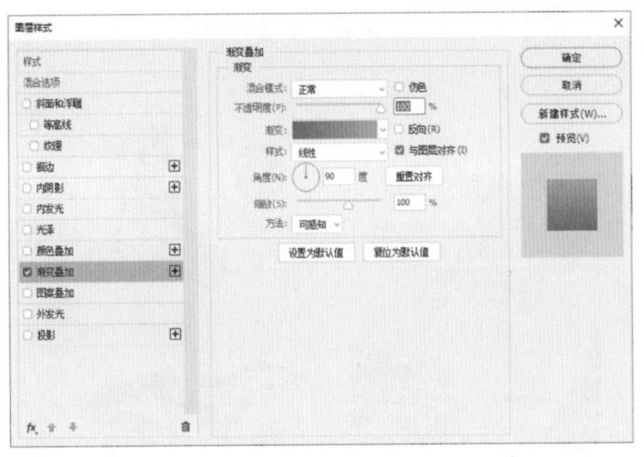
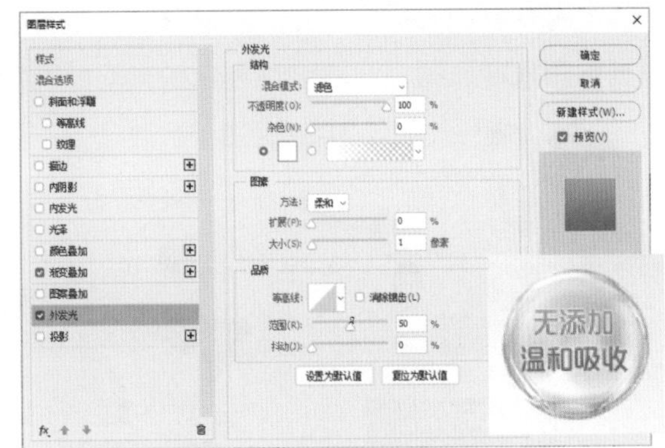

18 在【图层】面板中选中气泡图层及上方的文字图层，单击【链接图层】按钮。选择【移动】工具，按 Ctrl+Alt 快捷键多次移动并复制链接对象，并按 Ctrl+T 快捷键应用【自由变换】命令调整大小。

19 选择【横排文字】工具，分别修改上一步中复制的文字图层内容，完成实例的制作。

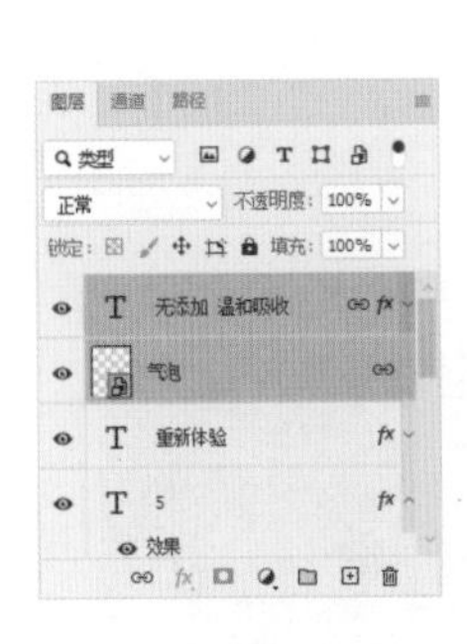
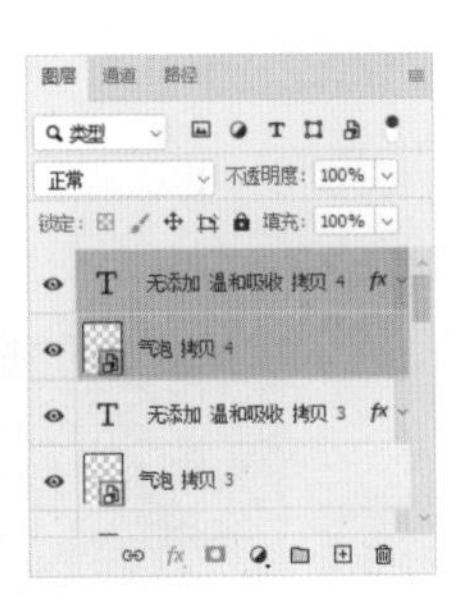

8.1.3 详情页的结构

在设计商品详情页时，可将详情页分区展示，通过不同的区域划分展示商品的不同特点，以便客户更好地了解商品。

1. 基础描述区

基础描述区主要用于介绍商品卖点和基本信息，如商品展示、商品卖点介绍、快递说明、购买须知、退换说明、联系方式、售后服务、商品参数、尺寸相关、颜色分类、测量方法、模特展示、细节展示、购物流程、支付方式等。

在设计基础描述区时，要尽量做到吸引眼球，卖点也要提炼得精准到位。描述的文字可以根据消费人群而制定，同时也可以根据商品制定不同的文字描述内容。

2. 展现实力、强化信任区

通过提供一些证明企业规模的照片或者实力证书等提高店铺的品牌感、专业感，令客户放心购买，增加商品的可信度。

通常这部分区域可展示设计手稿、品牌故事、关于我们、商品知识、公司荣誉、鉴别方法、授权证书、质检证书等。这一部分内容比较固定，做好之后可以长期重复使用。

3. 促进消费区

促进消费区主要是为买家提供更多商品选择，增加购买数量，如热卖推荐、相关商品、新品推介等。促进消费区域可以在平时的详情页中设置一些关联销售，可推出热销商品或者套餐。这一模块可以灵活布局，根据不同的需求更换不同的内容。

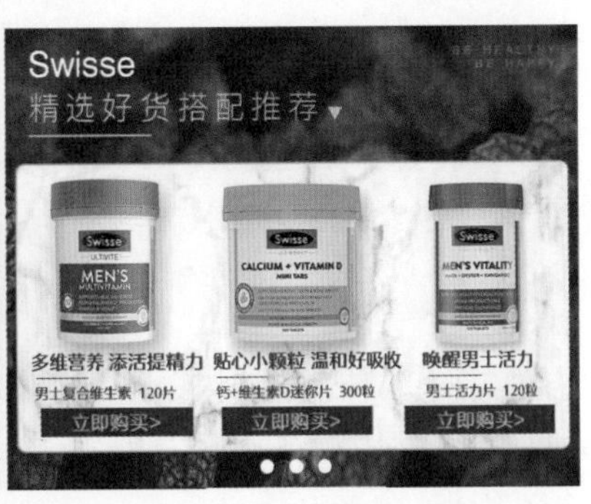

8.2 详情页设计的注意事项

对于商品详情页，如果商家能够做好相应的设计，那么其本身所能给店铺带来的转化效果将会非常的好，反之则容易导致消费者的流失。进行商品详情页设计时需要注意的事项如下。

在制作详情页之前，设计师需要明确自己的制作目的是利用商品的优势来打动消费者，打败竞争对手，从而让消费者对商品持肯定态度，并进行下单操作。

在了解详情页的制作目的后，设计师就需要思考如何设计其相应的布局。详情页的描述要突出重点，如果描述涉及一些专业知识，那么商家就需要把这部分内容制作得通俗易懂，否则很容易失去相应的消费者。商品的描述可以通过图像和文字相结合的形式来进行简化，同时突出商品的重要卖点和优势，在尽量短的时间内吸引消费者的注意力。

详情页的描述，可以使用简短、精练的语句，来表达出商品的情感诉求；同时也必须保障商品图片的清晰度、美观度；还可以配上价格趋势图、商品获得的荣誉证书、老客户好评截图等。另外，为了给消费者的购买加一层保障，商品售后可以享有的服务必须加上，品牌和企业硬实力也需要展示。

总之，商品详情页的重要性不言而喻，需要商家的重点维护和优化。以上这些也只是商品详情页比较基础的方面，还有更多的策划和优化方面，需要设计师去规划，进而为商品的转化和提升做好铺垫。

视频 实例——制作咖啡豆产品详情页

文件路径：第 8 章 \ 实例——制作咖啡豆产品详情页
难易程度：★★★★☆
技术掌握：置入嵌入对象、输入并设置文字、编组对象、创建剪贴蒙版

01 选择【文件】|【新建】命令，打开【新建文档】对话框。在该对话框中输入文档名称“咖

啡豆详情页”，设置【宽度】为790像素、【高度】为950像素、【分辨率】为300像素/英寸，然后单击【创建】按钮。

02 选择【矩形】工具，在选项栏中选择工具模式为【形状】，单击【填充】色块，在弹出的下拉面板中单击【渐变】按钮，设置渐变填充色为R:214 G:214 B:214至R:239 G:239 B:239，设置【角度】数值为90°、设置【描边】为无。

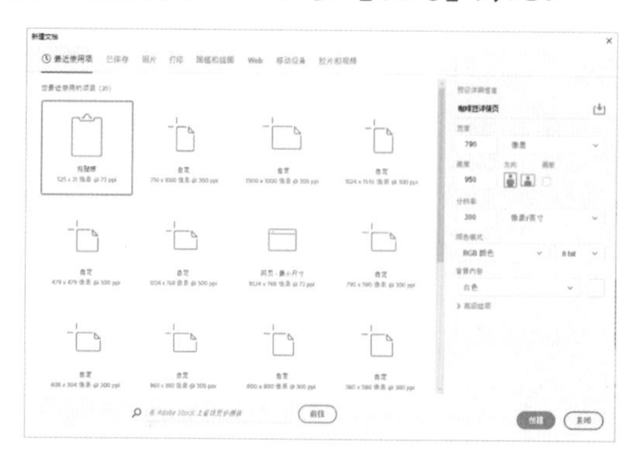

03 使用【矩形】工具在画板左上角处单击，在弹出的【创建矩形】对话框中设置【宽度】为790像素、【高度】为600像素，单击【确定】按钮创建矩形。

04 选择【文件】|【置入嵌入对象】命令，置入所需的咖啡包装图像文件，并调整其位置及大小。

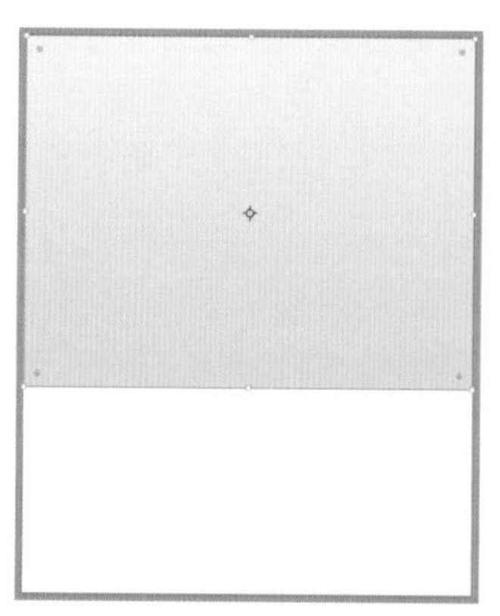

05 使用【横排文字】工具在画板中单击，在【字符】面板中设置字体系列为【方正大黑简体】、字体大小为10点、字体颜色为R:55 G:55 B:55，然后输入文字内容。输入完成后，选择【移动】工具，在选项栏中单击【对齐并分布】按钮，在弹出的下拉面板中设置【对齐】为【画布】选项，然后单击【水平居中对齐】按钮。

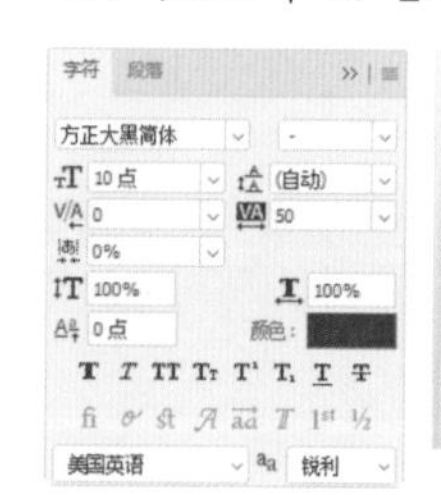

06 使用【横排文字】工具在画板中单击，在【字符】面板中设置字体系列为【方正大标宋简体】、字体大小为26点、字符间距为75，然后输入文字内容。输入完成后，按Ctrl+Enter快捷键确认。

07 继续使用【横排文字】工具在画板中单击，在【字符】面板中，设置字体系列为【方正黑体简体】、字体大小为 9 点、字符间距为 200，然后输入文字内容。使用【移动】工具调整输入的文字内容的位置。

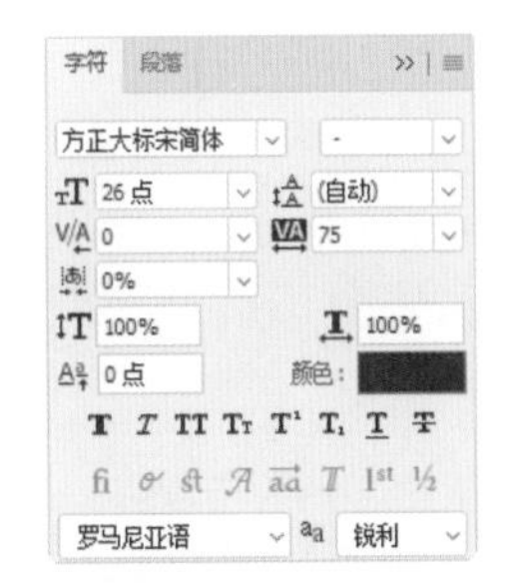

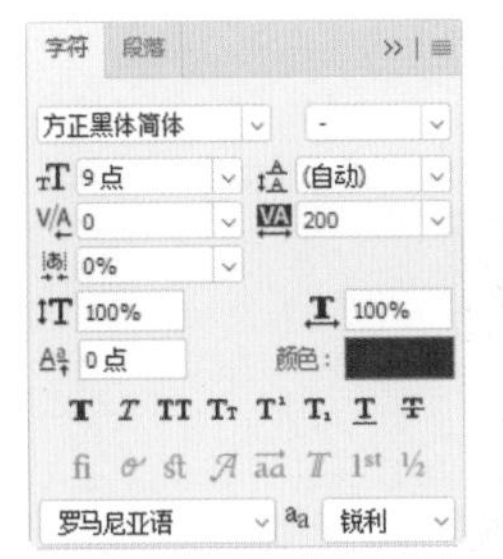

08 使用【矩形】工具在画板中单击，在弹出的【创建矩形】对话框中设置【宽度】和【高度】均为 187 像素、圆角半径为 12 像素，然后单击【确定】按钮。在选项栏中设置圆角矩形的【填充】为无、【描边】为 R:178 G:130 B:71、形状描边宽度为 1 像素。

09 使用【横排文字】工具在刚绘制的圆角矩形中单击，在【字符】面板中设置字体系列为【方正大黑简体】、字体大小为 8 点、字符间距为 0，设置基线偏移为 -3 点。在选项栏中单击【居中对齐文本】按钮，然后输入文字内容。输入完成后，按 Ctrl+Enter 快捷键确认。

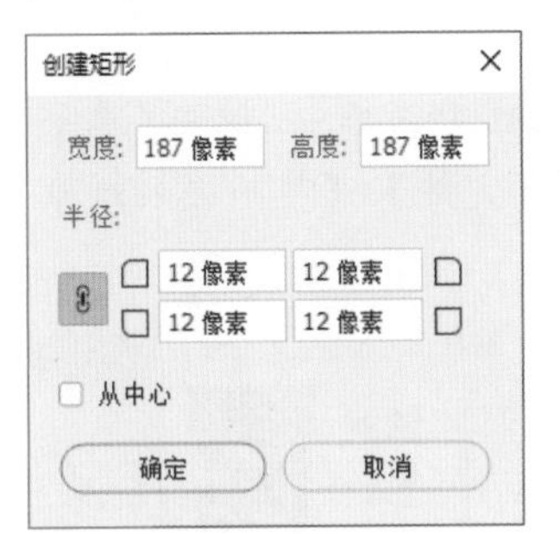

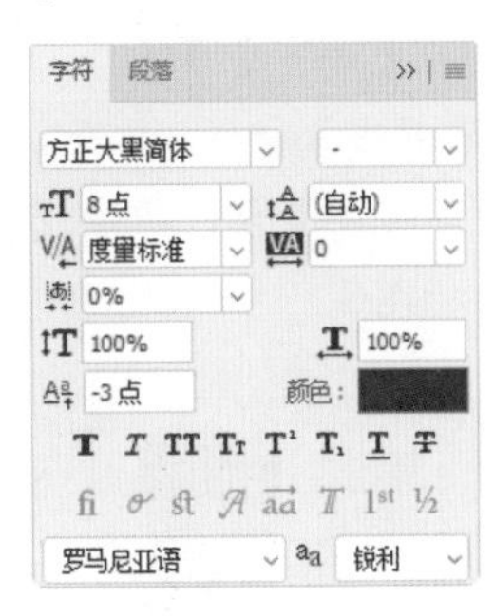

10 继续使用【横排文字】工具在刚输入的文字下方拖动创建文本框，然后在【字符】面板中设置字体样式为【方正大黑简体】、字体大小为 5 点、字体颜色为 R:127 G:127 B:127，然后输入文字内容。输入完成后，按 Ctrl+Enter 快捷键确认。

11 在【图层】面板中，选中步骤 **08** 至步骤 **10** 创建的圆角矩形和文本内容图层，单击【链接图层】按钮。然后选择【移动】工具，按 Ctrl+Alt 快捷键移动并复制对象。

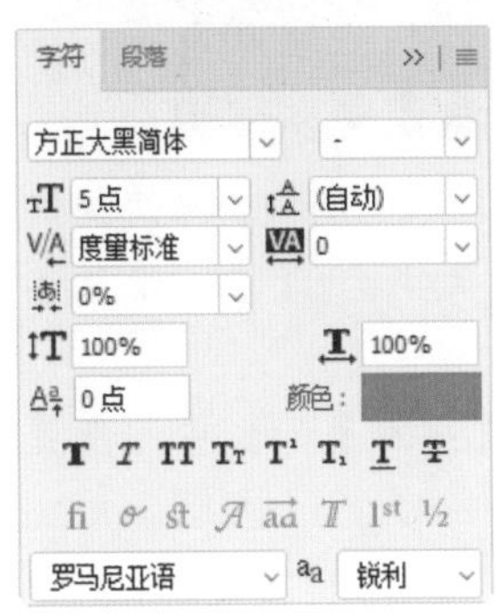
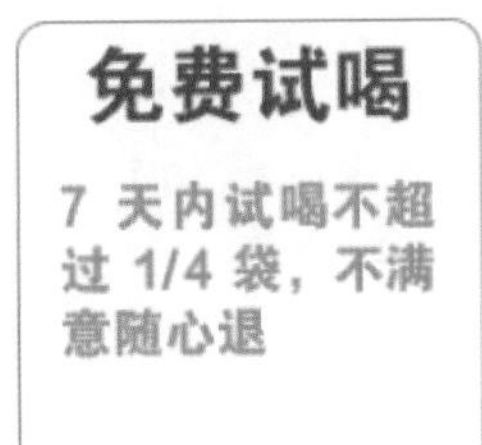

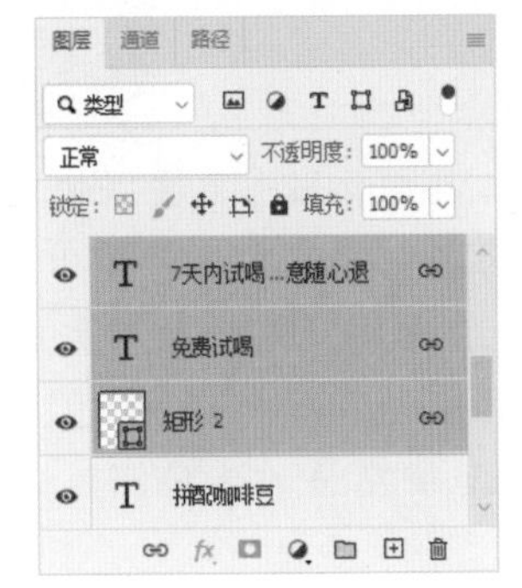

12 使用【横排文字】工具修改复制的文字图层内容，然后使用【移动】工具调整对象位置。

13 在【图层】面板中，选中步骤02至步骤12创建的图层，右击，在弹出的快捷菜单中选择【从图层建立组】命令，打开【从图层新建组】对话框。在该对话框中，设置【名称】为“产品主图”、【颜色】为【红色】，然后单击【确定】按钮新建图层组，并在【图层】面板中单击【锁定全部】按钮。

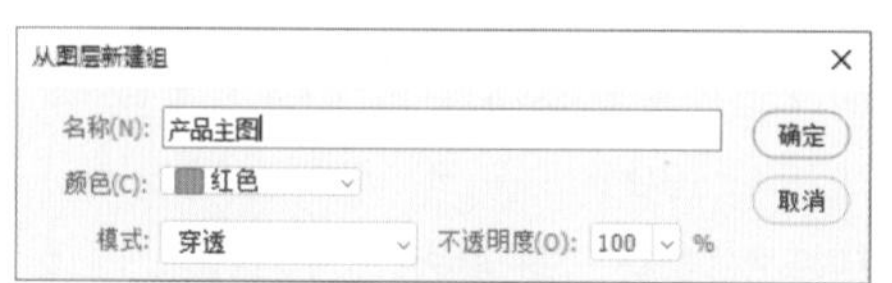

14 选择【图像】|【画布大小】命令，打开【画布大小】对话框。在该对话框中，选中【相对】复选框，设置【宽度】为0像素、【高度】为950像素、【定位】为顶部中央、【画布扩展颜色】为【白色】，然后单击【确定】按钮。

15 选择【视图】|【新建参考线】命令，打开【新建参考线】对话框。在该对话框中，选中【水平】单选按钮，设置【位置】为950像素，单击【确定】按钮。然后选择【文件】|【置入嵌入对象】命令，置入所需的背景素材图像，并依据参考线调整图像大小。

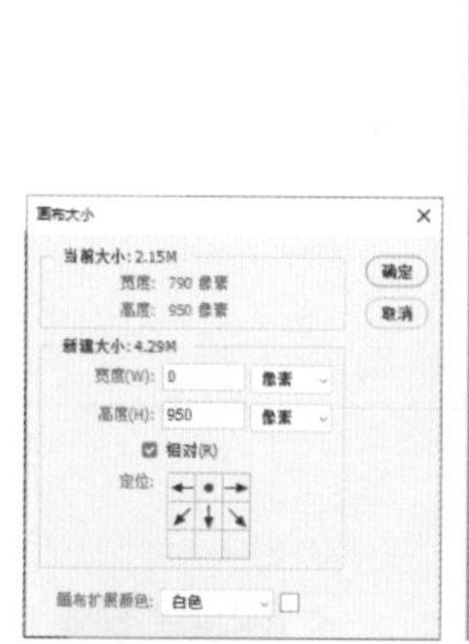

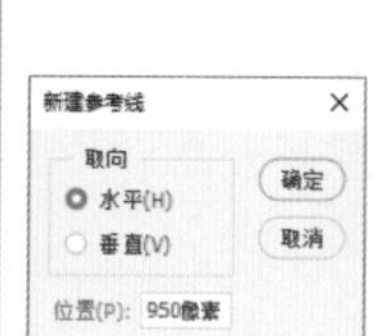

16 使用【横排文字】工具在画板中单击并输入文字内容，输入完成后，按Ctrl+Enter快捷键确认。然后在【字符】面板中设置字体系列为【方正黑体简体】、字体大小为11点，设置字体颜色为白色。在选项栏中单击【居中对齐文本】按钮，

17 使用【横排文字】工具选中刚输入的文字内容的第二排文字，在【字符】面板中，设置字体大小为18点、行间距为26点、字符间距为-50、水平缩放为80%。

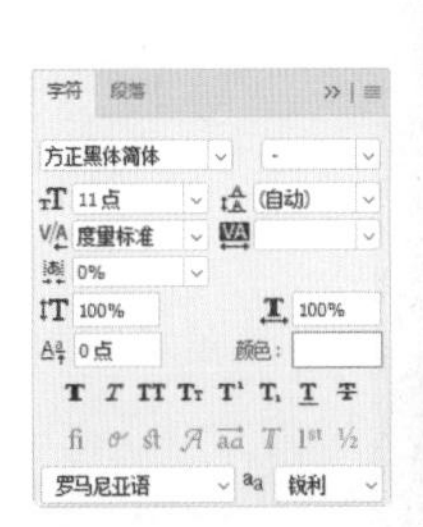

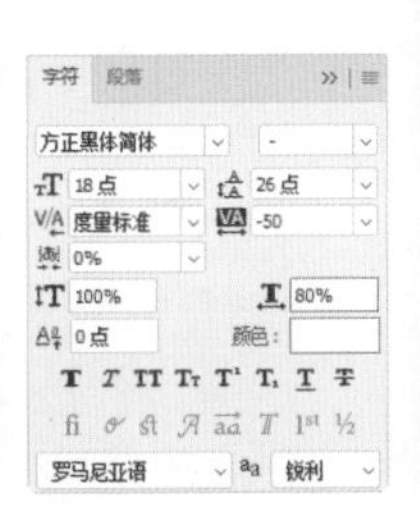

18 继续使用【横排文字】工具在画板中单击，在选项栏中设置字体系列为【方正黑体简体】、字体大小为 5.5 点，然后输入文字内容。输入完成后，按 Ctrl+Enter 快捷键确认。

19 选择【移动】工具，按 Ctrl+Alt 快捷键移动并复制刚输入的文字对象，然后修改复制的文字内容。

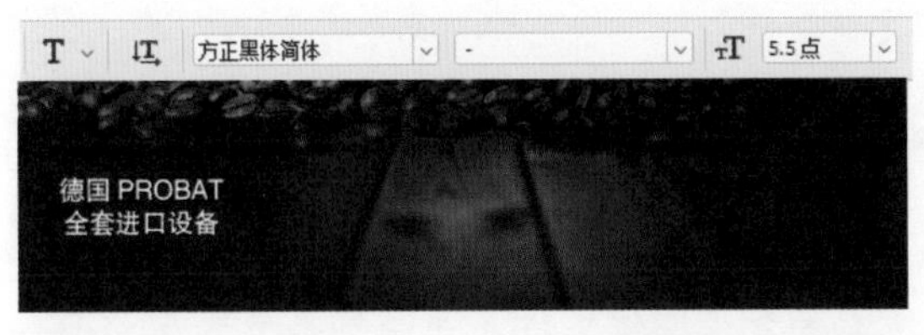

20 在【图层】面板中，选中步骤 **14** 至步骤 **19** 创建的图层，右击，在弹出的快捷菜单中选择【从图层建立组】命令，打开【从图层新建组】对话框。在该对话框中，设置【名称】为“产品宣传”、【颜色】为【蓝色】，然后单击【确定】按钮新建图层组，并在【图层】面板中单击【锁定全部】按钮。

21 选择【图像】|【画布大小】命令，打开【画布大小】对话框。在该对话框中，选中【相对】复选框，设置【宽度】为 0 像素、【高度】为 1300 像素、【定位】为顶部中央、【画布扩展颜色】为【白色】，然后单击【确定】按钮。

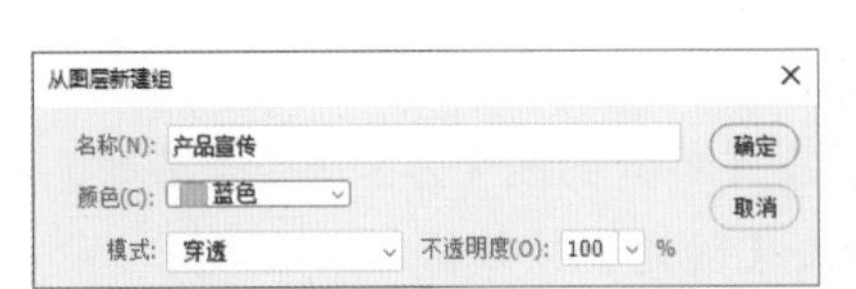

22 使用【矩形】工具在画板左上角处单击，在弹出的【创建矩形】对话框中，设置【宽度】为 790 像素、【高度】为 270 像素，单击【确定】按钮创建矩形。然后在选项栏中，单击【填充】选项，在弹出的下拉面板中单击【渐变】按钮，设置渐变填充色为 R:236 G:236 B:236 至 R:247 G:247 B:247、【角度】数值为 0°，设置【描边】为无。

23 使用【横排文字】工具在画板中单击，在【字符】面板中设置字体系列为【方正大标宋简体】、字体大小为 11 点、字符间距为 50、字体颜色为 R:55 G:55 B:55，然后输入文字内容。输入完成后，按 Ctrl+Enter 快捷键确认。

24 继续使用【横排文字】工具在画板中拖动创建文本框，然后输入文字内容，并更改字体系列为【黑体】、字体大小为5点、字体颜色为R:55 G:55 B:55。再选中最后一排文字,将字体大小更改为7点。

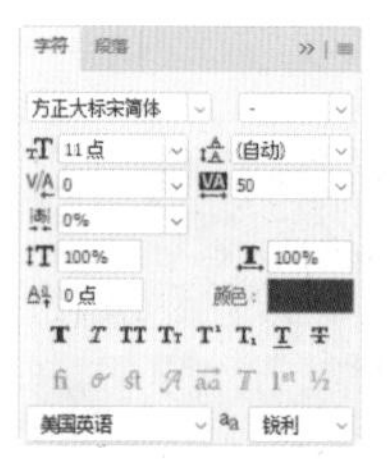

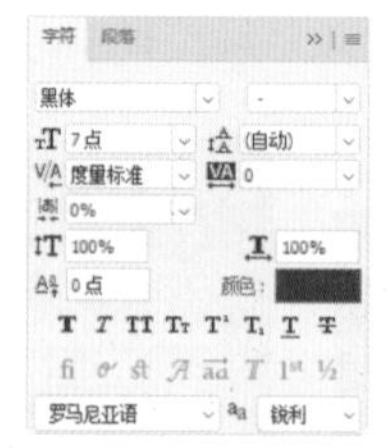

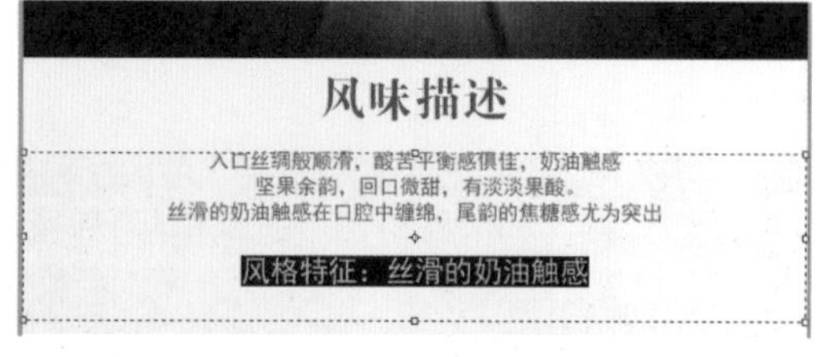

25 选择【文件】|【置入嵌入对象】命令,置入所需的背景图像文件,并调整其位置及大小。

26 选择【文件】|【置入嵌入对象】命令,置入咖啡包装图像文件,并调整其位置及大小。

27 在【图层】面板中双击刚置入的咖啡包装图像图层,打开【图层样式】对话框。在该对话框中,选中【投影】选项,设置【混合模式】为【正片叠底】、【不透明度】为80%、【角度】为133度、【距离】为20像素、【大小】为18像素,然后单击【确定】按钮。

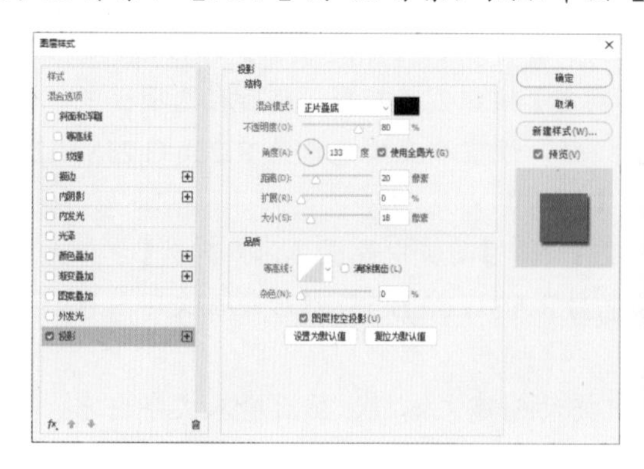

28 使用【矩形】工具在画板中单击，在弹出的【创建矩形】对话框中设置【宽度】为 102 像素、【高度】为 42 像素、圆角半径为 7 像素，然后单击【确定】按钮。在选项栏中单击【填充】选项，在弹出的下拉面板中单击【渐变】按钮，设置渐变填充色为 R:164 G:115 B:68 至 R:251 G:219 B:173、旋转角度为 15，设置【描边】为无。

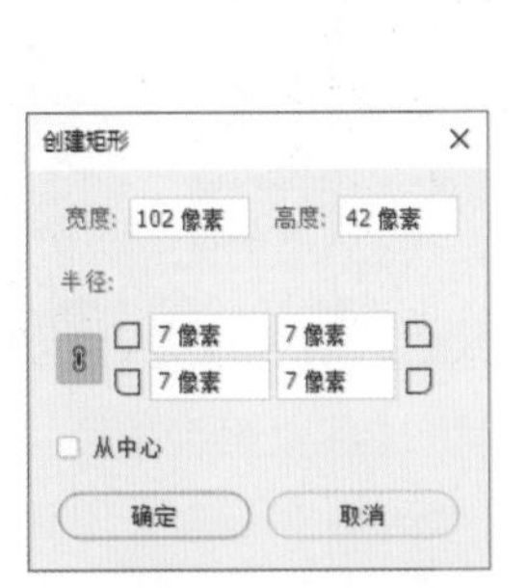

29 使用【横排文字】工具在绘制的圆角矩形内输入文字内容，并在【字符】面板中设置字体样式为【方正大黑简体】、字体大小为 7.5 点、字符间距为 200，设置基线偏移为 -2 点。

30 使用【多边形】工具在画板中单击，在弹出的【创建多边形】对话框中设置【宽度】为 40 像素、【高度】为 40 像素，选中【对称】复选框，设置【边数】为 5、【星型比例】为 60%，然后单击【确定】按钮。

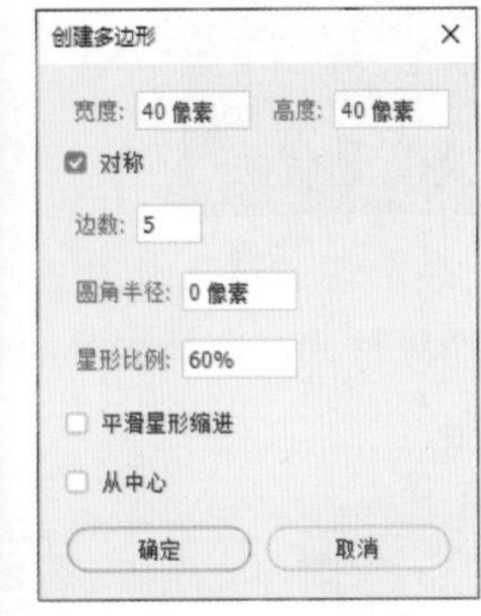

31 在选项栏中单击【填充】选项，在弹出的下拉面板中单击【渐变】按钮，设置渐变填充色为 R:164 G:115 B:68 至 R:251 G:219 B:173，设置【描边】为无。

32 选择【移动】工具，按 Ctrl+Alt 快捷键移动并复制刚创建的星形。

33 在【图层】面板中，选中步骤28至步骤32创建的对象，按Ctrl+G快捷键进行编组。然后选择【移动】工具，按Shift+Ctrl+Alt快捷键移动并复制刚创建的组。

34 选择【横排文字】工具，分别修改复制组中的文字内容。

35 使用【移动】工具在更改颜色的星形上右击，在弹出的快捷菜单中选择星形所在图层。在【图层】面板中，双击刚选中的图层，打开【图层样式】对话框。在该对话框中，选中【颜色叠加】选项，设置叠加颜色为白色，然后单击【确定】按钮。

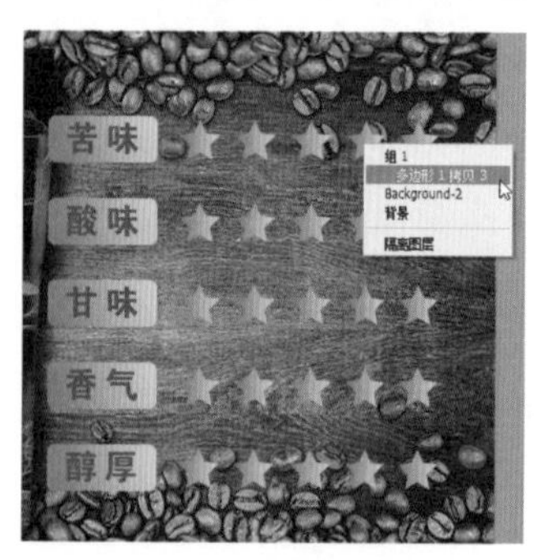
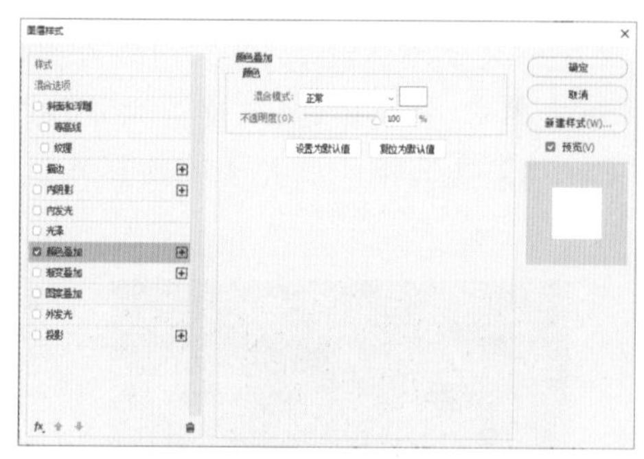

36 右击刚添加图层样式的图层，在弹出的快捷菜单中选择【拷贝图层样式】命令。然后使用步骤35的操作方法选择需要叠加颜色的图层，右击，在弹出的快捷菜单中选择【粘贴图层样式】命令。

37 在【图层】面板中，选中步骤28至步骤36创建的对象，按Ctrl+G快捷键进行编组。双击刚创建的图层组，打开【图层样式】对话框。在该对话框中，选中【投影】选项，设置【混合模式】为【正片叠底】、【不透明度】为60%、【角度】为130度、【距离】为15像素、【大小】为10像素，然后单击【确定】按钮。

38 选择【矩形】工具，在选项栏中选择工具模式为【形状】、【填充】为R:55 G:55 B:55、【描边】为无，然后使用【矩形】工具在画板底部绘制矩形。绘制完成后，在【图层】面板中单击【锁定全部】按钮。

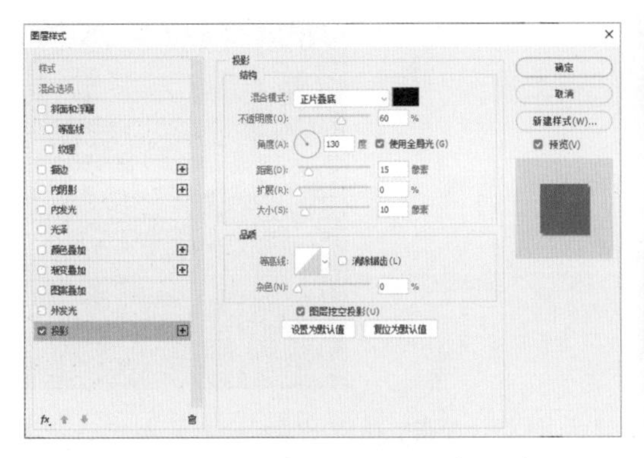

39 选择【文件】|【置入嵌入对象】命令，置入咖啡包装图像文件，并调整其位置及大小。

40 使用【矩形】工具在画板中单击，在弹出的【创建矩形】对话框中设置【宽度】为 374 像素、【高度】为 83 像素、圆角半径为 10 像素，然后单击【确定】按钮。在选项栏中单击【填充】选项，在弹出的下拉面板中单击【渐变】按钮，设置渐变填充色为 R:164 G:115 B:68 至 R:251 G:219 B:173、旋转角度为 15，设置【描边】为无。

41 使用【横排文字】工具在绘制的圆角矩形内输入文字内容，并在【字符】面板中设置字体系列为【方正大黑简体】、字体大小为 14 点、字符间距为 -50，设置基线偏移数值为 -4.8 点，在选项栏中单击【居中对齐文本】按钮。

42 继续使用【横排文字】工具在画板中拖动绘制文本框，在【字符】面板中设置字体系列为【方正大黑简体】、字体大小为 7 点、字符间距为 -50、字体颜色为 R:207 G:169 B:114，然后输入文字内容。

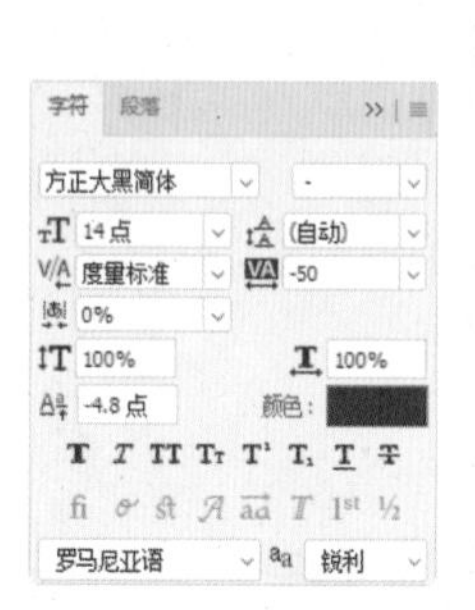

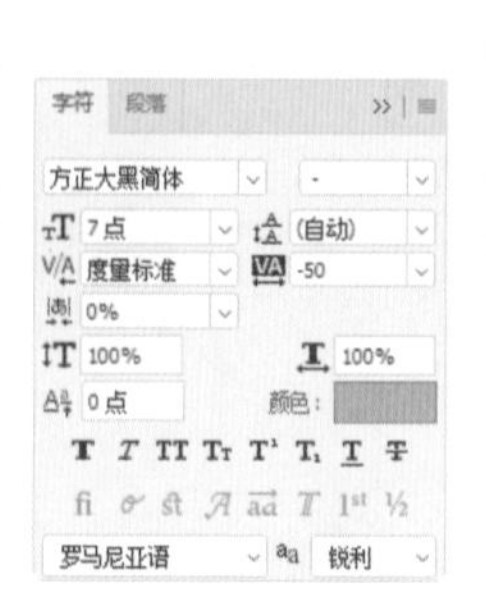

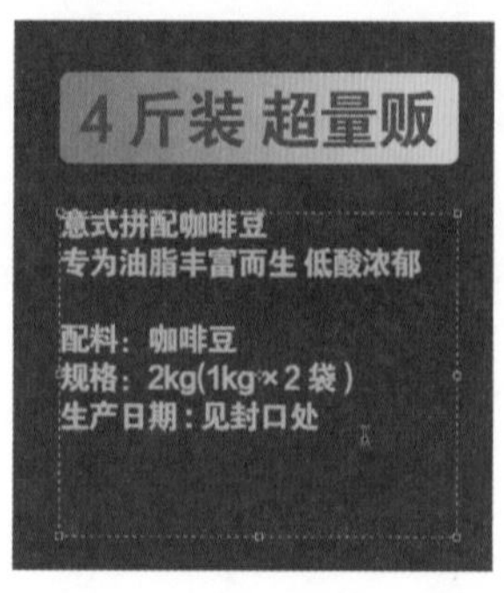

43 在【图层】面板中，选中步骤**21**至步骤**42**创建的图层，右击，在弹出的快捷菜单中选择【从图层建立组】命令，打开【从图层新建组】对话框。在该对话框中，设置【名称】为“产品描述”、【颜色】为【橙色】，然后单击【确定】按钮新建图层组，并在【图层】面板中单击【锁定全部】按钮。

44 选择【图像】|【画布大小】命令，打开【画布大小】对话框。在该对话框中，选中【相对】复选框，设置【宽度】为0像素、【高度】为1300像素、【定位】为顶部中央、【画布扩展颜色】为【白色】，然后单击【确定】按钮。

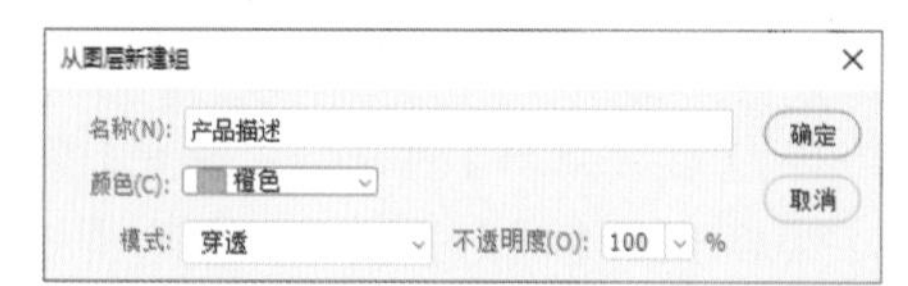

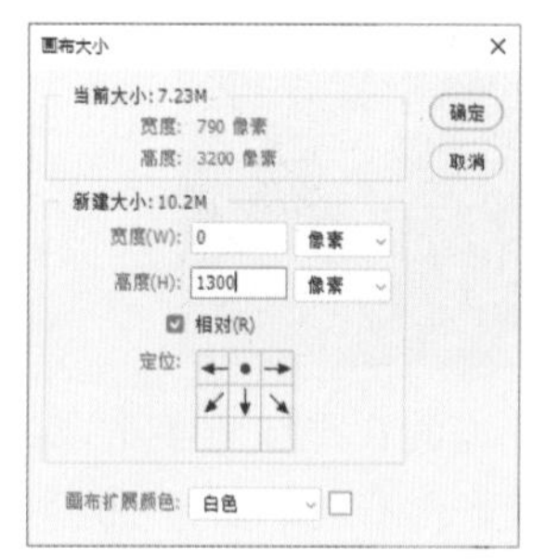

45 使用【横排文字】工具在画板中单击。在【字符】面板中设置字体系列为【方正大标宋简体】、字体大小为11点、字符间距为50、字体颜色为R:55 G:55 B:55，在选项栏中单击【居中对齐文本】按钮，然后输入文字内容。

46 使用【矩形】工具在画板中单击，在弹出的【创建矩形】对话框中设置【宽度】为395像素、【高度】为240像素，然后单击【确定】按钮。然后在选项栏中，设置【填充】为R:55 G:55 B:55、【描边】为无。

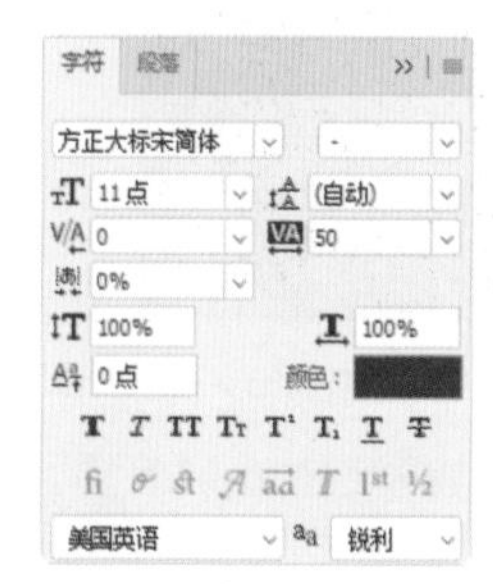

47 选择【移动】工具，按Ctrl+Alt快捷键移动并复制刚创建的矩形。在【图层】面板中，选中刚创建的所有矩形图层，按Ctrl+G快捷键编组图层。按Ctrl+J快捷键复制刚创建的图层组，并选择【编辑】|【变换】|【水平翻转】命令。

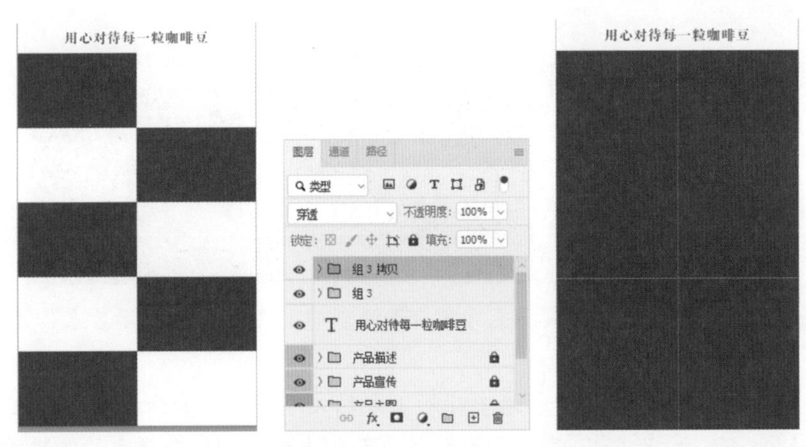

48 使用【移动】工具在需要置入图像的矩形上右击，在弹出的快捷菜单中选择矩形所在的图层。选择【文件】|【置入嵌入对象】命令，置入所需的素材图像，并在【图层】面板中右击置入的图像图层，在弹出的快捷菜单中选择【创建剪贴蒙版】命令。

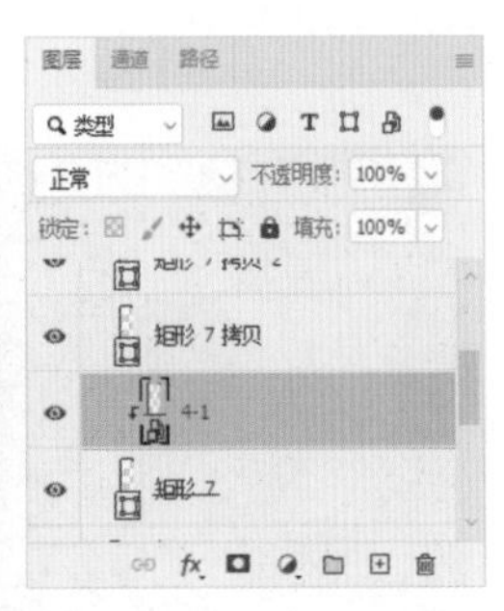

49 使用与步骤 48 相同的操作方法，置入其他素材图像并创建剪贴蒙版。

50 使用【横排文字】工具在画板中单击，在【字符】面板中设置字体系列为【方正大标宋简体】、字体大小为 12 点、字体颜色为 R:179 G:147 B:101，在选项栏中单击【居中对齐文本】按钮，然后输入文字内容。

51 使用【横排文字】工具在画板中拖动创建文本框，并输入文字内容。然后在【字符】面板中设置字体系列为【方正黑体简体】、字体大小为 7 点、字符间距为 0、字体颜色为白色。

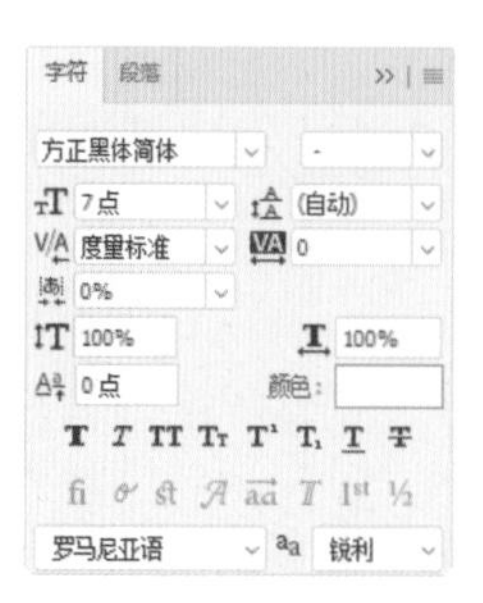

52 在【图层】面板中，选中步骤50至步骤51中创建的文本对象，然后选择【移动】工具，按Ctrl+Alt快捷键移动并复制对象。

53 继续使用【横排文字】工具分别选中矩形上方的文字内容，并根据图像进行修改。

54 在【图层】面板中，选中步骤45至步骤53创建的图层，右击，在弹出的快捷菜单中选择【从图层建立组】命令，打开【从图层新建组】对话框。在该对话框中，设置【名称】为“生产流程”，【颜色】为【绿色】，然后单击【确定】按钮新建图层组，并在【图层】面板中单击【锁定全部】按钮。

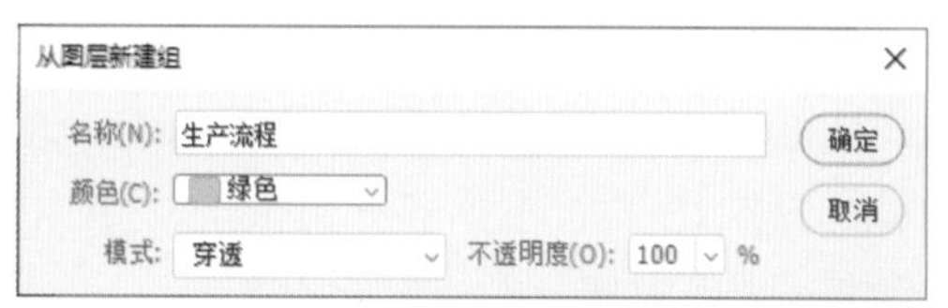

55 选择【图像】|【画布大小】命令，打开【画布大小】对话框。在该对话框中，选中【相对】复选框，设置【宽度】为0像素、【高度】为500像素、【定位】为顶部中央，然后单击【确定】按钮。再使用与步骤45相同的操作方法输入标题文字。

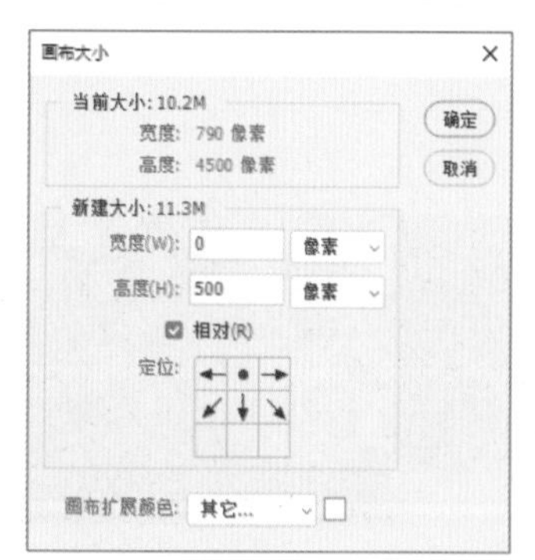

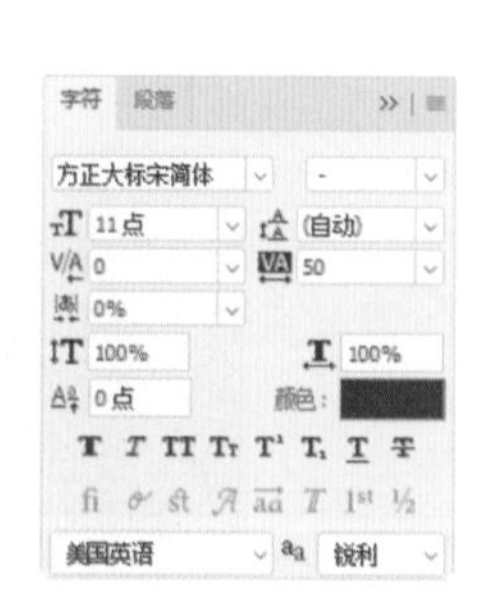

56 使用【椭圆】工具在画板中单击，在弹出的【创建椭圆】对话框中设置【宽度】和【高度】均为207像素，单击【确定】按钮创建圆形。

57 在【图层】面板中双击刚创建的圆形图层，打开【图层样式】对话框。在该对话框中，选中【描边】选项，设置【大小】为 2 像素、【颜色】为 R:178 G:136 B:80，然后单击【确定】按钮。

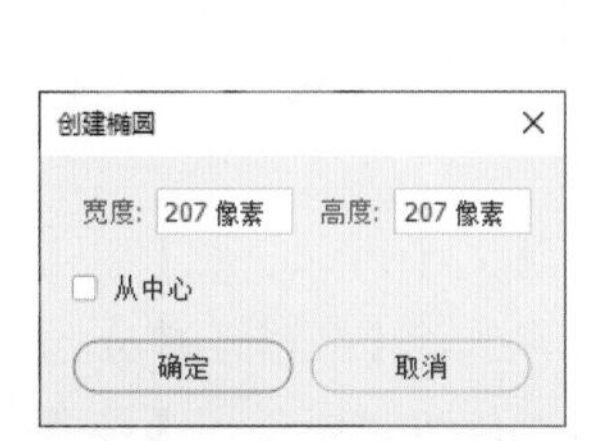

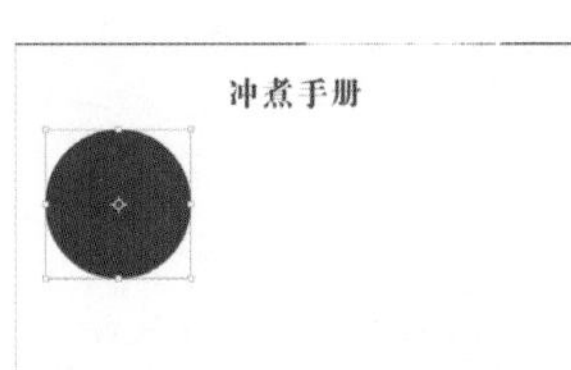

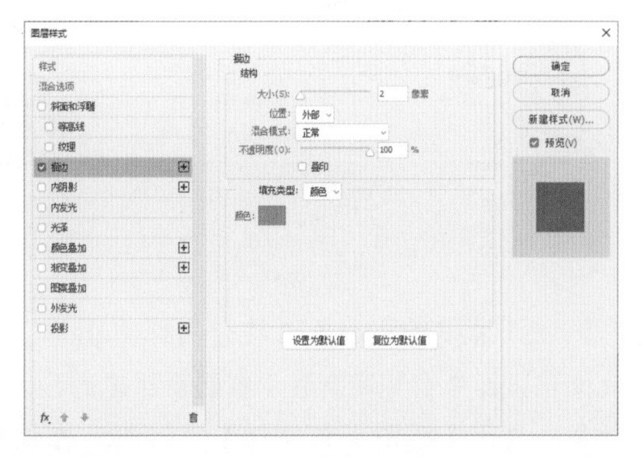

58 选择【文件】|【置入嵌入对象】命令，置入所需的图像，然后在【图层】面板中右击刚置入的图像图层，在弹出的快捷菜单中选择【创建剪贴蒙版】命令。

59 使用【横排文字】工具在画板中单击，在【字符】面板中设置字体系列为【方正大黑简体】、字体大小为 6 点、字体颜色为 R:179 G:147 B:101。在选项栏中单击【居中对齐文本】按钮，然后输入文字内容。

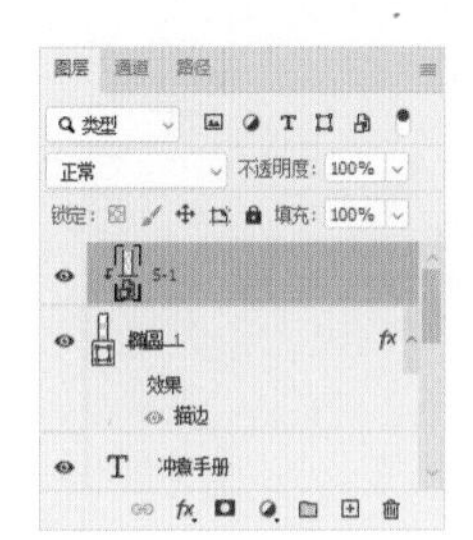

60 使用【横排文字】工具拖动创建文本框，在【字符】面板中设置字体系列为【方正黑体简体】、字体大小为 5 点、字符间距为 -50、字体颜色为 R:139 G:139 B:139；在【段落】面板中，单击【最后一行左对齐】按钮，设置【避头尾设置】为【JIS 宽松】、【标点挤压】为【间距组合 1】；然后在文本框中输入文字内容。

61 在【图层】面板中选中步骤 56 至步骤 60 创建的对象，按 Ctrl+G 快捷键编组对象。然后选择【移动】工具，按 Shift+Ctrl+Alt 快捷键移动并复制编组对象。

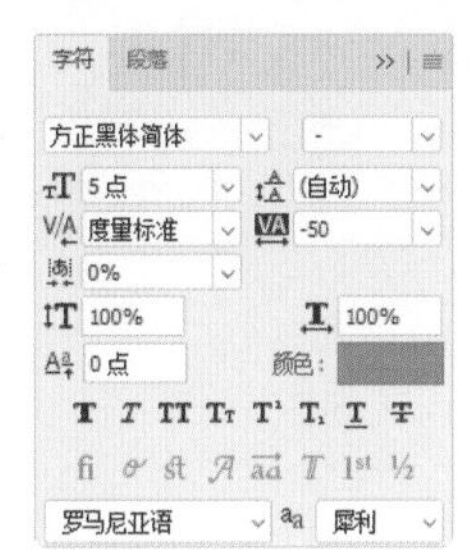

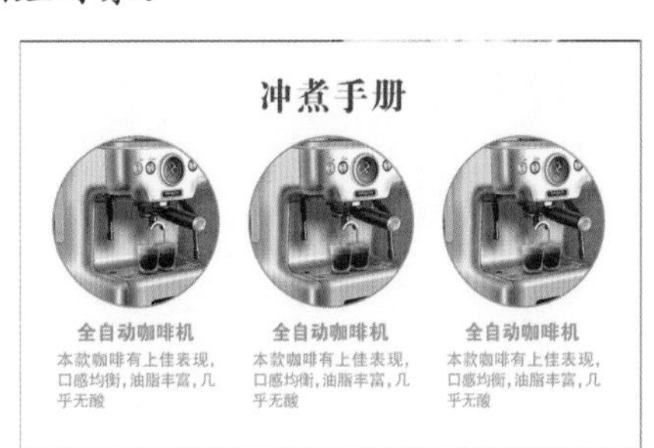

62 使用【移动】工具分别选中圆形中图像所在的图层，然后置入所需图像，并创建剪贴蒙版。

63 使用【横排文字】工具分别选中图像下方对应的文字内容，然后修改文字内容。在【图层】面板中，选中步骤55至步骤62创建的图层，右击，在弹出的快捷菜单中选择【从图层建立组】命令，打开【从图层新建组】对话框。在该对话框中，设置【名称】为“使用说明”、【颜色】为【绿色】，然后单击【确定】按钮新建图层组，完成实物详情页的制作。

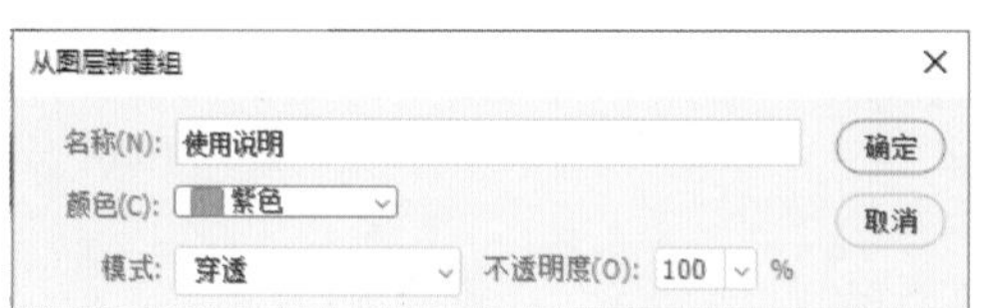

第9章

专题页设计

本章导读

专题页是电商针对特定主题而制作的页面，页面中的内容全部围绕指定的主题来规划或扩展。专题页内容信息量大、方便阅读，同时时效短，可随时更新。本章将介绍专题页的设计方法及设计技巧。

9.1 什么是专题页

专题页大致分为3类：信息展示类、产品销售类和解说类。

所谓信息展示类专题页就是只用来展示信息的专题页，如公布重要事项、活动的专题页，常用于一些影视、游戏、音乐等方面的年度盛典专题。

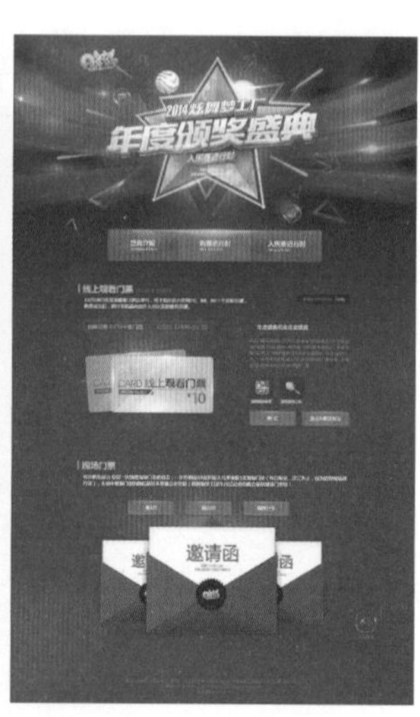

而产品销售类的专题页比较常见，如各大电商平台的活动专题页。

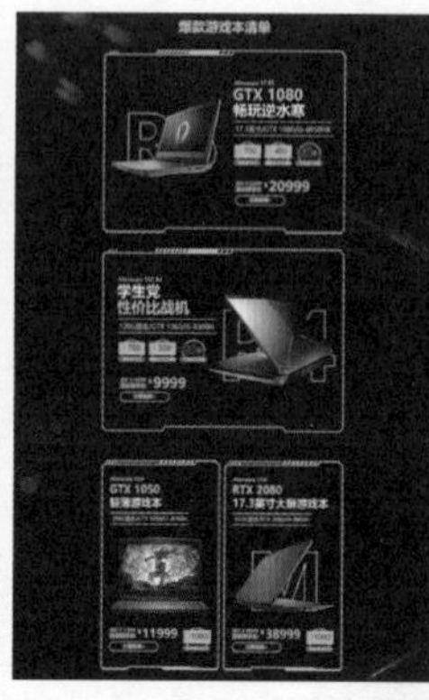

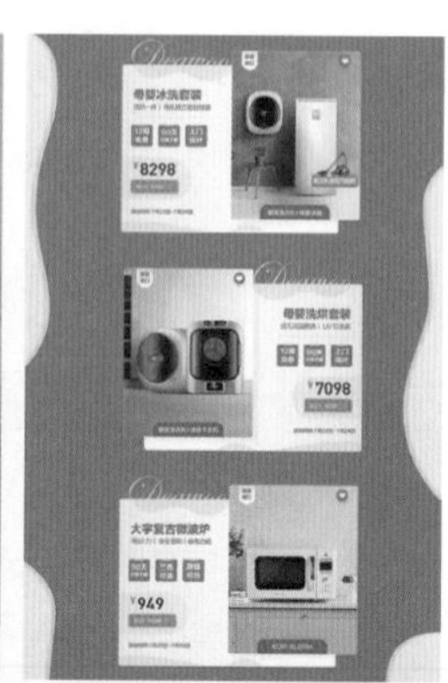

解说类专题页则结合了信息展示和产品销售，是现在比较流行的一种专题页形式。解说类专题页即一边解说、介绍，一边销售产品，增加了与顾客之间的互动，使顾客更有购买欲望。这种专题页形式常在时尚穿搭、护肤美容、吃喝玩乐等专题中应用。

9.2 专题页的组成部分

专题页的结构非常简单，一般由头部 Banner、楼层模块、背景和点缀物几个部分组成。

头部 Banner 用于展示专题页的内容，如节日促销、某品类产品的销售。楼层模块从上至下排列，数量没有限制，形式也可以多种多样，可根据整体设计风格来确定。而背景和点缀物的设计与 Banner 设计类似。

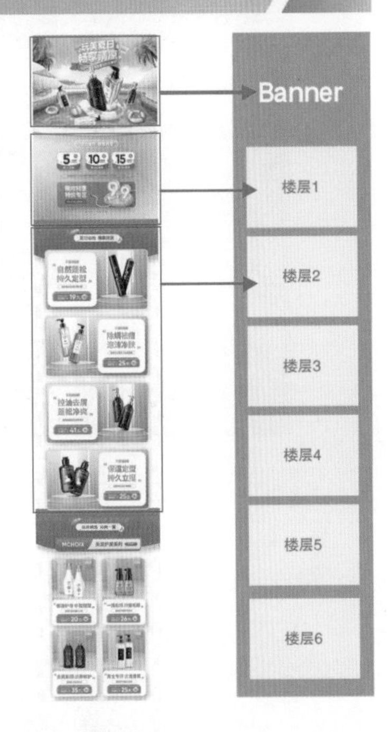

9.3 专题页常用布局形式

专题页常用的布局形式大致分为常规楼层型、左右对比型、S 形、I 形、自由排版型几种。

9.3.1 常规楼层型专题页

常规楼层型专题页比较简洁，好把控，有利于阅读信息。进行设计时可以通过背景颜色有规律的变化或不同颜色的拼接来区分每个楼层模块。

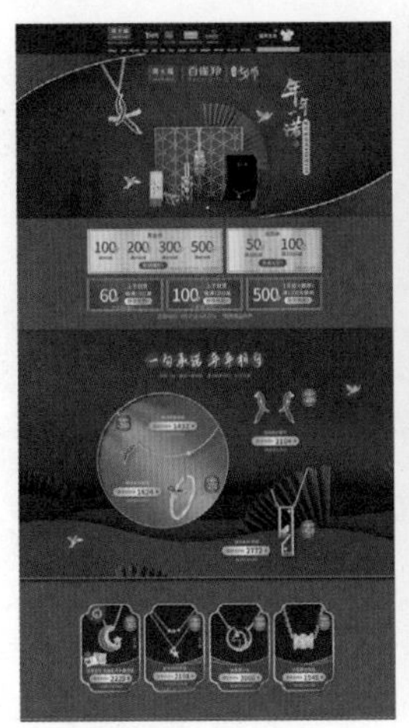
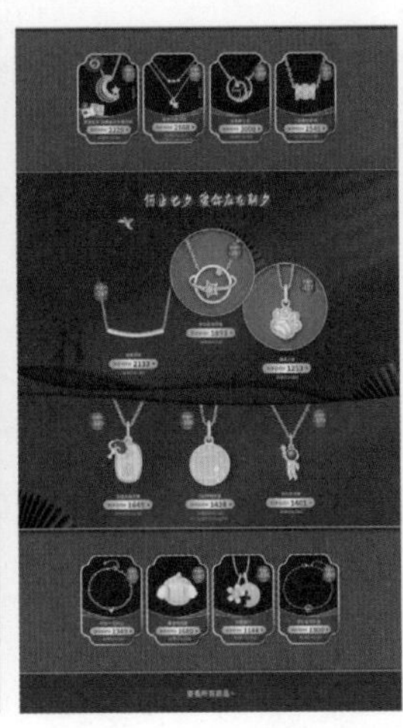
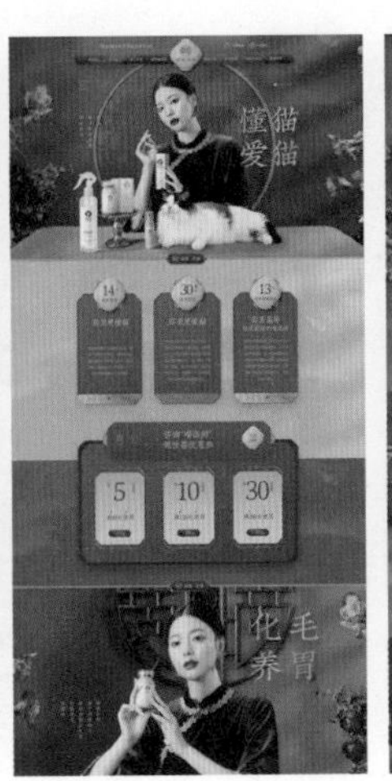

楼层型的专题页还可以做一些细节上的变化，如背景和楼层部分的分离。

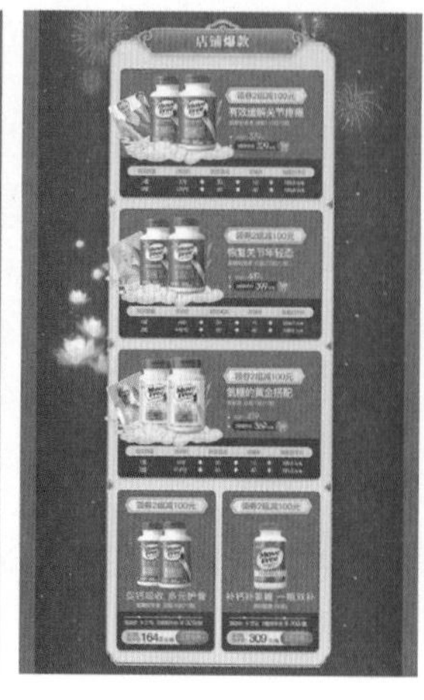

9.3.2　左右对比型专题页

左右对比型专题页常见于同类产品不同风格的对比型的专题页设计中。

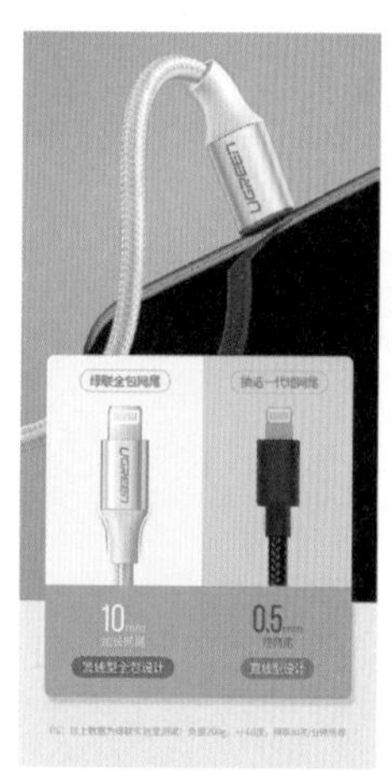

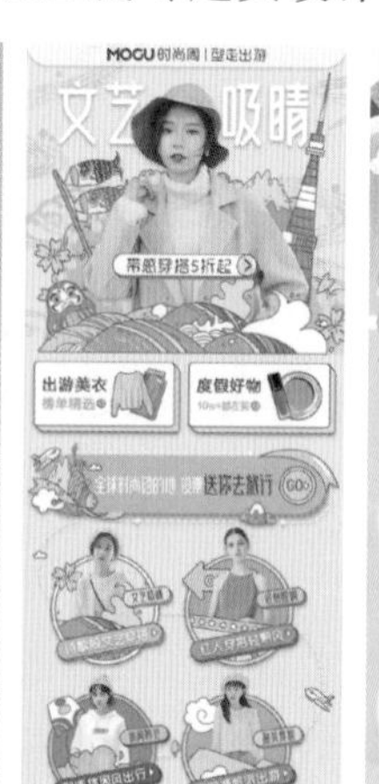

9.3.3　S 形专题页

S 形专题页应用比较灵活，它相对于常规的楼层设计形式不会显得保守，同时阅读很流畅。

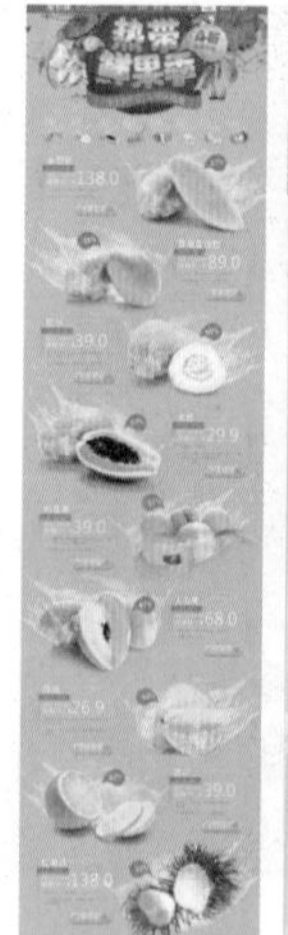

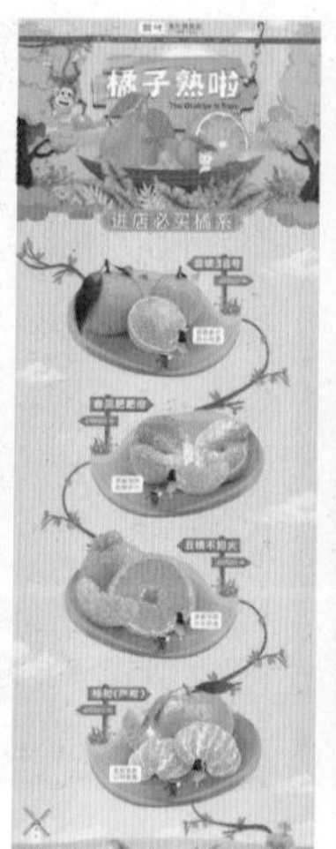

9.3.4 I 形专题页

I 形专题页设计经常会使用高质量的模特图像，将产品大图放置在各楼层，给人一种潇洒、大气的感觉。同时，I 形专题页也要把握页面的色彩比例等问题，尤其在产品销售的专题页中，要避免背景喧宾夺主。

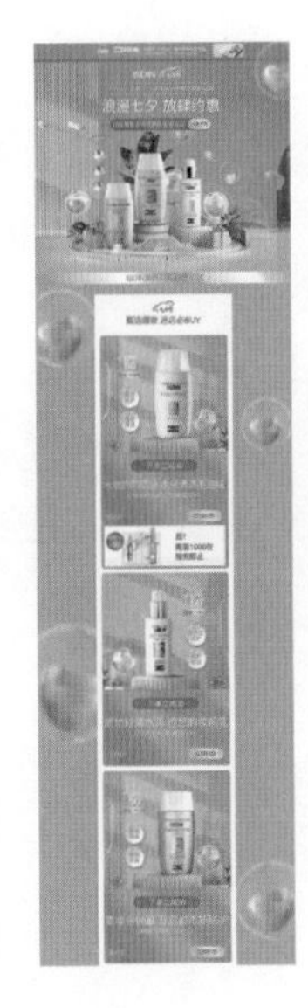

9.3.5 自由排版型专题页

自由排版型专题页设计比较适合一些走高端路线的时尚产品类。这种设计虽然看着简洁，但对设计师的排版功力要求较高，不建议新手随便尝试。

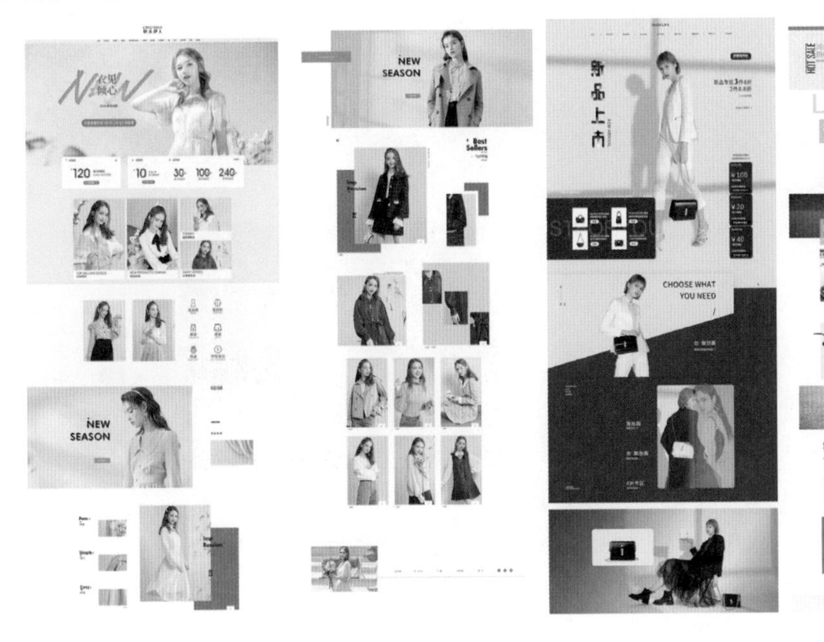

视频 实例——制作电脑/3C活动专题页

文件路径：第9章\实例——制作电脑/3C活动专题页

难易程度：★★★★☆

技术掌握：输入并设置文字、设置图层样式、编组对象

01 选择【文件】|【新建】命令，打开【新建文档】对话框。在该对话框中输入文档名称“电脑/3C活动专题页”，设置【宽度】为1024像素、【高度】为3444像素、【分辨率】为300像素/英寸，然后单击【创建】按钮创建空白文档。

02 选择【视图】|【新建参考线】命令，打开【新建参考线】对话框。在该对话框中，选中【水平】单选按钮，设置【位置】为475像素，然后单击【确定】按钮。再次选择【视图】|【新建参考线】命令，在打开的【新建参考线】对话框中设置【位置】为645像素，然后单击【确定】按钮。

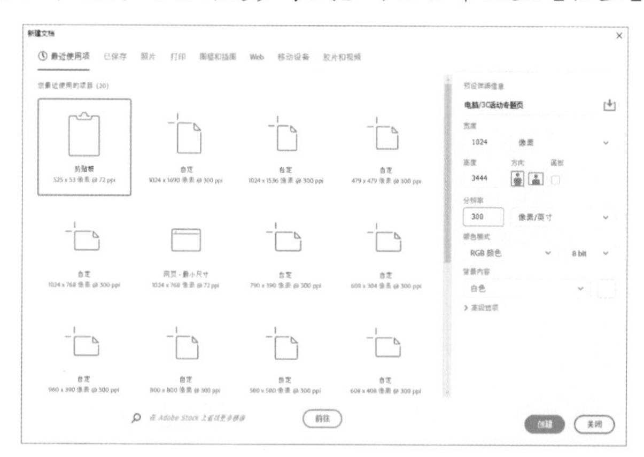

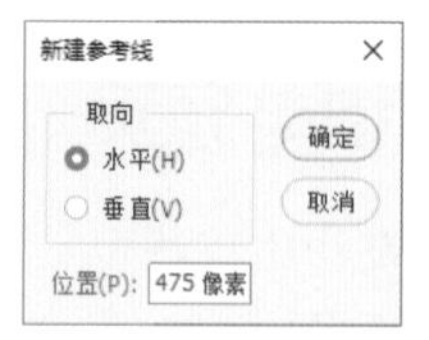

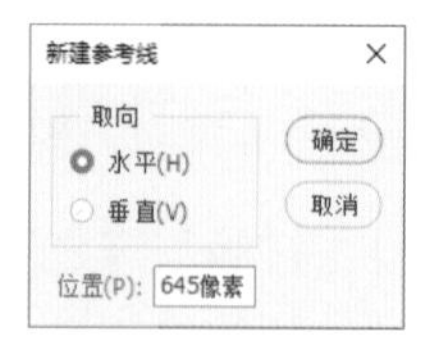

03 在【图层】面板中，单击【创建新的填充或调整图层】按钮，在打开的菜单中选择【纯色】命令，在弹出的【拾色器(纯色)】对话框中，设置颜色为R:12 G:12 B:85，然后单击【确定】按钮。

04 选择【文件】|【置入嵌入对象】命令，置入所需的“背景-1”图像文档，并在【图层】面板中设置混合模式为【浅色】。

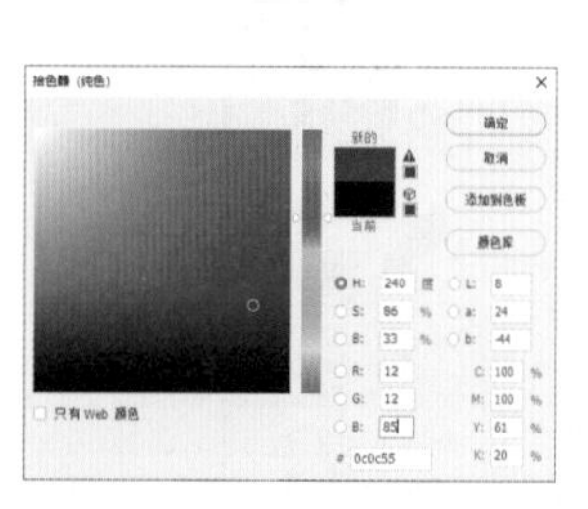

05 在【图层】面板中单击【添加图层蒙版】按钮。选择【画笔】工具，在选项栏中设置画笔样式为柔边圆、【不透明度】为20%，然后使用【画笔】工具调整蒙版效果。

06 使用【横排文字】工具在画板中单击，在选项栏中设置字体系列为【汉仪菱心体简】、字体大小为28点，单击【居中对齐文本】按钮，设置字体颜色为白色，然后输入文字内容。

07 在【图层】面板中双击文字图层，打开【图层样式】对话框。在该对话框中，选中【投影】选项，设置【混合模式】为【正常】、【不透明度】为 100%、【距离】为 3 像素、【大小】为 8 像素。

08 在【图层样式】对话框中选中【外发光】选项，设置【混合模式】为【变亮】、【不透明度】为 30%、发光颜色为白色、【扩展】为 12%、【大小】为 58 像素。

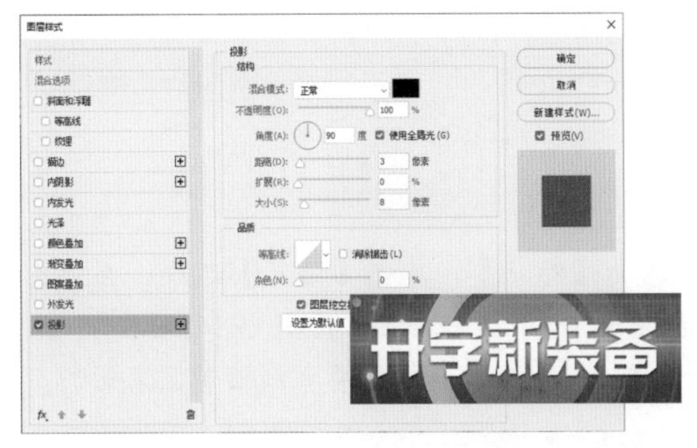

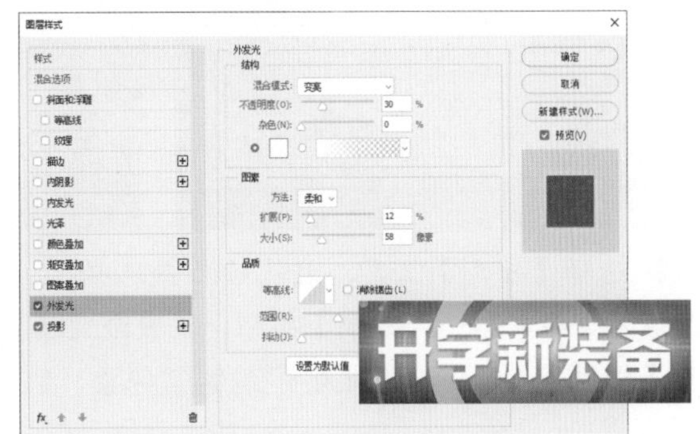

09 在【图层样式】对话框中选中【斜面与浮雕】选项，设置【样式】为【内斜面】、【方法】为【平滑】、【深度】为 100%、【大小】为 157 像素；设置【高光模式】为【滤色】、颜色为白色、【不透明度】为 46%；设置【阴影模式】为【正片叠底】、颜色为黑色、【不透明度】为 51%，然后单击【确定】按钮应用图层样式。

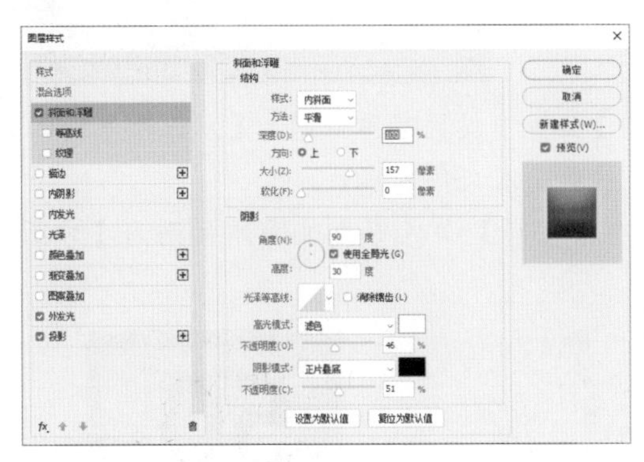

10 选择【矩形】工具，在选项栏中选择工具模式为【形状】，单击【填充】选项，在弹出的下拉面板中单击【渐变】按钮，设置渐变填充色为 R:2 G:2 B:47 至 R:250 G:87 B:243 至 R:2 G:2 B:47，设置旋转角度为 0；设置【描边】为白色、描边宽度为 1.5 像素，然后使用【矩形】工具绘制矩形。

11 在【图层】面板中，设置矩形形状图层的混合模式为【线性减淡 (添加)】、【不透明度】为 50%。

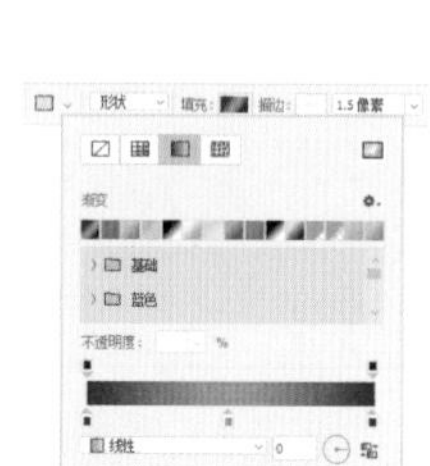

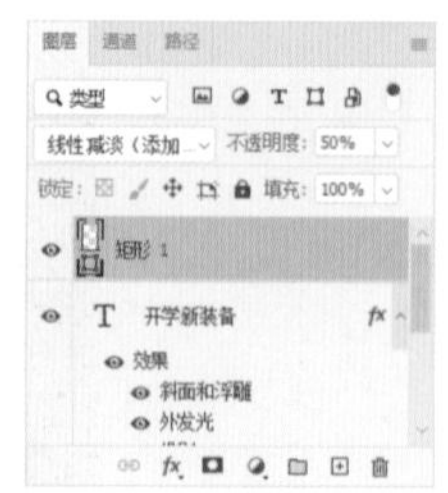

12 在【图层】面板中，单击【添加图层蒙版】按钮，为矩形形状图层添加图层蒙版。选择【画笔】工具，调整图层蒙版效果。

13 使用【横排文字】工具在画板中单击，在选项栏中设置字体系列为【方正黑体简体】、字体大小为9点，单击【居中对齐文本】按钮，设置字体颜色为白色，然后输入文字内容。

14 选择【矩形】工具，在选项栏中选择工具模式为【形状】，单击【填充】选项，在弹出的下拉面板中单击【渐变】按钮，设置渐变填充色为R:18 G:55 B:137至R:61 G:142 B:227；设置【描边】为无，设置圆角半径为12像素，然后使用【矩形】工具依据参考线绘制圆角矩形。

15 使用【横排文字】工具在画板中单击，在【字符】面板中设置字体系列为【方正黑体简体】、字体大小为5点、行距为4点、字体颜色为白色，然后输入文字内容。

16 使用【横排文字】工具选中第一行的数字，在【字符】面板中更改字体系列为【方正大黑简体】、字体大小为22点。

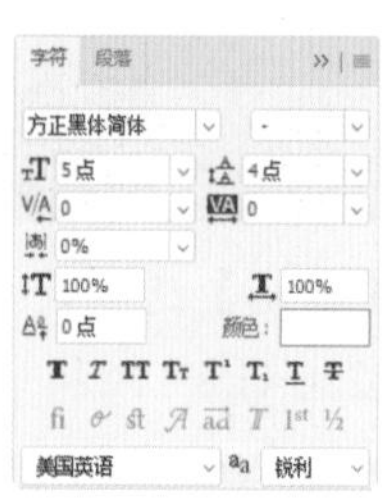

17 选择【矩形】工具，在选项栏中选择工具模式为【形状】，设置【填充】为白色、【描边】为无，设置圆角半径为14像素，然后使用【矩形】工具绘制圆角矩形。

18 使用【横排文字】工具在画板中单击，在【字符】面板中设置字体系列为【方正黑体简体】、字体大小为 4 点、设置基线偏移为 -1.5 点、字体颜色为 R:24 G:68 B:151，然后输入文字内容。

19 在【图层】面板中，选中步骤 14 至步骤 18 创建的图层，按 Ctrl+G 快捷键进行编组，生成【组 1】图层组。选择【移动】工具，按 Shift+Ctrl+Alt 快捷键移动并复制刚创建的图层组。然后使用【横排文字】工具更改文字内容。

20 在【图层】面板中，选中步骤 04 至步骤 19 创建的图层，在图层面板菜单中选择【从图层新建组】命令，打开【从图层新建组】对话框。在该对话框的【名称】文本框中输入“首图”，设置【颜色】为【红色】，然后单击【确定】按钮。

21 使用【横排文字】工具在画板中单击，在【字符】面板中设置字体系列为【方正黑体简体】、字体大小为 14 点、字体颜色为白色，然后输入文字内容。

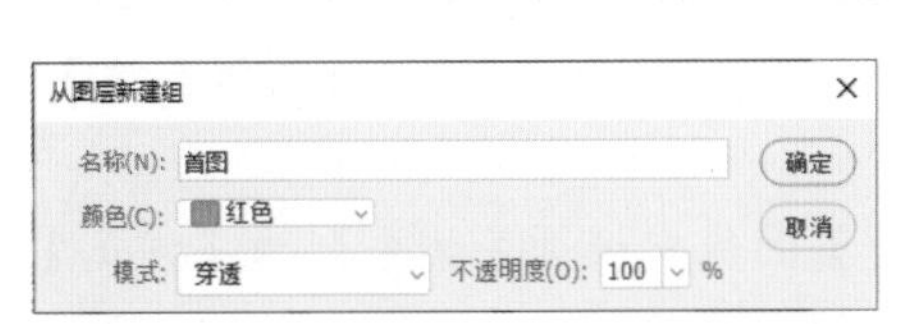

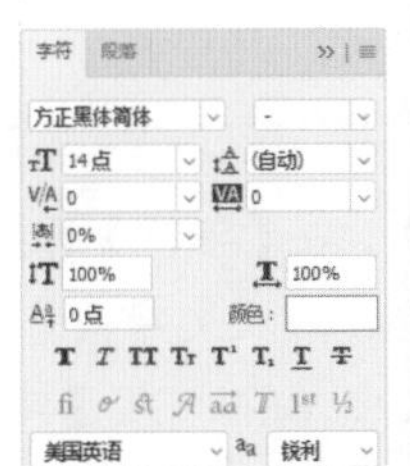

22 在【图层】面板中双击刚创建的文字图层，打开【图层样式】对话框。在该对话框中，选中【外发光】选项，设置【混合模式】为【滤色】、【不透明度】为 100%、发光颜色为 R:249 G:55 B:238、【大小】为 16 像素，然后单击【确定】按钮应用图层样式。

23 使用【矩形】工具在画板中单击，在弹出的【创建矩形】对话框中，设置【宽度】为 940 像素、【高度】为 370 像素、圆角半径为 4 像素，然后单击【确定】按钮创建矩形。

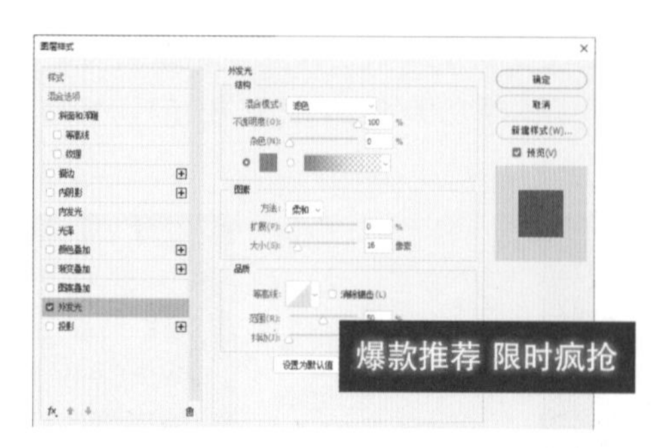

24 在选项栏中，设置【填充】为无、【描边】为白色、描边宽度为 4 像素。在【图层】面板中，双击刚创建的矩形图层，打开【图层样式】对话框。在该对话框中，选中【外发光】选项，设置【混合模式】为【线性减淡（添加）】、【不透明度】为 100%、发光颜色为 R:211 G:14 B:247、【大小】为 20 像素，然后单击【确定】按钮应用图层样式。

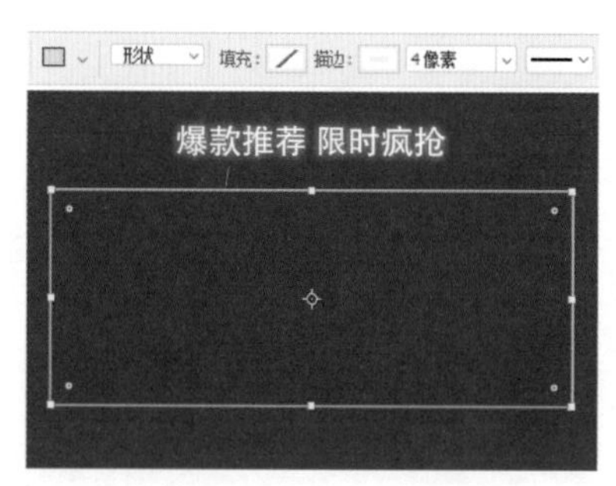

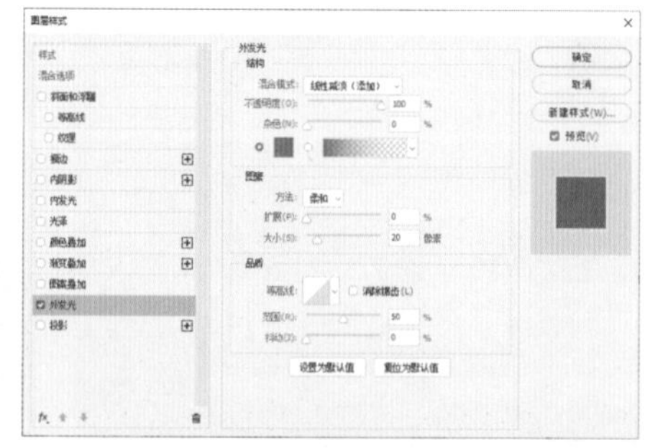

25 选择【文件】|【置入嵌入对象】命令，置入所需的图像文档，并在【图层】面板中设置混合模式为【滤色】。

26 继续选择【文件】|【置入嵌入对象】命令，置入所需的图像文档，并调整其大小及位置。

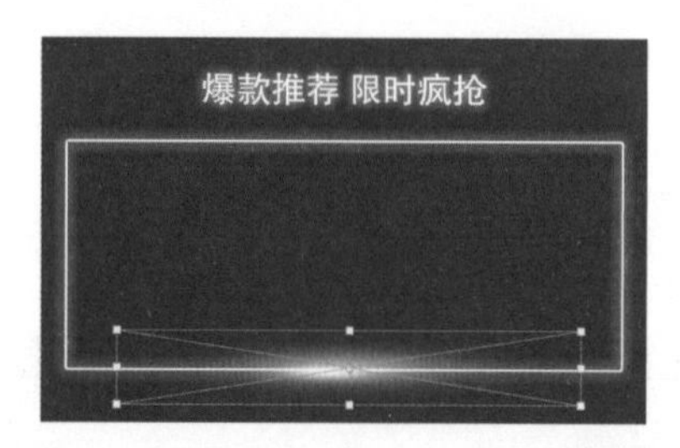

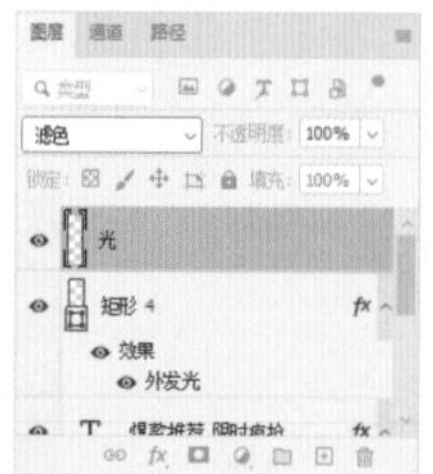

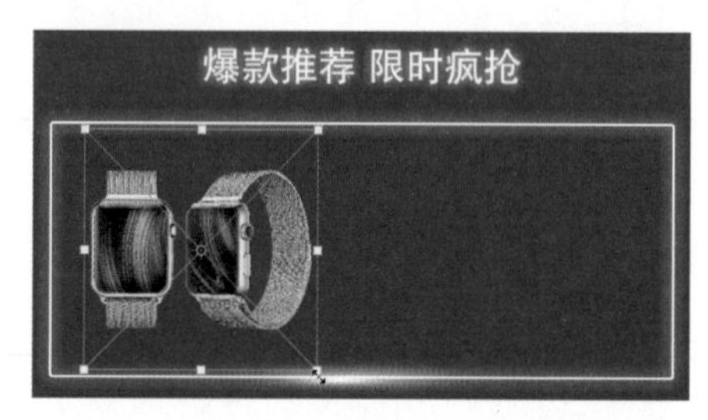

27 使用【横排文字】工具在画板中单击，在【字符】面板中设置字体系列为【方正大黑简体】、字体大小为 10 点、字体颜色为白色，然后输入文字内容。

28 继续使用【横排文字】工具在画板中单击，在【字符】面板中设置字体系列为【方正黑体简体】、字体大小为 6 点，然后输入文字内容。

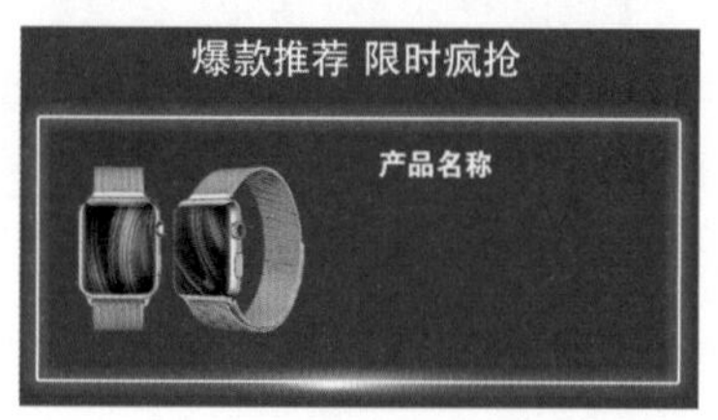

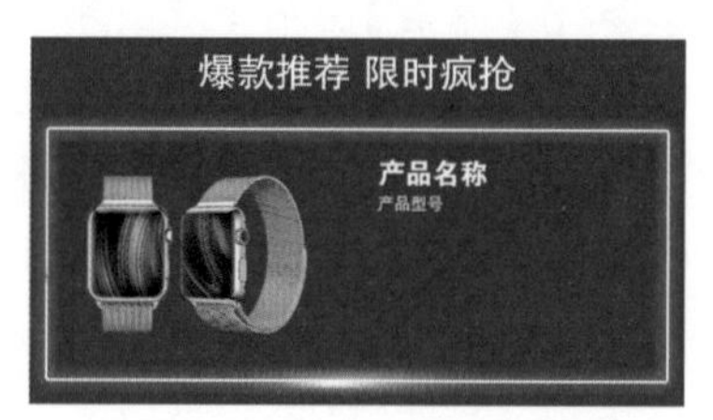

29 继续使用【横排文字】工具在画板中单击，在【字符】面板中设置字体系列为【方正黑体简体】、字体大小为 5 点、字体颜色为 R:208 G:0 B:255，然后输入文字内容。

30 继续使用【横排文字】工具在画板中单击，在【字符】面板中设置字体系列为【方正大黑简体】、字体大小为 18 点、字体颜色为白色，然后输入文字内容。

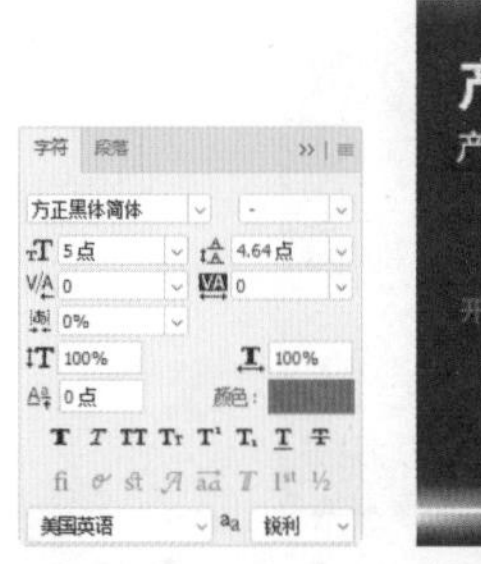

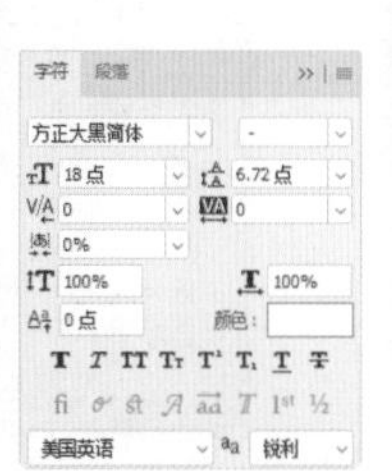

31 选择【矩形】工具，在选项栏中选择工具模式为【形状】，单击【填充】选项，在弹出的下拉面板中单击【渐变】按钮，设置渐变填充色为 R:151 G:1 B:255 至 R:255 G:4 B:240，设置【描边】为无，设置圆角半径为 5 像素，然后使用【矩形】工具绘制圆角矩形。

32 使用【横排文字】工具在画板中单击，在【字符】面板中设置字体系列为【方正黑体简体】、字体大小为 6 点、字体颜色为白色，然后输入文字内容。

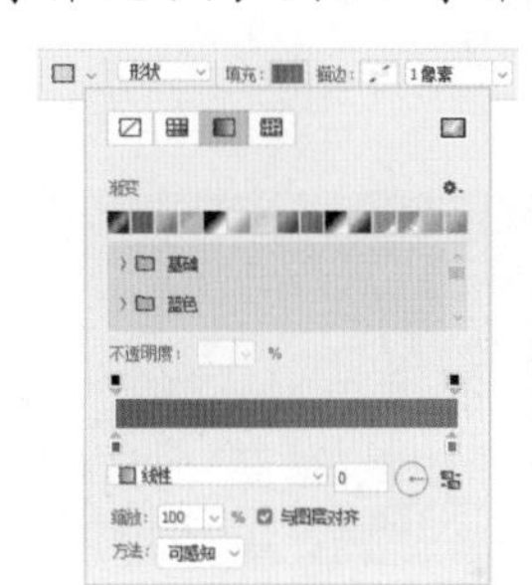

33 在【图层】面板中选中步骤 23 创建的图层，按 Ctrl 键并单击图层缩览图，载入选区。然后按 Ctrl 键，单击【创建新图层】按钮，在矩形图层下方新建图层，并设置混合模式为【滤色】。

34 选择【画笔】工具，在选项栏中设置画笔样式为柔边圆、【不透明度】为 20%，在【颜色】面板中设置前景色为 R:0 G:167 B234，然后在图层中使用【画笔】工具添加背光效果。

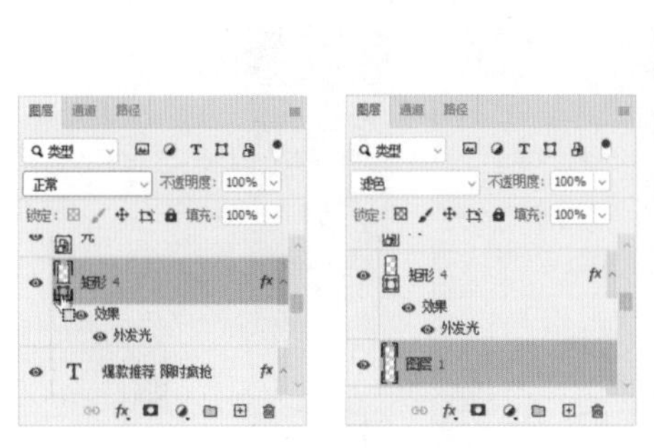

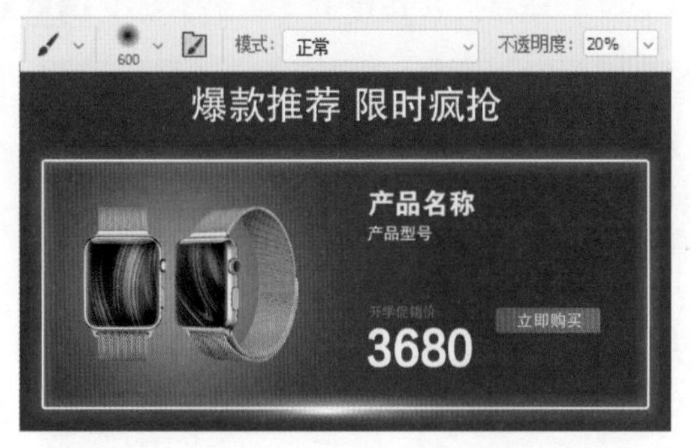

35 在【图层】面板中选中步骤 23 至步骤 34 创建的图层，按 Ctrl+G 快捷键进行编组。选择【移

动】工具，按 Shift+Ctrl+Alt 快捷键移动并复制刚创建的图层组。然后分别替换图层中的产品图像及文字内容。

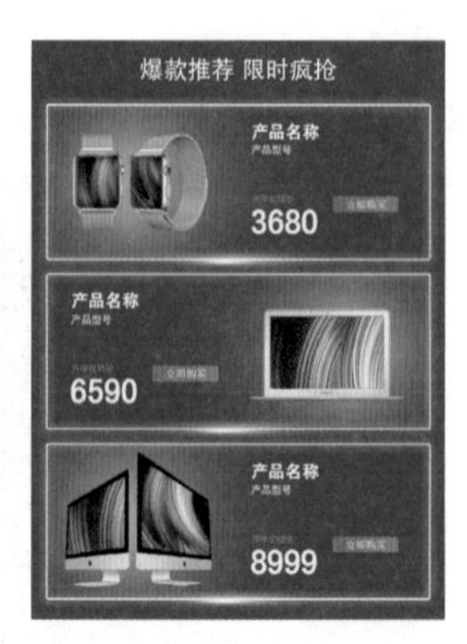

36 在【图层】面板中，选中步骤 21 创建的文本和步骤 35 编组的对象。选择【移动】工具，按 Shift+Ctrl+Alt 快捷键移动并复制对象，并按 Shift+Ctrl+] 快捷键将其放置在面板顶部。

37 选中编组对象中的矩形，在【属性】面板中取消选中【链接形状的宽度和高度】按钮，设置 W 为 450 像素、H 为 500 像素。然后更换产品图片，调整文字内容位置。

38 在【图层】面板中选中上一步调整后的编组对象，选择【移动】工具，按 Ctrl+Alt 快捷键移动并复制对象，然后替换其他产品图像。

39 在【图层】面板中选中步骤 03 创建的颜色填充图层，选择【文件】|【置入嵌入对象】命令，置入所需的背景图像。设置图层混合模式为【变亮】、【不透明度】为 70%，单击【添加图层蒙版】按钮，然后使用【画笔】工具调整图像效果，完成专题页的制作。

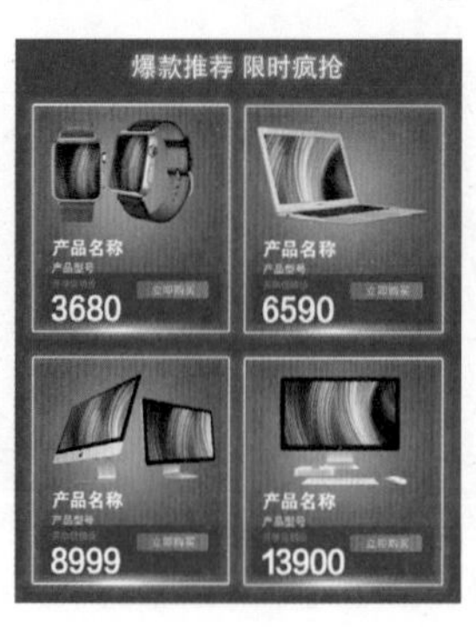

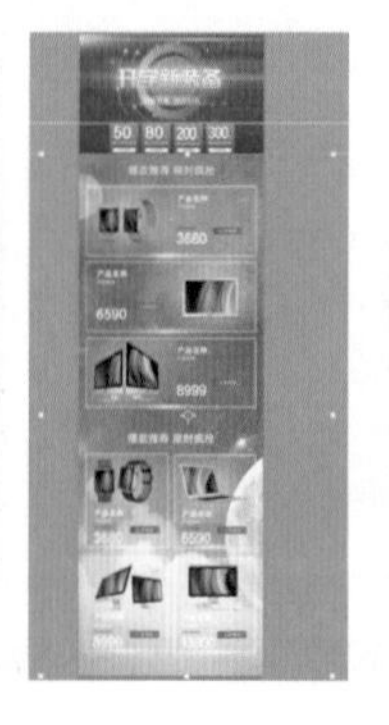

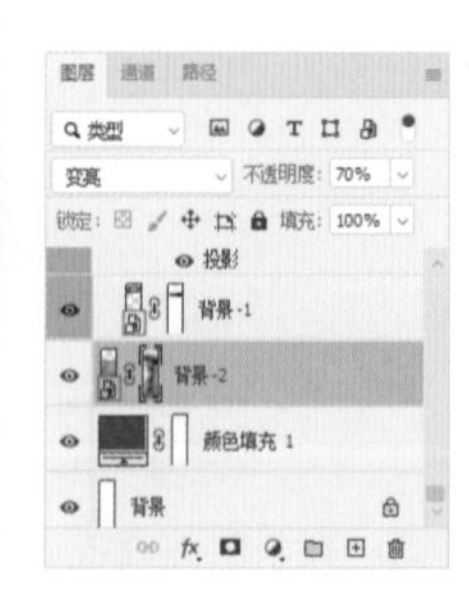

9.4 9 招做好专题页设计

专题页设计既有平面设计的内容，又有网站设计的形式。在设计专题页时，为了让首屏到次屏各内容区间的视觉更加连贯和流畅，就要充分利用局部和整体的关系使页面效果更加完整。下面总结了 9 招做好专题页的设计思路，以供大家参考。

9.4.1 首尾呼应

专题页设计的顺序一般都是从上到下，从搭建框架到细化细节的顺序。为了避免页面过于单调，设计师可以从首图 Banner 中寻找图形、色彩元素应用于页面底部，做到首尾呼应，让页面看起来更有整体感。

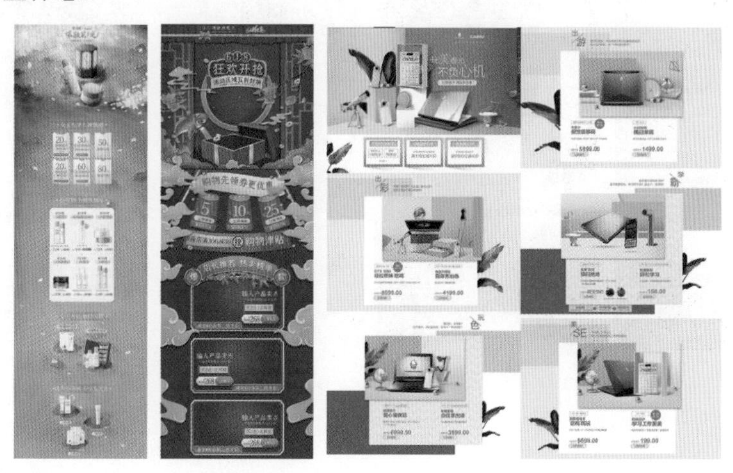

9.4.2 巧用对比

专题页设计和平面设计一样，画面中要有对比，如元素占比大小的对比、纹理质感的对比、色彩明暗的对比等。利用对比会使画面生动起来，不显得沉闷。

9.4.3　扬长避短

专题页设计中的扬长避短要从两个方面来考虑。一方面，从设计师的角度来看，就是要尽量运用自己所擅长的技能，这样设计时才会得心应手；另一方面，从设计的需求来看，就是找到最合适的素材、最合适的设计风格，选用最好的模特和产品角度，将产品所有的优势都展现出来。

9.4.4　协调统一

专题页设计中会涉及色彩、风格元素、整理比例等的协调统一。做到协调统一，可以让对应的受众群体更加容易接受产品。

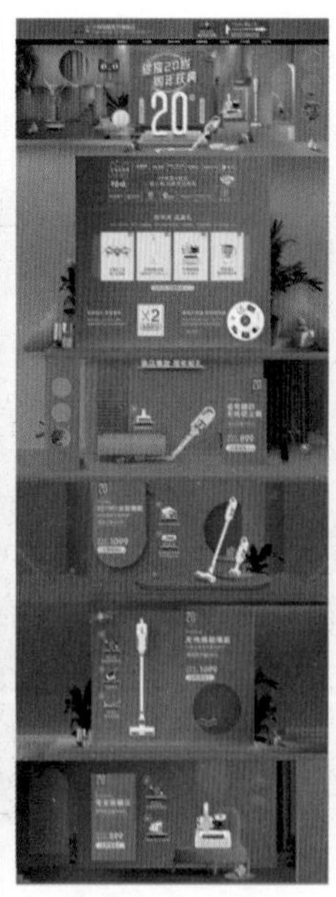

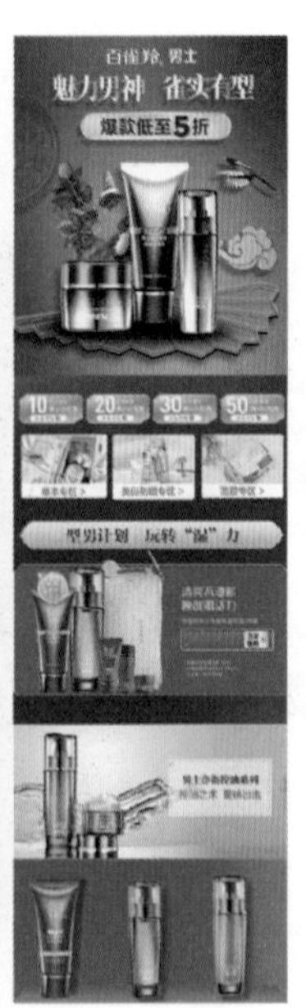

9.4.5 突破常规

做专题页设计时，设计师可以通过“形”或“色”的改变来打破常规，防止视觉疲劳，增加画面活力，让画面更加耐看。

9.4.6 层次分明

专题页的层次分为信息层次和页面层级两个部分。信息的层次要有主次之分。整个页面的层级要有节奏，如从头部的主题 Banner 再到楼层内容部分的层次。

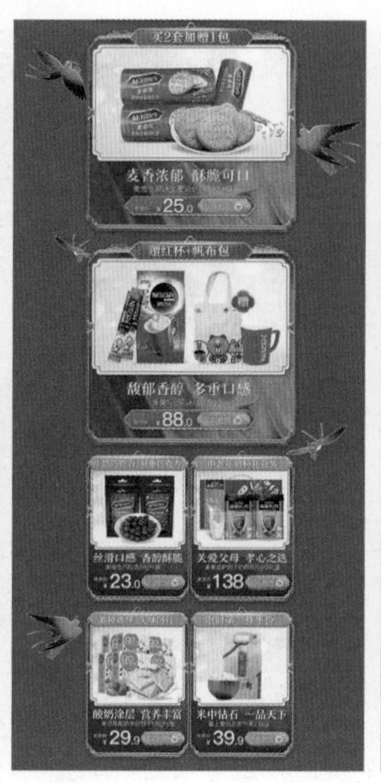

9.4.7 化繁为简

化繁为简是专题页设计中一项非常重要的基本原则，尤其在产品销售类的专题页设计中。太过繁杂的页面设计会让人眼花缭乱，影响阅读体验。

9.4.8 气质相投

专题页设计所谓的气质相投就是什么品类适合什么风格。如果气质不匹配，可能会使人产生一种怪异的感觉。如国际大品牌设计出店铺清仓的风格，就会让人觉得格格不入。相反，如果本来就是很接地气的产品，尝试高格调的风格，可能会产生一种反转的效果，气质的反差可能带来更多的曝光量和话题。

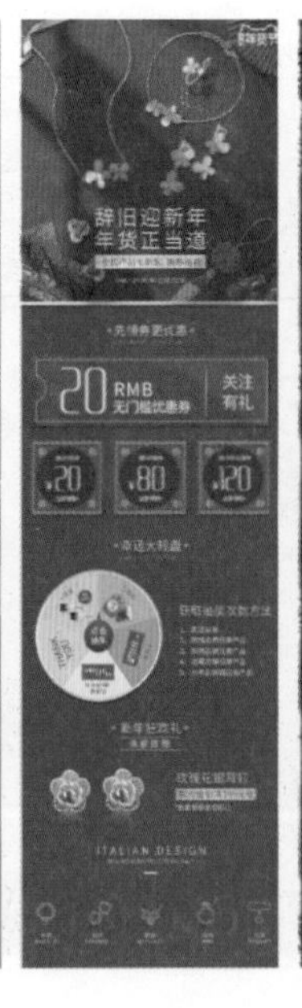

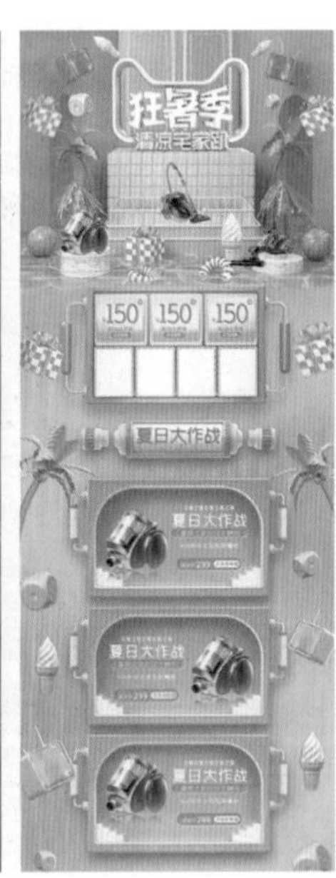

9.4.9 与众不同

每到节日，不同电商平台的大小店铺都要布置同一主题的专题页。如何做到与众不同，就要在进行专题页设计前分析自身的优势和营销策略上的差异。设计时，极力展现自己的优势和侧重点，差异化体现出来了，也就能够成功吸引受众的关注。

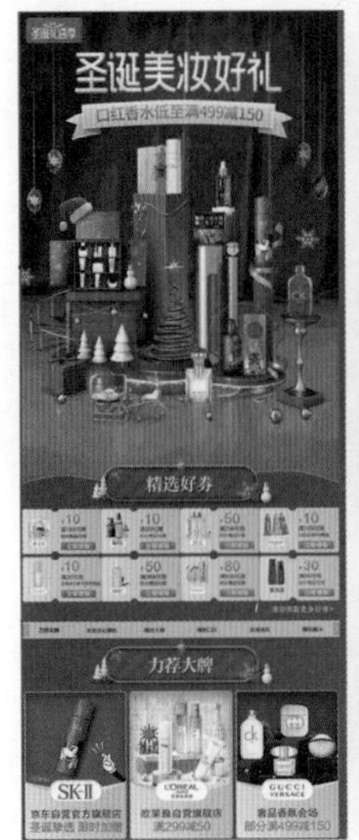

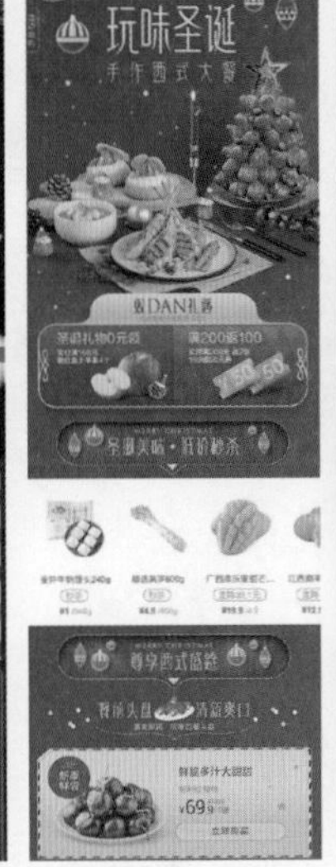

实例——制作新款太阳眼镜专题页

文件路径：第 9 章 \ 实例——制作新款太阳眼镜专题页

难易程度：★★★☆☆

技术掌握：绘制形状、编组对象、移动并复制对象、变换路径

01 选择【文件】|【新建】命令，打开【新建文档】对话框。在该对话框中输入文档名称“新款太阳眼镜专题页”，设置【宽度】为 1024 像素、【高度】为 2276 像素、【分辨率】为 300 像素 / 英寸，然后单击【创建】按钮创建空白文档。

02 选择【视图】|【新建参考线】命令，打开【新建参考线】对话框。在该对话框中，选中【垂直】单选按钮，设置【位置】为 100 像素，单击【确定】按钮新建垂直参考线。再次选择【视图】|【新建参考线】命令，在打开的【新建参考线】对话框中，设置【位置】为 924 像素，然后单击【确定】按钮新建垂直参考线。

03 选择【视图】|【新建参考线】命令，打开【新建参考线】对话框。在该对话框中，选中【水平】单选按钮，设置【位置】为 100 像素，单击【确定】按钮新建水平参考线。再次选择【视图】|【新建参考线】命令，在打开的【新建参考线】对话框中，选中【水平】单选按钮，设置【位置】为 2176 像素，然后单击【确定】按钮新建水平参考线。

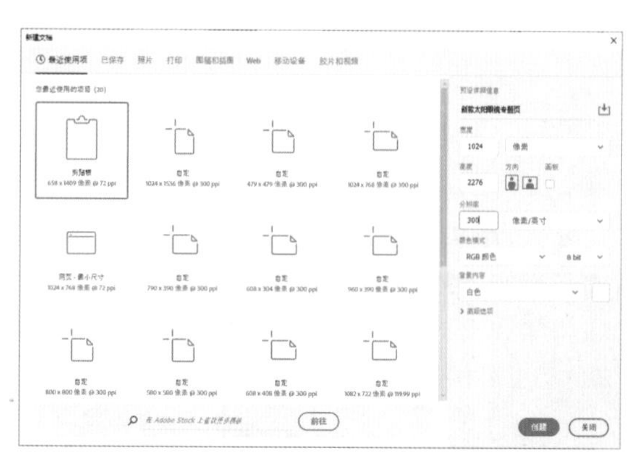

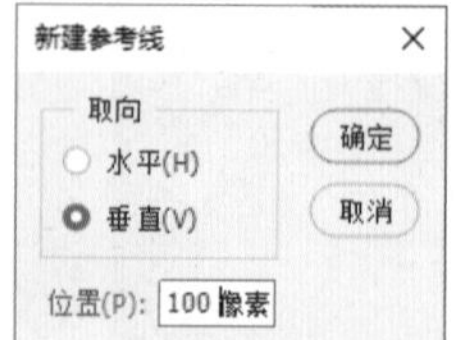

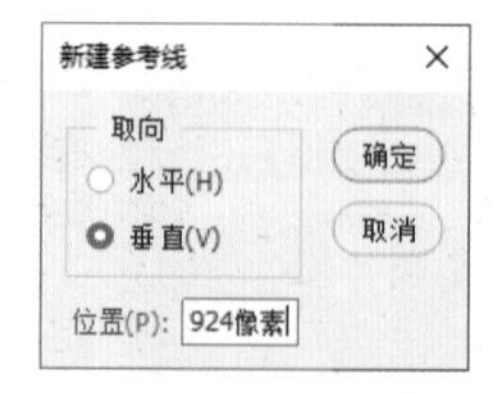

04 在【图层】面板中，单击【创建新的填充或调整图层】按钮，在弹出的菜单中选择【渐变】选项，打开【渐变填充】对话框。在【渐变填充】对话框中，单击【渐变】选项右侧的渐变预览，在弹出的【渐变编辑器】对话框中设置渐变填充色为 R:224 G:216 B:252 至 R:243 G:241 B:212，然后单击【确定】按钮应用填充。

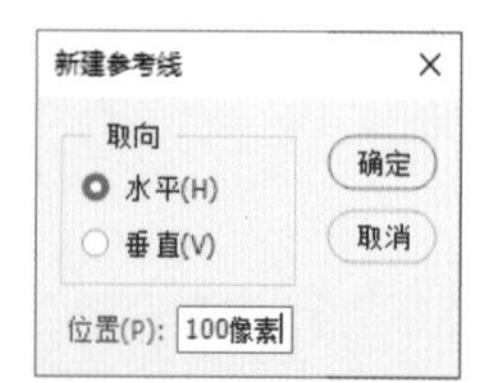

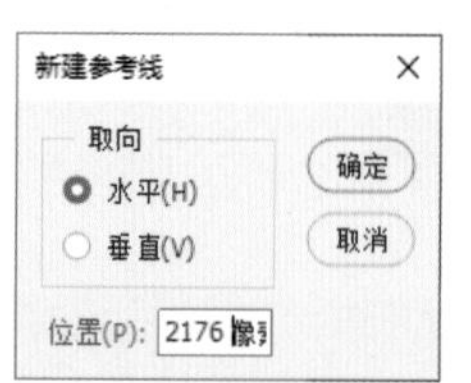

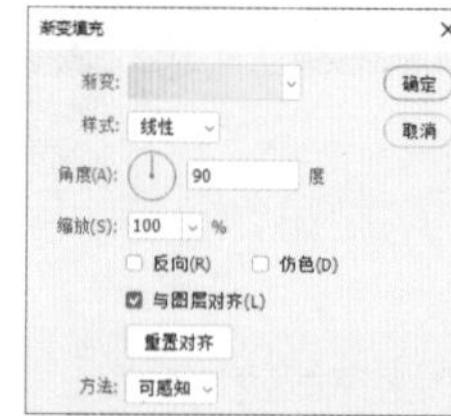

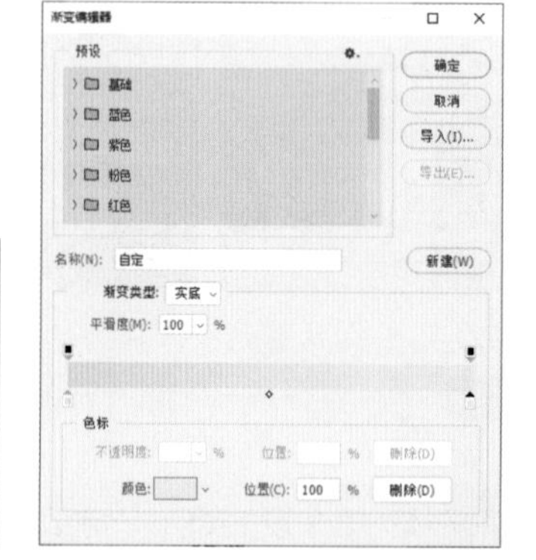

05 选择【矩形】工具，在选项栏中选择工具模式为【形状】，设置【填充】为白色、【描边】为无，然后使用【矩形】工具依据参考线绘制矩形。

06 选择【视图】|【新建参考线】命令，打开【新建参考线】对话框。在该对话框中，选中【水平】单选按钮，设置【位置】为 485 像素，单击【确定】按钮新建水平参考线。然后使用相同的方法，分别在位置为 885 像素、1285 像素、1685 像素、2085 像素处创建水平参考线。

07 选择【文件】|【置入嵌入对象】命令，置入所需的模特图像素材。然后在【图层】面板中，单击【添加图层蒙版】按钮为刚置入的图像图层添加蒙版。

08 选择【画笔】工具，在选项栏中设置画笔样式为柔边圆、【不透明度】为 30%，然后使用【画笔】工具在图层蒙版中调整图像效果。

09 选择【矩形】工具，在选项栏中选择工具模式为【形状】，设置【填充】为无、【描边】为 R:146 G:151 B:242 至 R:255 G:216 B:0 的渐变，描边宽度为 7 像素。然后使用【矩形】工具在画板中单击，在弹出的【创建矩形】对话框中设置【宽度】为 529 像素、【高度】为 280 像素，单击【确定】按钮。

10 按 Ctrl+J 快捷键复制刚创建的矩形，在选项栏中更改描边宽度为 1 像素。然后使用【移动】工具移动复制矩形的位置。

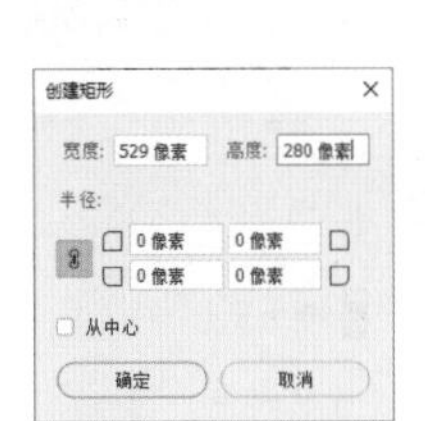

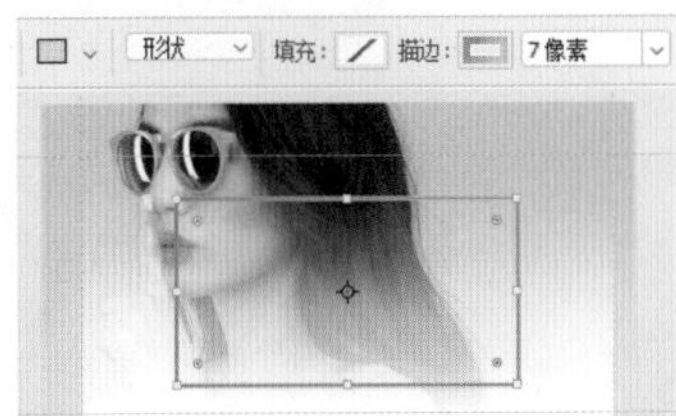

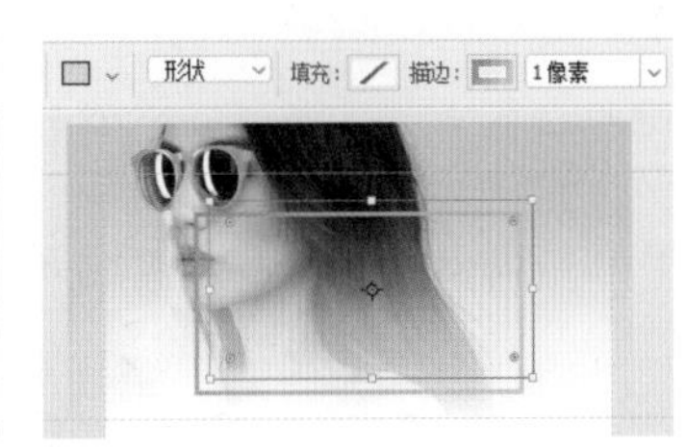

11 使用【横排文字】工具在画板中单击，在【字符】面板中，设置字体系列为 Microsoft YaHei UI、字体大小为 12 点、行距为 14 点、字符间距为 400，在选项栏中单击【居中对齐文本】按钮，然后输入文字内容。

12 使用【横排文字】工具选中第二行文字内容，在【字符】面板中更改字体系列为 Adobe Caslon Pro、样式为 Semibold Italic、字体大小为 16 点、字符间距为 50，设置基线偏移为 2 点、字体颜色为 R:164 G:169 B:243。

13 在【图层】面板中，选中步骤 **07** 至步骤 **12** 创建的图层，在面板菜单中选择【从图层新建组】命令，打开【从图层新建组】对话框。在该对话框的【名称】文本框中输入“首图 Banner”，设置【颜色】为【红色】，然后单击【确定】按钮新建组。

14 使用【矩形选框】工具，依据参考线选取首图的范围，然后在【图层】面板中单击【添加图层蒙版】按钮。

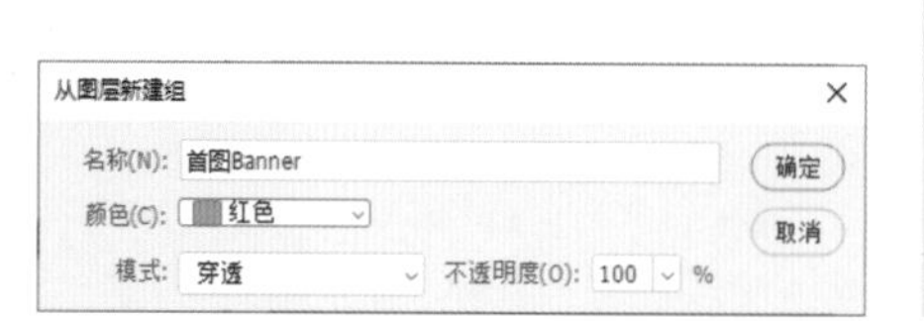

15 选择【矩形】工具，在选项栏中选择工具模式为【形状】，设置【填充】为R:253 G:250 B:194、【描边】为无，单击【路径操作】按钮，在弹出的下拉列表中选择【合并形状】选项，然后使用【矩形】工具依据参考线绘制矩形。

16 在选项栏中，单击【路径操作】按钮，在弹出的下拉列表中选择【新建图层】选项，然后使用【矩形】工具绘制矩形。绘制完成后，在选项栏中更改【填充】为R:255 G:244 B:116，并在【图层】面板中设置混合模式为【正片叠底】。

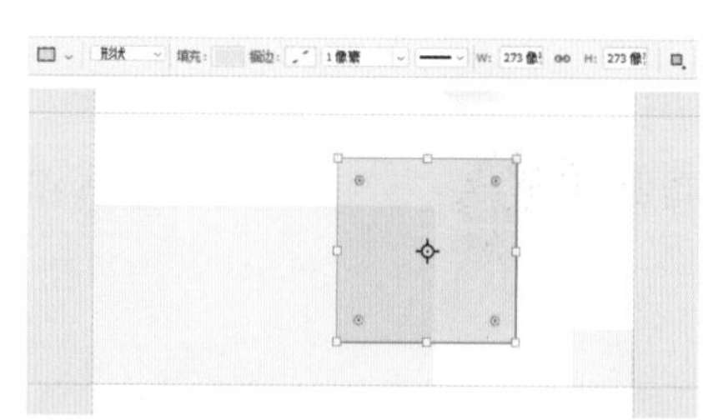

17 选择【文件】|【置入嵌入对象】命令，置入所需的模特图像素材，并调整其大小及位置。

18 在【图层】面板中，按Ctrl键并单击步骤**16**创建的矩形图层缩览图，载入选区。单击【添加图层蒙版】按钮，添加图层蒙版。然后选择【画笔】工具，在选项栏中设置画笔样式为硬边圆、【不透明度】为100%，将前景色设置为白色，调整置入图像的蒙版效果。

19 选择【文件】|【置入嵌入对象】命令，置入所需的太阳眼镜图像素材，并调整其大小及位置。

20 在【图层】面板中，双击刚置入图像的图层，打开【图层样式】对话框。在该对话框中，选中【投影】选项，设置【混合模式】为【正片叠底】、【不透明度】为50%、【角度】为90度、【距离】为5像素、【大小】为18像素，然后单击【确定】按钮应用图层样式。

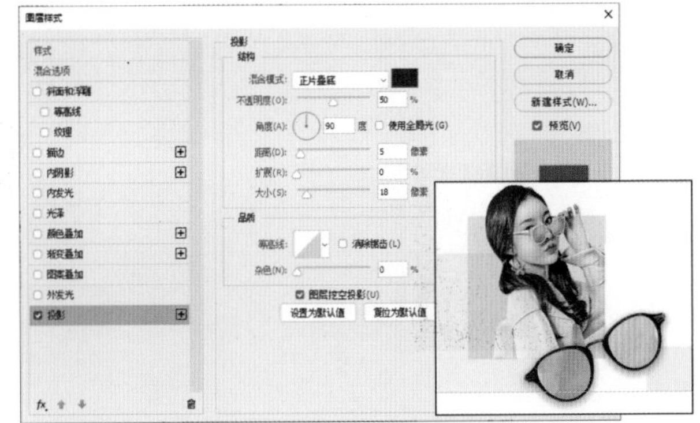

21 在【图层】面板中，选中步骤 15 至步骤 16 创建的图层，选择【移动】工具，按 Ctrl+Alt 快捷键移动并复制图形，生成新图层。

22 使用上一步的操作方法，继续移动并复制图形。然后选择【编辑】|【变换路径】|【水平翻转】命令，调整形状对象。

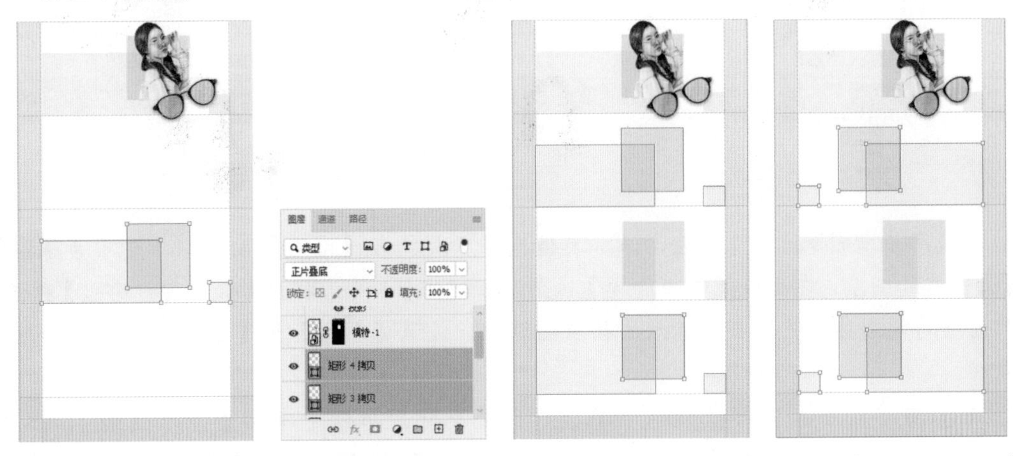

23 使用【移动】工具在需要更改颜色的形状上右击，在弹出的快捷菜单中选择图层名称。在【图层】面板中双击选中图层的缩览图，在弹出的【拾色器 (纯色)】对话框中设置填充色为 R:215 G:218 B:253，然后单击【确定】按钮。

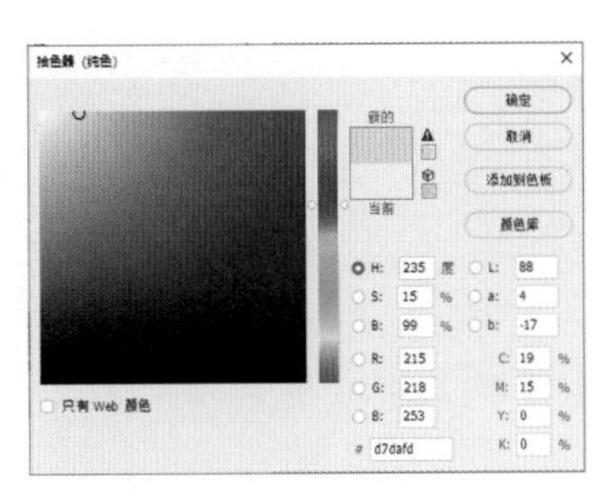

24 使用步骤 23 的操作方法，选中图形并在【拾色器 (纯色)】对话框中更改填充色为 R:164 G:169 B:243。

25 使用步骤 23 至步骤 24 的操作方法，更改所需形状的颜色。

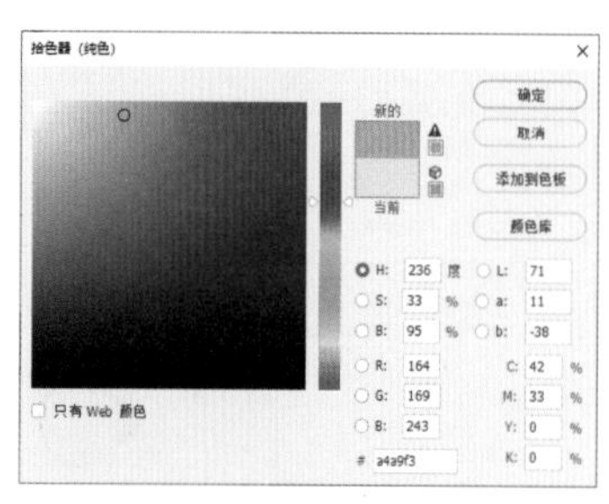

26 使用【移动】工具在形状上右击，在弹出的快捷菜单中选择图层名称。然后使用步骤17至步骤20的操作方法添加图像。

27 继续使用步骤26的操作方法，添加其他图像素材。在【图层】面板中，选中步骤15至步骤27创建的图层，在面板菜单中选择【从图层新建组】命令，打开【从图层新建组】对话框。在该对话框的【名称】文本框中输入"楼层图像"，设置【颜色】为【绿色】，然后单击【确定】按钮。

28 使用【横排文字】工具在画板中单击，在【字符】面板中设置字体系列为 Times New Roman、字体大小为8点、行距为8点、字体颜色为R:40 G:40 B:40，然后输入文字内容。

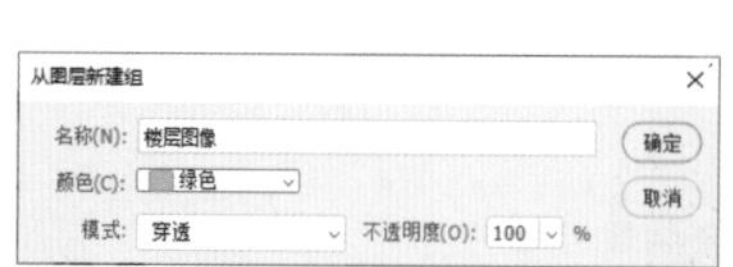

29 使用【横排文字】工具在画板中拖动创建文本框，添加占位符文字。然后在【字符】面板中更改字体大小为4点、行距为6点。

30 在【图层】面板中，选中步骤28至步骤29创建的文字图层，选择【移动】工具，按Ctrl+Alt快捷键移动并复制文字，生成新图层。在【图层】面板中，选中刚创建的所有文字图层，在面板菜单中选择【从图层新建组】命令，打开【从图层新建组】对话框。在该对话框的【名称】文本框中输入"文字"，设置【颜色】为【黄色】，然后单击【确定】按钮。

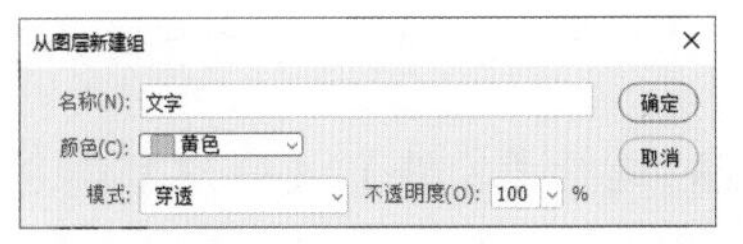

31 在【图层】面板中，选中步骤 05 创建的【矩形 1】图层，并单击【创建新图层】按钮，新建【图层 1】图层。选择【画笔】工具，在选项栏中设置画笔样式为硬边圆，在【颜色】面板中设置前景色为 R:215 G:218 B:253，然后在画板中添加点缀。

32 在【颜色】面板中设置前景色为 R:215 G:244 B:116，然后使用【画笔】工具继续在画板中添加点缀。

33 在【图层】面板中右击【图层 1】图层，在弹出的快捷菜单中选择【创建剪贴蒙版】命令。

34 在【图层】面板中单击【添加图层蒙版】按钮为【图层 1】图层添加图层蒙版。选择【画笔】工具，在选项栏中设置画笔样式为柔边圆、【不透明度】为 30%，将前景色设置为黑色，然后使用【画笔】工具调整蒙版效果，完成专题页的制作。

视频 实例——制作防晒用品专题页

文件路径：第 9 章 \ 实例——制作防晒用品专题页

难易程度：★★★★☆

技术掌握：变换选区、添加图层蒙版

01 选择【文件】|【新建】命令，打开【新建文档】对话框。在该对话框中输入文档名称“防晒用品专题页”，设置【宽度】为 1024 像素、【高度】为 1690 像素、【分辨率】为 300 像素 / 英寸，然后单击【创建】按钮。

02 选择【文件】|【置入嵌入对象】命令，分别置入“背景 -1”和“背景 -2”图像文件，并调整其位置及大小。

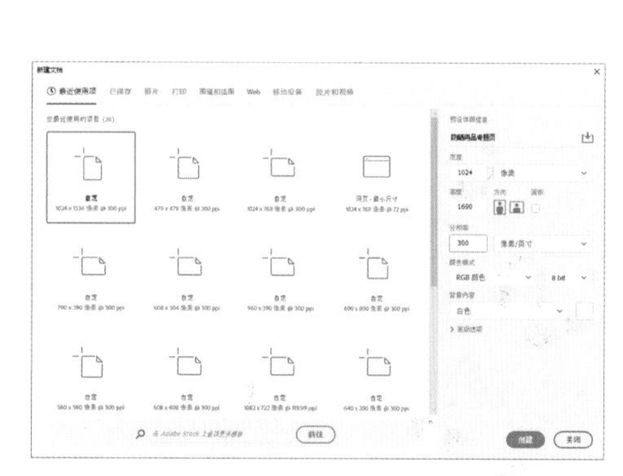

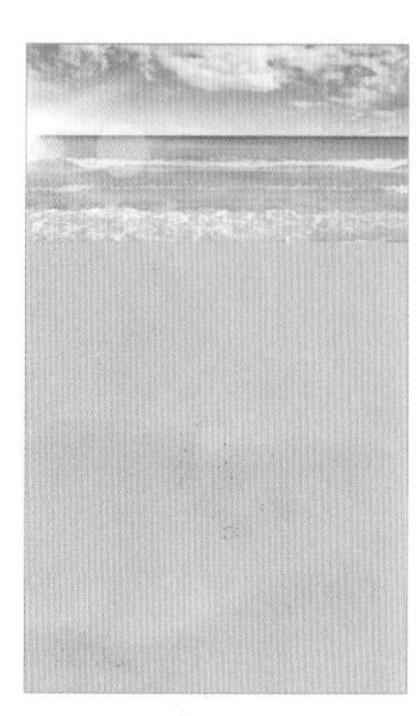

03 在【图层】面板中选中【背景 -2】图层，单击【添加图层蒙版】按钮。选择【画笔】工具，在选项栏中设置画笔样式为柔边圆、【不透明度】为 20%，然后使用【画笔】工具在图层蒙版中调整图像效果。

04 选择【文件】|【置入嵌入对象】命令，分别置入“树叶 -1”和“树叶 -2”图像文件，并调整其位置及大小。

05 使用【横排文字】工具在画板中单击，在选项栏中设置字体系列为【方正汉真广标简体】、字体大小为 37 点、字体颜色为白色，然后输入文字内容。

06 在【图层】面板中双击刚创建的文字图层，打开【图层样式】对话框。在该对话框中，选中【投影】选项，设置【混合模式】为【正常】、投影颜色为 R:3 G:78 B:179、【不透明度】

为 100%，取消选中【使用全局光】复选框，设置【角度】为 30 度、【距离】为 10 像素、【大小】为 0 像素，然后单击【确定】按钮应用图层样式。

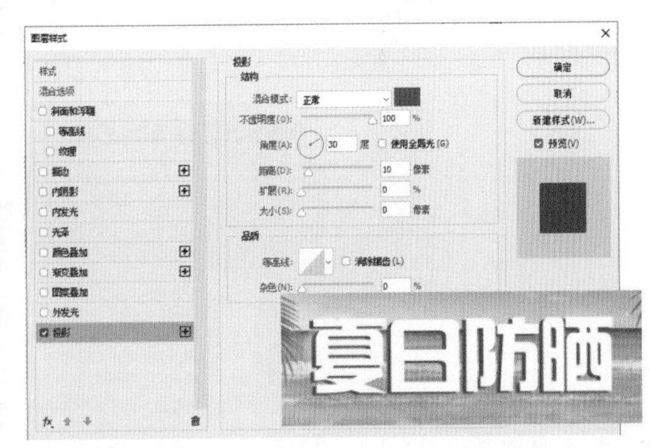

07 使用步骤 04 至步骤 05 的操作方法，继续使用【横排文字】工具输入文字内容，在选项栏中更改字体大小为 16.5 点，然后添加投影图层样式。

08 选择【矩形】工具，在选项栏中选择工具模式为【形状】、设置【填充】为 R:235 G:97 B:0、【描边】为无，设置圆角半径为 25 像素，然后使用【矩形】工具在画板中绘制圆角矩形。

09 使用【横排文字】工具在刚绘制的圆角矩形中单击，在【字符】面板中设置字体系列为 Microsoft YaHei UI、字体大小为 7 点、字符间距为 100，设置基线偏移为 -2 点、字体颜色为白色，然后输入文字内容。

10 在【图层】面板中，选中步骤 02 至步骤 08 创建的图层，在【图层】面板菜单中选择【从图层新建组】命令，打开【从图层新建组】对话框。在该对话框的【名称】文本框中输入“首图”，设置【颜色】为【红色】，然后单击【确定】按钮。

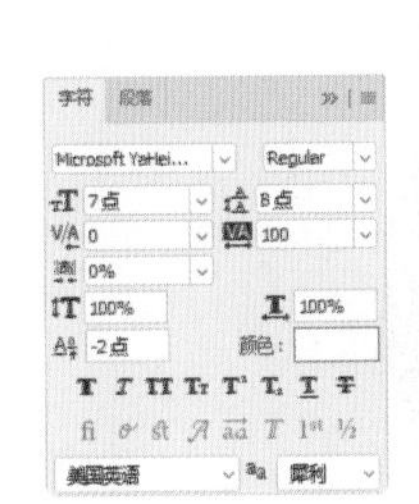

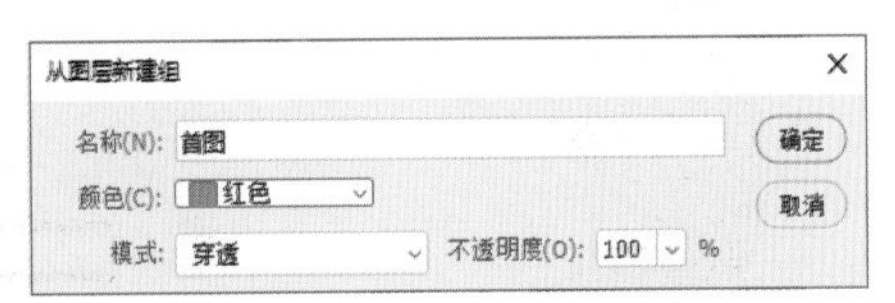

11 选择【文件】|【置入嵌入对象】命令，置入“产品 -1”素材图像文件，并调整其位置及大小。

12 选择【文件】|【置入嵌入对象】命令，分别置入其他产品素材图像文件，并调整其位置及大小。

13 在【图层】面板中选中【产品 -1】图层，单击【添加图层蒙版】按钮。选择【画笔】工具，在选项栏中单击打开【画笔预设】选取器，设置【大小】为 60 像素、【硬度】为 75%，然后使用【画笔】工具调整图层蒙版。

14 在【图层】面板中，按 Ctrl 键并单击【创建新图层】按钮，在【产品 -1】图层下方新建【图层 1】图层，然后再按 Ctrl 键并单击【产品 -1】图层缩览图载入选区。

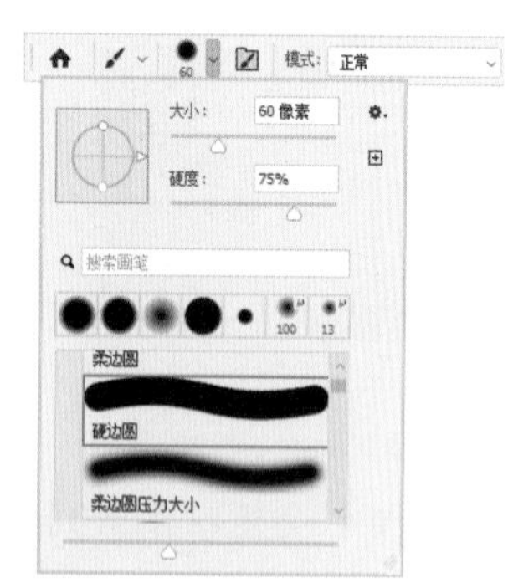

15 选择【选择】|【变换选区】命令，显示定界框后，按 Ctrl 键调整定界框变换选区。

16 选择【画笔】工具，在选项栏中设置画笔样式为柔边圆、【不透明度】为 10%；在【颜色】面板中，将前景色设置为 R:98 G:74 B:52，然后添加投影效果。按 Ctrl+D 快捷键，取消选区。

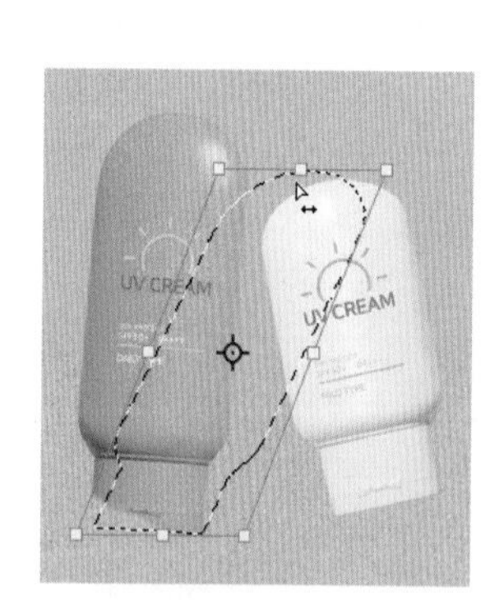

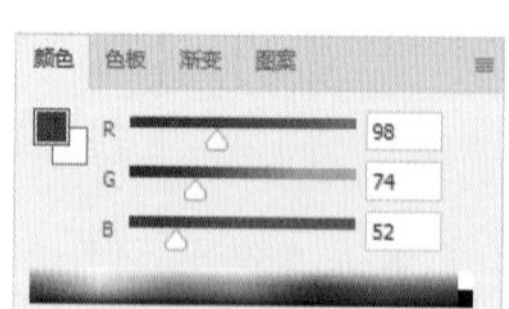

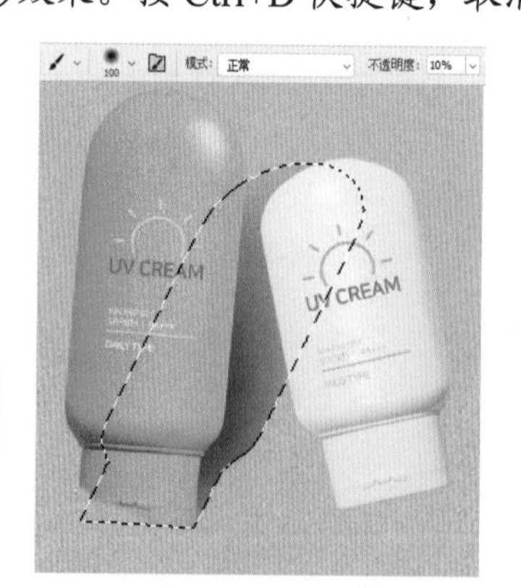

17 使用与步骤 12 至步骤 15 相同的操作方法，为其他产品图像添加投影效果。在【图层】面板中选中所有产品图层，在面板菜单中选择【从图层新建组】命令，打开【从图层新建组】

对话框。在该对话框的【名称】文本框中输入“产品”，设置【颜色】为【绿色】，然后单击【确定】按钮。

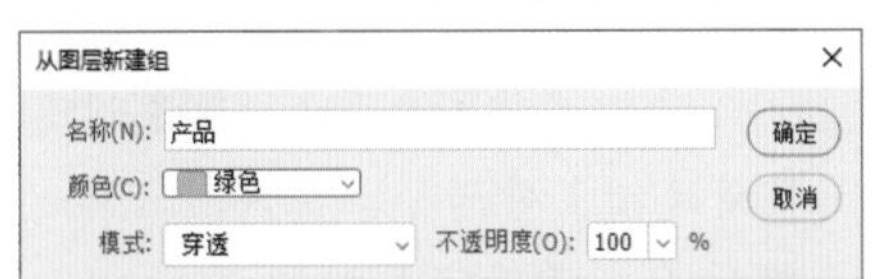

18 使用【横排文字】工具在画板中单击，在【字符】面板中设置字体系列为【方正黑体简体】、字体大小为 8 点、行距为 8 点、字体颜色为 R:98 G:74 B:52，然后输入文字内容。

19 选择【直线】工具，在选项栏中选择工具工作模式为【形状】，设置【填充】为 R:98 G:74 B:52、【描边】为无，然后使用【直线】工具绘制直线。

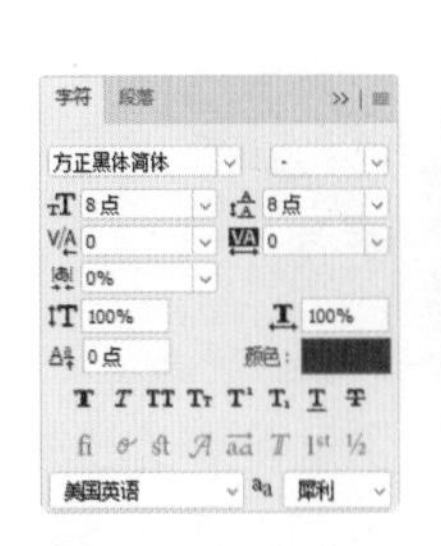

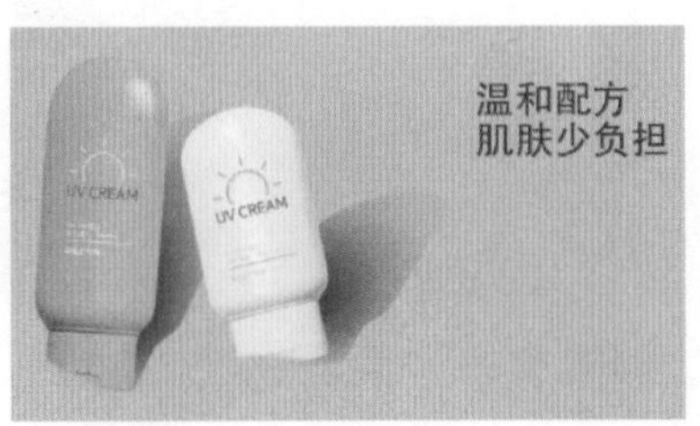

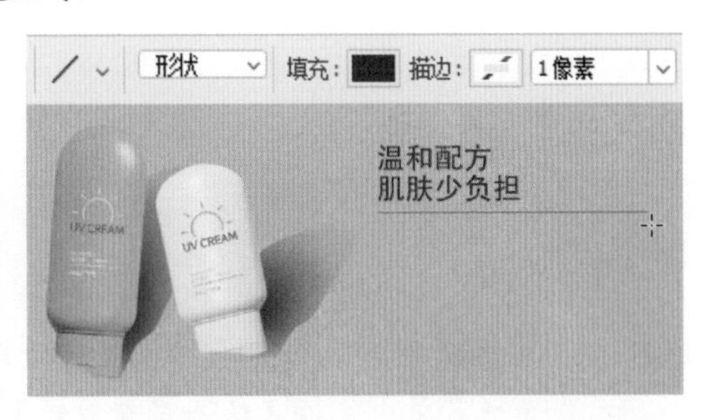

20 使用【横排文字】工具在画板中单击，在【字符】面板中设置字体系列为【方正黑体简体】、字体大小为 6 点、字体颜色为 R:98 G:74 B:52，然后输入文字内容。

21 选择【矩形】工具，在选项栏中选择工作模式为【形状】，设置【填充】为 R:49 G:49 B:49、【描边】为无，然后使用【矩形】工具绘制矩形。

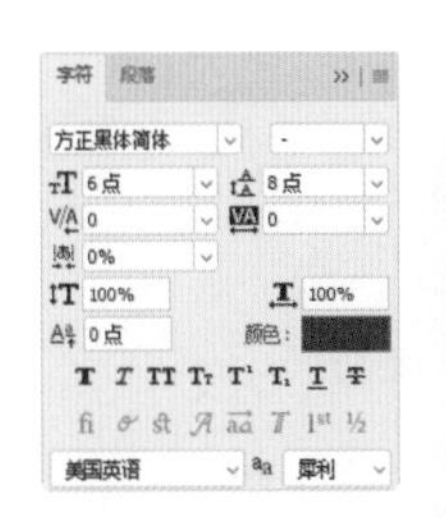

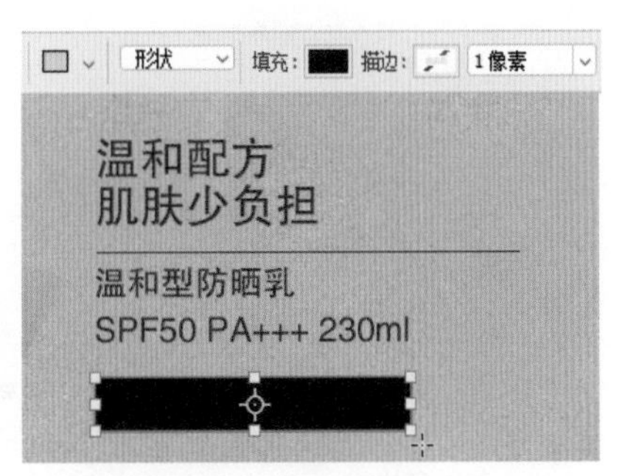

22 使用【横排文字】工具在画板中单击，在【字符】面板中设置字体系列为【方正品尚黑简体】、字体大小为 8 点、字符间距为 100、字体颜色为白色，然后输入文字内容。

23 在【图层】面板中选中步骤 **17** 至步骤 **21** 创建的图层，单击【链接图层】按钮。选择【移动】工具，按 Ctrl+Alt 快捷键移动并复制文字图层，然后使用【横排文字】工具修改文字内容。

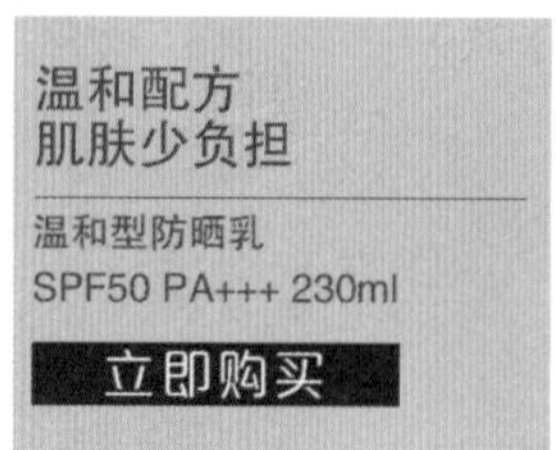

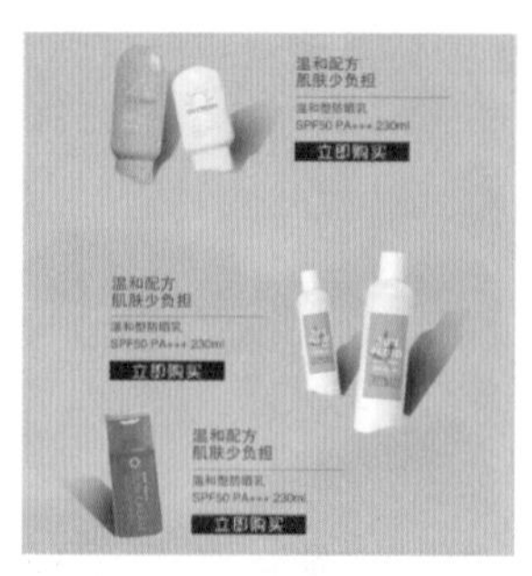
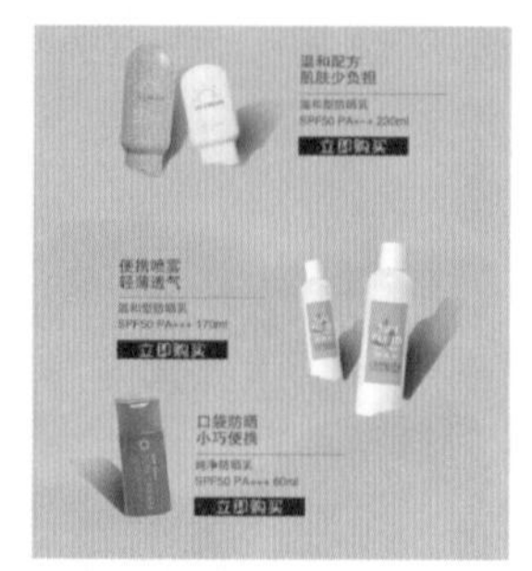

24 在【图层】面板中，选中步骤17至步骤22创建的图层，在面板菜单中选择【从图层新建组】命令，打开【从图层新建组】对话框。在该对话框的【名称】文本框中输入“文字”，设置【颜色】为【黄色】，然后单击【确定】按钮。

25 选择【文件】|【置入嵌入对象】命令，置入所需的装饰物图像文件，并调整其位置及大小。在【图层】面板中，单击【添加图层蒙版】按钮添加图层蒙版。选择【画笔】工具，在选项栏中设置画笔样式为柔边圆、【不透明度】为30%。然后使用【画笔】工具调整图层蒙版。

26 使用与步骤24相同的操作方法，添加其他装饰物。在【图层】面板中，选中所有装饰物图层，在面板菜单中选择【从图层新建组】命令，打开【从图层新建组】对话框。在该对话框的【名称】文本框中输入“装饰物”，然后单击【确定】按钮完成专题页的制作。

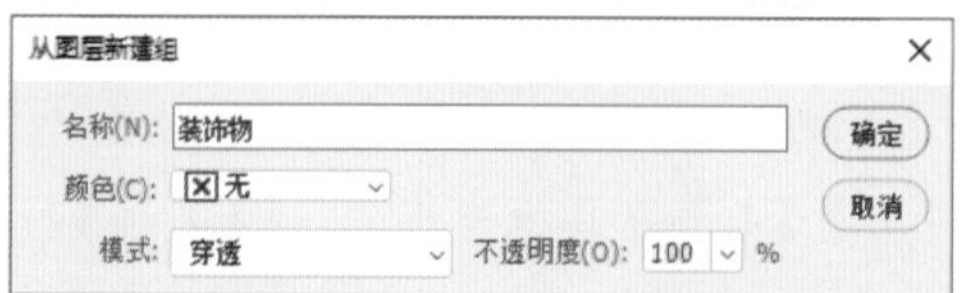